서호주

'박문호의 자연과학 세상'
해외학습탐사

박문호의 자연과학 세상

| 서호주 '박문호의 자연과학 세상' 해외학습탐사 | ⓒ 박문호 2012

초판1쇄 발행 2012년 1월 31일　**지은이** 박문호의 자연과학 세상　**펴낸이** 박문호　**편집** 김현미
디자인 김혜림　**펴낸곳** (주)엑셈　**출판등록** 제 16-3805 호　**등록일자** 2006년 1월 3일
홈페이지 www.mhpark.co.kr　**E-mail** park9p5@hanmail.net

ISBN 978-89-968179-0-1 03960
값 22,000원

서호주

'박문호의 자연과학 세상'
해외학습탐사

서문

공부하는 사람들의 이야기이다.

'행성 지구에서 인간이라는 현상'을 공부한다. 시공의 춤, 원자의 춤, 세포의 춤으로 구성된 자연을 수 년간 함께 학습했다. '137억 년 우주의 진화' 강의가 3년간 진행되었고, 그 공부의 체험을 위해 서호주 학습탐사가 계획되었다. 그래서 2011년 3월에서 7월까지 14주 동안 매주 일요일 4시간씩 진행된 강의를 마치고, 24명이 홀연히 서호주 사막으로 떠났다. 책 속에서 추상으로 이해한 자연을 현실로 느껴보고 싶었던 것이다.

서호주는 별과 붉은 대지와 끝 없는 직선길이 인상적이다.

쏟아지는 은하수 아래 홀로이 서성이면 별과 대지와 나의 존재가 우주 그 자체가 된다. 순간에서 영원까지 시간이 얼어붙은 절대적 일체감에 압도된다. 서호주의 밤하늘은 지상적 존재라기 보다는 우리 척수를 타고 내려오는 전율이다. 사막의 밤은 문득 우리를 에워싼다. 오징어 먹물 같은 깜깜함이 몰려오면 사물은 어둠 속으로 녹아 든다. 별이 소금처럼 뿌려진다. 점점이 단단해져 가는 어둠 속으로 별빛 더욱 시려진다. 별과 사막과 더불어 존재의 심연에서 태곳적부터 한 번도 감추어본 적 없었던 신비 속에 혼자 망연해진다.

그냥 우둑히 섰거나 서성일 뿐, 일체 다른 행위가 어울리지 않는 비현실적 실제감에 압도된다. 밤 깊어 가면 휑하니 텅 빈 직선 10km 2차선 아스팔트 위에 은하의 끝자락이 내려 앉는다. 지평선 끝까지 나와 은하만이 유일한 존재일 때, 사념의 다발 모두 증발하여 가벼워진 존재 천상의 광휘 속으로 흔적 없이 사라진다. 새벽 여명 속에서 나와 대지와 태양은 다시 한 번 하나의 세계로 토해진다.

저녁 식사 후 탐사대원 모두, 24명의 팔 길이로도 에워싸지 못하고 세월조차 잴 수 없던 그 바오밥 나무 큰 가지 위로 전설처럼 걸려있던 남십자성을 바라다 보았다. 별과 바오밥과 어린 왕자, 영원히 비현실적 현재적 존재들이 우리와 함께 어깨를 나란히 하고 천상의 반짝이는 침묵에 동참했다. 간혹은 아무것도 아닌 무엇이 되고 싶다. 감각도 사라지고 자아도 흰 웃음만 남기고 사라질 때, 필바라 35억 년 대지는 겹겹이 쌓여 세월을 새긴다. 서호주 브룸에서 600km, 바오밥 나무만 수도승처럼 대지의 환한 침묵을 지킨다.

학습탐사 대원들은 매일 밤 알파켄타우르스, 안타레스, 아크투르스, 알데바란, 시리우스, 카노푸스를 함께 바라보았다. 카노푸스는 제주도에서 겨우 볼 수 있지만 남십자성의 일등성들과 알파켄타우르스는 남반구에서 잘 볼 수 있다. 대원 중 일부는 침낭 속에서 밤새도록 별의 움직임을 살펴보기도 하였다. 우리는 매일 밤 페가수스 사각형 부근의 안드로메다 갤럭시와 남십자성 부근의 대 마젤란, 소 마젤란 성운을 동시에 볼 수 있었다. 북반구에서 유일하게 육안으로 확인 가능한 은하인 안드로메다 갤럭시를 서호주에서 마젤란 성운과 함께 보다니, 별을 좋아하는 사람들의 소망은 이미 이루어진 거다. 호주를 다녀온 사람이 많으나 호주의 밤하늘을 이야기 하는 사람은 드물다. 별을 좋아하는 사람은 마젤란 성운 하나만으로도 호주에 갈 만한 이유가 된다.

10년 전 울룰루 바위 부근에서 야영하면서 처음으로 마젤란 성운을 새벽에 보았다. 아직도 그 순간이 생생하다. 슬리핑 백에서 얼굴만 내밀고 밤하늘을 올려다보니 하늘 한 편에 조각 구름 두 개가 떠 있었다. 분명 낮 동안 구름 한 점 없었고, 밤에도 일주일 내내 별 쏟아졌던 맑은 날들이었는데, 밤하늘에 구름이라니, 저게 뭔가, 도대체 저게 뭔가? 밤하늘에 관한 그동안의 모든 지식이 무색해진다. 바로 그 순간 그래, 그렇구나. 저것이 바로 대 마젤란, 소 마젤란 성운이구나! 경이로움이 바로 손에 잡힐 듯 눈앞에 펼쳐져 있었다. 눈으로 본 것을 스스로에게 확인하려 물어 보았다. 하얀 구름처럼 아주 일상적 모습으로 우주 하나가 아무 일 없듯이 하늘 한 편에 걸려있었다. 바라보고 망연해지고 하면서 그 새벽이 하얗게 될 때까지 가슴에 내려앉은 은하가 심장박동으로 옮겨지고 있었다. 그 새벽, 울룰루 바위 부근에서 본 마젤란 성운은 내 몸의 일부가 되었다. 아마 지상에서 해 볼만 한 것 몇 가지가 있다면, 서호주 그것도 울룰루 바위 부근, 야영하다 새벽에 혼자 우두커니 하얀 손수건 같은 우주 하나를 만나 볼 일이다.

서호주의 밤은 별과 지구와 우리를 환한 한 점으로 만들어 천상의 축제에 뿌려 놓는다. 밤의 빛나는 어둠에서 토해 내어진 낮 세상의 서호주는 딥블루의 하늘, 붉은 대지, 그리고 직선 2차선 도로만 무한원점으로 사라진다.

지난 10년간 4회에 걸친 서호주 학습탐사에서 시아노박테리아, 스트로마톨라이트, 남십자성, 마젤란성운, 호상철광층을 만났다. 지구라는 행성을 체험했다.

'시공의 사유', '기원의 추적', 그리고 '패턴의 발견'이라는 시선으로 행성지구에서 생명현상을 계속해서 함께 공부할 것이다. 이 서호주 학습탐사 책을 시작으로 박자세의 학습탐사 이야기는 계속 될 것이다.

박자세 회원 십여명이 서호주 학습탐사 후 '천문우주 뇌과학 모임'에서 발표를 하였고, 그 결과물을 바탕으로 열 다섯 차례의 편집회의를 거쳐 이 책을 출판하게 되었다.

박자세 홈페이지 제작과 책 출판을 후원해준 엑셈의 조종암 사장님께 감사 드린다.

2012. 1. 6.　박자세 학습탐사대장　박 문 호

차례

서문 *4*

제1장 우리는 왜 서호주로 떠났나
　　　서호주 학습탐사 일지 *13*

제2장 서호주 학습탐사 경로
　　　주요 도로와 경유지 *49*
- 퍼스에서 포트헤드랜드(1번 Great Northern Highway) 53
- 포트헤드랜드에서 벙글벙글 레인지(1번 Great Northern Highway) 63
- 포트헤드랜드에서 퍼스(95번 National Highway) 74

제3장 오래된 주인
　　　애보리진 *93*
- 호주대륙의 원주민, 애보리진 95
- 애보리진 마을을 가다 97
- 호주대륙으로의 이동 101
- 애보리진의 생활과 문화 107
- 먹거리를 통해 살펴본 애보리진의 생활 109
- 애보리진들이 사용했던 도구 114

- 애보리진 문화: 음악, 미술, 정신세계 116
- 현대의 애보리진 122
- 호주의 초기 원주민 정책 122
- 애보리진 저항 운동과 정책의 변화 124

제4장 우주의 방문자 지구가 되다
운석 ············· 129

- 서호주의 또 다른 매력 운석구를 찾아서 131
- 울프크릭 운석구 136
- 호주의 운석구 141
- 알면 재미있는 운석에 관한 이야기 146

화보 1 벙글벙글 레인지 ············· 153

제5장 대양 한 가운데 건조한 섬
호주의 기후 ············· 177

- 서호주로 기후여행을 떠나자 179
- 개요 182
- 서호주와 기후 188
- 호주의 기후인자 190

제6장 지구 산소의 성지를 가다
샤크베이의 스트로마톨라이트 ·············· *207*

- 샤크베이 210
- 산소 213
- 산소의 증거 스트로마톨라이트 221
- 선캄브리아대 우리나라에 번창했던 스트로마톨라이트 233
- 스트로마톨라이트는 오늘도 자란다 235

제7장 지구대륙의 숨결을 그대로 간직하다
판구조론과 호상철광층 ·············· *237*

- 판구조론(Plate Tectonics) 239
- 호주대륙의 형성과 지형 246
- 호상철광층(카리지니) 251

제8장 유대류의 대륙
호주의 동식물 ·············· *273*

- 생명의 탄생과 발생진화생물학 관점에서의 동물의 진화 275
- 호주 동식물의 지질학적 특성 279
- 호주의 동물들 281
  - 호주동물의 이해를 위한 동물의 계통도 281
  - 단공류(Monotremata): 포유류와 파충류 사이 284
  - 유대류(Marsupialia) 290
  - 유대류 vs 태반포유류 304
  - 그 밖의 호주 동물들 311
- 호주의 식물들 319

화보 2 길 *329*

제9장 지상 최고의 별밤
서호주의 밤하늘 *349*

- 서호주의 밤하늘 351
- 저 하늘의 많은 별들을 사람들은 어떻게 정리한 것일까 355
- 별들은 어떤 기준으로 구분될까 364
- 남반구의 주요 별자리를 찾아보자 369
- 우리와 저 별들의 거리는 얼마나 될까 380
- 별들의 일생에 대하여 390
- 탐사길 야영지에서 별공부를 하다 410

제10장 에세이와 남은 이야기 *417*

- 에세이 419
- 남은 이야기 444

부록   1. 서호주 현황 및 상세지도 *457*
       2. 호주 개관 및 일반 정보 495
       3. 근대 호주의 역사 529

특집   박자세와 박자세 공부법 *541*

제 1 장
우리는 왜 서호주로 떠났나

서호주 학습탐사 일지

녹슬어 붉은 대지와 그를 바라보는 딥 블루의 하늘, 그 사이 영원으로 사라질 일직선의 길. 존재의 실상이 낱낱이 드러나는 그 땅을 어찌 밟지 않을 수 있을까?

박문호 학습탐사대장.

서호주 학습탐사 일지   – 이슬아

하루째 해묵은 코트

새벽의 끝. 첫차가 한 꺼풀씩 어둠을 벗기며 다가온다. 어둠 안쪽에 남몰래, 작은 캐리어와 아샤가 서 있다. 낯선 어른 스물세 명을 무작정 따라가기 위해. 어른들은 삼 년째 모여 과학을 공부한 사람들이고, 아샤는 어렵게 비행기표를 구한 마지막 탐사대원이다. 어디서 새파란 돌멩이가 굴러 들어와 따라가겠다 조르자, 시선은 그리 따스하지 않았다. 누군가는 어머니나 아버지뻘의 어른들 틈바구니서 어울릴 수 있을까 걱정했고, 박사님은 별자리캠프가는 어린애 같은 마음이라면 오지도 말라셨다.

스스로 물어본다. 무슨 고집으로 여기에 서 있니. 대답은 별로 길지가 않다. 아샤에게는 선택의 여지가 없었다. 낭떠러지 끝에 서 있었고, 곤두박질치지 않기 위해 갈 수 있는 유일한 길이, 여기였다. 대학졸업반. 어떻게 살아야 하는지, 아무도 가르쳐 주지 않았다. 교수님도, 선배도, 친구도, 부모님도, 정치인도, 시인도, 예수님도. 직장을 잡고, 돈도 많이 벌고, 집도 사고, 보험도 들고, 가끔은 골프도 치고, 드라마도 보면서 나이를 먹다가, 어느 날 문득 죽을 수는 없었다. 그건 아샤가 원하는 일들이 아니었다.

두터운 책들을 짊어지고 시시콜콜 철학교수님을 괴롭히다, 외딴 절에 눌러앉아 스님을 따라 꾸역꾸역 삼천 번 절을 하다, 암환자를 방문하는 수녀님을 졸졸 쫓아다니며 임종간호를 하다……. 그러니까 아샤는, 살아보기도 전에 벌써 인생을 정리하려 하고 있었다. 이상하게도 가면 갈수록 아샤는 점점 작아졌다.

땅딸막한 '내 안'에 갇혀 길을 잃고만 어느 봄날. 우연히 한 강의를 만났다. 그건 '철학적 문제에 물리학이 답하다'란 멋진 제목을 달고 있었다. 데면데면한 옆반친구 같던 '과학'을 처음 만나던 날이었다. 놀랍게도 과학은 우주, 원자, 그리고 인간에 대해 고민하고 있었다. 과학에 대한 선입견이 아샤를 말렸다. 아샤는 가시를 세우고 동태를 살폈다.

한참을 엿보던 어느 날, 아샤는 호기심에 못 이겨 옆 반 교실로 숨어들었다. 빅뱅이 만든 우주의 지문이 찍힌 위성사진을 보고, 아샤는 놀라 눈물을 흘렸다. 시간과 공간과 물질이 서로를 결정하는 상대성이론과 무기물이 모여 유기물이 되는 생명의 레시피 실험, 요동치는 양자의 세계와 내 안에 꿈틀대는 미토콘드리아를 만났다. 현미경 속 자그마한 것들부터 천체망원경 밖 우주 저 끝까지, 알고 보니 세상에는 소중한 것들이 넘쳐났다. 난생처음 아샤는, 가슴이 뻥 뚫리는 기분이었다. 그렇게 과학은 보잘 것 없는 '내 안'에 갇혀 질식할 뻔한 아샤의 시선을, '내 밖'에 펼쳐진 무한한 세상으로 돌려놓았다.

어렸을 적부터 아샤의 큰 콤플렉스는, 부끄러운 자기의 이기심이었다. 세상을 바꾸기 위해 자신을 바치는 사람들을 볼 때에, 아샤는 자주 작아졌다. 혼자로도 충분해 보이는 자기 자신이, 이 세상 어디쯤 꿰매어져 있는지, 다른 사람들과는 어떻게 매듭지어져 있는지, 실감이 나지 않았다. 도덕책이나 성경책을 읽고 감동하기엔 아샤는 너무 약삭빨랐다. 아이러니하게도, 그에 대한 대답을, 과학책이 속삭이고 있었다. 우주의 품에 안겨, 지구의 등에 업혀 숨 쉬고 있는 나, 내 품에 안겨 있는 미생물들과 꽃들과 물고기들의 흔적. 내 눈으로 확인해야만 했다. 그들을 따라서, 아샤는 호주로 가야만 했다.

첫차가 아샤 앞에 멈춰 섰다. 오래 뒤집어쓰고 있던 케케묵은 어둠을 벗어두고, 아샤는 버스에 올랐다.

호주로 가는 비행접시

그 해 봄날. 아샤가 처음으로 박문호 박사님의 강의실에 들어섰을 때. 칠판에는 별들의 일생이 그래프로 그려져 있었다. 구석구석에 적색거성, 백색 왜성, 갈색 왜성, 초신성, 블랙홀같은 글씨들이 반짝거리고 있었다. 일요일 오후 두 시였고, 별 하나 보이지 않는 서울 하늘 아래였다. 교실 안에 집결해 눈동자를 반짝이는 수많은 이들은 어쩜 외계인인지도 몰랐다. 외계인들은 서울 하늘 아래에서, 보이지 않는 것들에 대해 한참 생각하다가, 참다못해 짐을 꾸려 바다를 건너기로, 입을 모았다.

아샤는 비행기를 싫어했다. 자신이 아닌 어느 누군가에게 내 모든 것을 내맡기는 이 느낌. 비행기가 떠오르는 순간, 필사적으로 땅을 디디던 두 다리는 허전하게 무너진다. 우리는 모두 순한 양이 된다. 조종사의 안내방송은 하늘 바깥에서 신탁처럼 들려온다. 일상 속의 우리는 삶을 조종하거나, 적어도 그렇다는 착각에 빠져 살지만, 삶의 주도권을 남에게 위임할 수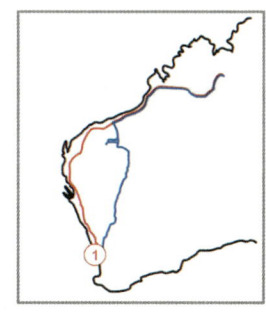
밖에 없음이 명백해지는 순간이 몇 있다. 비행기를 탈 때, 수술대에 오를 때, 사랑에 빠질 때. 세 경우의 공통점은, 알게 모르게 자신의 결단을 요한다는 것, 그리고 모종의 망설임과 불안과 용기와 결단과 인내를 통과하고 나면, 이전에는 경험하지 못한 새로운 장소- 새로운 시간- 새로운 자신이 거기에서 우리를 기다리고 있다는 것이다.

계절이 바뀌었다. 아샤는 외계인들과 함께 조종사에게 몸을 맡겼다. 와르르, 마흔여덟 개의 다리가 일제히 무너져 내렸다.

이틀째 수상쩍은 움직임

호주 남서부의 오래된 도시 퍼스. 다섯 대의 회색 승합차가 도시를 빠져나간다. 1호 차 부터 5호 차까지. 한 줄로 긴밀하게 움직이는 모습이, 꽤 수상하다. 차량마다 보급된 무전기는 무슨 특수작전을 떠올리게 한다. 하기사 작전이라면 특수작전이 맞다. 35억 년 전의 지구가 미처 눈을 감지 못해 살짝 모습을 드러낸 곳,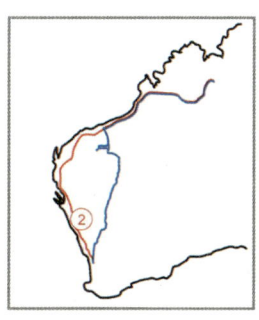
그곳을 향해서라면 비포장도로도 황무지도 건널 각오가 된 스물넷 탐사대원이 만반의 준비를 마치고 길을 나섰으니 말이다.

오래지 않아 드넓은 초원이 펼쳐진다. 한줄기 길 외엔 인간의 흔적을 느낄 수 없는 야생의 왕국으로. 다섯대의 차가 겁도 없이 내달린다. 정해진 날

한 점으로 만나는 서호주의 길.

11박 12일 동안 우리의 발이 되어준 5대의 또 다른 자연. 이 자동차의 철도 서호주의 철광층에서 온 것이 아닐까?

까지 북서부에 닿기 위해, 1호 차는 점점 속력을 낸다. 뒤처지지 않으려면 4,5호차는 번번이 앞차보다 속력을 더 내야 한다. 몇 차례 이견 조율에도 몰아붙이기는 계속되고, 뒤차들은 불안감을 안고 달린다. 빠른 속도와 잦은 급가속으로 4, 5호 차는 먼저 기름이 바닥나 간다. 무전으로 다급하게 기름부족을 호소하지만, 어쩐 일인지 1호 차는 묵묵부답이다. 주유소가 가뭄에 콩 나듯 한 허허벌판. 두려워져 여러 번 무전을 보내지만 1호 차는 유유히 주유소를 지나쳐간다. 무전기는 꺼져 있었던 것이다. 결국 4,5호 차는 대열을 이탈해 주유소에 정차한다.

한참 후에야 1,2,3호 차는 허전한 뒤를 보고 당황한다. 서둘러 무전해보지만 삼십 분이 지나도록 응답이 없다. 무전기는 2km 반경 내에서만 송수신이 가능한 것이다. 일부 대원은 사고가 아닌지 걱정하며 계속 무전기를 두드리고, 아샤와 박사님, 이원구선생님은 컴컴한 도로변에 깃발과 야광봉을 들고 서 있다. 지나가던 차에서 휙, 무언가가 날아온다. 아샤의 얼굴을 강타한 물체가 무엇인지 파악하는 데는 시간이 조금 걸렸다. 가속도가 붙어 맥주캔 처럼 단단하게 느껴진 그 물체는 다름 아닌, 날계란. 폭주족들이 낄낄거리는 웃음을 노랗게 흘리며 지나쳐 간다. 아샤는 눈에 물이 맺히려는 걸 참으려, 입술을 모로 깨물어 본다. 이제 그만, 껍질을 깨고 세상으로 나오라는 신호탄인가 봐.

계란 범벅인 옷을 주섬주섬 빨래하는데 4,5호 차가 도착한다. 서로에게 조금 화가 나 있다. 주섬주섬 오해를 이해로 바꾸어 간다. 무전기의 운용방법, 다른 통신장비의 모색, 상시 연료 게이지 체크…… 시행착오를 통해, 열이틀의 탐사에 꼭 필요한 것들을 약속한다. 어둠이 도로를 지워버렸다. 다섯 차는 피로를 질질 끌고 첫 야영지에 들어선다. 따뜻한 크림수프를 끓여 나누어 먹는다. 마음들이 조금조금 가라앉는다. 삐걱거렸지만, 큰 사고가 없었단 데에 모두들 안도하는 눈치다. 어수선한 분위기도, 차분한 밤공기를 만나 조금조금 제자리를 찾아간다.

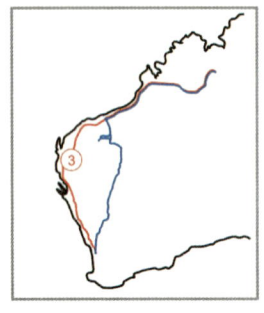

사흘째 인도양에서 만난 조상님
(137억 년 우주의진화 제11강〈광합성〉현장답사)

구름 한 닢. 바람 한 줌. 소리 한 올. 없는 아침이다. 세 개의 기원을 찾아. 여기까지 왔다. 우주의 기원. 지구의 기원. 생명의 기원. 그 중 가장 가깝지만. 가장 복잡한. 그래서 미스터리한. 하나의 이야기. 생명의 기원을 만나러. 오늘 아침에는 샤크베이로 간다. 멀리서 본 인도양. 바다라고하기가 무색하다. 파도 한 겹 일지 않는. 지나친 고요. 시간이 정지된 걸까. 그리워하던 하늘과 바다가. 오늘 만나고 말았는지. 수평선이 온데간데 없다. 삼차원 공간이 아닌. 거대한 푸른 벽지처럼 보인다. 색깔도. 시간도. 공간도. 이 세상은 아닌 것 같은 비현실적인 풍경. 왠지 저 푸른 벽 너머는. 세상의 끝일 것만 같은. 확신이 든다.

공생이론에 따르면. 네 조상이 줄줄이 합체하여. 식물이 되고. 동물이 되고. 인간이 되었다. 넷 다 세균이었다. 헤엄치는 세균. 산과 열을 견디는 세균. 산소호흡 세균. 셋은 융합되어 하나의 개체가 되었고, 구름같이 많은 자손들을 퍼뜨렸다. 그는 마지막으로. 초록색 세균을 삼켰고. 소화되지 못해 몸 안에 남았다. 이 초록 세균이 바로 시아노박테리아다. 지금 지구상에 시아노박테리아는. 어디에나 있고. 어디에도 없다. 다른 세포의 엽록체가 되었기 때문에. 독립해서 사는 것을 찾아볼 수 없다. 시체들만 화석으로 발견된다. 그런데 이곳에서. 살아 있는. 시아노박테리아를 만날 수 있다. 짜고 척박한 환경이 다른 생물을 살 수 없게 해, 잡아먹히지 않고 독립적으로 남아있게 된 것이다. 여기는. 최초의 조상을. 귀신 아닌 생명체로 만날 수 있는. 지구 상 거의 유일한 곳이다. 바다를 향해 걸으며 누군가. 제사상 차려 왔습니까? 농담을 던진다.

물 위의 나무 회랑과. 조개더미 백사장을 빙빙 돌며. 박사님은 이 작은 조상들이 우리가 되기까지 걸어온 길을 이야기해 주신다. 이십여 명 대원들이. 박사님을 둘러싸고. 귀를 쫑긋 모으고 있다. 깨알같이 노트에 받아 적는 이. 골똘히 고개를 끄덕이는 이. 간간이 탄성을 지르는 이. 강의가 궁금도 하지만. 아샤는 집중이 잘되지 않는다. 박사님의 말씀도 바다의 풍경도 점묘화처럼 점.점.이. 흩어진다. 어쩐지 멍해진 아샤는 슬금 대열을 비껴 나와 바위만 빙빙 돈다. 가까이서 본 바위는 뽀글 뽀글 뽀글 거품을 뿜으며 숨을 쉬고 있다. 호기심은 못 참아 바짓단을 접어올리고 바다 속으로 텀벙 텀벙 텀벙 걸어 들어간다. 아샤는 잠시 움찔 한다. 바위는 생각보다 부드럽고 그리고 따스한 온기가 전해져 온다. 정말로 이 바위는 살.아.있.는.모.양.이.다.

스트로마톨라이트가 자라는 서호주 샤크베이의 헤멀린 풀.

나흘째 개미군단의 위기

서호주의 풍경화는 가 본 적 없는 이라도 그려 볼 수 있다. 도화지를 막연히 가로지르는 수평선을 하나 그리고, 수평선을 향하다 한 개 점으로 사라지고 마는 외마디 길을 그린다. 그런 다음에는 붉은 크레파스를 들어 도화지 가득, 뾰족한 삼각형을 마음 내키는 만큼 그려 넣으면, 완성이다.

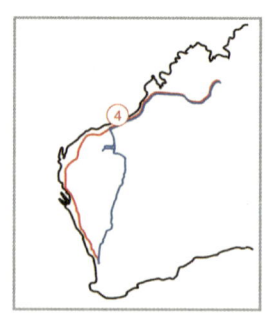

서호주를 점령한 붉은 성들의 성주는 바로, 개미들이다. 인간이 살 수 없는 척박한 지역까지 만리장성의 물결은 이어진다. 인간이 근근이 세 들어 사는 이 땅의 진짜 주인은 개미떼이다. 하지만 이 거대한 왕국의 시민들은 체구가 너무 작아 보이지 않아서, 인간의 눈에 비친 붉은 성은 모두 빈 집 같다. 인기척 없는 빈 집, 그러한 집이 끝없이 늘어선 빈 도시가 주는, 어쩐지 아득한 정조가 서호주의 들판에는 흐르고 있다.

이 정지한 한 폭의 풍경에 낯선 바퀴 자국을 그려 넣으며, 못 보던 개미떼 한 무리가, 북으로 북으로 진군하고 있었다. 식사시간이나 취침시간이면 차에서 쏟아져 나와 각자 위치로 움직이고, 때가 되면 또 일사불란하게 차에 올라타 쉼임없이 달리는 것이다.

식사-진군-취침-진군의 리드미컬한 진행에 브레이크가 걸린 건 나흘째

1 학습탐사의 하일라이트는 새벽강의이다. 2 낮에 수백km를 달리고 밤에는 텐트를 칠판삼아 학습한다.

밤. 퍼스까지 돌아갈 일을 고려하면, 회군 시점이 가까워져온 것이다. 진군할 시간은 내일 하루, 남은 거리는 1,400km. 800km가 그간 최대였음을 기억하면, 불가능이 자명하다. 거리와 시간이 숫자로 손질되어 도마 위에 오르자, 모두의 표정이 어두워진다. 막연히 달린 날들이 오히려 마음이 편안했다. 머나먼 목표에 대한 불안감에, 어쩌면 부러 바로 앞만 보고 달려왔는지 모른다.

그러나 상황을 직시해야 할 때가 왔다. 별들이 방청하는 가운데, 토론이 시작된다. 일군은 처음 목표까지 가자 하고, 일군은 탐사계획을 수정하자 한다. 누군가는 호주행 자체가 모험을 감행하기로 했던 것 아니냐고 반문하고, 누군가는 매 순간이 너무 가쁘다고, 과정 자체를 즐기자고 제안한다. 인생의 축소판이다. 내일을 달리는 사람과, 오늘을 즐기는 사람. 그건, 옳고 그름의 문제가 아닌 선택의 문제다.

의견은 자연스레 모였다. 정도는 달라도, 탐사대는 탐사대인 모양이다. 박사님이 이는 탐사의 본질 문제라고 하신다. 여행을 온 것이 아님을, 그에 동의한 사람만이 여기 온 것임을 상기시키신다. 내일 밤이면 상황이 명확해질 터이니 미리 논할 필요가 없다고 덧붙이신다.

개미떼는 소란을 맺고, 뾰족한 삼각텐트들 속으로 기어들어간다. 분수령이 될 하루를 앞둔 삼각텐트들 밖으로, 밤늦도록 잠들지 못한 이들의 걱정거리가 두런두런 새어나온다.

닷새째 기적을 만드는 사람들

새벽부터 기척이 심상치 않다. 네 시 경 텐트들이 반짝반짝 눈을 뜨더니, 다섯 시엔 차들이 번쩍번쩍 헤드라이트를 켠다. 별들도 아직 뒹굴뒹굴 뒤척이는데, 오늘은 탐사대가 먼저 자리를 털고 일어난다. 어젯밤의 토론으로 몇 작전이 변경되었다. 첫째, 로드킬 우려로 회피하던 새벽 주행과 야간 주행을 감행하기로. 둘

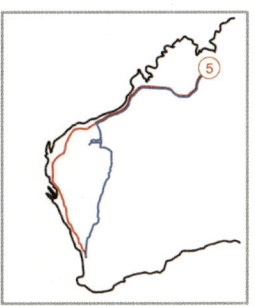

째, 아침과 점심은 차 안에서, 먹으면서 달리기로. 셋째, 무리지어 이동하던 방식에서, 목표까지 기든 날든 각자 오는 방식으로. 계란을 삶아 떠난 첫 목표지는 Sandfire 로드하우스.

아직 남은 잠의 여운과 침묵 속에서, 정동 쪽으로 달린다. 탐사대의 앞에 가로누운 것은 깊이를 알 수 없는 어둠. 그 어둠의 한가운데서 거짓말처럼, 빛이 태어나며, 하늘과 땅이 갈라지기 시작한다. 탐사대는 소리를 질러대며 빛을 향하여 달리고 또 달린다. 어린아이처럼 달려가는 탐사대의 머리 위로 하늘이 생겨난다. 눈앞, 양옆, 등 뒤, 고개를 돌려서 볼 수 있는 온 사방 천지에, 지구가 생겨난다. 이 아침에 탐사대는 뜻밖에, 휘황한 선물을 받고 있다.

활짝 핀 태양은 정면에서 빛을 쏟다. 눈이 부셔 시야를 가린 1,2,5호 차가 Sandfire를 지나쳐버린다. 그때 2호 차의 기름표시등에 불이 들어온다. 다음 주유소는 70km 밖. 2호 차는 경제속도를 유지하며 언제 설지 모르는 시한부운전을 시작한다. 모두가 2호 차를 걱정하는 동안, 오히려 2호 차 안에는 평화가 감돌고 있다. 속도가 반이 되니 풍경이 보이고, 음악도 들리고, 아침도 먹고, 모처럼의 여유다. 대단한 사람들이다.

사람들의 여유에 달리던 차도 깜빡 속은 듯, 2호 차는 멈추지 않고 무사히

Derby와 Halls creek 분기점에 있는 거대한 바오밥 나무.

Bidyadanga라는 작은 어촌에 도착한다. 우연히 들어간 이곳은 뜻밖에도, 킴벌리 최대의 원주민 마을. 방문하려면 원래는 한 달 전부터 예약 해야 한단다. 사고 덕에 애보리진의 생활을 생생하게 목격한 대원들. 그렇게 오늘의 두 번째 선물을 받아 들었다.

점심은 차 안에서. 땅콩버터 바른 호밀빵과 사과 한 알. 그런데 문제의 2호 차, 길가의 멋진 바오밥나무 한 그루를 발견한다. 문장렬, 김승수, 이경, 문순표, 홍종연선생님, 우리의 못 말리는 로맨티스트들이 그냥 지나칠 수 없다. 얼른 내려 두들겨도 보고, 쓰다듬어도 보다가, 아예 그 아래 점심상을 차린다. 다른 차들이 잠시 걱정하다, 스쳐오며 본 2호 차 사람들의 표정이 너무나 행복해 보였다는 점에서, 사고는 아니리라 잠정 결론을 내린다. 크고 작은 엇갈림에도, 새로 도입한 작전이 맞아떨어져, 다섯 차는 앞서거니 뒤서거니 추월도 해가며 광속도로 달리고, Broome을 점심나절에 지나쳐, Fizroy Crossing, Halls Creek까지 주파해 버린다. 최대한 벙글벙글에 근접하는 것이 과제이므로 목표는 계속 업그레이드되고, 결국엔 밤운전으로 벙글벙글 코앞까지 가기로 최종목표가 결정된다. 온종일 차 안에서 보낸 어르신들은 목과 어깨가 뻐근하다고하셔서, 아샤는 아빠 안마 이십 년 경력을 살려 어른들을 주물러 드리는 것으로 마음을 표한다.

땅거미가 완전히 내려앉은 그 밤. 탐사대는 벙글벙글레인지까지 도착하고 만다. 하루 만에 기적처럼 반전된 상황. 벙글벙글 웃고 떠들며 서로 격려한다. 박사님도 오래간만에 시름을 내려놓고 편히 웃으신다. 호주탐사는 올해로 네 번째. 지난번 인원은 칠십명이나 되었다. 그만큼 의견도 분분했다. 젠틀맨십, 에티켓을 외치는 목소리 아래. 운전도 규정 속도 내, 야영도 허가장소 내에서만. 그래서 멀리까지 가보지 못하고, 별자리도 불빛에 자주 가렸다. 그들의 소신도 일리는 있지만, 박사님이 중시하는 바는 다르다. 호주에 온 이유가 대자연의 법칙을 만나기 위한 것이라면, 사소하고 인위적인 인간의 법칙들은 잠시 접어두어야 할는지 모른다. 인간의 관점을 벗고 겸허하게, 있는 그대로의 대자연을 이해하기 위해서.

탐사대의 위험한 질주가, 결코 무용담이 되어서는 안 될 것이다. 그러나 인생이 언제나 선택의 문제라면. 대자연을 만나겠다는 참 단순하고도 순수한 열정, 그 열정 아래 많은 것들을 희생하고, 무릅쓰고, 맞춰가면서. 스물 네 명이 하나의 유기체처럼 조화롭게 움직여 여기까지 왔다는 것. 아니 하나의 유기체였다면 오히려 할 수 없었을 일을, 서로의 열정으로 서로를 감염시키면서, 여기까지 왔다는 사실이, 아샤는 자랑스러웠다.

엿새째 지구를 만나다
(137억 년 우주의진화 제8강〈지구〉 현장답사)

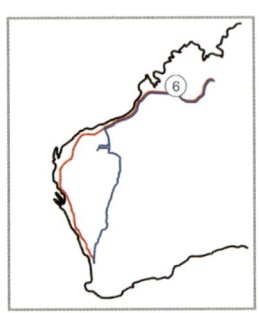

대양을 건너서, 대륙을 건너서, 닿은 곳. 인간에게 들킨 지 얼마 안 된 이곳에 22억 년 전의 지구가 있다. 어린이 지구는 아직, 인간, 공룡, 삼엽충 따위가 나타나리라곤 상상도 못하고 있을 것이다. NASA는 지구에서 화성과 가장 비슷한 장소가 서호주라 하였다. 그래, 먼 옛날엔 지구도 화성도 금성도, 서로 닮은 얼굴이었겠지. 지구는 낯설고 스산한 풍경이었을 거야. 아샤는 옷깃을 단단히 여미고 벙글벙글레인지로 들어선다.

이곳의 크기는 한반도만 해서, 걸어서는 한눈에 볼 수가 없다. 탐사대는 셋 씩 조를 이루어 헬리콥터를 탄다. 헬기가 땅을 박차고 오르자, 가장 먼저 펼쳐진 것은 끝없는 평야, 상처처럼 깊게 벌어진 계곡, 그리고 마침내 저 멀리, 웅성웅성 모여서 있는 수십만 채의 봉우리. 아샤의 시야 안, 그 드넓은 지구 위에, 움직이는 물체라곤 단 하나 없다. 헬기가 떨어뜨리는 그림자만이 땅 위에서 외로이 헬기를 좇는다. 이 광활한 곳에 정말 우리뿐인가? 아샤는 가슴이 먹먹해서 두 손으로 확성기를 만들어 고래고래 소리를 질러댄다. 안녕, 거기 누구 없어요? 메아리조차 돌아오지 못한다. 아샤의 목소리는 대기 중에 흩뿌려진다. 절대적인 적막 속. 프로펠러 소리만 어색하게 겉돌고 있다.

태초의 지구는 참말, 조용했을 것이다. 개미라도 거인으로 오해될 만큼 작은 미생물들의 시간. 지구는 아직 생명의 행성으로 불리기에는 너무 고요했을 것이다. 서로 다른 생명체들이 나타나 북적거리기 전. 말 없는 암석으로 가득 찬 어린 행성. 아샤 눈에 비친 어린 지구는, 조금 외로워 보였다. 그렇게 혼자 누워 아샤를 바라보는 지구. 지구라는 행성을 만나러 가자던 박사님의 말뜻을, 그 때 아샤는 처음으로 이해했다.

도시에서 태어난 아샤와 같은 아이들은, 자연을 조금 두려워한다. 어른들은 도시에서 답답함을 느끼지만, 아샤는 오히려 도시를 벗어날 때 불안감을 느낀다. 바삐 움직이는 사람들을 볼 때에만 살아 있다는 활기를 느끼고, 산과 들에서는 생명의 온기를 감지해내지 못한다. 자연과 교감하는 방법을 배우지 못해서일 것이다. 난생 처음 만나보는 대자연과의 육 일간의 내외 끝. 아샤는 아주 서툴게, 자연에게 말을 걸기 시작했다.

어린 지구는 과연 낯설었으나, 그러나 아름다웠다. 가장 화성과 닮았다던 이곳은 아이러니하게, 아무리 봐도, 그래도, 지구였다. 삭막한 화성의 풍경을 각오했던 아샤는 조금 안심했다. 우리들의 지구는 가장 낯선 순간에

장관을 이루는 킴벌리 지역의 벙글벙글 레인지.

도 다른 별만큼 무서운 풍경은 아니었다. 생각보다 친근한 풍경, 그 유순한 봉우리들 위에, 아샤는 마음을 놓았다. 언젠가는 나도 흩어져, 흙이 되고, 물이 되고, 공기가 될 거야. 그러나 어떤 모습으로, 어느 곳으로 가게 되든, 이 지구에만 머물 수 있다면. 무섭지 않을 것만 같아. 굽이굽이 돌고 돌아, 여기까지 흘러들어, 저 둥그런 봉우리가 된다 해도 말야.

이유 있는 여유

탐사대는 회군하기 시작했다. 돌아갈 거리가 빠듯한데도, 이상하리만치 마음이 여유롭다. 더 마음 놓고 웃고, 떠들고, 농담을 주고받고, 멋진 곳이 나타나면 차를 멈추고 마음껏 거닐어 본다. 그러고나서 길에 오르면 이미 조금 전의 길이 아니다. 아샤는 차창 밖의 들꽃에게 속삭인다. 이젠 너의 향기를 알아. 보기보다 네 잎사귀가 부드럽다는 것도 말이야. 누군가는 이미 탐사의 목적을 이루어서라 하고, 누군가는 마음만 먹으면 달릴 수 있는 우리의 가능성을 알아서라 한다. 아샤가 앓고 있던 작은 고민 덩이가 풀리고 있다.

아샤는 욕심이 많아서, 미래의 꿈도, 순간의 행복도, 놓치기가 싫었다. 하지만 두 가지는 싸울 때가 많아서, 자주 아샤를 고민스럽게 했다. 고시공부를 할 때는 미래를 위해 모든 것을 참아야 했다. 소중한 이들에게 소홀했고, 스물 두셋 대학생으로 하고 싶던 많은 일들, 세계 일주 같은 거창한 것부터 화장하고 예쁜 옷 입기 같은 사소한 것까지, 공부를 빼면 내게 남은 것은 무얼까 하는 공허감이 밀려왔다. 스스로 등쌀에 떠밀려 매일 밤 악몽을 꾸었고, 수업을 듣다 여러 번 쓰러졌다. 죽었으면 속 편하겠다고 울며 엄마 마음을 아프게 했다. 목부터 등허리 팔목까지 뒤덮은 파스와 하루 너댓 병의 박카스. 시험을 마치고 걸어 나오던 날, 결과를 떠나 시험을 마친 것 만으로도 다행이라 자위했다. 시간을 돌리더라도 더 할 수는 없을 만큼 최선을 다했기에, 떨어져도 핑계는 오직 나의 능력 부족이기에, 억울하지는 않으리라 여겨졌다. 합격자 발표날. 소리도 못 내고 얼굴을 감싸고 울던 순간부터, 종로부터 광화문까지 뛰어다니던 순간까지, 이제는 마음

편히 살 수 있을 줄 알았다. 그런데 그만, 박자세를 만나버린 것이었다.

이번엔 과학이라니. 교수님 강의를 따라가려면 물리학을 해야 했고, 그러려면 수학을 해야 했고, 화학, 생물학, 지질학, 진화학, 도무지 끝이 없었다! 게다가 박자세의 놀라운 회원들은 직업 불문, 전공 불문, 나이 불문, 그 많은 공부를 열정적으로 소화해내고 있었다!

우주의 폭발로 시간과 공간과 물질이 두루마리처럼 펼쳐지고, 물질이 뭉쳐 지구를 만들고, 지구가 생명을 낳고, 생명은 복잡한 인간이 되고, 인간의 뇌에 의식이 생겨, 결국은 물질이 물질을 스스로 의식하게 되기까지의 긴 여정. 이 세상 모든 것의 역사를 추적해 보자는 강의가, 〈137억 년 우주의 진화〉. 일요일마다 네 시간씩 삼 년 째 모여 긴 여정에 동참해 온 회원들. 그 내용을 눈으로 확인하기 위해 떠난 것이 바로 '서호주 학습탐사'. 지구가 생명의 보고가 되기 위해 거쳐야 했던 가장 결정적인 사건, 산소혁명의 잔해로 남은 것이 바로 '벙글벙글레인지'의 처트 층. 그 혁명의 주인공들이 바로 '샤크베이의 시아노박테리아'. 오랜 공부 끝에 온 어른들의 감격은, 어렴풋한 아샤의 느낌보다 훨씬 진해 보였다. 여섯 번 째 탐사, 올 때마다 더 진한 풍경이 보인다고 했다. 차 안에서도 어른들은 함께 주기율표와 별자리를 외우느라 여념이 없었다. 아샤의 마음속만 아직도 시끄러웠다.

오늘, 여행의 5부 능선을 넘는 내리막길. 아샤는 처음 완연한 여유를 맞이했다. 그리고 그 이유가, 목표달성이란 결과 때문이 아님을 직감했다. 다만 할 수 있는 노력은 다했다는 사실이, 이제는 편히 쉬라고 *끄덕여주고* 있었다. 이틀 전 이 여유를 가불받았다면, 지금처럼 편안한 마음이지 못했을 것이다. 모든 것에는 때가 있다. 삶의 여유는, 가지고 싶다고 가지는 것이 아니라, 찾아오는 때가 있는지 모른다. 언젠가 언덕을 넘는 순간, 자연히 알게 될지도 모른다. 그 전까지는 자꾸 뒤돌아보지 말고, 가는 데까지 한 번 가 보는 거다. 어느 날 수업, 박사님의 마지막 말씀이, 아샤의 마음에 이제야 둥지를 튼다. 어린왕자의 별을 평생토록 잊지 않고 마음 속에 간직하며 살기 위해서는, 우리는 모두, 천문학자의 별을 거쳐야 합니다.

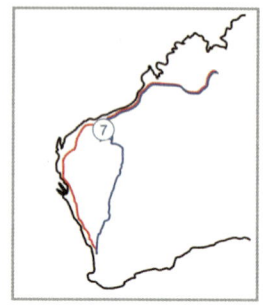

이레째 허브 밭의 사람들
(137억 년 우주의진화 제1강〈입자물리학〉, 제2강〈핵물리학〉, 제6강〈열역학〉, 제7강〈별〉 현장답사)

어젯밤엔 천 살이 넘은 바오밥나무 아래서 저녁을 먹고, 가지 사이로 별을 헤다 잠들었다. 날이 밝고 보니 할아버지 바오밥은 거대했다. 열여덟 명이 손을 맞잡고야 겨우 껴안았다. 크다란 나무구멍에도 들어가 보고 가지에도 매달리며 보낸 아침나절은, 유독 싱그러웠다. 하지만 오늘 밤을 보낼 야영지 역시, 코끝부터 가슴 속 깊은 곳까지 향기로워지는 곳이었다. 호주의 하늘빛은 시시각각 새롭고, 언제나 상상의 한계를 벗어난다. 연보랏빛 파스텔 가루같은 일몰에 휩싸여 탐사대가 안착한 곳은, 무인도가 아닐까 할 정도로 사람의 흔적이 전혀 없는 야생화평원. 거칠어만 보이던 평원에 들어서는 순간, 코가 제일 먼저 눈치챘다. 이곳에 가득한 풀들이 전부 허브라는 것을. 각양각색 키 작은 허브들의 은은한 내음이 향긋한 하모니를 이루고 있다. 아늑한 잠자리를 잡은 탐사대도, 덩달아 향긋해진다.

별의 물리에 관한 박사님의 강의는 언제나 신비롭다. 성간구름에 떠다니는 분자들이 서로 끌어당겨 슬금슬금 모이고, 가까워진 분자끼리 부딪히

우리가 숙영했던 허브밭에서 상쾌한 아침을 맞은 탐사대원들. 서호주의 야생화.

다 뜨거워져, 어느 순간 빛을 낸다. 별의 탄생이다. 별 속은 점점 뜨거워져, 핵융합로가 되어 점점 무거운 원소를 만들고, 철에 이르러 융합을 멈추고, 쪼개지기 시작한다. 거대한 별은 눈부시게 폭발하고, 작은 별은 조용히 폭발한다. 폭발의 충격이 근처의 성간구름 분자들을 살짝 밀면, 분자들은 슬금슬금 모이기 시작해서, 다시금 새 별로 태어난다.

별도 사람도 동그랗게 둘러앉아 있다. 김제수선생님이 아샤에게, 이야기를 듣고 픈 인생선배가 있느냐 물으신다. 각자의 인생이 담긴 진솔한 이야기가 만개하기 시작한다. 별빛이 전부인 완벽한 어둠 속. 서로의 얼굴은 보이지 않지만, 이제는 목소리만 들어도 누구인지, 어떤 표정을 하고 있을지, 알 수 있다. 긴 이야기가 끝나갈 무렵, 박사님께서 입을 여신다. 고개를 들어 별을 한 번 보세요. 또, 어둠에 묻힌 돌도 한 번 보세요. 그리고, 다시 자신. 여태껏 우리는 너무, 구별하고 살았던 것 같아요. 침묵이 흐른다. 말 한마디 없다. 탐사대는 각자의 고요 속으로 빠져든다.

별떼의 습격

평야에서 별들은 머리 위에만 있는 것이 아니라 앞에도 있고, 옆에도 있다. 산이 없어 하늘이 온전한 반구를 이루기 때문이다. 그래서, 눈높이 혹은 허리춤까지 내려와 있는 별들을 보면, 금방이라도 낚아챌 듯한 기분이 들어, 막 달려나가게 되는 것이다. 멀리서 등을 들고 선 사람은, 낮게 매달린 별들과 혼동될 때가 있다. 아샤는 담뱃불을 붙인 어른들을 별로 오인한 적이 여러 번이다.

사람, 사람, 사람, 사람, 사람, 사람, 사람, 사람, 사람, 별, 사람, 사람, 사람, 사람, 사람, 사람, 이것이 서울 하늘 아래에서 아샤가 만난 별의 느낌이라면 별, 사람, 별 이것이 서호주에서 아샤가 마주친 별의 느낌이다. 너무 많은 별에 포위되자 아샤는 당분간 약간 어리둥

깊은 밤 별자리 학습. 오리온 자리가 북반구와 거꾸로 보인다.

절해진다. 수적 열세에 밀려 갑자기 이방인이 된 것이다. 좋게 말해야 이방인이지, 별들이 보기엔 요거 완전히 이물질이다. 저 괴상하게 생긴 것은 뭐길래 우리를 올려다보지? 왜 쪼끄만게 우리의 정체를 궁금해하고, 자신의 정체를 궁금해하지? 어라, 막 웃기도 하고, 울기도 하네. 이 와중이라면 별 보러 온 아샤의 꿈은 이미 죄 물 건너갔다. 별을 보기는커녕, 별떼들에게 관찰당하고 있는 것이다! 별들이 수천억 개의 눈을 뜨고 끔뻑끔뻑 아샤를 내려다보고 있다. 자칫하면 두런두런 속닥속닥 소리마저 들릴 것만 같다.

멋쩍음을 무릅쓰고, 아샤도 눈을 똑바로 뜨고 한 번 올려다본다. 은하수가 무지개처럼 반원을 그리고 있다. 저걸로 줄넘기도 할 수 있겠다. 마냥 바라보면 은하수는 희뿌연 것이, 밤하늘에 낀 먼지이거나 구름 같다. 그러나 만만하게 봤다가는 큰코다친다. 멍하니 은하수 구름을 치어다보고 있는 아샤의 눈앞에 누군가 망원경을 들이민다. 무심코 망원경을 들여다본 아샤에게 가슴이 쿵 떨어지는 소리가 들린다. 망원경 속에서 뿌연 구름은 온데간데없다. 대신 그건 한 알, 한 알, 알알이, 별 떼로 변해 있다. 은하수에 특히나 별들이 몰려 있는 건, 우리 은하가 아주 납작한 원반 모양이고, 우리 태양계가 그 원반 속에 있기 때문이다. 원반 속에 사는 우리가 그 원반을 바라보면, 원반의 높이 쪽을 볼 때에는 많은 별을 볼 수 없지만, 원반의 지름 쪽을 볼 때에는 원반 속 거의 모든 별을 볼 수 있는 것과 같은 원리다. 아, 안 되겠다. 다른 별은 그렇다 쳐도, 저 떼거지 별들은 도저히 볼 엄두가 안 난다.

조금은 더 만만한 별 떼가 있다. 우리 원반 바깥, 아득히 먼 곳에 매달린 또 다른 원반들이다. 지구 상에서 맨눈으로 볼 수 있는 세 개의 성운, 대마젤란, 소마젤란, 안드로메다를, 서호주 하늘에서 모두 볼 수가 있다. 사람이 간다면 대대손손 가도 닿지 못할 그곳에서부터, 빛이 대신 오랜 시간 달려와, 사람의 눈 속으로 투신하고 있다. 그 공로로 나는 지금, 너를 보고 있어. 영원히 관계 맺지 못할 뻔한 두 사물이 그렇게 처음 대면하고 있다. 아샤의 가슴을 제일 설레게 하는 건, 은하수 한가운데, 새카만 주머니다. 찬란한 은하수의 가운데에, 벌어진 것처럼 뵈는 검은 부분이 있다. 꽤 오랜 세월 천문학자들은 그곳에 아무것도 없기 때문이라고 생각했다. 오히려 정반대였다. 그곳은 빈공간이 아니라, 수많은 별이 자라나고 있는 성운이었던 것이다. 밤하늘의 가장 어두운 곳에서, 가장 많은 아기별이 지금 이 순간에도 태어나고 있다. 그러니까 그 검은 주머니는, 우주의 자궁인 것이다. 아샤는 우주의 자궁 그 비밀스러운 속으로 자꾸만 눈이 간다. 태아의 초음파사진처럼 신비한, 얼룩덜룩한 은하수. 그곳에서 자꾸만 태아의 심장 고동소리가 들려오는 것이다. 아샤의 심장도 덩달아 자꾸만 뛴다.

 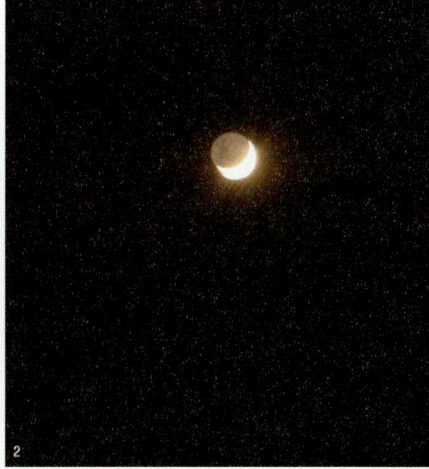

1 서호주의 청명한 새벽하늘과 그믐달. 2 저 아름다운 별빛이 지구가 행성임을 생생하게 확인시켜주고 있다.

별 밤 텐트에서의 하룻밤

탐사대의 일곱 개의 텐트 중에는 단 하나의 별 밤 텐트가 있다. 사방이 온통 망사로 되어 있어서 바람이 좀 숭숭 들어온다는 점과 자는 사람 얼굴이며 자태가 훤히 들여다보인다는 약간의 단점을 빼면, 안에서도 밤하늘을 환히 올려다보며 잠들 수 있다는 엄청난 장점이 있는 텐트다. 김승수선생님께서 별을 보며 잠들겠다는 일념으로 들고 오셨으나, 하도 인기가 좋아 본인은 딱 하루밖에 잠들지 못했다는 바로 그 텐트다. 오늘 밤 별 밤 텐트의 주인공이 된 아샤는, 텐트 안에 앉아 하늘을 올려다보곤, 뭐지, 별이 잘 안 보이는데? 중얼거린다. 침낭을 끌어당겨 덮고 누워 랜턴을 딸각, 끄자마자, 다시 발딱 일어난다. 두근두근대는 마음을 진정시키고 다시 누워 하늘을 바라본다. 베개 맡에 열십자로 놓인 남십자성. 아샤의 발가락에 걸려 바둥거리는 백조자리. 배꼽을 가로지르는 은하수. 아샤는 오랜만에 이어폰을 꽂는다. 그 밤부터 새벽까지, 자다 깨다를 반복한다. 꿈결에 긴 목의 백조와 오래도록 은하수를 헤엄친다. 문득 눈을 뜨면 별들의 위치가 엉큼하게 바뀌어 있다. 하얀 밤이 다 가도록 능청스런 별들이랑 무궁화 꽃이 피었습니다 놀이를 한다.

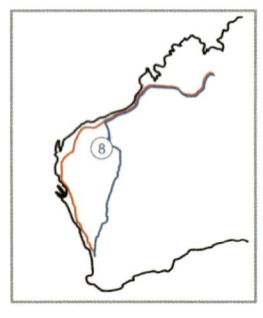

여드레째 물고기들이 깨어나는 시간
(137억 년 우주의 진화 제11강〈광합성〉, 제13강〈암석〉 현장답사)

시간이란 참 알다가도 모를 녀석이다. 의심할 여지라곤 없을 만큼 당연하게 여겨지다가도, 어느 순간에는 화들짝, 그런 녀석이 정말 있는가 싶은 것이다. 특수상대성이론을 접하고 나면 녀석은 한층 더 물렁물렁해진다. 오늘 아침 서지미 박사님이 앞면에는 중력장 방정식, 뒷면에는 특수상대성이론의 공식이 쓰인 티셔츠를 입으시는 바람에, 박사님은 우리를 상대성이론의 세계로 안내하셨다. 서박사님은 137억 년 강의를 이 년간 듣고 200장의 티셔츠를 만들어 공짜로 나누어 주신 걸로 유명하

서호주 사막 한가운데서 아인슈타인의 중력장 방정식을 벅찬 가슴으로 느끼다.

다. 달리기 선수를 바라보는 정지한 사람의 시계는, 선수의 시계보다 느리게 간다. 보는 이의 시선을 떠나 존재하는 객관적인 시간의 잣대는 없다. 일반상대성이론으로 오면 시간은 더 뒤죽박죽된다. 물질이 있는 곳에서는 시간과 공간이 엿가락처럼 휘어진다. 다시 시간과 공간이 머리를 맞대고 물질의 상태를 결정한다. 짜고 치는 고스톱처럼 모든 게 한통속이다. 마침내 과거가 되어버리면 시간은 더 의심스러워진다. 희미해진 기억은 어쩌면, 어느 날 밤의 생생했던 꿈의 한 장면이었는지도, 모를 일이다.

아샤는 지나간 시간을 회상하는 법이 도통 없다. 하지만 요 며칠은 도로를 달리면 불쑥, 스쳐 가는 야생동물처럼, 유년의 기억이 엄습하곤 하였다. 다 닳아빠지도록 보던 동화책부터, 학교 갈 때 넘던 작은 동산까지. 이유를 모르겠다 하니, 박종환 선생님께서 지구의 유년을 보았기 때문일지 모른다신다. 그 회상의 길이가, 오늘은 걷잡을 수 없을 만큼 길어졌다. 35억년 전 지층은 지구의 세 곳에 남아 있다. 캐나다 순상지대, 남부 아프리카, 그리고 이곳 서호주 카리지니. 장롱 속에 곱게 개켜 놓은 이불들처럼, 기나긴 세월이 켜켜이 쌓여 있다. 입구에서 암석, 생태, 원주민에 대한 박사님의 강의를 듣고, 탐사대는 꼭대기에 서서 아찔한 벼랑 아래를 내려다본다. 2011년에 두 발을 딛고 서서, 35억 년 전을 굽어본다. 그리곤 거의 수직으로 내려선 가파른 등산로를, 한 줄로 걸어 내려간다. 계단을 한 발, 한 발, 내려갈 때마다 일억 년, 이억 년, 시간이 깊어져 간다. 지금보다 조금은 털이 많고 못생긴 인간들이 살던 신생대를 지나, 공룡들이 쿵쿵거리며 이리저리 걸어 다니던 중생대를 지나, 식물이 바다에서 올라오고 동물이 육지에서 처음 벌떡 일어선 고생대를 지나, 시아노박테리아가 혼자서도 돌아다니던 선캄브리아기로 접어든다.

박사님은 지층의 생성과 구조와 이동에 대해 설명하신다. 처트는 조그만 이산화규소 결정이 맞붙은 물질이다. 지각변형을 견딜 만큼 단단하고, 액체로부터 내용물을 지킬 만큼 투과성이 낮다. 그래서 처트 속에 있으면 물질이 오랫동안 보존된다. 생물도 예외가 아니다. 그래서 처트에는 시아노박테리아의 유기분자가 남아 있고, 초기 바다에 출렁이던 산화철의 붉은 띠가 들어 있다. 철은 옛 바다와 대기에 산소가 거의 없었음을 보여준다. 지구가 광물의 행성에서 생명의 행성으로 거듭나기 위해서는, 산소혁명이라는 가장 큰 숙제를 제출해야 했다. 결코, 풀어낼 수 없을 듯 산처럼 쌓인 숙제와 결국 그 해답을 찾아낼 똑똑한 학생들, 시아노박테리아. 그 숨막히는 대결을, 탐사대는 눈앞에서 동시에 목격하고 있다. 그렇게 성실하게 쌓아올려 진 지층 케이크를, 저마다 손으로 쓸어내려 본다. 아샤의 손끝으로, 시간의 알갱

카리지니의 협곡에서 20억 년 전으로 시간여행을 떠나다.

이들이 전해주는 감촉이 느껴진다. 그동안 아샤는 지층을 보면 화석부터 찾곤 했다. 화석이 하나의 사건이라면, 지층은 배경이라고 생각했다. 그러나 지금에 와서 보니, 지층은 단순한 배경 그 이상의 무엇이다. 텅 빈 지층은, 특별한 사건의 기록이 아니라 시간의 기록이다. 아무 일도 없었던 것이 아니라, 시간이 흐르고 있었던 것이다. 무위도식의 시간이 아니라, 치열한 싸움의 시간이 흐르고 있었다. 지나간 과거가 되어 기억이 가물어진다 해도, 존재했던 순간은 결코 사라지지 않는다. 사람의 시간은 유전자 속에 정보로 간직되고, 나무의 시간은 나이테로 몸 안에 새겨지고, 지구의 시간은 지층으로 차곡차곡 기록되고, 우주의 시간은 시시각각 공간으로 만들어진다.

얼마나 걸었을까, 바닥에 닿은 탐사대를 기다리고 있는 것은, 태초의 웅덩이다. 깊이도, 나이도 가늠할 수 없는 신비한 진초록의 웅덩이가, 여기에 있다. 풍덩, 말릴 새도 없이 김향수 선생님께서 웅덩이로 뛰어드신다. 제주도에서 오셨다더니. 탐사대는 누가 먼저랄 것도 없이 줄줄이 입수하기 시작한다. 더러는 옷을 입은 채로, 더러는 팬티만 덜렁 입은 채로. 젖는 것을 싫어하는 아샤도, 한 치 망설임 없이 풍당 뛰어든다. 초록빛 물 밑에 악어가 사는지도 모르면서 말이다. 아마 모두들, 지구의 품속을 믿었나 보다. 그렇게 탐사대는 어린아이가 엄마 품 안에 달려들 듯, 거추장스러운 것들을 훌훌 모두 벗어버리고 원시의 자연에게 안긴다. 35억 년 전 세상에 누워, 2011년의 하늘을 올려다보며 배영을 한다. 오래전 잊혀진 촉감이 깨어난다. 손끝에서 부드러운 지느러미가 돋아난다. 목을 간질이며 아가미가 열린다. 물고기떼가 은빛으로 반짝인다. 나선을 그리며 유유히 시간의 물살을 거슬러 오른다. 비늘을 털 때마다 웃음소리가 우수수 떨어져 나린다.

아샤는 고개를 내밀어 물 밖으로 나온다. 주머니에 들었던 동그란 카메라 뚜껑을 빠뜨린 것 같다. 잠깐 자기를 바보라고 생각하다가, 바보 중엔 그래도 야무진 바보라고 생각한다. 카리지니에 빠뜨렸으니, 깊은 바닥에 가라앉아 아샤보단 오랜 세월 남아 있을 것이다. 혹 지층에 묻히기라도 한다

서호주의 길. 길. 길.

면, 원반화석인 척하여 고생물학자들을 괴롭힐지 모른다. 수년 전 아샤는 대서양 앞바다에 진주 목걸이를 흘리고 온 적도 있다. 해양생물학자들도 곤혹스러워질 것이다.

아흐레째 서랍을 정리하다

가끔가다 아샤는 무엇을 꿰뚫어 볼 적이 있다. 그럴 때면 자신이 혹여 대단한 사람은 아닌지 잠시 의심을 해본다. 이를테면 바오밥나무 생긴 것을 보고 욕심꾸러기 같다고 말한 적 있는데, 어린왕자를 기억하는 이가 실은 소혹성 B612를 위협하는 나쁜 나무라고 귀띔해줬다. 몽골 고비사막에 서서 웬일인지 하늘에 깔려 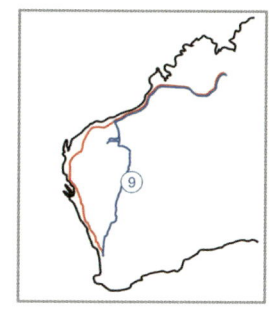 죽을 것 같다고 했더니, 누군가 여기는 정말로 해발고도 1,600m라고도 말해줬다. 그래도 아샤는 실은 헛소리를 더 잘한다. 타율로 따지면 9할은 엉터리다. 아샤는 시 쓰기를 좋아한다. 그럴듯한 것이 자신 안에서 쏟아져 나오길 살짝이 기대해 본다. 나도 모르던 멋진 풍경이 내 안에 숨어 있었기를. 이건 거의 강도 수준이다. 아샤는 중얼거린다. 나는 너무 게으르거나 무책임한지도 몰라.

필바라는 개미의 왕국에 인간이 세 들어 사는 것 같다. 놀라운 크기의 개미집.

탐사 내내 박사님께서 장기기억장치 어쩌고 뭐라카노 하셨다. 아마추어와 전문가의 차이는 검색엔진에 있다. 방금 보고 들은 것만 생각하면 아마추어다. 많은 정보를 체계적으로 수합하는 시스템을 세워, 새 정보는 정확한 위치에 넣고, 언제든지 꺼내 쓸 수 있도록 머릿속 서랍 정리를 잘 해두면 전문가다. 아샤는 생각한다. 서랍 정리를 해버리고 나면, 내 안의 풍경은 너무 말끔해질 텐데. 더 이상, 눈을 크게 뜨고 숨겨진 보물을 찾는 일은 그만두어야 할지도 몰라. 아샤는 겁이 났다.

박사님과 동승하던 날, 석양이 가라앉는 벌판을 달리며 아샤는 물었다. 직관은 믿지 않으시냐고, 묻는 아샤의 목소리가 떨렸다. 박사님이 읽던 책을 무릎에 내려놓고 조용히 말씀하셨다. 직관이란 많은 공부 끝에 오는 어떤 것이라고. 축적된 지식만으로는 해결할 수 없는 새로운 상황이 닥쳐왔을 때, 스스로의 검색엔진을 가동해, 자신이 가진 정보들을 새로이 결합하는 것. 그것이 직관이라고. 인간은 그 이상은 할 수 없다고. 인간은 생각보다 그리 대단하지 않아서, 무에서 유를 만들어낼 수는 없기에, 창조 이전에 배움의 단계를 거치지 않으면 안 된다고.

우리는 특별한 무언가가 되고 싶다. 유일해지는 것은, 유한한 존재가 영원에 참여하는 방식인 것 같다. 그러나 마음먹는다고 특별해지는 것은 아니다. 내 머릿속에서 태어났다고 믿는 많은 생각들이, 어디선가 흘러 들어온 파편들이다. 인간이 경이로운 이유는 시점을 가졌다는 데에 있다. 물질들은 아무런 객관적 의미 없이 검은 우주를 떠다닌다. 인간이란 하나의 구심점이 스스로의 중력으로 물질을 끌어 모아 의미를 만들어낸다. 우리 모두는 하나의 그릇에 불과한지 모른다. 그릇이 특별해지는 방법은, 세상에 없던 재료로 음식을 만드는 것이 아니라, 좋은 재료를 모은 다음 세상에 없던 레시피로 요리하는 것이다. 새로운 레시피란 하나의 시점을 창조한다는 것이다. 그릇은 스스로 존재하기 위해 만들어진 것이 아니다. 음식을 담고 있기 위해 존재하는 것이다. 인간이 그저 살아 있기 위해 사는 것은 아닐 것이다. 한 인간이 존재하는 의의는, 세상에 따로따로 떨어져 존재하는 것들을, 처음으로 관계 맺어 주는 데 있는지도 모른다. 인간은 아교풀과 같다.

아샤는 서랍 정리를 하지 않으려 했다. 자기 안을 미개척지로 놓아두려 했다. 각각의 서랍의 총합에 불과하게 될까, 두려웠기 때문이다. 그릇이 되기가 두려웠다. 그릇이 그릇을 위해 존재하려 했다. 그래서 빈 그릇이 될 뻔했다.

이제 아샤는 믿는다. 반듯한 서랍들을 가진다고, 책상이 되지는 않는다. 아샤는 책상이 아니라 사람이다. 아샤는 서랍을 열고 필요한 것들을 꺼낼 것이다. 그리고는 책상 앞에 앉아 그것들을 이리저리 조립할 것이다. 세상에 없던 물건을 발명할 것이다. 그 물건으로 출구가 없는 세상에 작은 구멍을 뚫을 것이다. 우주보다 무거운 별은 끝내, 우주에 구멍(black hole)을 낸다.

끝이 보이나요? 박사님을 만나 드린 아샤의 첫 질문이었다. 한 줌 재가 되어 나온 형을 보고, 대체 무슨 일인지 알기 위해 공부를 시작했다는 박사님이다. 그 답을 찾으셨는지 알고 싶었다. 박사님은, 그건 해결되는 질문이 아니라 해소되는 질문이라 하셨다. 사람들은 아무것도 공부하려 하지 않은 채 평생 똑같은 질문만 되풀이한다 하셨다. 그러나 과학이 과연 어디까지 알려줄 수 있나요? 아샤는 다시 물었다. 박사님은 한계를 묻기 전에 과학이 이미 얼마나 많은 것을 알려 주었는지 보라 하셨다.

간밤의 별들 아래 아샤는, 도대체 인간이 왜 저들을 보며 감탄하는지 질문했었다. 감정도 필요에 의해 진화했을 터인데, 도대체 무슨 쓸모가 있냐는 물음이었다. 감정이 없는 인간이라면 자신의 한계로 슬퍼하는 일이 없었을 테니. 답이 없을 거라 여겼던 질문에, 박사님은 뜻밖에 한 마디로 답하셨다. 감정은 기억을 위해 개발된 것이라고. 인간에게 무기는 이성뿐이었고, 최대한 많은 정보를 기억해야 했다고. 그러나 눈에 보이는 모든 풍경을 기억할 수는 없으므로, 동물이 자연에 체취를 남기듯, 인간은 자연에 감정을 뿌렸다고. 별의 기억에 가려, 달을 본 기억이 나지 않는다던 이 경선 선생님이 떠올랐다. 동물로서의 인간을 알고 나면 그렇게, 어떤 질문들은 사라지는 것이었다. 해결이 아니라 해소된다는 것은, 질문 자체가 사라진다는 뜻이었다.

과학은 모든 것은 아니지만, 모든 것의 출발점이다. 인간은 자연의 일부다. 인문과학 이전에, 자연과학을 먼저 공부해야 하는 이유이다. 창발을 위해서는 환원의 시간이 필요하다. 집을 지으려면 벽돌을 빚어야 한다. 사람은 뼈 없이는 바로 설 수가 없다. 아샤는 물렁물렁하게는 살고 싶지 않아졌다. 무척추동물로부터 등뼈를 만들어 일어서기까지, 태어나서 사라져 간 수많은 친구를 위해서라도.

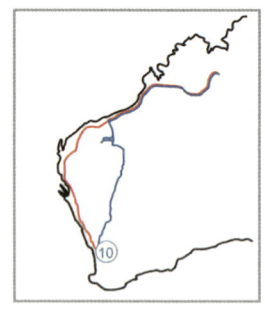

열흘째 코끼리 퍼즐 맞추기
(137억 년 우주의 진화 제5강〈주기율표〉, 제10강〈미토콘드리아〉, 제11강〈광합성〉, 제12강〈탄수화물〉, 제13강〈암석〉, 제14강〈지질〉 현장답사)

연초록 잔디, 커다란 개, 산책하는 사람, 키 큰 나무, 가끔 떨어지는 빗방울, 나무벤치, 색색의 자동차, 붉은 벽돌집, 회색 항구, 날개를 접는 갈매기, 그리고…… 학생, 집중 좀 해요. 박사님의 꾸중에 모두가 아샤를 돌아본다. 사라지고 싶다. 여행 내내 아샤는 문제학생이다. 누군가 위로의 눈짓을 한다. 아무렇지 않게 으쓱해 보인다.

실은 아무렇지 않지 않다. 아무에게도 말 못한 문제가 있다. 아샤는 결코

비박을 하면서 밤새도록 별을 쫓다 잠이 든 탐사대원. 탐사대의 텐트.

듣기 싫어 한 눈을 판 게 아니다. 열이틀 내내 누구보다 박사님 강의가 듣고 싶었다. 그런데 이상하게 글자들이 한 귀로 들어와서 줄지어 빠져나갔다. 손가락 사이로 모래알처럼 흩어져서 어느 하나 붙잡을 수 없었다. 장애가 생긴 게 아닐에 대해 의심스러웠다. 공원을 빠져나와 동물원으로 가는 버스 안. 아샤는 박사님께 솔직히 고백했다. 박사님은 잠시 생각하시더니, 갑자기 너무 많은 정보를 접하여서인지도 모른다고 하셨다. 아샤는 조금의 실마리를 얻었다. 그러나 왜 유독, 나만 그런 걸까? 별 아래서도, 차 안에서도, 분명히 어른들은 끊임없이, 공부하고, 집중하고, 이해하고, 경탄했다.

열이틀간의 증상을 곱씹어 본다. 첫 며칠은 그야말로 아무것도 보이지 않았다. 눈앞의 풍경들에 원근감이 없었다. 아샤는 밋밋하기 짝이 없는 화면의 바깥에 서 있었다. 육일 째 벙글벙글에서, 처음 풍경이 눈에 들어오기 시작했다. 막혀 있던 눈과 귀와 코가 그제야 뚫린 기분이었다. 인간에게 쓰이기 위해 만들어진 도시의 사물들에 익숙한 아샤. 풀, 벌레, 하늘, 땅도 배경화면 이상으로 생각해본 적이 없는 것 같다. 그들은 인간을 위해 존재하는 무대장치일 뿐이므로 눈에 띄지 않는 것이 당연했다. 그러다 벙글벙글에서 들판이 처음으로 저 스스로 존재하기 시작했다. 카리지니에서 화석 뒤에 쌓인 빈 지층이 보이기 시작했다. 물 위로 드러난 일각 아래에 숨은 거대한 빙산, 사물과 사물 사이의 여백, 별과 별 사이의 우주, 소리와 소리 사이의 침묵. 혼자였던 아샤의 주위가 갑자기 태어난 존재들로 아우성이었다. 아샤는 덜컥 화면 한가운데 있었다.

문제는 거기서 시작됐다. 아샤는 그 그림을 볼 줄 아는 눈이 없었다. 어른들은 오랜 공부를 바탕으로 중요한 정보와 별 볼 일 없는 정보를 구별해 냈다. 명확한 형태와 선명한 색깔로 전체적인 그림을 감상했다. 아샤에게는 정보들이 체계적으로 응집되지 못했다. 모래알처럼 흩어졌다. 아샤의 그림은 점묘화였다. 구분 선이 없고 색깔이 흐릿했다. 장님 코끼리 만지듯 파편들만 어렴풋이 볼 수 있었다. 박사님은 우리나라의 김삿갓 계곡에 와서 통곡을 했다는 일본 지질학자 얘기를 해 주신 적 있다. 그는 무에 그리 감격스러웠던 걸까. 평생의 연구로 수십억 년 지구 역사를 조망하는 눈을 가졌던 그는, 걸어서 1분 거리에 수억 년을 아우르는 지층이 모여 있는 것을 보고 가슴이 뭉클했던 것이다. 다른 사람이 그곳에 갔다면 그저 경치 좋은 계곡일 뿐이었을 것이다. 아샤는 자기의 시력과 시야에 절망했다. 아샤는 제일 눈이 작고 못생긴 사람이었다. 아무리 눈을 크게 떠도 세상의 골격이나 핏줄은 보이지 않고, 거친 피부밖에 보이지 않았다.

버스는 오늘의 마지막 학교, 박물관으로 달린다. 아니, 탐사대에겐 세상 모든 곳이 학교다. 버스에서도 강의는 한창이다. 어른들은 관다발식물, 겉씨식물, 현화식물이 출현한 연대를 외우고 있다. 대체 이름도 거창한 저 나무들이 나랑 무슨 관계란 말야? 무심하게 아샤의 귀를 통과하던 모래알이 박사님의 한 마디로 불현듯 뇌리에 정지한다. 지구의 생명은 바다에만 살았어요. 육지에는 양분이 떠다닐 물이 없었기 때문이죠. 식물은 몸속에 물을 봉인함으로써, 육지 위에서 살아 있는 바다가 되었어요. 식물의 몸을 딛고 생명은 바다 밖으로 걸어 나와, 동물이 되고 인간이 되었어요. 차창 밖에 스쳐 가는 키 큰 나무들은 모두, 아샤의 말 없는 후원자, 키다리 아저씨였다.

박물관에서 세 시간 동안 박사님의 강의가 이어진다. 운석들, 광물들, 화석들……. 탐사대는 박물관을 누비며 상상으로만 그려왔던 반가운 보물들을 찾아낸다. 각종 동물의 경쟁, 공생, 그로 인한 진화의 퍼즐을 맞춰간다. 탐사대는 동물들의 해골을 모아놓은 으스스한 유리관 앞에 선다. 제일

퍼스에 있는 서호주 자연사박물관 안의 주기율표. 전시물을 정성스럽게 찍고 있는 탐사대원.

끝에, 하얗게 빛나는 뼈다귀가 낯익은 인간의 골격을 이루어 서 있다. 인간 위에 대롱거리는 기다란 골격을 보고, 아샤는 새라고 생각했다. 수평의 척추에 여러 갈비뼈가 있고, 아래로 두 개의 손이 달려 있다. 놀랍게도, 그것은 돌고래였다. 그 돌고래는 분명히, 가늘고 긴 손가락들을 가지고 있었다. 인간 옆에 줄지어 선 해골들을 보고 아샤는 모골이 더욱 송연하였다. 조금 키 작은 인간으로 보일 정도로, 인간과 닮아있었기 때문이다. 박사님은 인간의 팔, 새의 날개, 물고기의 지느러미, 벌레의 다리는 공통 설계이며, 동물의 역사는 부속지 혁명의 역사라 하셨었다. 눈으로 보자, 더 설명할 필요가 없어졌다. 사람 몸의 어떤 기관도 마술처럼 짠하고 나타난 것이 아니었다. 먼 옛날, 물고기가 땅을 짚고 올라올 때 지느러미는 팔이 되었고, 활유어가 물을 가두어 양분을 걸러낼 때 아가미궁은 머리가 되었다.

아샤는 오랜 기억상실증에서 서서히 깨어났다. 호주에 와서 이모와 삼촌만 생긴 것이 아니었다. 물고기, 지렁이, 나무, 벌레, 곰팡이까지, 아샤네 가족의 가계도는 그야말로 풍년이었다. 아샤는 뼈대 있는 가문의 후예였다.

아샤는 튼튼한 족보를 만들고 싶어졌다. 다시는 미아가 되지 않도록, 자신부터 단단히 매어놓고, 부모 없는 고아처럼 뿔뿔이 헤어진 외로운 친척들도 다 초대하고 싶어졌다. 자신만큼, 혹은 더 멀리 찢겨나간 그들을, 세상에 다시금 꿰매어주고 싶었다. 그들이 잊어버린 빛을 되찾아주고 싶었다. 얼굴도 잊고 살던 일가친척이 모두 모여, 못다 한 이야기로 환한 밤을 새우는 거실을 그려 보았다. 그건 세상 가장 멋진 집이었다.

열하루째 나무가 되는 꿈

호주에 오면서, 아샤는 난생처음 등산화란 것을 사 보았다. 싸구려 신발을 사는 바람에, 새 운동화에 쓸려, 아샤의 발목은 생채기투성이였다가, 딱지가 덕지덕지 앉았다가, 아예 나무껍질처럼 벗겨져 나가는 중이었다. 호주에서의 마지막 밤. 아샤는 해괴한 꿈을 꾸었다. 발뒤꿈치가 하염없이 벗겨지는 오싹한 느낌. 내려다보았더니, 글쎄, 복숭아뼈까지 이미 나무줄기가 되어 있었고, 종아리에까지 이파리가 기어올라 있었다. 소스라치며 잠에서 깨어난 아샤는 혼자 피식, 웃을 수밖에 없었다. 그래. 옛날, 어느 옛날에는 나는 나무를 닮고, 나무는 나를 닮아 있었겠지. 분명, 그러했겠지. 아마도 호주에서의 열이틀이, 자신도 모르는 사이에 아샤의 무의식까지 흠뻑 물들여 놓았나 보다. 아샤는 다시 긴 꿈에 빠져든다.

옛날옛적에, 우주에 물질이 있었다. 물질들은 단단히 뭉쳐 별이 되었고, 별 속에서도, 별 위에서도, 끈기 있게 조립과 분해를 반복했다. 조립품은 갈수록 다양하고 복잡해졌다. 그러다 한 조립품이 그만, 자신의 모습에 반해 버렸다. 그의 잘못만은 아니었다. 우주는 한 점이었을 때 스스로를 잊을 수 없었지만, 이제는 기억하기에 너무 넓고 오래되고 듬성듬성해졌다. 물질은 기억할 수 있는 크기까지만 스스로를 기억하게 되었다. 물질은 중력에 의해 수축하듯 자꾸 자기 안으로만 향했다. 세포가 스스로 반해 전체를 잊으면 암세포가 되듯, 인간은 자신으로 인해 고통스러워졌다. 인간은 자신이 다른 생물이나 행성과도 같이, 우주에 흔하디흔한 물질들의 조립품이라는 데에 실망했다. 인간은 단지 하나의 방식이었고, 과정이었다. 그래서 유한했다. 무거운 별은 조금 빠르게, 가벼운 별은 조금 천천히, 그렇지만 어떤 별도 영원히 빛나지 못하고, 분해되어갔다. 영원하려면 조립되지 말았어야 했다. 존재하려면 조립되어야 했고, 그러므로 사라져야 했다. 인간은 조립되는 순간부터 분해되도록 예정되어 있었다. 삶이란 서서히 거행되는 죽음이었다. 그 시간차 속에서 인간은 안절부절했다.

다행히도 우주는 자신을 기억할 실마리를 남겨 두었다. 인간의 DNA에 새겨진 진화의 기억은 지워지지 않고 남았다. 인간은 다른 생물의 몸속을 뒤져 자신의 과거를 추억하기 시작했다. 다른 별들을 뒤져 지구의 기억을 찾아주기 시작했다. 급기야 우주의 어릴적 사진들을 발견하기 시작했다. 인간은 사랑으로 자신의 바깥을 향했고, 언어로 과거의 인간들과 연대했고, 이성으로 다른 생물, 다른 행성, 우주 전체로 가계도를 넓혀갔다. 결국에 우주, 지구, 생명, 자신을 관통하는 장엄한 풍경화를 그려냈다. 인간은, 우주가 자신을 기억하고 생각하는 방식이었다. 그렇게 인간은 자신에게 허락된 시간의 의미를 알게 됐다. 인간으로 태어나 우주로 자라나는 시간. 유한을 딛고 서서 무한으로 발돋움하는 시간. 불가능으로 태어나 가능을 낳는 시간. 주먹질하는 절망을 감탄으로 포옹하는 시간. 부정이란 문제에 긍정으로 대답하는 데에까지, 걸리는 시간. 문제는 어려웠지만 제한시간은 제법 넉넉했다. 삶이라는 텅 빈 시간이었다.

인간은 그 시간 동안, 물질로 물질보다 특별해질 줄 알았다. 한 인간이 조립되기까지 걸린 137억 년의 시도와, 자신의 설계도를 남겨놓고 분해되어 간 수많은 생물과 설계도를 한 줄씩 해석하다 분해되어 간 사람들. 그들에게 관심을 가지고, 기억하고, 감사할 줄 아는 조립품이었다. 전 우주적 공로로 만들어진 자신이라는 조합에 감동하고 또 하나의 유일한 조합인 누군가와의 관계 속에서 더 소중한 조합을 창조해냈다. 물질의 총합 그 이상 가는 기쁨의 시간을 만들어냈다. 인간은 자신이 보잘 것 없는 물질의 조립일 뿐이라는 비보를 들었지만, 이것이 희소식이라는 것을 알아냈다. 인간은 분해되어 물질이 된다. 물질은 영원히 팽창하는 우주 속을 떠돌아다닌다. 그러므로 인간은 영원히 존재한다. 매 순간 새로운 방식으로.

지구의 문신

멀어질수록 더 명확해지는 것들이 있다. 비행기가 땅 위를 달릴 동안에는 볼 수 없는 활주로의 전경은 하늘로 솟구치는 순간에 비로소 한꺼번에 펼쳐진다. 결코, 없었던 길이 생겨나거나 있었던 길이 사라지는 것은 아니다. 존재했던 것들이, 더 이상 거부할 수 없을 만치 또렷한 풍경이 되고 마는 것이다. 호주대륙을 힘껏 박차고 올라 푸른 하늘 속으로 뛰어들자, 열이틀동안 지나온 길들이 지구의 피부에 문신처럼 새겨져 있었다. 너무 가까운 곳에, 또는 너무 한복판에 서 있어서, 오히려 꿈결같이 느껴지던 풍경들이, 일제히 또렷한 표정을 지으며 아샤를 쳐다보았다.

이곳을 떠나더라도, 세월이 흐르더라도, 나를 잊지 말라고. 벙글벙글에서 우리가 얼굴을 마주했던 순간과, 샤크베이에서 너의 발바닥에 전해지던 나의 온기, 카리지니에서 네가 마음 놓고 뛰어놀던 내 품 안을, 잊지 말아 달라고. 지구가 나를 보며 속삭이고 있었다. 그 목소리는 나지막하지만, 또렷했다.

샤크베이 해멀린 풀.

제 2 장
서호주 학습탐사 경로

주요 도로와 경유지

11박 12일 동안 24명의 대원들이 퍼스에서 벙글벙글 레인지까지 서호주 붉은 대륙을 달렸다. 공간상으로는 7천km를 달렸고 시간상으로는 137억 년의 여행이다. 그 경로를 따라가본다.

왈루길. 왈루는 호주 원주민 신화에 나오는 바다뱀이다.

지도와 함께 길 떠날 준비를 한다.

서호주의 주요 도로와 경유지

서호주의 도로망은 국가도로와 지방도로를 합쳐 총 연장 149,000km에 이른다. 이 중 131,000km의 도로를 139개 각 지방정부에서 관리하며, 국가도로인 'Freeways', 'Highways' 그리고 'Main roads' 약 18,000km에 대해서는 Main Roads Western Australia 라는 기관에서 직접 관리 한다.

2011 서호주 탐사대는 퍼스로부터 East Kimberley에 있는 벙글벙글 지역까지 왕복 약 7,000km의 거리를 자동차로 이동하며 도로 주변 캠핑사이트를 이용하여 숙식 하면서 탐사를 하였다. 퍼스에서 포트헤드랜드까지는 Wanneroo Road로 불리는 60번 해안지방도로와 1번 North West Coastal Highway를 이용하였고, 나머지는 Great Nothen Highway라 불리는 1번, 95번 국가고속도로를 주로 이용하였는데, 이 도로는 서호주 지역의 메인 로드이다. 여기서는 2011 학습탐사대의 이동 경로를 중심으로 거쳤었던 주요 경유 도시와 꼭 들러 봐야 할 명소, 자연 및 문화유산 등에 대해 간략히 소개를 하고자 한다.

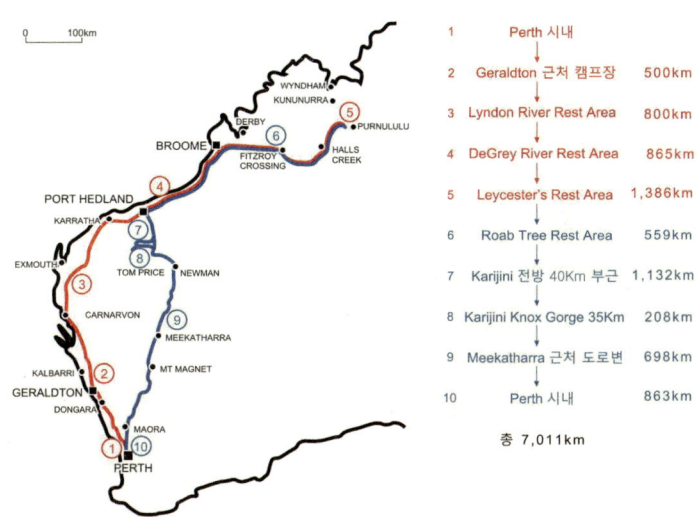

서호주 탐사대의 이동 경로
2011. 7.22~8.2(11박12일)동안 24명의 대원들이 5대의 차량으로 퍼스에서 출발하여 북쪽의 벙글벙글 레인지까지 왕복 7,011km의 거리를 강행군하여 탐사를 진행하였다. 탐사 기간 동안 숙박은 주로 도로 주변의 캠프사이트를 이용하였는데 위 지도상에 번호로 표시된 부분이 탐사대의 숙영 위치를 나타낸다.

주요 경유지

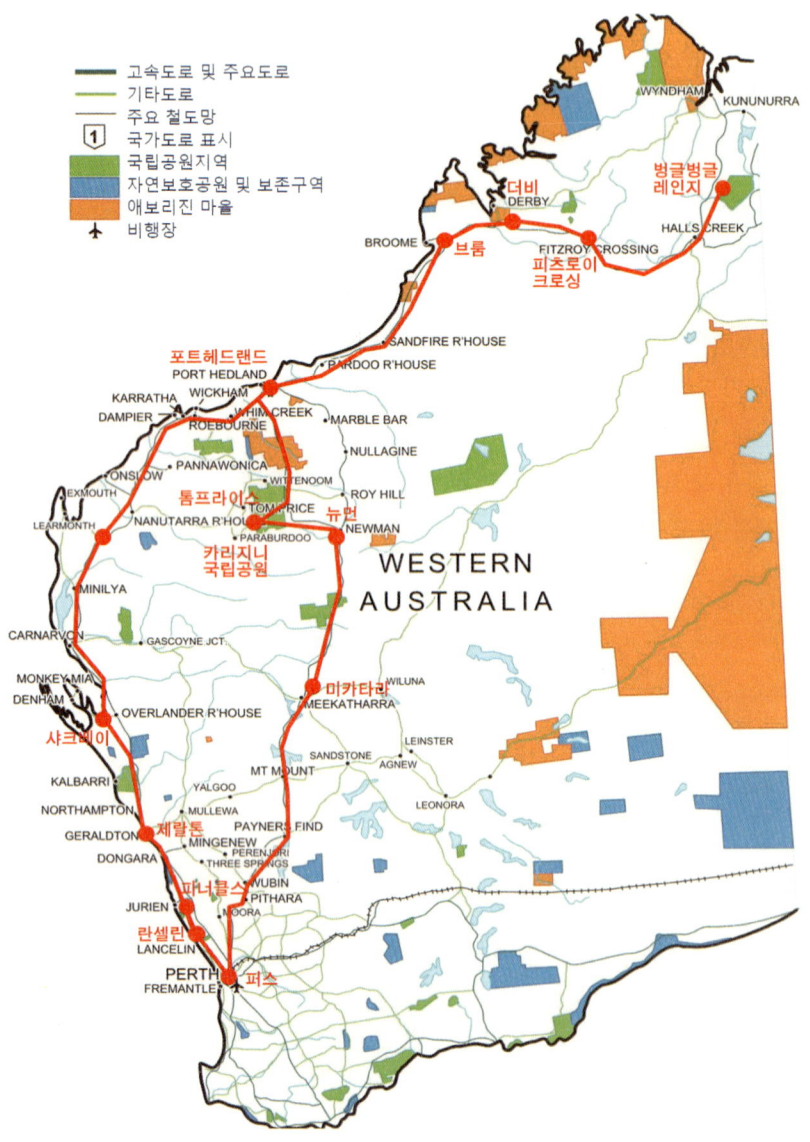

퍼스에서 포트헤드랜드(1번 Great Northern Highway)

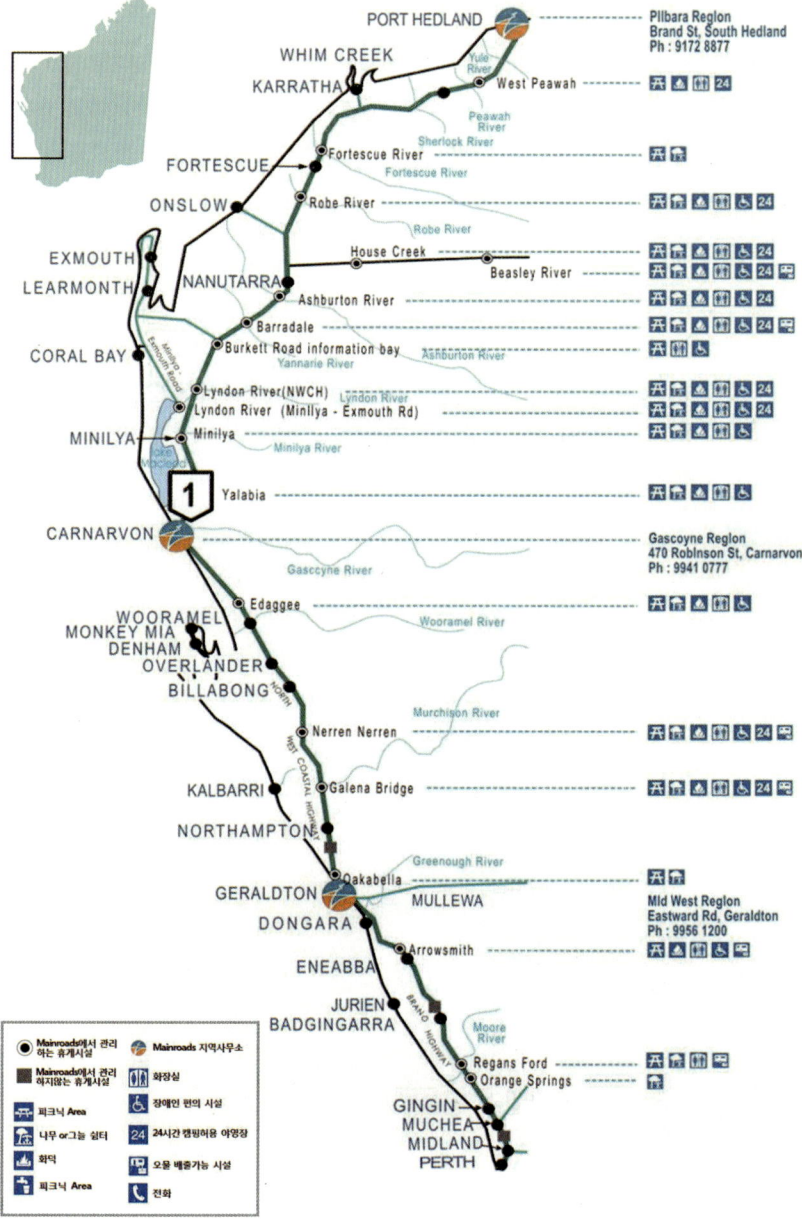

란셀린(Lancelin)

퍼스에서 차로 2시간 가량 거리에 위치하고 있는 란셀린에는 눈부시도록 하얀 모래언덕이 있다. 거대한 모래언덕에서 4륜 구동 자동차로 모래언덕을 질주하다 급 하강하는 듄 드라이빙(Dune Driving)과, 모래 언덕 위에서 샌드 보드를 타고 내려오는 샌드보딩(Sandbording)은 이곳에서 빼놓을 수 없는 대표 체험 상품이다. 광활한 모래 언덕에서의 짜릿한 경험으로 평생 잊을 수 없는 추억을 만들 수 있다. 또한 란셀린 해변은 바닷가에서의 낭만과 해양 레저 스포츠를 마음껏 즐길 수 있는 곳이며 아름다운 해변의 경치로도 유명하다.

1 Leeman`s boat landing 기념비. 2 샌드보딩을 할 수 있는 샌드듄. 3 란셀린 관광안내도 앞에서 기념 촬영한 서호주 학습탐사대 일행, 탐사 목적상 샌드 듄이나 아름다운 해안 관광은 뒤로하고 간단한 점심식사 후 북쪽으로 이동하였다.

피너클스(Pinacles) – Nambung National Park

서호주의 주도 퍼스에서 북쪽으로 150km 가량 떨어진 Nambung National Park 안에 자리잡고 있는 피너클스는 한마디로 사막에 있는 돌기둥들이라 할 수 있는데 이곳은 퇴적암이 장기간 풍파에 씻겨 강한 부분만 남아 있어 마치 벌판에 돌 비석 바다를 연출 한 듯한 특이한 지형이다. 바위들이 사람 키 높이로 기기묘묘하게 서있는 모습이 신비스럽고 장엄한 경관이 일품이다. 영화 '10억'의 배경으로도 유명한 곳이다.

퇴적암이 오랜 세월 풍화되어 만들어낸 피너클스의 신비로운 광경.

피너클스의 아름다운 풍광과 이를 바라보고 있는 서호주 학습탐사대원.

제랄톤(Geraldton)

서호주의 챔피언 만에 있는 인도양의 항구도시로서 퍼스에서 약 424km 북쪽에 위치해있다. 일조시간이 평균 8시간이 넘는다 하여 태양의 도시라고도 불려진다. 1850년 측량된 뒤 근처의 머치슨 금광의 군사기지로 개발되었고, 1871년 도시로 공표되었다. 제2차 세계대전 때에는 미국의 육해공군 합동기지로 사용되기도 했다. 퍼스까지 철도, 비행기, 고속도로 및 지방도로로 연결되어, 오늘날에는 서호주의 제2의 항구도시가 되었다. 북부의 밀 재배 지대와 보리·귀리·루핀·과일·토마토 등을 재배하는 내륙지역의 주요수출항으로 양·광사·금·철광석·활석을 수출하며, 천연가스를 개발 중에 있다.

제랄톤에는 과인산석회성 식물이 자라며, 새우의 어획과 수출 실적이 서호주에서 선두를 달리고 있다. 제랄톤의 항구에서는 크레이보트(Cray Boat)라는 유람선이 매일 부두에서 출발하고 있는데, 이름에 걸맞게 각종갑각류를 만나볼 수가 있는 점이 독특하다. 17세기와 18세기에 서쪽의 네덜란드 선박이 이곳 암초에 부딪혀 침몰하였는데, 이것을 추모하기 위해 지은 제랄드 박물관(Gerald Museum)에서 당시의 상황과 유품들을 전시하고 있다. 미술관도 훌륭하다. 시내에서 조금만 걸어나가도 낚시와 수영을 할 수 있고 수상스포츠도 활발하다. 이곳의 모하멧 해변(Mohamedts Beach)은 윈드서핑 하는 장소로 애호가들이 많이 찾으며, 산호초가 즐비한 호트만 암브롤로스(Houtman Ambrolhos)도 빼놓을 수 없는 명소이다. 시내에 로마 가톨릭 성당과 성공회 교회가 있으며, 겨울 휴양지로 유명한 곳이다.

샤크베이(Shark Bay)

서호주 서부에 있는 만으로 4,800km에 달하는 세계에서 가장 크고 풍성한 거머리말의 서식지이며, 듀공이라 불리는 해우류의 서식지대로 멸종위기에 있는 다섯 종의 포유류가 생활하고 있다. 서쪽으로 버니어·도르·더 크하르토그 제도에 접해 있으며, 페론 반도는 이 만을 둘로 나누고 있다. 버니어 섬 북쪽의 지오그라피 해협이 이 만의 입구를 이루고 있다. 주요항구는 개스코인 강 어귀에 있는 카나번. 1616년 네덜란드의 항해가인 디르크 하르토흐가 이 만을 탐험했으며, 1699년 해적 윌리엄 댐피어가 이 만의 수많은 상어 떼를 보고 샤크 만이라고 명명했다. 한때 중요한 비중을 차지했던 진주채취업은 쇠퇴하고, 대신 어업(참새우·가재·민대구·퉁돔 등)이 발전하고 있다. 제염업은 중요한 산업이며 해안가에서는 양을 방목하고 있다. 이 만을 중심으로 남쪽과 남동쪽으로는 샤크베이 지역이 있다.

남북 약 240km, 동서 약 96km, 면적 2만 1973㎢로 만 안에 돌출해 있는 페론반도에 의해서 2개의 수역으로 나누어진다.

열대에서 온대까지 기후대가 펼쳐져 있어 여러 종의 해양동물이 서식한다. 혹등고래는 9월 무렵 번식을 위하여 오고, 매부리거북과 바다거북은 이곳에서 산란한다. 이 밖에도 몸길이 약 20m에 이르는 고래상어, 몸길이 4m까지 자라는 포유류인 듀공 등이 산다.

바다 밑에는 면적 약 4,000㎢의 세계 최대의 해조 숲이 있다. 해조는 12종에 이르며 수많은 종류의 어류와 해양생물이 서식한다. 만 북쪽 지역에는 샤크만쥐 등의 설치류가 살고, 해역에는 가마우지·물수리 등의 조류가 분포한다. 1991년 유네스코(UNESCO: 국제연합교육과학문화기구)에서 세계자연유산으로 지정하였다.

샤크베이 해멀린 풀. 살아있는 스트로마톨라이트가 있는 곳이다.

35억 년 전 모든 생명의 조상이며 지구 산소의 기원인 시아노박테리아가 자라고 있는 해멀린 풀의 스트로마톨라이트. 해멀린 풀은 서호주 학습탐사에서 항상 들리는 중요한 탐사지역이다.

샤크베이 지역 상세지도

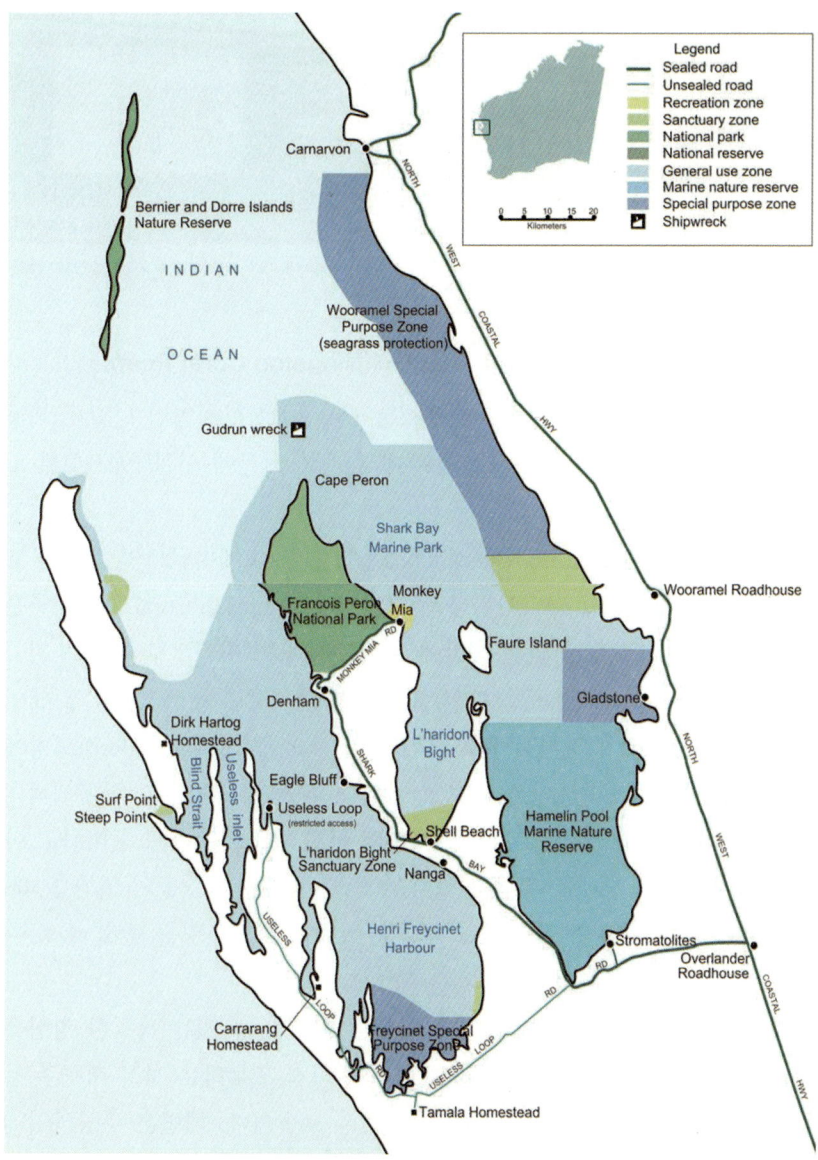

샤크베이 지역의 상세 지도. 1991년 UNESCO 세계문화유산으로 지정된 이곳에는 해멀린 풀의 스트로마톨라이트 외에도 쉘비치, 몽키미아 등 둘러볼 곳이 많으며, Francois Peron National Park가 위치해 있다.

엑스마우스 입구에 있는 Nanutarra Road House에서 지역을 소개하는 기념비를 둘러 보고 있는 서호주 학습탐사 대원들. 탐사 일정상 닝갈루 리프지역은 다음 기회로 미루기로 하였다.

엑스마우스(Exmouth)와 닝갈루 리프지역(Ningaloo Coral Reef)

인구 2,500명의 작은 도시 엑스마우스는 서부 대보초 지역인 닝갈루 해양공원의 관문으로 유명한 곳이며 호주에서 가장 최근에 신설(1967년)된 도시중의 한 곳이다.

Town beach, Sunrise beach, Bundegi beach등 환상의 에머랄드빛 해변은 호주에서 몇 안 되는 최고의 아름다운 해변이다. Ningaloo Coral Reef지역은 세계에서 단 두 곳 밖에 없는 해안에 인접한 대보초 지역으로 케언즈 지역의 Great ocean reef보다 규모는 작으나 번데기 비치부터 노스웨스트케이프까지 약 250km에 걸쳐서 펼쳐져 있으며 해안에서 불과 100m정도밖에 떨어져 있지 않은 점이 다른 대보초 지역과 구별되는 점이다. 형형색색의 500여종 이상의 물고기와 220여종 이상의 산호들이 거주하며 신비하고 아름다운 자신만의 자태를 뽐내고 있다. 100년 이상 된 산호들의 키가 3~4m에 이르고 1년 내내 맑은 날씨 속에서 다이빙과 스노쿨링을 즐길 수 있는 해양 레포츠의 천국이다.

닝갈루 리프는 수많은 고래상어와 함께 수영을 할 수 있는 독특한 경험을 할 수 있다. 거대하지만 온순한 고래상어를 직접 조우하는 것은 서호주 북서쪽에서만 즐길 수 있는 평생 잊을 수 없는 모험이다. 해변은 수영하기에 완벽한 환경으로 해변에서 약 20m 떨어진 곳에 서호주에서 가장 큰 산호초가 펼쳐져 있으며 각종 화려한 열대 물고기들이 서식한다.

코랄베이(Coral Bay) 방문의 최적기는 3월이다. 3월에는 장대하고 아름다운 산호초를 구경할 수 있기 때문이다. 닝갈루의 북쪽 관문인 엑스마우스(Exmouth)는 전세계에서 다이빙과 스노클링을 즐기기에 가장 이상적인 곳으로 알려져 있다.(상세지도는 부록 참조)

포트헤드랜드에서 벙글벙글 레인지(1번 Great Northern Highway)

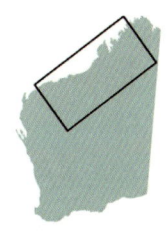
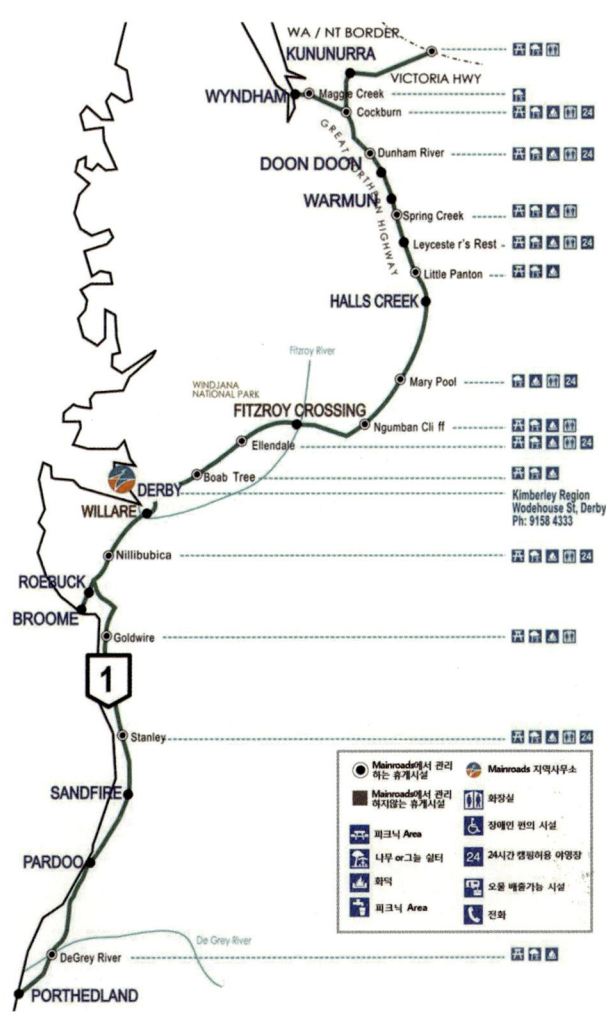

포트헤드랜드(Port Hedland)

브룸(Broome)에서는 610km, 카나르본에서는 870km 북쪽에 위치한 이 도시는 내륙관광지인 필바라(Pilbarra)지역으로 들어가는 관문이며, 길이 1.5km, 너비 13km의 조간(潮間) 섬에 건설되었다.

1857년 처음으로 유럽인들이 상륙하였고, 1863년 마을이 건설된 뒤 진주 채취가 활발하게 이루어졌다. 1888년부터 부근 필바라에서 산출된 금·주석 등을 수출하는 항구가 되었으며 제2차 세계대전 때 전쟁에 필요한 자원을 조달하는 기지로 발전하였다. 20세기 중반에는 내륙의 골드스워시산(山)과 해머즐리산맥에서 철광석과 망간이 채굴되기 시작하여 서호주 내에서 최대 규모의 광물 선적항으로 자리잡았다. 필바라로 이어지는 지역에 거대한 철광산이 많이 있는데, 이곳에서 생산된 철광석은 기차와 트럭을 통하여 포트헤드랜드까지 수송되어 항구의 선박에 선적되어서 세계각지로 운송된다. 멋진 풍경을 자랑하고 있는 해머즐리 레인지(Hammersley Range)는 카리지니(Karijini)라는 원주민 지명으로도 불려지는데, 바다와는 달리 아름다운 계곡과 깎아지를듯한 절벽, 험한 산줄기가 색다른 아름다움을 내뿜고 있다. 캠핑도 할 수 있고 철광산 내부를 다니는 투어도 참여할 수 있다. 그밖에 광산박물관(Mining Museum), 로얄플라잉닥터, 깨끗한 해변, 조수에 따라 높낮이가 변화하는 신비로운 자연풀장(Tidal Pool) 등도 유명하다.

포트헤드랜드 입구에 있는 인도양의 소금.

육지와 이어진 여러 개의 수로가 설치되어 있어 급수 상태가 나쁜 서부에서 양질의 물을 얻을 수 있는 곳으로 알려져 있다. 노스웨스트 해안고속도로가 지나가고, 대규모 천연가스전(田)이 있다. 면적은 18,482㎢이고, 2010년 현재 인구는 14,600 여명이다.

호주의 킴벌리(Kimberley) 지역

서호주 북동부의 고원지대로 킴벌리스(Kimberleys)라고도 불린다. 면적 36만㎢. 인구 약 3만5천 명. 북위 19°30' 이북의 오드강과 피츠로이강 사이에 있다. 북서쪽 바위해안에서 남쪽으로 피츠로이 강까지, 동쪽으로 오드강까지 뻗어 있다. 주로 사암으로 이루어졌으며, 현무암도 곳곳에 자리잡고 있다. 게이키에·원마자마강 협곡 등의 깊은 협곡이 지형적인 특징을 이룬다. 웨스트킴벌리 북부의 강우량은 풍부하지만, 이스트킴벌리 남부의 연평균강우량은 380mm 정도이다. 이 고원지대는 1870~1874년, 1880~1882년 영국의 식민지장관을 지낸 킴벌리 백작 1세 존 우드하우스의 이름을 따서 명명되었다. 인구밀도는 희박하다.

1879년 알렉산더 포러스트가 이끄는 탐험대는 이 지대가 목축에 적합하다

노두. 드러난 지층을 연구하기 위해 지질학자들이 찾아 다니는 탐사대상이다.

고 보고했으며, 그 뒤로 영구정착이 이루어졌다. 2년 뒤 금이 발견되면서 짧은 기간에 금광 붐이 일어났으나, 목축은 여전히 유럽 정착민들의 주요 경제기반이 되고 있다. 북부와 서부 지역에서 사육되는 육우는 윈덤과 더비에서 가공된다. 오드강과 피츠로이강을 따라 관개시설이 건설되어 사탕수수·쌀 및 기타 아열대 작물들을 재배할 수 있게 되었다. 1960년대 오드강 유역에는 쿠누누라라는 마을이 이 지대의 서비스 중심지로 세워졌다. 킴벌라이트를 비롯하여 광물 광상이 이 지대에서 발견되고 있으며, 아길에서는 현재 다이아몬드가 채굴되고 있다. 이 지대에는 수천 명의 호주 원주민들이 살고 있다. 킴벌리는 브룸·홀스크리크·웨스트킴벌리·윈덤이스트킴벌리 등 4개의 지역으로 구성되어 있다. 2010년 현재 면적은 360,000㎢, 인구 35,706명이다.

서호주의 새벽강의. 학습탐사의 하일라이트다. 학습탐사는 항상 그믐과 초승 사이, 달빛이 가장 목소리를 낮출 때를 맞춘다. 그러나 청명한 공기는 그 빛조차도 많은 별빛을 가리운다.

브룸(Broome)

인도양과 접해 있는 로벅 만(灣)의 북쪽 해안가에 있다. 1688년, 1699년에 영국의 모험가이자 해적인 윌리엄 댐피어가 이곳을 탐험했는데, 그가 이곳을 불모지라고 전함으로써 그 이후로 사람들이 이주해 오지 않았다. 그러나 1883년 앞바다에서 진주조개 번식장들이 발견되면서 비로소 이곳에 사람들이 이주하게 되었으며 도시 이름은 당시 총독(1883~91)이었던 프레더릭 네피어 브룸 경(卿)의 이름을 따서 명명되었다.

이 도시는 진주채취업의 중심지로 번창했지만, 진주채취업이 1930년대에 쇠퇴하기 시작하여 1950년대 플라스틱 인공진주의 출현과 함께 급격히 쇠퇴했다. 이곳에서 북동쪽으로 400km 떨어진 쿠리 만의 진주양식장에 공급하기 위해 아직도 어린 진주조개들을 채취하고 있다. 퍼스(남서쪽으로 2,240km 떨어져 있음)행 그레이트노던 고속도로변에 있는 브룸은 현재 소를 방목하는 킴벌리 지구의 상업 중심지로 이 도시의 육류가공 공장에서 생산되는 제품들은 9m의 조수차로 인해 발생하는 어려움을 극복하기 위해 세운 전장 825m의 방파제에서 배에 선적된다. 앞바다에서는 석유와 천연 가스를 뽑아내기 위해 시추를 하고 있는데, 이것이 이 지방의 주요산업을 이루고 있다. 자바에서 오는 해저 케이블(1889)의 종착지인 브룸은 제2차 세계대전 때 일본의 공격을 받았다. 2010현재 인구는 16,298명 이다.

더비(Derby)

서호주의 북부 웨스트킴벌리 군에 있는 항구도시이다.

킹 만(인도양의 작은 만)에 있는 반도의 서쪽 해안에 자리잡고 있으며 피츠로이 강 어귀 가까이에

더비 시내의 바오밥나무.

있다.

1883년 목축지역의 서비스 중심지로 건설되었고, 당시의 영국의 식민지 담당 국무장관 더비 경의 이름을 따서 명명되었다. 1885년 배후지인 킴벌리에서 골드러시가 일어났을 때 번창했다. 퍼스(남서쪽 2,400km)로 가는 그레이트노던 고속도로 부근에 있으며 웨스트킴벌리 지역의 소들을 출하하는 중요한 항구. 피즈로이 계곡과 킹레오폴드 산맥에서 키운 육우들이 이곳에서 도살장으로 보내진다. 이들 쇠고기들과 글렌로이스테이션 부근의 공장지대에서 생산된 제품들은 더비 항의 550m 길이 방파제에서 선적되어 해안을 따라 운송된다. 이 더비 항의 방파제는 11m나 되는 조수간만의 차이로 인해 생기는 어려움을 극복하기 위해 건설되었다. 또한 더비 항은 얌피 만(북쪽 130km)에 있는 코카투 섬과 쿨란 섬의 철광 적출항이기도 하다. 2010년 현재 더비를 포함한 서킴벌리 전체의 인구는 8,940명이다.

우리나라 면적보다 넓은 더비 서킴벌리 지역 인구는 고작 1만 명이 안 된다. 끝없이 펼쳐져 있는 인적 없는 길을 지나던 서호주 학습탐사대 차량이 바오밥나무 아래에서 점심식사를 하기 위해 길가에 멈춰서 있다.

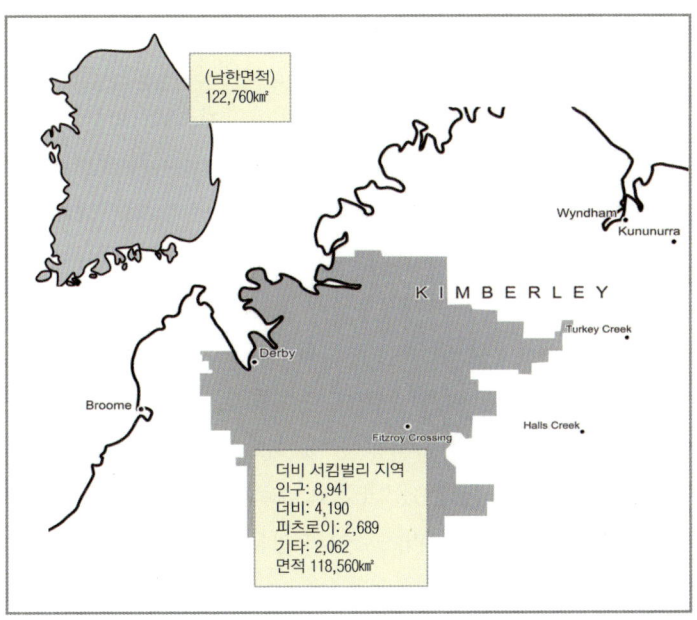

(남한면적)
122,760㎢

KIMBERLEY

Wyndham
Kununurra
Turkey Creek
Derby
Broome
Fitzroy Crossing
Halls Creek

더비 서킴벌리 지역
인구: 8,941
더비: 4,190
피츠로이: 2,689
기타: 2,062
면적 118,560㎢

넓은 평원에 펼쳐져 있는 유칼립투스 나무와 개미집들 그리고 붉은 대지로 대표되는 전형적인 킴벌리 지역의 자연 경관.

피츠로이(Fitzroy)강

서호주 북쪽에 있는 강으로 킴벌리 동부의 더랙 산맥에서 시작되어 남서쪽으로 험준한 킹레오폴드 산맥과 게이키에 협곡(민물 악어류가 많음)을 따라 흐르다가 북서쪽의 험준한 시골지역과 평야를 지나 인도양으로 연결된 킹 해협으로 유입된다. 총 길이는 525km. 강 하구에서는 조수의 높이가 보통 해발 8m이며, 주요지류는 한・마거릿 강, 크리스마스 천(川)의 소와 양 사육지대를 가로질러 흐르며, 하류 유역의 범람원에서는 벼가 재배된다. 캠벌린에 있는 댐에서 관개용수가 조절된다. 모래톱과 암초가 있어 항행이 불가능하다. 상류 유역에는 피츠로이크로싱이라는 주거지가 야생생물이 사는 작은 연못지대에 있다. 바로 위에는 게이키에 협곡 국립공원이 있다. 1838년 영국 군함 '비글호' 소속의 존 로트 스토크스 대장이 탐사한 뒤 옛 함장인 로버트 피츠로이의 성을 따서 명명했다.

1 피츠로이 크로싱으로 가기 위해 갈림길에서 빠져 나오자마자 족히 몇 백 년은 되었음직한 바오밥 나무가 길가에 버티고 서있다. 여기서부터 학습탐사대의 목적지인 벙글벙글 레인지까지는 약 600km 거리이다. 2 다리를 건너면서 바라본 피츠로이강.

벙글벙글 레인지(Bungle Bungle Range) – Purnululu National Park

서호주 북부 지역에 위치한 면적 450만㎢의 지역으로, 호주 고유의 동식물이 많이 서식하고 있으며 크리크(creek), 물웅덩이, 협곡 등으로 이루어진 특유의 지형을 간직하고 있다. 수만 년 전의 암각화 등 원주민들의 자취가 남아있어 고고학적 가치가 있다. 1982년 항공사진이 공개되면서 세상에 알려졌으며, 1987년 국립공원으로 지정되었다.

공원 내에서도 벙글벙글 레인지(Bungle Bungle Range)가 가장 유명하다. 사암과 역암이 오랜 세월에 걸쳐 풍화작용을 일으켜 독특한 벌집 모양의 바위산이 형성되었다. 그 표면은 규토와 조류로 이루어져 있으며, 오렌지색과 검은색의 띠 무늬로 되어 있다. 최고 해발 578m이며, 깊은 협곡과 원추 카르스트, 사암 카르스트 등의 지형이 나타난다. 2003년 유네스코에서 세계자연유산으로 지정하였다.

서호주와 노던 테리토리 주경계 근처에 있는 기암군인 벙글벙글은 3억 5000만년 전에 탄생했다고 전해진다. 높이가 약 200m에 이르는 무수한 둥근 돔형의 바위군이 약 450㎢의 대지에 넓게 퍼져 있는 풍경은 그야말로 장관으로, 기괴한 자연의 조형이 보는 자를 압도한다. 바위의 표면은 검

하늘에서 본 벙글벙글 레인지의 광활하고 웅장한 모습.

은 오렌지 빛의 줄무늬모양으로 채색되어 있다. 오렌지 빛으로 보이는 부분은 수정의 일종이며, 까맣게 보이는 부분은 이끼의 일종으로 얇게 층이 되어 바위의 표면을 덮고 있다. 1962년 측량사에 의해 처음 발견될 때까지 알려지지 않았던 신비의 이 땅은, 1987년 벙글벙글을 포함한 2,000km²의 넓은 지역이 푸눌룰루 국립공원(Purnululu)으로 지정되어 지금 가장 새로운 관광 스포트로서 떠오르고 있다. 이 지역은 아열대성 기후로 우기(10~3월)와 건기(4~9월)로 나누어, 1~3월에는 공원의 출입이 금지된다. 관광에 가장 최적인 때는 건기인 6~8월로 이때 가장 관광객이 붐빈다. 한편 벙글벙글의 바위는 부서지기 쉽기 때문에 위로 올라가거나 만지는 일은 금지되어 있다. 공원 내에는 숙박 가능한 캠프장이 2곳 있다.

2000만년에 걸친 침식 작용으로 이루어진 벙글벙글은 오렌지색과 검은색 띠가 교차해 마치 벌집을 연상하게 한다. 이곳의 독특한 바위들은 해발 578m의 높이로 우뚝 서 있다. 규모만큼이나 다채로운 색감도 신비롭기만 하다. 거대한 벙글벙글의 협곡 안으로 들어서면 물웅덩이들이 또 다른 세계를 만들어내고 종려나무들은 아슬아슬하게 바위 절벽 틈을 뚫고 자라난다.

여행객들이 벙글벙글 여행에서 백미로 꼽는 것이 바로 캠핑이다. 드넓은 아웃 백에서 낮에는 대자연의 아름다움을 감상하고 밤에는 모닥불에 둘러앉아 이야기를 나누다 남반구의 밤하늘에 가득한 별을 이불 삼아 잠을 청하는 호사를 누릴 수 있다. 캠핑을 하고 싶다면 근처의 와랄디나 쿠라종을 방문하면 된다. 단 이곳의 캠핑시설을 이용하려면 물 사용에 제한이 있다. 또 자연 그대로의 화장실에도 익숙해져야만 한다. 자동차 연료와 식음료를 구하려면 3시간가량 떨어진 작은 마을 터키 크릭까지 나가야만 한다. 그만큼 세상과 격리된 곳에서 자연 그대로의 모습으로 캠핑을 즐길 수 있는 흔치 않은 체험지이다.

부근에 헬기 또는 경비행기, 드라이빙 투어를 제공하는 관광업체가 다수 있어서 장엄한 벙글벙글의 경관을 짧은 시간에 하늘에서 조망해 볼 수도 있다.

Purnululu 국립공원(벙글벙글레인지)의 접근로

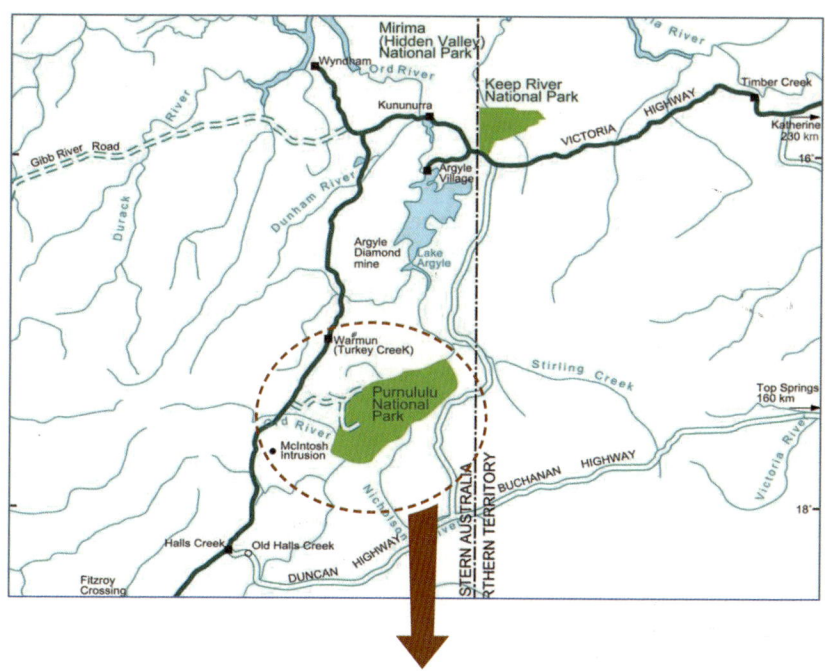

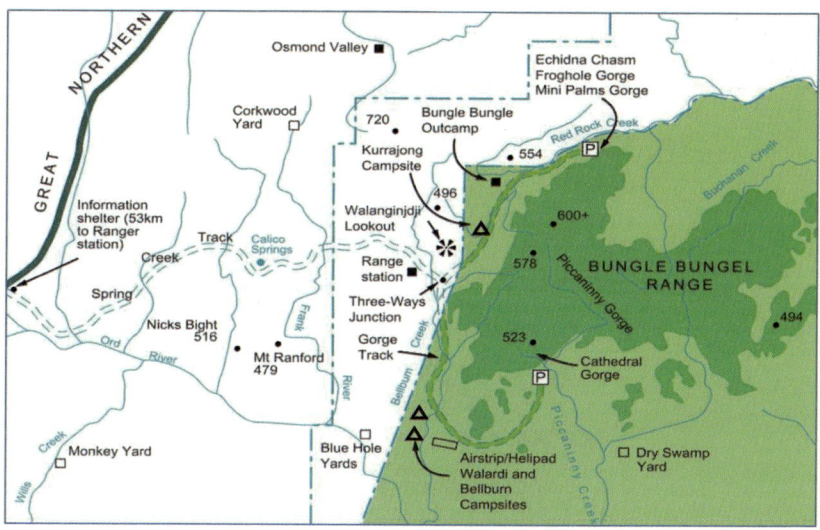

포트헤드랜드에서 퍼스(95번 National Highway)

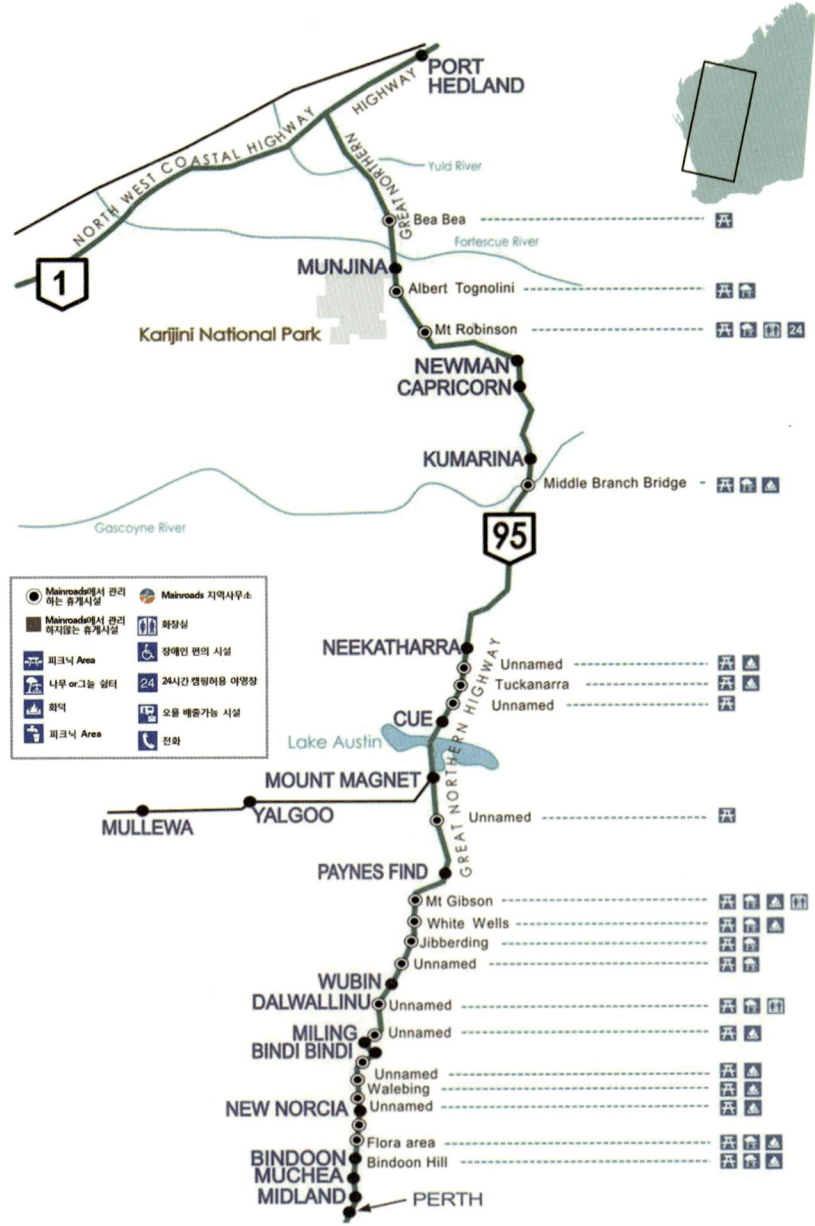

호주의 필바라(Pilbara) 지역

서호주 북서부 지역
면적 507,896㎢
행정관청소재지 포트헤드랜드

해머즐리산맥 남쪽에 위치한 드그레이 강에서 애슈버턴 강까지 내륙으로 720km 정도 뻗어 있고, 동·서 필바라와 로번, 포트헤드랜드 등 4개 지역으로 이루어져 있다. 평균해발 300m인 이 지역에는 호주에서 가장 더운 곳에 속하는 마블바가 자리잡고 있다. 10~5월에 마블바의 낮 기온은 49℃를 오르내린다. 1923~1924년에는 170일 동안 계속해서 40℃ 이상을 기록하기도 했다.

지반은 잔구(殘丘)를 포함하여 해발고도 300m 안팎의 기복을 이루고 있으며 호주 최대규모의 철광상과 망간이 묻혀 있다. 1883년 이 지역에서 금이 발견되자 필바라(1888)와 서(西)필바라(1895)가 금광지대로 공표되었다. 1899년 주석이 발견되었고, 구리·활석·망간·마그네슘·은·베릴륨·콜룸브석 등이 채굴된다. 해머즐리 산맥의 위터눔 협곡에는 귀중한 석면 광상이, 워드기나에는 탄탈라이트 광상이 남아 있다. 해머즐리 산맥에서 채광되는 광석을 이용해서 철강산업이 발전하자 1970년대에는 인구가 유입되었다. 주요광산 중 하나가 있는 뉴먼 산에서 광석이 채광되어 철도를 통해 북쪽의 포트헤드랜드까지 운송된다. 파라부르도와 톰피어스 산에서 로번의 서쪽에 새로 세워진 광석 항구인 댐피어까지 광석을 운반하는 철

1 필바라 지역, 카리지니 국립공원에 있는 녹스협곡이 석양에 더 붉게 타고 있다. 협곡 위를 덮고 있는 것은 유칼리나무들.
2 필바라의 개미집.

도가 나 있다. 댐피어와 포트헤드랜드에서는 소금이 생산된다. 필바라에는 동·서 필바라, 로번, 포트헤드랜드 4개의 지방이 속해 있다.

필바라의 카리지니 국립공원에 있는 데일스(Dales)협곡.

해머즐리산맥(Hamersley Ranges)

서호주 필바라 지역 북안(北岸)에서 약 300km 떨어져 있으며, 필바라에서 포터스크강(江) 남쪽까지 약 400km에 걸쳐 뻗어 있다. 최고봉은 위터눔 협곡의 남서쪽에 있는 브루스산(1,236m)으로 서호주에서 가장 높다. 산맥의 동단에서 오프탈미아산맥과 연결된다.

원생대 지층으로 형성된 단층과 협곡으로 인해 갈라진 옛 고원의 일부로, 깎아지른 듯한 암벽은 햇빛에 반사되어 적색·녹색·청색·분홍색 등 다채로운 빛깔을 띠어 장관을 이룬다. 철광석의 중요한 광상이 있어 1960년

해머즐리 산맥을 바라보며 톰프라이스를 향해가고 있는 탐사대 차량.

이후 톰프라이스·뉴먼산·패러버두·팬너워니카 등 여러 지역에서 대규모 철광이 개발되었으며, 1980년경에는 호주 철광 생산의 90%를 차지했다. 채굴된 철광석은 해안까지 철도로 운반된 뒤 가공되어 주로 일본으로 수출된다.

1917년에는 위터눔에서 청(靑)석면이 발견되어 1930~1940년대에 채굴되고, 1950년 광물섬유 추출 공장이 세워졌으나 높은 채굴 원가로 경제성이 낮아 1966년에 문을 닫았다. 광산지역을 제외한 대부분의 지역이 해머즐리산맥국립공원(원주민 언어로 카리지니국립공원)에 속해 있으며, 붉은 캥거루·딩고 등의 야생동물이 서식하고 있다. 국립공원 내에는 데일스협곡 등 유명한 협곡들이 있다. 산맥은 탐험가이며 광물 측량기사였던 프랜시스 그레고리가 발견하였고, 그의 탐험 후원자 중 한 사람이었던 에드워드 해머즐리의 이름을 따서 명명되었다.

톰프라이스(Tom Price)

서호주 북서부에 있는 광산도시.

해머즐리 산맥 지역의 톰프라이스 산 근처에 있으며, 중요한 고급 적철광 상들이 있다. 1965~1966년 해머즐리철강회사에 의해 톰프라이스 산의 거

톰프라이스 박물관 안을 관람하는 탐사대. 35억 년 전 생명의 흔적을 간직한 처트가 있는 호상철광층. 톰프라이스 호상철광산을 배경으로 기념촬영을 하고 있다.

대한 노천 철광석 광산에서 일하는 노동자들의 거주지 겸 상업 중심지로 세워졌다. 해머즐리 산맥의 광업 발전에 이바지한 카이저강철회사의 부사장 토머스 무어 프라이스의 이름을 따서 마을과 산이름이 명명되었다. 1980년대에는 해마다 수백만t의 철광석이 290km 떨어진 댐피어 심해항에서 선적되어 일본과 미국 등지로 수출되었다. 2010년 현재 인구는 3,500명이다.

왈루 길(Warlu Way)

왈루 길은 자연의 아름다움과 황홀한 애버리진 원주민의 신화가 가득한 서호주 북서부의 필바라와 킴벌리 지역을 관통하는 'Warlu' (호주 원주민의 꿈의 신화에 나오는 바다 뱀)의 길이다. 왈루 길 여행은 호주의 서쪽 바다에서 출현한 Warlu가 서호주의 붉은 심장부인 대륙으로 이동하는 과정에서 생겨났다는 아름다운 수로와 함께 우리를 고대 전설 속의 신비로운 꿈의 시대로 안내해 준다. 2,480km의 드라이브 코스 중간 중간마다 보이는 안내표지판이 그 지역의 역사와 문화, 그리고 자연에 대한 신비스런 비밀을 알려주는 듯 하다.

왈루 길의 시작은 코랄베이와 엑스마우스(Exmouth) 부근의 닝갈루 해양공원에서 출발한다. 세계에서 가장 큰 물고기인 고래 상어가 살고 있는 닝갈루 리프에서부터 동쪽으로 천길 낭떠러지 깊이의 아찔한 협곡과 폭포수, 어둡고 좁은 절벽과 소용돌이치는 물결 등 절경으로 유명한 카리지니 국립공원으로 이어지고, 뉴먼(Newman), 톰프라이스(Tom Price), 파라브루두(Paraburdoo)와 같은 카리지니 주위의 광산도시를 연결해 준다. 또한 맑은 연못과 수련, 야자나무 잎과 드래곤 파리 등 동화의 세계를 제공하는 사막의 오아시스 격인 밀스트림 치체스터 국립공원을 통해 댐피어 열도와 버럽 반도의 관문인 카라타(Karatha) 해안으로 이어 지는데, 이 지역은 세계 최대 규모의 원주민 예술의 집결지로서 고대 약 2만년 전에 정착한 애보리진들이 그려 놓은 수천 가지의 바위 장식들이 있다. 그 다음, 왈루 길은 북동쪽으로 로번(Roebourne), 포트헤드랜드(Port Hedland), 마블바(Marble Bar)와 같은 독특하고 화려한 이력을 지니고 있는 역사적 도시들을 지나서, 진주 양식으로 유명한 브룸(Broome)의 리조트 타운을 향해 80mile 비치의 해안을 따라 여행하게 된다.

왈루길 루트의 주요 운행 거리(km)	
엑스마우스 - 코랄베이	310
엑스마우스 - 밀리예링	80
엑스마우스 - 나누타라로드하우스	286
나누타라로드하우스 - 파라부두	275
파라부르두 - 톰프라이스	79
톰프라이스 - 카리지니국립공원	97
카리지니국립공원 - 밀스트림 치체스터 N.P	314
밀스트림 치체스터 N.P - 카라타	142
카라타 - 로번	40
로번 - 포트헤드랜드	202
포트헤드랜드 - 마블바	50
마블바 - 80마일 비치	200
80마일 비치 - 브룸	380
나누타라로드하우스 측면도로 - 온슬로우	252
카리지니NP 방문자센터 - 뉴먼 방문자센터	400
로번 방문자센터 - 코삭	32
마블바 T/Off - 마블바	304

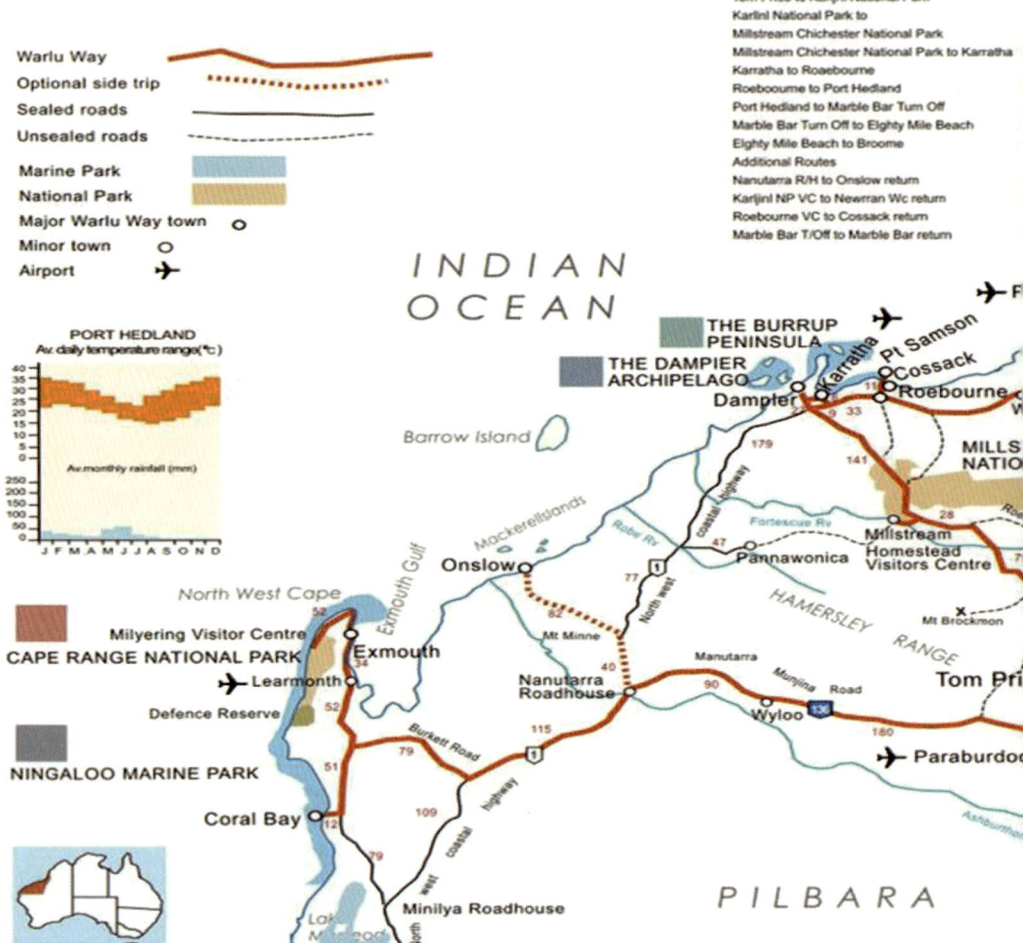

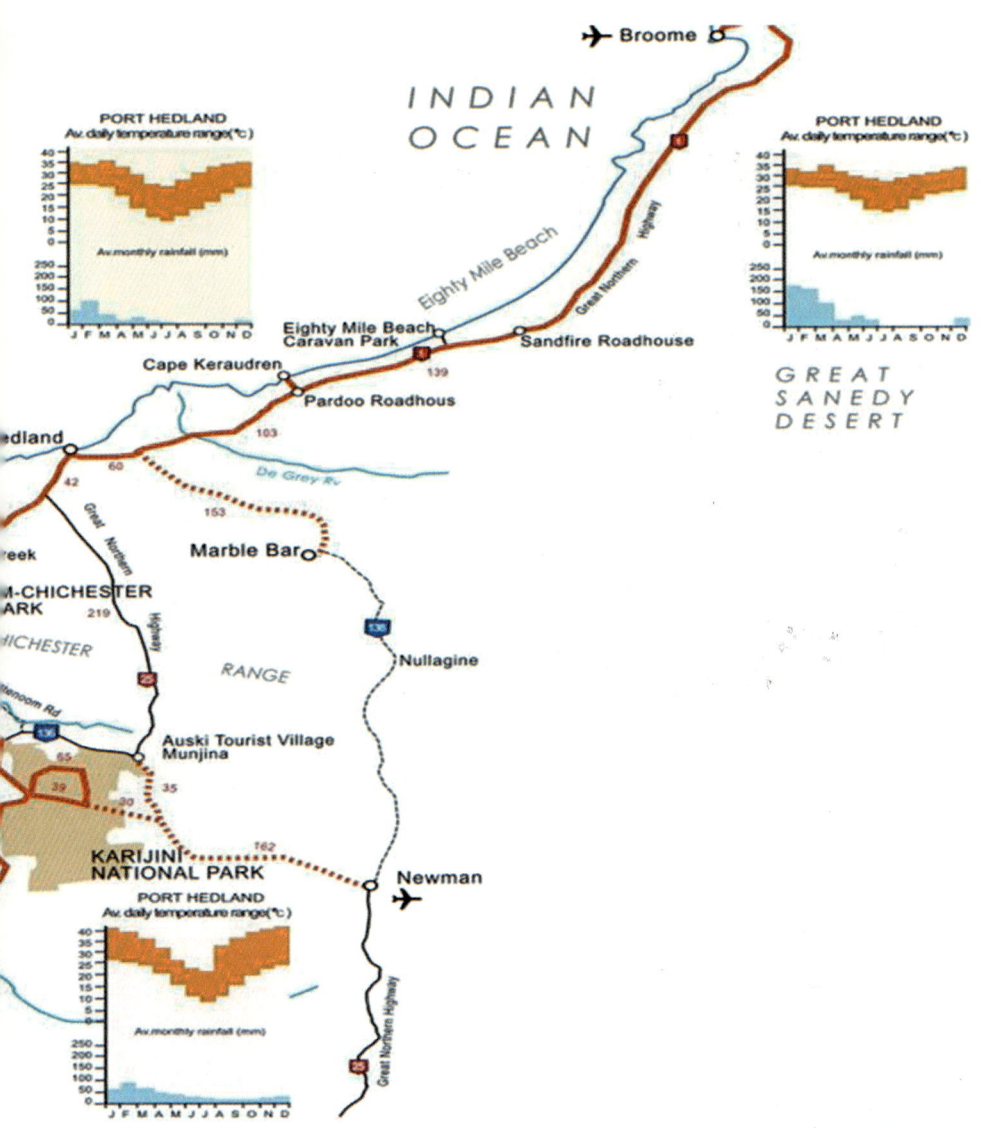

필바라 지역을 운전하다 보면 넓은 영역에 걸쳐 지나치는 도로 곳곳마다 Warlu Way를 나타 내는 도로표시 판이 설치되어 있어 궁금증을 자아낸다. 의문을 해소하기 위해 현지인들에게 물어보아도 그 의미를 아는 사람이 거의 없다. 나중에서야 이 지역의 2,500km에 이르는 도로 전체를 애보리진의 옛 전설이 서려있는 Warlu way로 부른다는 사실을 알게 되었다.

1 Warlu Way의 붉은 심장부에는 광산지역이 많다. 광산에서 채굴한 철광석을 항구로 실어 나르는 세계에서 가장 긴 철도차량. 붉은 노두를 배경으로 달리고 있다. 2 카리지니 국립공원 녹스협곡의 장엄한 모습.

카리지니 국립공원(karijini National Park)

서호주에서 제일 큰 국립공원중의 하나이며 장엄한 경관을 자랑하는 곳으로 손꼽힌다. 험준하고 붉은 토양의 아름다움과 최고의 모험지로 알려져 있는 이 곳은 깎아지른 듯한 협곡과 폭포 그리고 수영이 가능한 시원한 물웅덩이로 유명하다. 왈루(Wahlu)라는 거대한 뱀이 인도양에서 올라와 붉은 땅을 헤집으며 지나간 자리라는 원주민의 전설이 서려있는 이곳의 전체 면적은 약 63만㎢로 우리나라 충청북도보다 약간 작다.

원시지구 시대인 45~35억 년 전 카리지니는 바다 밑바닥이었다. 그러다 해수면이 급격히 낮아지면서 지상으로 드러나면서 물과 비바람에 깎이고 세월에 조탁되어 오늘날과 같은 기이한 풍경이 만들어졌다. 시루떡같이 쌓인 협곡 층 사이사이 원시 지구의 정보가 빼곡히 담겨 있는 카리지니에는 모두 9개의 크고 작은 협곡이 있다. 해머즐리를 제외하면 핸콕, 조프리, 레드, 데일스, 위노, 녹스 등 사람들이 많이 찾는 협곡들이 가까운 거리에 몰려 있다. 깎아지른 벼랑을 내려가면서 하는 협곡 트레킹은 난이도에 따라 1~6단계로 나뉘는데 난이도가 높아질수록 각별히 주의를 기울여야 한다. 각 협곡은 저마다 특징을 갖고 있는데, 데일스 협곡은 평이한 난이도에 수채화 같은 유려한 풍경을 갖추고있고, 계곡 물이 모여 서큘러 풀과 포테스큐 폭포 등 예쁜 풍경을 만들고 있다. 유칼립투스 나무 위에 조롱박처럼 매달려 낮잠을 자는 박쥐 등 이국적인 풍경과도 조우할 수 있다. 조프리 협곡은 거대한 원형 경기장을 연상케 하는 조프리 폭포가 매력적이다. 붉은 암석들이 엿가락처럼 휘어져 있는 녹스 협곡은 장엄미가 단연 돋보인다. 협곡의 폭포수 아래에 반짝이는 맑은 물이 흐르는 암반 수영장에서 다이빙도 할 수 있다. 카리지니에는 일정한 구역의 캠핑장과 피크닉 지역이 잘 지정되어 있다(입장료, 캠핑장 이용료 부과). 입구에 있는 카리지

카리지니 국립공원 입구에 있는 방문자센터 앞에서 기념촬영하고 있는 서호주 학습탐사대 일행. 건물 전체가 철골 구조로 만들어져 있으며, 내부에는 이 지역의 지질구조와 호상철광층의 형성, 애보리진의 생활 등을 소개하는 박물관이 설치되어 있다.

카리지니 국립공원내 서큘라 풀의 환상적인 전경. 절벽 아래의 지층은 19~26억 년 전에 퇴적된 철광층이고 위의 지층은 비교적 최근에 화산용암이 굳어진 것이다. 탐사대원들은 마치 태초의 오아시스와 같은 이 곳에서 그 오랜 시간과 함께 수영을 즐겼다.

1 방문자 센터 안의 전시물. 내용이 알차다. 2 철과 산소가 시루떡처럼 쌓여있다.

니 여행자 안내 센터에서 이곳에 관한 자세한 정보를 얻거나 자연 및 문화 유산 전시물을 관람할 수 있다.

뉴먼(Newman)

서호주 북서에 있는 광산촌으로 오프살미아 산맥의 최고봉인 뉴먼 산(1,053m) 근처에 있다. 이 도시와 산의 이름은 1896년 이 지역을 탐험하다 죽은 오브리 우드워드 뉴먼의 이름에서 따온 것이라 한다. 뉴먼은 1967~69년 뉴먼 산 광산토지주식회사가 훼일백 산 근처에 세계적인 규모의 철광개발을 했을 때 주거지와 서비스 시설지로서 건설되었다. 1975년 이곳의 삭막한 환경을 좀더 낫게 하기 위해서 약 6만 그루의 관목과 나무를 심었다. 한편 1979년 철광석 선광(選鑛)처리공장을 세워 1980년대까지 해마다 약 200억kg이나 되는 광석을 철도로 북서쪽에 있는 포트헤들랜드 항으로 운반하여 수출했다. 남서쪽으로 도로를 따라 1,120km 떨어진 곳에 주도인 퍼스가 있다. 2006년 현재 인구 4,245명이다.

미카타라(Meekatharra)

서호주 중서부에 있는 소도시이다. 1890년대에 금이 발견되면서 1894년에 첫 정착지로 세워졌으며, 퍼스 북동쪽 764km, 제랄톤 동쪽 541km 지점으로 해발 521m에 위치한다. 머치슨 금광지대의 중심부였으나, 금이 고갈되자 대단위 목장지대의 중심지로 바뀌었다 한때 캐닝스톡루트와 매드먼스 트랙의 철도 종착지였고, 지금은 제랄톤과 퍼스까지 철도로 연결되며, 북쪽으로 1,285km 떨어져 있는 브룸으로부터 그레이트노던 고속도로를 통해 가축을 실어온다. 이 지역의 광물 탐사기지가 있다.

1982년에는 세계 최대 규모의 태양열 발전소가 세워졌고, 태양열로 동력을 공급받는 오스트레일리아 최초의 도시로 유명해졌다. '메카타라'라는 말은 '물이 부족한 곳' 또는 '물이 나쁜 곳'이라는 뜻의 원주민어(語)에서 유래되었는데 사막 끝에 있어, 연평균 강우량은 200~250mm에 불과하다. 전쟁 중 미국인이 건설했던 2,181m에 이르는 활주로가 있다. 북서쪽으로 348km 떨어진 곳에 길이 8km, 너비 3km의 세계에서 가장 큰 비석이 있는 오거스터스산(山)이 있다. 면적은 100,789㎢ 인구는 2010년 현재 인구 1,230명이다.

퍼스(Perth)

서호주의 주도인 퍼스는 활기차고 현대적인 도시로 스완(Swan) 강과 캐닝(Canning) 강에 위치해 있으며 서쪽으로는 하늘색의 인도양이, 동쪽으로는 고대의 달링 산맥(Darling Ranges)이 있다. 호주에서 가장 햇빛을 많이 받는 도시이며, 다른 호주 도시들에서 고립된 위치에 있다.(퍼스는 지리적으로 시드니와 멜버른, 브리즈번보다는 동티모르의 딜리, 싱가포르, 인도네시아의 자카르타가 더 가깝다.)

퍼스는 호주 서부 해안에 위치해 있으며 남서부 끝에서 가깝다. 시내는 상당히 촘촘하며 스완 강을 끼고 넓게 퍼져있다. 이 강은 시내의 남쪽과 동쪽 경계를 만들며 퍼스와 항구 도시인 프리맨틀을 잇는다. 퍼스 서쪽 끝은 이 도시가 내려다보이는 상쾌한 킹스 파크(Kings Park)이며 이 다음부터는 여러 문화가 섞인 수비아코 지역이 펼쳐진다. 더 서쪽의 교외는 스카보로(Scarborough)와 인도양의 코트슬로 해변까지 이어져 있다. 시내 북부에는 교외로 나가는 철도들이 있으며 바로 북쪽에는 노스브릿지(Northbridge)가

나온다. 퍼스의 국제선, 국내선 공항은 시 동쪽 8km 지점에 있으며 서로 10km 떨어져 있다. 버스와 기차의 터미널은 동쪽 퍼스(East Perth)의 웨스트레일 센터(Westrail Centre)에 위치한다. 퍼스는 배낭여행자의 구미에 맞는 여러 종류의 숙소가 있다. 저렴한 숙소가 모인 지역은 노스브릿지, 프리맨틀, 스카보로우 등이며 모든 종류의 호텔, 모텔, 휴가철 아파트 등은 시내 전역에 산재해 있다. 퍼스는 뛰어난 해산물 음식으로 잘 알려져 있지만 또한 이 도시의 인기 있는 음식 상점가들에서 여러 종류의 싼 먹거리도 찾아볼 수 있다. 노스브릿지와 프리맨틀은 밤에, 특히 금요일 밤에 놀 거리를 찾아갈 만한 곳들이다. 남쪽 퍼스로 가는 페리에서 바라보는 퍼스의 스카이라인은 가히 세계적이라 할 만큼 아름다우며, 잘 다듬어진 잔디와 야자수가 늘어서 있는 강변의 카페에서 식사를 즐기며 휴식을 취할 수 있다. 어둠이 내린 후 도시의 눈부신 스카이라인이 스완강에 반사되는 풍경은 매우 환상적이다.

퍼스의 도시 지역은 북쪽으로 얀쳅(Yanchep), 남쪽은 만듀라(Mandurah)에, 남북 약 125km 뻗어 있으며, 동쪽으로는 만다링(Mundaring)에, 서쪽 해안에서 동서로 약 50km에 걸쳐 뻗어있다. 해발은 약 20m 정도이며 교외는 인도양에 접한 아름다운 모래 사장이 펼쳐져 있다. 면적은 5,386㎢ 이고 현재 인구는 약 170만명이다.

킹스 공원(Kings Park)

퍼스 시내의 허파 역할을 하는 공원으로 1872년부터 조성되기 시작 하였으며 약 4㎢ 규모의 울창한 자연녹지와 야생화 그리고 아름다운 잔디밭으로 조성되어있는 굉장히 규모가 큰 공원이다. 이곳에는 세계에서 가장 크고 오래된 카리 통나무(Karri log)가 있는데 전체 길이가 90m나 되며 무게가 200t이 넘으며, 바오밥 나무도 볼 수 있다. 공원 내에 위치한 약 0.17㎢ 넓이의 보타닉 가든(Botanical Garden)은 1965년 개장된 식물원으로서 전세계의 다양한 꽃과 식물이 한자리에 모여있는데 그 종류가 무려 2,500여 종에 이른다고 하며, 매년 9월에 호주의 '야생화 축제'가 열려 전세계 식물

1 퍼스 시내에 있는 킹스 공원 입구. 2 강의는 계속된다. 3 전쟁기념탑. 4 킹스 공원에서 바라본 퍼스 전경.

학자 및 일반인들의 방문이 줄을 잇는다고 한다. 그밖에 전쟁기념탑(War Memorial)과 DNA 타워, 그리고 파이어니아 기념분수(Pioneer Women's Memorial)를 비롯해 공원 곳곳에 야외 바베큐 시설과 커피 숍이 있으며 아름다운 자전거 도로도 있다. 킹스파크 최고의 관광 포인트는 시내 중심부와 스완강을 한눈에 바라볼 수 있는 전망대라 할 수 있으며, 특히 퍼스의 호화로운 빌딩 불빛과 강변 선착장을 아름답게 수놓는 야간 가로등이 환상적으로 어우러지는 퍼스의 야경은 낮의 모습과는 전혀 다른 또 다른 분위기를 연출한다.

서호주 자연사박물관(Western Australian Museum)
서호주의 자연사와 인간사, 즉 서호주의 지질학적 기원과 풍요로운 원주민 역사 그리고 유럽인의 정착에 관한 내용이 잘 전시되어 있는 퍼스 시내의 대표적인 박물관이다. 노스브리지(Northbridge)의 퍼스 문화센터(Perth Cultural Centre)내에 위치하며, 1층에는 지질학자들의 화석, 광석 수집일지

서호주 자연사박물관 전경. 척추동물의 기원 창고기. 호주의 운석. 박물관 안에서 〈137억 년〉강의를 복습하고 있다.

부터 흰 개미집까지 정리되어 있고, 2층에는 애보리진의 동굴벽화, 대륙이동, 개척시대의 개척자들의 삶이 전시된다. 오른편 1층에는 해양생물 박제 및 동물들의 골조, 그리고 2층에는 애보리진의 생활상과 역사물들, 3층에는 운석과 우주로부터 온 각 원소들에 대한 설명과 더불어 인간 진화에 대한 화석들이 잘 정리되어 전시되어 있다.

특히 해양 생태관에는 1898년 브쉘톤에서 잡힌 길이 25m 무게 136t의 거대한 고래(Blue Whale)의 뼈가 3년에 걸친 원판 조립작업 끝에 완성되어 웅장한 모습으로 전시되어 있다. 또한 1856~1889년에 실제 감옥으로 사용된 구 감옥(Old Gaol)에서 식민지 당시의 정치, 문화, 경제 등의 모든 호주 역사상의 생활상을 엿볼 수 있다. 입장료는 무료로 Donation을 받는다. 퍼스 여행에서 빼놓지 말고 들려야 할 곳이다. 박물관 주변에는 수 많은 카페와 레스토랑, 멋진 바, 나이트 클럽 등이 모여 있어, 이들이 만들어내는 야경으로도 유명하다.

캐버샴 야생공원(Caversham Wildlife Park)

퍼스에서 북쪽으로 15km에 있는 얀쳅(Yanchep)에 위치한 야생 동물원이다. 1987년에 0.02㎢ 면적의 작은 공간에 몇 종의 동물과 새들을 보유하던 곳이 지금은 200종의 동물, 새, 파충류를 소유한 서호주의 대표적인 야생 동물원 중 하나로 자리잡았다. 캥거루와 코알라, 태즈매니안 악마

캐버샴 야생공원에서 웜뱃과 코알라, 캥거루를 직접 만날 수 있다.

(Tasmanian devil), 웜뱃(Wombat) 등 호주를 대표하는 동물들을 동시에 볼 수 있으며, 동물들을 가까이에서 직접 만지거나 먹이를 줄 수도 있다. 개인 동물원이지만 큰 규모의 시설과 잘 짜여진 프로그램으로 많은 사람들에게 사랑을 받고 있다.

제 3 장
오래된 주인
애보리진

호주대륙의 검은 주인 애보리진. 자연과의 뛰어난 교감과 적응을 생존전략으로 삼아 4만 년이 넘는 오랜 세월 동안 호주 대륙에서 삶의 뿌리를 내리다.

호주원주민 애보리진.

애보리진 마을 마켓 앞에서. 박종환, 문장렬, 김승수 탐사대원.

호주 대륙의 원주민, 애보리진

'애보리진'이라고 말하는 것은 그를 낳은 땅과 그가 삼켜버린 캥거루들과 코알라들, 캥거루들이 뜯어먹은 목초, 목초의 어머니인 대지, 대지를 낳은 하늘을 말하는 것이다. 그리하여 그들이 내어 놓은 땅이 그들을 이용하여 춤을 추고 노래하게 하였다. 코로보리라 불리는 애보리진의 노래와 춤의 축제는 땅을 노래하고, 땅이 뱀과 캥거루를 낳은 이야기와 대륙의 숨결이 만든 고대의 꿈을 온몸을 다해 공간에 쏟아내는 시간이다. 시와 노래가 시간에 머물고, 춤이 몸을 통해 시공간에 존재할 때 땅이 그들이 되고 그들은 땅이 된다고 애보리진들은 말한다.

원주민이라는 단어는 때때로 침략자에게 불리어지는 약자의 또 다른 이름이라는 뉘앙스를 풍긴다. AUSTRALIAN ORIGIN이라는 뜻의 애보리진(aborigine)은 아메리카를 인도로 잘못 알고 붙여졌다는 인디언과는 약간은 다른 느낌이 든다. 세계에서 가장 오래된 문화를 지니고 있는 애보리진은 문화의 발전속도에서도 세계에서 가장 느리다. 인류가 빠르게 철기시대로 접어들고 있을 때조차 애보리진은 세계에서 두 번째로 풍부한 철 매장량을 가지고 있음에도 여전히 석기 시대를 살고 있었다. '진보되는 인류 문명'이라는 인식을 한 유럽의 문명학자들이 이들을 처음 만났을 때 얼마나 당혹해했을지 짐작할 수 있다.

호주대륙에서는 수만 년간 화산활동과 같은 격심한 천재지변도 없었고 4만년이 넘는 긴 시간 동안 오래된 대륙의 주인으로 살아온 애보리진에게서는 전쟁과 같은 파괴적인 피의 역사도 발견되지 않는다. 그들은 그저 자연에 적응하고 동화하며 유지하는 삶을 살았다.

시드니 코브로 9개월의 항해를 하여 호주의 대륙에 들어온 영국인들과 애보리진의 마찰은 불을 보듯 명확한 결과를 낳았다. 이들의 도래는 애보리진들에게는 천재지변과 같은 재앙이었을 것이다. 그러함에도 애보리진이 섬긴 땅의 노래는 그들을 더 노래하게 하고 춤을 추게 하였다.

이러한 호주의 원주민, 애보리진을 처음 접한 것은 2009년 7월 11일. 4차

학습탐사 예비캠프가 열렸던 대전의 온지당에서였다. 남녀노소 70명이 서호주로 학습탐사를 떠나기로 되어 있었다. 예비모임에서 '애보리진'이라는 낯선 단어를 처음 들었고 그들이 호주에 원래 살고 있던 원주민들을 말한다는 것을 알게 되었다. 부끄러운 무지였지만 이들에 대한 것뿐 아니라 호주 자체에 대해서도 모르기는 매한가지였다. '왜 서호주를 가는가'에 대한 당위성은 그 자리에서 각인하게 된 사실이다. 지구에서 가장 오래된 대륙. 독특한 기후 조건과 동식물. 세 개의 은하를 만날 수 있는 밤하늘. 오늘의 녹색 지구를 만든 시아노박테리아가 아직도 왕성하게 산소를 만들고 있는 곳. 행성 지구를, 생명의 발원을 알려면 순례하듯이 찾아가야 하는 곳이란다. 생애 처음의 해외여행이라는 사실에만 들떠 있던 내가 '학습'이라는 지점을 만나는 순간이었다. 그날 각 분야에 대한 공부 주제와 발표자 선정이 있었고 많은 망설임 끝에 애보리진에 대해서 공부하고 발표하겠다고 자원한 것이 인연의 시작이었다.

아프리카에서 발원한 인류가 전 세계로 퍼져 나가면서 호주 대륙에 원주민이 발을 디딘 것은 4~5만 년 전. 7만 년 전에 최초의 호주인이 당도했을 것으로 보고 있는 학자도 있다. 비록 그 당시의 세계가 지금보다 해수면이 낮고 많은 대지가 서로 연결되어 있었다고는 해도 머나먼 여정이 결코 순탄하지는 않았을 것이다. 최초의 애보리진들이 낯선 세계로의 탐험을 감행할 만큼 지적이나 체력적으로 뛰어났으리라는 것을 충분히 짐작해 볼 수 있다. 고고학적 기록을 보더라도 애보리진들은 전 세계의 어느 인류보다도 출발에서 앞서 있었다. 8개의 해협을 건너야 하는 힘난한 과정을 이겨낼 만큼 배를 만들고 사용하는 능력이 뛰어났고, 최초로 손잡이에 고정시킨 돌도끼를 만들었으며, 석기의 날을 갈아서 사용할 줄도 알았다. 바위에 새긴 암각화도 세계에서 가장 빠른 편에 속하고 해부학적 현생 인류가 살기 시작한 시기도 서유럽보다 앞서 있었다.

이렇게 출발이 빨랐던 호주 대륙의 인류는 4만 년이 넘는 시간이 흐른 후, 처음 유럽의 문명과 만날 무렵에는 전 세계에서 가장 낙후된 문명을 갖고 있었다. 이들에게는 농경이나 목축, 문자도 없었고 활과 화살도 없었으며 돌도끼와 같은 석기에 의존하여 유랑이나 반 유랑 생활을 하는 수렵 채집민으로 남아 있었다. 호주의 원주민들보다 한참이나 뒤늦게 출발했던 아메리카의 인디언들이 이룩했던 조직체계(단일한 부족 추장사회)조차도 갖지 못한 채 구석기 시대의 생활상을 그대로 이어가고 있었던 것이다. 심지어 태즈매니아에서는 불의 사용조차도 잃어버렸다. 처음 이들을 만났던 유럽의 인류학자들은 이들이 유인원과 인간 사이의 잃어버린 고리라고 생각했을 정도였다. 유라시아 대륙이 1만 3천 년 동안에 이룩한 문화적 발전 상태와 비교해보면, 이들의 저발전은 놀라울 정도이다.

왜 이들은 세계 최대의 풍부한 매장량을 가진 아연 철광산을 바로 옆에 두고서도 철기 문화로의 발전을 이루지 못했던 것일까. 애보리진의 가치는 낙후된 물질문명이 아니라, 전쟁이나 사멸 없이 존속해 온 지속 가능성에서 찾아야 한다고 역설하는 학자들도 있다. 하지만 물질문명에 뒷받침되지 못한 그들의 높은 정신성은 문명 간의 충돌에서 살아남지 못한 채 흔적조차 희미해져 버리고 말았다. 유라시아 대륙의 인류가 비약적인 발전을 이루어내고 있는 동안 호주 대륙에서는 척박한 환경에 적응하는 것과 현 사회를 유지, 존속시키는 것에 전 에너지를 쏟았던 것이다.

애보리진에 대한 탐구를 하면서 문화의 독특성에 대한 단순한 호기심을 넘어서, 미래를 위한 배움을 얻을 수 있었다. 4만 년을 동일한 문화적 전통과 맥락을 파괴 없이 이어올 수 있었던 그들의 정신성은 자연과 가진 깊은 유대감에서 온 것이었다. 지구 상에 공생하는 모든 생명체와 함께 생존하는 법을 알았던 그 지혜의 일단을 배우고, 그것을 바탕으로 더 높은 발전을 이루어내는 기술문명을 함께 발전시키는 일. 어쩌면 많은 위기론이 대두되는 현대의 인류가 앞으로 다가오게 될 우주시대를 열어가는데 충분히 참고해야만 하는 사항일 것이라 생각된다.

애보리진 마을을 가다

"파도는 거셌다. 통나무를 엮어 놓은 끈들이 곧 끊어질 듯이 너덜거렸다.

도저히 닿을 것 같지 않은 땅에 드디어 당도한 것이다. 배 위에서처럼 땅이 춤을 춘다. 가만히 눈을 감고 따뜻한 대지에 몸을 누인다. 온몸을 내리 덮을 듯이 별들이 휘황하다. 저 찬란한 별들 속으로 이 땅이 품어 안고서 내어줄 것들을 믿으며 힘겹게 일어나 터벅터벅 걷기 시작했다. 이제 육지로의 여정이 시작된 것이다."

대지 끝까지 짙은 어둠으로 둘러쳐진 밤. 사방 천지에 별빛만이 가득했다. 땅이 주는 울림을 온몸으로 느끼면서 터벅터벅 걷고 있을 때였다. 험난한 바다를 헤쳐올 수 있을 만큼 강인한 체력과 자부심 가득한 미소를 띤 최초의 애보리진을 만난 것은. 그들에게도 저토록 찬란한 광휘는 희망과 위안이 되어 주었을까. 대륙에서의 첫날을 두려움 없이 마주할 수 있었을까. 애보리진들은 이렇게 두 발로 걸어서 전 호주 대륙으로 퍼져갔었다. 바다에 가로막히기 전의 저 머나먼 남쪽 끝의 땅까지. 그들의 조상이 머문다는 은하수를 따라 걸으면서, 내내 먹먹한 가슴으로 잊혀진 그들의 전설과 신화를 만나던 그날 밤을 결코 잊을 수가 없다.

이후 북쪽으로 달리는 내내, 사람 흔적이 보이는 곳마다 애보리진의 모습을 찾고 있는 버릇이 생겼다. 어둠 속에서 내가 만났던 애보리진을 다시 한번 만나보고 싶었다. 비상사태. 눈 가릴 데 없는 대지의 장엄한 일출에 취해 주유를 해야 하는 로드 하우스를 지나쳐 버린 후, 우리 차에는 주유등에 불이 들어왔다. 되돌아 갈 수도 전진할 수도 없는 상황. 가능한 하나의 방법은 근처에 있는 애보리진 마을 뿐이었다. 인근 캠핑장의 현지인들에게 물어보니 그들도 상황을 정확히 알 수가 없단다. 비상상황이 아니라면, 한 달 전에 방문 신청을 하고 허가를 받아야만 들어갈 수 있는 서호주 최대의 애보리진 마을. 지도에 표시된 가솔린 판매를 믿고서 들어가기로 결정했다. 나로서는 천재일우의 기회였다.

마을로 들어가는 비포장의 길은, 온통 붉은 빛이다. 유난히도 붉은 길. 흙먼지를 덮어쓴 길가의 가로수들도 붉은 색으로 변해 있었다. 정체된 나른한 오후의 시간 같은 적막이 마을 전체에 고요히 내려 덮여 있다가 이방인의 소란에 화들짝 깨어난다. 급한 주유문제를 해결하고 계산대에 섰다. 수

서호주 최대 애보리진 마을 표지판과 주의사항을 적어 놓은 안내판.

죽은 듯한 표정의 아가씨가 서 있다. 가벼운 인사말을 건네봤지만 묵묵부답이다. 겁먹은 듯한 커다랗고 까만 눈동자. 왠지 민망해져서 급히 계산을 마치고 밖으로 나와서 여기저기를 둘러보았다. 벤치에는 환담을 나누는 사람들. 어린아이를 데리고 있는 젊은 엄마. 여기서도 여전히 인간의 일상적인 삶은 조용하게 흐르고 있다. 전통을 지켜가고 있는 모습이라기보다는, 도시의 개발에 밀려난 낙후된 시골 마을을 보는 느낌. 무엇을 기대했던 걸까. 전통적인 삶을 이어가고 있는 모습을 상상했을까. 그 시절은 이미 2백 년 전에 흘러가 버린 것이다. 편견과 관념을 벗어버리고 있는 그대로의 그들을 만나고자 했지만, 여전히 내 안에 있는 뿌리 깊은 편견을 발견하고는 씁쓸해진다. 변화된 환경 안에서 또 거기에 맞추어 살아가는 '사람들'을 보면서 내가 만났던 그 밤의 애보리진이 이미 전설이 되어버렸음을 알 수 있었다.

무표정한 얼굴과 고집스러운 맨발에서 잃어버린 그들의 신화를 되새기는 것은 이방인일 수밖에 없는 나의 어설픈 감상임을 아프게 되새긴다.

이제 애보리진에 대해 본격적인 탐색을 시작해보자.

애보리진 마을에서 함께 사진을 찍을 수는 없었지만 먼 발치에서나마 함께 하다. 홍종연 대원.

서호주에서 가장 큰 애보리진 마을 안 풍경.

지구, 태양, 피부색을 상징하는 애보리진 깃발과 애보리진의 모습.

호주대륙으로의 이동

애보리진(aborigine)들이 어디서부터, 언제, 호주대륙에 정착하여 살고 있었는지에 대해서 명확하게 밝혀진 바는 없다. 다만, 몇 가지 설득력 있는 가설에 의하면, 이들이 아주 멀고 먼 옛날(약 7만 년 전에서 4만 년 전 경), 아시아-특히 인도 중동부 지역의 문다족이 동쪽으로 이동하다가 지금보다 해수면이 훨씬 낮아서 작은 배로도 건너기 쉬웠던 바다를 건너 인도네시아와 말레이시아의 여러 섬을 건너뛰면서 호주의 북부에 당도했을 것으로 본다.

호주 대륙에 건너온 이후 이들은 해안선을 따라서 동쪽과 서쪽으로 이동하여 빠르게 퍼져갔다. 발견된 화석 기록으로 보면, 4만 년 전에는 서남쪽

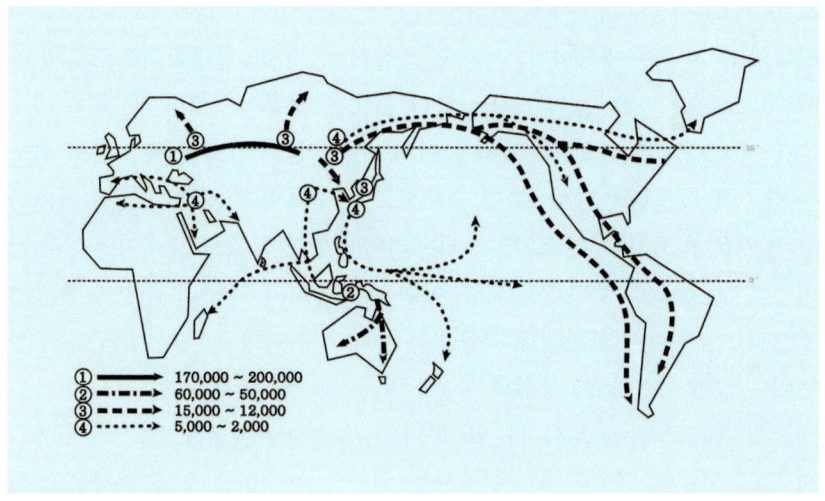

인류의 이동 경로.

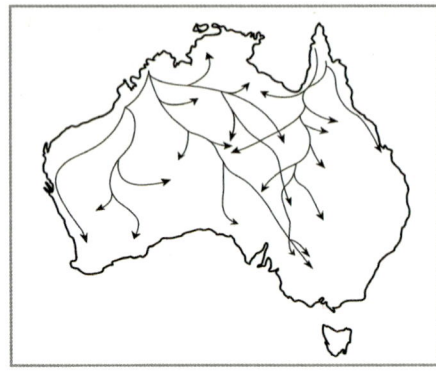
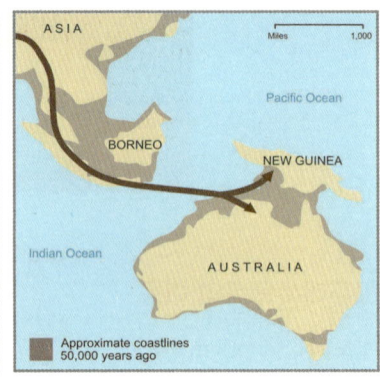

호주 대륙에서의 이동경로.   그레이트오스트레일리아 지도.

변방에도, 3만 5천 년 전에는 가장 먼 동남부와 태즈매니아에도, 3만 년 전에는 뉴기니의 한랭성 고지대에도 사람이 살기 시작했던 것으로 추측된다. 당시는 뉴기니와 태즈매니아도 하나로 연결되어 있던 그레이트 오스트레일리아 대륙이었다. 기후도 지금보다 시원하고 습도도 높았다. 애보리진의 조상이 최초로 호주 땅에 발을 디딘 이후로 빠르게 전 대륙으로 퍼져갈 수 있었던 요인도 이러한 환경과 기후조건이 한 몫을 담당했을 것이다.

호주는 모든 대륙 가운데서도 가장 특이한 대륙이다. 가장 작고, 건조하며 평평하고 척박한 대륙이다. 기후도 종잡을 수 없고 생태학적으로도 빈약하다. 그리고 유럽인들이 가장 나중에 들어온 대륙이기도 하다. 호주 대륙은 약 4천5백만 년 전 남극에서 떨어져 나와 지금도 1년에 5cm 정도 적도를 향하여 북진하고 있다. 물이 풍부하고 초목이 푸른 땅에서 점점 건조하고 뜨거운 곳으로 가는 것이다. 아프리카에서 발원한 호모사피엔스의 긴 여정에서, 호주 원주민들은 다른 어떤 대륙들보다 문명의 출발이 빨랐던 것으로 보인다. 배를 만들고 사용하는 능력도 뛰어났고, 원시 도구들의 사용이나 그림 등을 통한 상징의 사용도 어느 곳보다 빠르다.

이들의 빠른 출발을 시사하는 또 하나의 자료를 살펴보자. 석기시대 유적지 발굴 때문에 고고학적으로 중요한 위치를 차지하고 있는 뉴사우스 웨일스 지방 윌랜드라 유적지의 문고 호수(Lake Mungo) 모래 언덕에서 1968년에 타버린 뼛조각이 발견되었다. 유골은 약 19세 가량의 젊은 여성의 것으로 밝혀졌다. 거주민들은 그녀를 호숫가에서 화장한 뒤, 유골을 모아 분쇄한 뒤 구덩이에 넣었다. 이는 전 세계에서 가장 오래된 화장의 흔적이다.

1974년, 근처에서 두 번째 유골이 발견되었는데, 50세 남자의 유골로 얕게 파인 무덤에 누워 있었고 붉은 황토로 덮혀 있었다. 이들의 연대기에 대해 연구자들 간의 논쟁이 있었지만, 1999년 새로운 연대측정법에 따라 이 두 구의 시신이 약 4만 년 전의 것으로 밝혀졌고, 근처의 석기 유적 자료에 근거하여 5만 년 전으로까지 추정하고 있다. 이 유골에 사용된 붉은 안료는 정돈된 매장풍습이 있었다는 것과 매장에 의식이 사용되었음을 알려주는데 이는 세계에서 가장 빠른 의식의 사용증거이다.

이처럼 어디보다 빠른 출발을 했던 호주 대륙의 원주민들은 어째서 계속된 발전을 이루지 못하고 여전히 구석기 시대에 머물러 있을 수밖에 없었던 것일까? 인류의 문명이 언제나 진보의 방향으로 전진해간다고 믿었던 많은 문명학자를 당황케 할 만큼 느린 진보와 퇴보는 어떻게 설명할 수 있을까?

이 점에 대해 제레드 다이아몬드는 탁월한 책 '총.균.쇠"에서 기후, 지리적 조건에 따른 고립성과 인구규모가 원인이었다고 설명한다. 즉 문명의 존속, 유지, 발전에는 적정한 임계인구 밀도가 있다는 것이다. 문화의 유지뿐만 아니라 생존에도 적정 임계치를 갖추지 못할 때 결국은 멸종의 길을 걸을 수 밖에 없다고 얘기한다.

이에 대한 증거로 태즈매니아의 예를 들고 있는데, 태즈매니아는 약 1만 년 전인 홍적세 말, 빙하기가 끝이 나고 해수면이 높아지면서 베스 해협이 본토와의 사이를 갈라놓을 무렵, 4,000여 명의 인원으로 섬에 고립이 되었다. 이 시기는 다른 대륙에서 그 어느 때보다 변화가 큰 시기이다. 아메리카 대륙까지 인류가 진출하였고 유라시아는 농업혁명이 가져다준 영향으로 빠르게 발전하고 있었다. 하지만 섬에 고립된 이후 다른 문화와의 접촉도, 인구 유입도 이뤄지지 않았던 태즈매니아가 1642년 다시 다른 문명의 사람들을 만났을 무렵에는 근대 세계 모든 민족 중에서 가장 단순한 물질문화를 가지고 있었다.

고고학적 기록에 의하면 이미 B.C. 1500년경에 고기잡이가 사라지고, 송곳이나 바늘 같은 골기도 사라졌다. 본토와 분리된 이후 호주로 들어왔던 문물은 당연히 유입이 되지 못했다. 이들은 불의 사용마저도 잊어버린 채, 먼 과거로 퇴행해 버리고 말았다. 태즈매니아 주변의 킹스랜드 (KINGISLAND) 같은 경우에는, 200명~400명 정도의 인구 규모로 고립이 되었는데, 이들은 모두 자연 멸종한 상태였다.

이런 섬들의 사례들로 보면, 겨우 몇백 명의 인구로는 완전한 고립 상태에서 영원히 존속할 수 없다는 결론이 난다. 완전한 고립 상태에서 4,000명은 만 년 정도의 생존만이 가능하고 그나마 문명의 흔적을 유지하고 지키려면 최소한 30만은 넘어야 한다는 것이다. 이 30만명이라는 수치는 1788년경 '원주민의 대략적인 인구수'라고 알려져 있다. 이에 대해서 최근에는, 새로운 고고학적 증거로 당시 인구가 100만 명은 넘었을 것이라고 추정하는 이론을 내놓은 학자들이 있다. 유럽의 정착민들이 들어왔을 무렵에는 이들보다 먼저 도착한 유럽의 전염병 - 천연두, 매독, 감기 등 - 이 빠르게 확산되면서 각 부락을 파괴했으리라는 것이다. 그렇다고 해도 겨우 백만의 숫자로는 새로운 기술적 혁신이나 진보를 이룰 수는 없었다.

세계 최대의 풍부한 매장량을 가진 철, 아연 광산 등의 천연자원을 가지고서도 이들이 금속기나 문자, 복잡한 정치조직을 가진 사회체계를 갖추지 못했던 이유도 새로운 혁신을 가져올 수 있는 임계 인구 수치가 안되었다는 점을 들고 있다. 이들의 낙후된 물질적 문명과 인구수로는 전염병과 총기류로 무장한 채 걷잡을 수 없이 밀려드는 유럽 문명권과의 충돌에서 자신들의 전통이나 문화를 지켜내기에는 역부족이었다. 더구나 이들은 단일한 힘을 발휘할 조직체나 문자도 갖지 못했었다. 구전에 의존했던 문화적 전승 체계는 급변하는 환경에서 빠르게 사라져갔으며 유럽문명의 우월성에 사로잡혀 있던 초기 정착민들의 몰이해에 직면하여 인구수도 급감

했다. 30만으로 알려졌던 초기 인구는 거의 6~7만으로까지 줄었다가 1991년 호주의 인구통계 조사에서는 전체 인구수가 265,438명으로 집계되어 있다. 태즈매이나는 '루시'라는 이름의 마지막 생존자가 사망함으로써 결국 완전한 멸종에 이른다.

오스트로네시아인의 팽창을 증명하는 라피타 토기.

지리적 고립성과 환경이 형성한 그들의 독특한 삶의 역사를 조금 더 따라가 보기로 하자. 4~5만 년 전 아시아로부터 호주 대륙으로의 이동이 완료된 이후 B.C. 1600년경, 남중국에서 발원한 오스트로네시아인의 팽창이 시작되기 전까지 호주 대륙으로 새로운 인구가 유입된 흔적은 발견되지 않는다. 오스트로네시아인의 팽창을 알 수 있는 흔적으로는, '딩고'와 말레이군도와 토레스해협 문화권에서도 발견되는 '라피타 토기' 등이 있다. '딩고'는 남중국이 원산지인 개가 인도네시아를 거쳐 오스트레일리아로 들어와서 호주의 들개가 된 것이다. 우리나라의 진돗개와도 많이 닮은 모습이다. 퍼스의 동물원에서 우리 안의 딩고를 보았다. 너무 친숙한 모습이라서, 낯선 나라에 와 있다는 것을 잠시 잊었던 기억이 난다.

오스트로네시아인들의 팽창으로 뉴기니에서는 농경이 시작되고 돼지를 받아들여 가축화를 시킨다. 왕성하게 팽창하여 인도네시아의 각 섬을 장악했던 오스트로네시안의 팽창도 궁극적으로 호주 대륙을 변화시키지는 못했다. 뉴기니를 통해서 호주로 전달된 문물 중에서 현재까지도 남아 있는 것은 조가비로 만든 낚싯 바늘 뿐이다. 활과 화살도 그들의 농경 문화도, 가축화된 돼지도 오스트레일리아로 전해지지 못했다.

뉴기니와 오스트레일리아 케이프 요크 반도 사이에 있는 토레스 해협은 불과 145km에 불과하다. 다른 대륙보다는 뒤쳐졌다고 해도 호주보다는 한참을 앞서기 시작했던 뉴기니의 문화가 이 짧은 거리에도 오스트레일리아 대륙 속으로 전파되지 못한 이유는 무엇일까? 그 이유의 하나로는 지

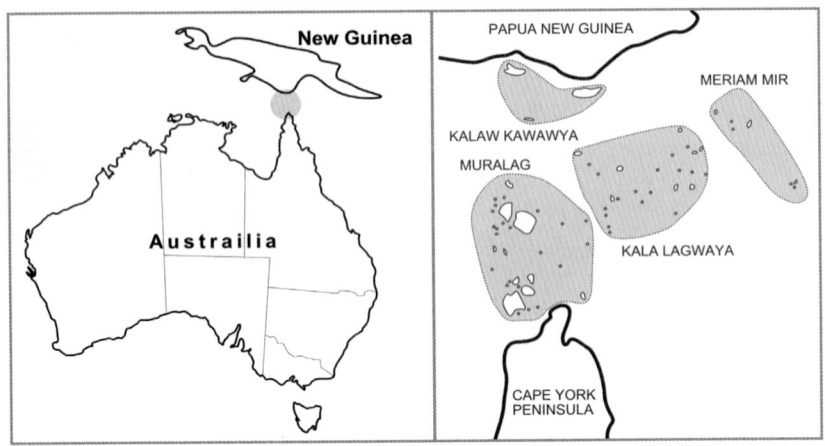

토레스 해협과 사이의 섬들.

리적으로 근접해 있다고 해도 이 문화전파에는 토레스 해협의 섬들을 매개로 한 것이었다는 것이다. 토레스 문화는 각 섬을 건너뛰면서 호주에 당도했을 무렵에는 이미 많이 희석되어 있었다. 호주와 가까이 있었던 무랄루그 섬에서의 농경은 상당히 열악하여 원주민들을 끌어들일 만한 매력이 없었다. 또 다른 이유로는 뉴기니와 호주의 환경적 차이가 너무나 커서 농업이 그대로 전해질 수가 없었다는 점이다.

뉴기니는 적도에 가까이 위치하여 산이 많고 지형이 험하며 지구 상 가장 다습한 곳 중의 하나이고 계절별 연도별 변화가 미미하지만 오스트레일리아의 경우는 가장 건조한 곳 중의 하나이고 계절별, 연도별 기후변화가 심하여 예측을 하기가 어렵다. 케이프 요크에 거주하던 원주민들의 입장에서는 변화무쌍한 기후 때문에 생산을 확신할 수 없는 농경에 의존하기 보다는 확실한 먹거리를 찾아서 이동하는 것이 훨씬 합리적인 선택이었을 것이다.

이와 비슷한 예가 A.D. 천 년 경에도 나타난다. 그 무렵, 혹은 그 이전부터 인도네시아의 마카사르 인들이 해삼 채취와 무역을 위하여 돛을 단 카누를 타고 매년 호주 서북부 해안에 나타나곤 했다. 이들은 교역품으로 천, 금속기, 토기 등을 가져왔지만, 원주민이 만드는 방법을 배우지는 못했다.

마카사르인들은 해안의 야영지에 식용으로 쓰이는 타마란드 등을 심었고 원주민 여자와의 사이에서 아이들도 낳았지만 호주에 정착하지는 않았고 농경문화도 전수해 주지 못했다. 그들의 눈에 보이는 서북부가 너무도 황량한 대륙이었기 때문이다. 결국, 원주민들은 그들에게서 몇몇 단어나 의식, 마상이 카누 이용하는 법, 담뱃대를 이용해서 담배 피우는 법 등 만을 배웠다.

애보리진의 생활과 문화

이러한 지리적, 환경적 고립성은 인종, 문화, 언어의 독특성을 발현시켰다. 이들은 아시아에서 출발했지만 아시아 대륙의 어느 인종과도 유사점이 없다. 또한, 호주대륙 내에서도 섬처럼 생태적 환경을 따라 고립되어 있었기에 인구 규모 보다는 많은 양의 언어로 분화되어 있었다.

18세기경, 이들은 680여개의 부족이 대략 250에서 300여개의 구분되는 언어를 사용하고 있었고 약 5천 6백여개의 방언이 존재했으리라고 추측된다. 현재는 대략 124여개 정도의 언어가 남아 있고 그나마도 문화의 정체

애보리진 통나무배.

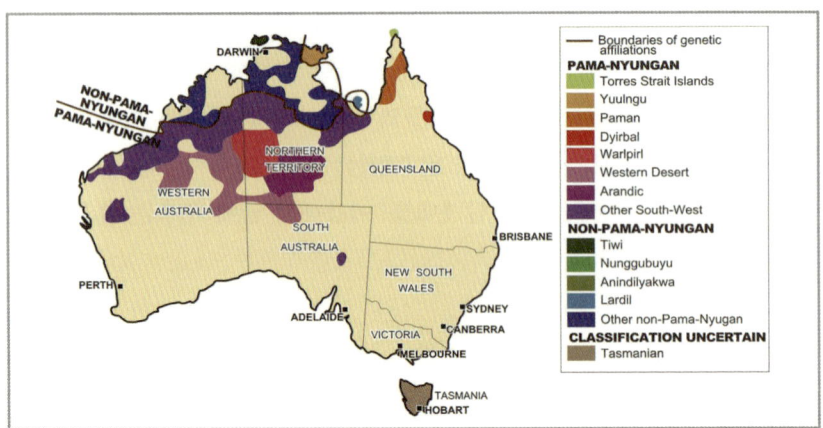

애보리진 언어 지도.

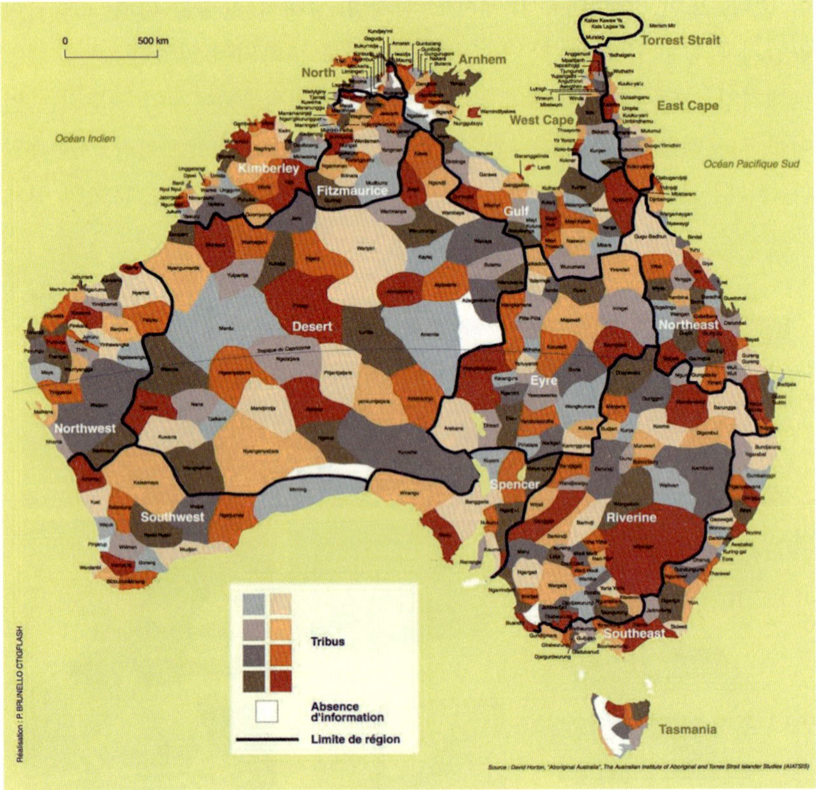

애보리진 부족지도.

108 서호주 '박문호의 자연과학 세상' 해외학습탐사

성 유지를 위해서 애보리진 어린이들이 배우고 있는 언어는 20여개 정도에 불과하다.

애보리진들은 다양한 언어와 부족으로 나뉘어 전 호주 대륙에 흩어져서 각자의 환경에 적응하며 살았다. 일부에서는 원시적인 형태의 농경을 이룬 곳도 있었고 사냥에 치중한 부족, 해안가에는 주로 고기잡이를 했으며 항상 유랑생활을 했던 부족도 있고, 기후에 맞춰 6개월씩 정주와 유랑을 교대로 했던 부족도 있었다. 이처럼 다양한 삶의 양식과 언어적 이질성, 지리적 고립 등에도 애보리진 사회는 무형의 문화-특히 신화, 예술, 전승 체계 등-에서 많은 공통점을 가지고 있었다. 또 하나 특이한 점으로는 전쟁의 흔적이 발견되지 않는다는 점이다. 가까운 뉴기니나 뉴질랜드만 해도 부족간의 약탈전이 종종 벌어지곤 했었고, 어느 시대, 어느 곳에서도 전쟁이 없었던 곳을 찾기란 쉽지 않은 일이다. 호주라는 독특한 기후조건과 환경에 적응하고 살아남는 방법 중에는 전쟁이라는 소모전을 피하는 지혜 또한 필요했는지도 모른다.

먹거리를 통해 살펴본 애보리진의 생활

지금부터 그들의 독특한 생활과 문화 속으로 들어가 보자.

호주는 '엘니뇨 남방 진동' 현상 때문에 대륙 대부분 지역이 연중 기후가 불규칙하다. 예측하지 못한 가뭄이 몇 년씩 지속되다 가도, 2m 넘는 비가 쏟아져 홍수가 나기도 한다. 게다가 년 중 강수량 대비 증발량이 세계에서 으뜸인 곳으로 척박한 토양으로 이름이 높다.

이들이 수렵, 채집 생활을 선택해서 긴 세월을 이어온 것은 환경에 적응한 생존전략이었을 것이다. 자원의 양을 예측할 수 없는 농업에 의존하기 보다는 자기 지역의 조건이 나빠지면 더 나은 조건의 지역으로 옮겨가는 것이 훨씬 합리적인 선택이었다. 실패할 수도 있는 몇 가지 농작물보다는 차라리 매우 다양한 야생 먹거리를 바탕으로 하는 경제 형태가 생존의 가능성을 높여 주었다. 그러하기에 풍년 때와 흉년 때의 인구 차가 심하게 나

채취한 야생열매와 애벌레.

위체티 애벌레와 야생 기장을 채취하는 모습.

던 유라시아 대륙과 같은 현상은 발생하지 않았다. 소규모의 인구를 유지함으로써 풍년일 때는 음식이 풍족해졌고 흉년이 들어도 굶주릴 만큼 모자라지는 않았다.

애보리진들은 조상 대대로 전수되어온 지식을 바탕으로 먹거리를 발견하는 능력이 뛰어났다. 최고의 사냥감인 캥거루나 에뮤 외에도 야생 들쥐를 잡거나 참마, 소철나무의 열매, 야생 고사리, 야생 기장 등을 채취했고 겨울이면 막대한 숫자로 동면하는 보공나방도 잡아먹었다. 나무를 갉아먹는 흰색의 위체티(witchetty)라 불리는 애벌레, 롱혼 딱정벌레 애벌레도 채취하였는데 이는 애보리진들에게 중요한 단백질원이 되어주었다.

오늘날 애보리진을 떠올리면 사막을 연상하게 되곤 하지만 백인들이 들어오기 전에는 이들 또한 동부의 해안가나 남쪽의 큰 강 유역 등 생태적 환경이 좋은 곳의 인구 밀도가 가장 높았다. 이런 지역에서는 농업이나 민물장어 양식과 같은 기술적인 방법이 동원되기도 했다.

그들의 농법을 '횃불농업(일명 부지깽이 농법)'이라고 하는데 일종의 화전으로 보인다. 호주 대륙은 건조한 만큼 불이 나기 쉬운 지역이다. 초기의 이주민들의 눈에 애보리진들은 신기할 만큼 불을 잘 다루는 사람으로 알려져 있다. 그들은 신중하게 들판에 불을 놓고는 했는데 이런 농법은 여러 가지 이점이 있었다. 불에 강한 종의 번식을 가져왔고, 초식동물과 사람이 먹기 좋은 식물이 새로이 자라나게 해주었으며 타고 남은 재는 기장이나 고사리 같은, 사람에게 유용한 식물의 비료 역할을 해주었다. 또한, 울창한 숲 일부가 사라짐으로써 사냥하기에 유용한 환경이 되어주었다.

또 다른 먹거리 장만을 위한 방법으로는 강 유역에 설치한 피쉬트랩이다. 대

들판에 불을 놓고 있는 애보리진 모습.

1 레이크 콘다 피시 트랩. 나무 말뚝은 뱀장어를 막고 거기에 둘 또는 셋으로 짠 바구니와 격차가 삽입되어 있다.
2 나무로 된 물고기 트랩의 잔해. 3 돌 허벽의 잔존물.

표적인 형태가 머리달링 강 유역의 민물장어 양식장이다. 이 강의 늪지대에서는 우기에 따라 수심이 달라지는데 원주민들은 최장 2.4km의 수로를 건설하여 장어들이 여기저기 늪으로 옮겨 다닐 수 있게 했다.

장어를 잡는 방법도, 어살을 치거나 막다른 수로에 통발을 놓는 방법, 수로를 돌담으로 막고 한 곳만 터 놓은 후 그 자리에 그물을 치는 방법 등으

강유역에 수로를 건설하여 물고기를 가두었던 애보리진 전통의 피쉬트랩(좌). 에뮤의 알을 넣어다니던 바구니와 물고기 잡을 때쓰던 어망(우).

애보리진의 물저장소. 저 멀리 현대적인 물탱크가 보인다. 쿠마리나로드하우스에서.

로 발전했다. 수심이 다른 여러 위치에 골고루 통발을 놓아두면 수심이 달라짐에 따라 번갈아 장어를 잡을 수 있었다.

뉴사우스 웨일스 지역의 눙가바라 족은 피시 트랩을 사용했는데, 강 유역에 둑을 막아서 수량이 풍부할 때 상류로 올라와서 알을 낳는 물고기를 가두었다. 수량이 적어질 무렵이면 어미 물고기들은 설치해 둔 피시 트랩을 뛰어넘어서 도망을 치고 상류에서 부화한 새끼 물고기들은 산 채로 갇히게 되는 것이다. 살아 있는 고기 저장소로서 이런 방법은 많은 인구들이 몰려들 때 그들에게 충분한 먹거리를 제공해 주었다.

이번 탐사에서 운 좋게 애보리진의 물 저장소를 발견할 수 있었다. 7월 30일, 퍼스로 되돌아오는 길에 들른 쿠마리나 로드하우스에서였다. 길 건너편에 애보리진의 전통적인 물 저장소가 보존되어 있었던 것이다. 건조한 호주에서 물은 생존에 필수적이었을 것이다.

애보리진들이 사용했던 도구

애보리진들의 도구는 자연에서 바로 구할 수 있는 것들이 많았다. 흑요석 같은 것은 그 자체로도 칼 대용으로서의 구실을 했다. 그 외에도 돌도끼와 같은 석기류가 주로 사용되었고. 해안가에는 토레스 문화권에서 전수된 조가비로 만든 낚시 바늘 같은 것도 쓰여 졌다. 농사를 지었던 지역에서는 농작물을 수확할 때 필요한 농기구 등이 발견되기도 했다. 애보리진의 도구 중에서 가장 특징적인 것이 바로 부메랑인데, 호주 전역에 걸쳐 농사, 제례, 사냥 등의 다양한 용도로 광범위하게 사용 되었다.

이들은 사냥할 때 주로 창을 사용했는데, 캥거루 같은 큰 동물을 사냥할 때는 화살보다 훨씬 효과적이기 때문이다. 아마도 이것이 이미 유입되었던 화살을 폐기한 이유였던 것으로 보인다. 화살은 사냥보다는 전쟁에 훨씬 효과적인 무기였던 것이다.

다양한 도구들.

창과 부메랑을 이용한 사냥 모습.

그들의 생활상의 모습이나 유물을 잘 찾아볼 수 있는 곳으로 서호주 퍼스의 자연사 박물관이 있다. 이번에 갔을 때는, 애보리진의 섹션이 조금 축소되어 있었으나 2년 전에는 최근의 저항운동까지 잘 정리되어 있었다. 아래 몇 장의 사진은 서호주 박물관에서 촬영한 것이다.

유랑이나 반 유랑생활을 했던 애보리진들에게 특별한 주거형태는 보이지 않는다. 이동에 불편함이 없도록 초막이나 움집에서 살았던 것으로 보인다. 사진은 퍼스의 자연사박물관에 전시된 모습이다.

창, 그릇, 농사 도구 등의 각종 유물들. 퍼스 자연사박물관.

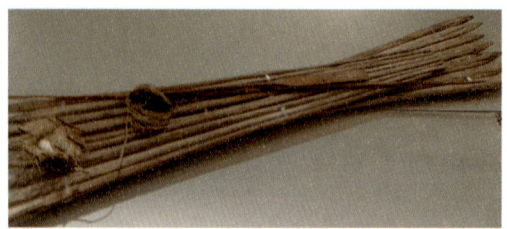

애보리진들이 타고 다녔던 뗏목. 실제 사용한 것이었는지는 모르겠으나 다른 유물과 달리 유리관 안이 아니라 천장과 가까운 벽에 그대로 부착되어 있었다. 퍼스 자연사박물관.

애보리진 문화: 음악, 미술, 정신세계

애보리진을 대할 때 많은 사람들이 관심을 기울이는 것은 그들의 음악과 미술세계의 독특성이다.

애버리진들은 '디저리두(didgeridoo)'라고 불리는 특유의 악기를 가지고 있는데, 소리나 모양의 특징에 따라 때때로 '자연산 나무 트럼펫' 또는 '웅웅거리는 소리를 내는 파이프'라고 묘사되기도 한다. 이 악기는 흰개미가 파먹어 속이 뚫린 유칼립투스 나무로 만든다. 현대의 디저리두는 통상 원통형이거나 원뿔형이며 길이는 1~3m인데, 1~2m의 것이 가장 많다. 흰개미가 뚫어 놓은 구멍의 내부는 울퉁불퉁하고 가는 부분에서 굵은 부분으로 갈수록 구멍의 크기가 커진다. 여기에 숨을 불어서 울리는 공명음이 소리

다양한 형태의 디저리두와 연주자의 모습.

를 낸다. 대다수의 발성은 딩고나 쿠카부라(kookaburra)새와 같은 호주의 동물들이 내는 소리와 연관이 있다.

스위스에서 나온 재미있는 연구결과에 의하면, 디저리두는 다른 관악기와 달리 부는 방법이 독특기 때문에 꾸준히 연습하면 호흡기능을 돕고 혈액순환을 원활

음악에 맞춰 춤을 추고 있는 애보리진.

하게 해서 낮에 오는 졸음이나 코골이, 천식 등에 효과가 있다고 한다.

애보리진들은 거의 매일 저녁마다 '코로보리'라고 불리는 독특한 축제를 열곤 한다. 물론 서양 문화권에서 생각하는 의미의 축제는 아니다. 애보리진에게 땅은 소유의 개념이 아니었다. 오히려 그들이 땅에 속해 있다고 보는 편이 맞을 것이다. 그들은 이 지상에서 자신들의 소명이 이 땅의 모든 것을 지키고 유지하게 하는 것에 있다고 보았고 그것에서 싹튼 토템을 자신과 하나로 받아들였다. 저녁마다 디저리두와 북에 맞추어 춤을 추는 것은 자신들의 토템을 지키는 하나의 방법이었다. 그와 동시에 선대의 지식을 전수받고 후대에 그 지식을 또다시 전수해 주는 총체적인 배움의 장이었으며 자연에 드리는 경건한 제의였다.

애보리진의 미술 또한 이러한 점에서 크게 벗어나 있지 않다. 그들 미술은 아름다움만을 추구하는 것이 아니라 지식의 전수로서의 의미를 함께 담고 있다. 선과 면 동그라미, 기호와 같은 것들은 각자가 나름의 상징기호로서

애보리진들의 신화의 땅에 대해서 여행노선도처럼 10가지 다른 길을 기록해 놓은 것으로 여겨지는 유물.(B.C. 2만 년에서 3천 년 경)

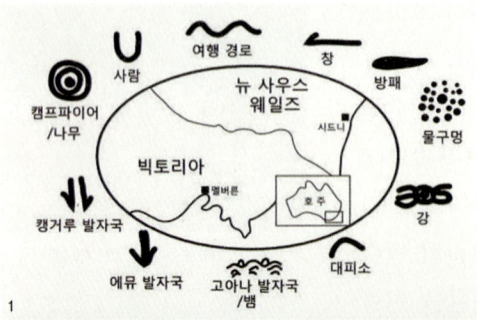

전체를 이야기로 구성해 낸다. 그림은 역사와 생활의 기록이자 이야기 지도를 구체적으로 구현해내는 지식의 총화였으며 각 부족의 사람들이 지키려는 토템을 나타내기도 한다. 또한, 신성한 자연에 대한 경배의 의미도 담고 있다. 그러하기에 그들은 천연염료를 사용하여 사물의 어디에나 그림을 그렸다.

이들 미술의 기원은 세계에서 가장 오래된 것으로 알려진 암각화에서 찾아볼 수 있다. 호주 애보리진 암각화는 X-ray처럼 뼈의 구조까지 그려 넣어진 상세화로서 독특한 특색을 갖고 있다.

그들의 그림 중에는 호주 전역에 보편적으로 퍼져있는 무지개 뱀 전설과 관련된 것들이 많다. 무지개뱀 전설은 창조신화와 관련이 있는데 대략적인 내용은 다음과 같다.

1 애보리진 미술의 상징들. 각 지역마다 상징기호가 조금씩 다르고 그 내용도 풍부하지만 지면관계상 호주 동남부 지방에서 사용하는 상징을 몇 가지만 소개한다. 2 중앙 호주의 아란다부족의 개구리 토템을 표현한 신성한 돌.

"땅이 뱀을 낳고 뱀은 온 땅을 기어 다니며 강줄기를 만들었고 뱀의 바람으로 개구리들이 물 자루 속에 태어났다. 뱀은 개구리를 간질여서 웃음보

다윈시 근방 카카두 국립공원의 암각화. 이곳에만도 약 3만 5천 여점이 있다. 애보리진들은 다양한 역사를 암각화로 그려 남기고 있다.

를 터뜨렸는데 개구리들이 너무나 웃어서 물자루가 터져버렸고 거기서 쏟아져 나온 물이 강줄기를 채웠다. 땅에 물이 흐르면서 온갖 식물과 나무와 새들이 태어났다." ('모든 것을 살아있게 하라'에서 부분 발췌)

이 신화 속에는 동물과 원주민 사이에 차별이 없음을 말해준다. 모두 흙으로 빚어진 존재로 동물과 인간은 대등한 존재였다. 그들에게 강력한 토템이 형성된 이유이기도 하다. 각 부족원들은 각자의 토템을 가졌고, 토템이 된 동물은 바로 자기자신이나 마찬가지였으며 그러한 토템을 지키려는 사명에 대해 깊이 있는 부담을 지고 있었다.

다른 한편으로는 건조한 호주에서 생존에 주요한 수단인 물웅덩이에 서식하던 큰 뱀에 대한 경외도 담겨 있었다. 갑작스럽게 쏟아지는 변덕스런 비는 무지개를 불러오고 그 모든 자연현상은 생존을 위해 주의 깊게 관찰해야만 하는 것이었다.

그들의 '코로보리'는 춤과 노래뿐만 아니라

1 무지개뱀 전설과 관련한 그림. 2 서호주 퍼스 킹스 파크 내에 있는 무지개 뱀 전설에 관한 안내판.

보다 중요한 '이야기'가 엮어지는 장(場)이었다. 법과 제도, 규칙은 춤과 노래, 의식, 이야기 속에 담겨져 대대로 전수되어 내려갔다. 그들에게 지역이란 잠재된 이야기들이 물리적으로 모습을 드러낸 것으로서 각 이야기를 연결하여 지역에서 길을 찾기 위한 참고 정보나 지도로 활용할 수 있었다. 모든 사회적, 경제적 지식은 '이야기' 속에 담겨 전해졌다. 이야기에 숨겨진 의미는 기록 보관고, 법전, 교과서, 성경의 역할을 하는 것이었다. 그리고 모든 이야기에는 '열쇠'를 가진 자만이 이해할 수 있는 네 단계의 의미가 있었다. 어떤 단계의 '열쇠'를 가진 자가 되느냐는 것은 그 사회의 전통을 얼마나 배우는가, 어떤 역할을 하는가에 따라서 달라질 뿐, 문명사회가 가진 계급적 의미는 아니다.

이야기가 가진 4단계의 의미를 순서대로 보면 첫 번째 단계는 이야기의 내용 그 자체였다. 2단계는 공동체 내 사람들과의 관계와 관련되어 있고 3단계는 자기 공동체와 더 큰 환경(땅이나 다른 원주민 공동체) 간의 관계, 4단계는 가장 깊이 있는 영역으로 영적인 행동과 심리적 기술을 담고 있다. 모든 이야기의 전수 과정은 세심하게 짜이고 유기적으로 연결되어 있었다. 거기에 이 모든 것을 안전하게 유지하기 위한 '투칸디'라는 안전망도

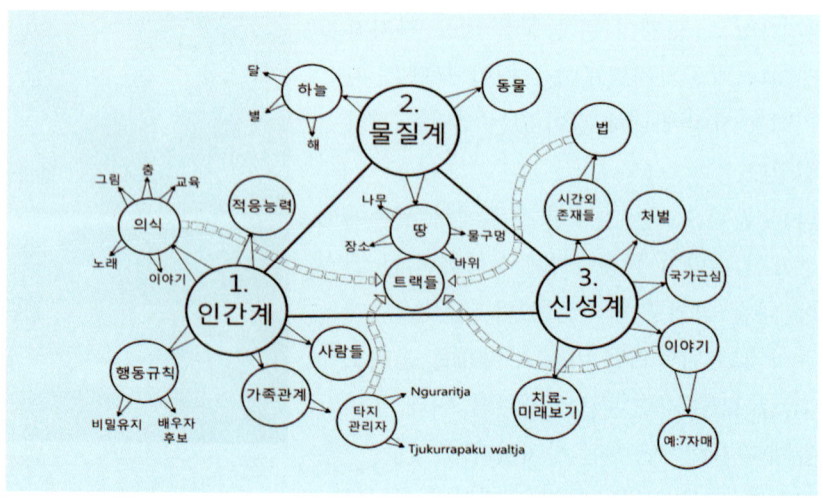

애보리진의 창조시대를 나타내는 도표.

애보리진 최고의 성지 울룰루 락. 오른쪽은 위성에서 본 사진이다.

갖추었다. '투칸디'는 이야기의 전수자가 갑작스럽게 사망할 경우를 대비해서 이웃공동체에 똑같은 이야기를 전수받는 사람을 두어서 갑작스러운 일이 생기면 그들이 전수자의 사명을 완수토록 했다.

애보리진들은 매년 신성한 곳을 찾아 이야기를 재확인하고 영적인 영속성을 확인하는 것을 매우 중요하게 여겼다. 그뿐만 아니라 성인이 되기 전의 소년들은 가족과 부락을 떠나 대륙을 떠돌면서 이야기를 통한 배움을 완성하는 것으로 성인식을 치뤘다.

이러한 독특한 문화적 현상에는, 츄쿠파(Tjukurap 혹은 부루구) 라고 부르는 것이 있다. 서양 사람들은 이를 'Dream Time'이라고 명명했는데 정확한 의미 전달은 아니다. 아마도 애보리진들이 꿈을 통해 조상과 그들의 창조 신화, 영적인 힘, 문화적 전통을 학습하는 것이 서양인들의 눈에는 이색적으로 비췄던 것 같다.

애보리진들에게는 연속적인 흐름으로서의 시간이라는 개념이 없다. 그들에게는 어제, 오늘, 내일이 다르지 않다. 모든 것은 원래 그곳에 존재했고 사라져버리는 것이 아니었다. '조상이 우주를 돌아다니던 대창조의 시대'는 과거 속에만 머무르는 것이 아니라 현재의 삶에서 그들과 함께했다. 죽음은 이들에게 두려운 현상이 아니었다. 이 지상에서의 의무를 다하고 나면 조상이 기거하는 와람불(은하수)에서 조상과 함께 하게 되리라는 믿음을 가지고 있었다. 그들에게 시공간은 분리된 것이 아니라 하나였다. 그 믿음의 중추에 '울룰루 락'이 있다. '울룰루'는 세계의 배꼽이라는 의미가

탐사여행 중 들렀던 로드하우스에서 종종 만났던 애보리진 모습.

있는 애보리진 말로, 창조의 시대 조상의 영이 머무르고 있는 곳으로 애보리진 최고의 성지이다.

현대의 애보리진

4만 년을 이어온 애보리진의 문화는 유럽문명과 만난 이후 200년 만에 몰락을 맞이한다. 이는 팽창을 시작한 앞선 문명과 만나야 했던 모든 저발전 문명권들의 공통된 운명이었다. 아프리카와 아메리카에서 그러했듯이 무기를 포함한 선진화된 기술력, 무방비 상태로 맞아야 했던 병원균, 활자와 조직체를 가진 사람들로 무장되어 있는 서구 문명과 부딪히게 되자 애보리진 사회도 맥없이 무너져 내렸다. 구전에 의존하는 전승체계의 취약점에다가 선민사상에 사로잡혀 있던 유럽인들의 차별정책 때문에 전통 사회는 빠르게 해체되었다.

최근에 이르러, 정체성 회복 운동과 호주 정부의 정책 변화, 국민의 인식이 달라지면서 차츰 권리회복이 이뤄지고는 있지만 여전히 이들은 호주사회의 최하층민으로 살아가고 있다.

호주의 초기 원주민 정책

호주 정부는 원주민들이 그들의 문화와 땅에 대한 집착을 버리고 백인사회에 동화해야 한다고 생각해서 강력한 동화정책을 폈다. 백인화된 원주민에게만 시민권이 주어졌고 그마저도 시민권을 획득하지 못한 원주민이 함께 살 때 그 즉시 박탈되었다. 시민권의 획득이라는 것은 호주 애보리진들에게는 전통적인 뿌리와의 단절을 의미했다. 처음 호주대륙에 식민지가 건설되던 시점부터 백인들의 눈에 비친 원주민은 미개하고 야만적인, 일깨워야만 하는 종족이었다. 이런 편견은 '백호주의'와도 맞물려 심각한 차별 정책을 낳았다. '동화'라는 이름의 정책에도 불구하고 실제에 있어서는 상당히 많은 지역에서 원주민들의 이주와 거주에 법률적인 제약을 두었고 대부분의 소도시에서 백인들이 이용하는 호텔이나 극장, 공영수영장 등의 출입을 제한했다.

특히 악명 높은 차별 정책 중에는 1915년에 발효된 원주민 보호위원회의 수정안이 있다. 원주민 보호라는 핑계로 시행된 수정안의 골자는 원주민 혼혈의 아이들에게 백인의 문화와 종교 관습을 교육해 문명화시킨다는 것이었다. 이 정책에 따라 원주민의 아이들은 강제로 부모와 떨어져 집단 수용시설에 수용되어야 했다. 기숙학교 등에서 교육을 받은 아이들은 농장의 노동자나 백인 가정의 가정부로 일해야 했고 Mix blood를 위해 원주민 아닌 사람과의 결혼을 강요받았다.

이렇게 성장한 아이들은 극히 일부분을 제외하고는 자신들의 문화를 영영 잃어버렸으며 좀 더 극단적으로는 자신의 원문화를 혐오하는 때도 흔히 있었다. 훔쳐진 세대(The Stolen Generation), 혹은 잃어버린 세대라고도 불리는 이 시기의 애보리진의 상황에 대해서 도리스 필킹톤은 『토끼 보호 울타리를 따라서 (Follow The Rabbit-Proof Fence)』란 소설을 썼고 이 책은 나중에 영화로도 만들어져서 사회적 반향을 불러일으켰다. '토끼 울타리(The Rabbit-Proof Fence)'는 폭발적으로 번식한 토끼들이 비옥한 서부로 넘어오는 것을 막기 위해 대륙을 가로지르며 설치한 기나긴 울타리를 말하는 것인데, 호주 원주민들이나 혼혈들의 번성을 막기 위해 취한 강제교화교육이라는 분리정책을 연상시킨다.

이러한 비 인도적인 처우에 대하여 호주정부는 1990년 초반부터 'sorry정책'을 통하여 국가적 차원의 공식적인 사과를 하였고 2007년 9월 최초로 보상 결정이 내려졌다.

애보리진 저항 운동과 정책의 변화

강력하던 백호주의의 쇠퇴와 더불어 호주 정부의 원주민 정책에도 조금씩 인식의 변화가 찾아온다. 1970년대를 거치면서 백인들은 원주민들이 그들 자신의 땅을 가지고 자신의 언어를 사용하며 전통적인 생활과 문화를 누릴 권리가 있다는 점을 점차 인식하기 시작했다.

가시적인 원주민의 저항 운동이 나타나는 것도 비슷한 시기이다. 주체성 회복을 위한 운동은 그들의 전통적인 생활 터전 및 신성한 장소에 대한 토지소유권 획득 운동으로 발전해 갔다.

토지에 대한 권리를 주장한 최초의 운동이자 시발점이 되는 것은 1966년 8월 노던 테리토리(Northern Territory)의 웨이브힐(Wave Hill) 방목지에서 일어났던 애보리진 농장노동자들의 파업이었다. 낮은 임금과 비참한 생활, 작업조건의 열악함이 원인이 되었다. 그들은 이듬해인 1967년 3월에 또다시 시의 일부를 점거하고 정부에게 자신들의 땅을 돌려줄 것을 요구하는 저항운동을 펼쳤다. 이 사건이 계기가 되어 각 주별로 원주민의 토지소유권에 대한 권리가 일부 인정이 되었다.

1976년에는 노던테리토리에서 원주민의 토지소유권을 인정하는 법률이 제정되었고, 호주정부 소유의 땅(Crown Land)에 대해 원주민이 소유권을 주장할 수 있게 되었다. 다른 주에서도 비어 있는 땅(vacant land)에 대해 원주민이 토지소유권을 주장할 수 있도록 하는 법률이 제정되었다. 원주민의 토지소유권은 선출된 원주민들로 구성된 토지위원회가 소유하도록 되어 있다.

토지소유권 운동을 펼친 인물 중에 토레스섬 원주민인 에디 마보(Eddie Mabo)가 있다. 그는 퀸즈랜드 주 정부를 상대로 1986년에 머 섬(Mer Island)에 대한 소유권 반환소송을 벌였다. 6년의 소송 끝에 연방 대법원이 권리를 인정하는 최종 판결을 내린다. 비록 그는 판결이 나기 4개월 전에 세상을 떠났지만 에디 마보의 투쟁은 의미 있는 판결을 이끌어 낸 것이었다. 1992년 6월 연방대법원에서 내려진 판결문의 골자는, 호주 원주민이 그들이 주장하는 토지와의 전통적인 연고관계를 상실하지 않고 지속해 왔다면 자신들의 토지소유권을 인정받을 수 있다는 것이다.

현재 원주민의 토지소유권과 관련한 법률은 각 주에서 독자적으로 추진하게 되어 있는데, 각 주별로 조금씩 다르지만, 호주 전체로는 15%를 차지하고 있다. 대상이 되는 지역은 퀸즐랜드와 웨스턴오스트레일리아의 경우처럼 백인들이 관심을 두지 않는 원주민 보호구역으로 한정된 경우가 많다. 토지소유권 운동은 애보리진들이 원래 호주 땅의 주인이라는 선주권-이미 살고 있었던 사람들의 권리-의식과 맞닿아 있다. 현재 애보리진들은 권리 향상을 위한 상징적인 조치로서, 자신들이 호주에 먼저 살고 있었음을 인정하는 항목을 헌법에 삽입해 달라고 요구하고 있다.

사실상 원주민 정책에 따른 모든 우선권과 혜택은 원주민의 고유한 문화를 상실한 지역의 혼혈 원주민에게 돌아가고 있는데 이는 원주민 언어를 구사할 줄 아는 공무원이 거의 없는데다가 영어를 능숙하게 사용하는 순수한 의미의 전통적인 원주민도 많지 않기 때문이다. 원주민 사회가 안고 있는 또 다른 커다란 문제는 거주 이전의 제한이나 많은 금지조항에서 풀려난 이후, 원주민 사회에 만연했던 알코올, 마약 중독의 폐단이다. 애보리진들은 전통의 단절에 따른 정체감 혼란, 사회적 차별에 의한 무력감 등을 손쉽게 손에 넣을 수 있는 수단을 써서 벗어나고 싶어했던 것 같다. 이는 원주민 사회뿐만 아니라 호주 사회 전체에도 많은 문제점을 던져 주었다. 현재 호주의 애보리진 마을에서 알코올이나 약물은 판매 금지품목이다.

이번 학습탐사에서도 점점 북쪽으로 올라갈수록 마트나 로드하우스에서 주류를 판매하지 않는 것을 볼 수 있었다. 친절한 점원의 말에 의하면 술을 사서 가는 것은 안 되고 허가된 식당에 가서 마실 수는 있다고 했다. 억압정책의 보상으로 허용된 자유는 심각한 폐단을 불러오고 그것을 막기

한국전에 참전한 애보리진 렉 손더스 대위.

위해 또 다른 금지조항들이 생겨난다. 아이러니다. 법적인 규제나 금지에 의해서가 아니라 스스로 자존감 회복을 통해서 무력감을 떨치고 그들의 빛나던 기억을 되살려내길 간절히 바래본다.

오늘날 원주민이 담당하는 지역을 여행하기 위해서는 원주민 관련기관에 연락하여 사전에 허락을 받아야만 한다. 출입허가 요청서는 원주민 토지위원회(land council)나 원주민 관련기관에 서면으로 제출해야 하며, 출입의 허용 여부는 전적으로 원주민 토지소유권자(부족)의 결정에 달려 있다. 출입허가를 받는 데는 보통 4~5주 정도 소요된다. 아직도 폐쇄적으로 자신들의 전통 방식을 고수하며 고립되어 살아가는 보호구역의 애보리진들도 있지만, 대도시 근방 애보리진 마을에서는 체험학습 프로그램을 운영하는 경우도 종종 있다. 다양한 민족들이 어우러져 애보리진의 전통문화를 체험하고 상호 간의 이해와 우애를 다져 나가는 모습에서 변화된 환경에 적응하고자 하는 그들의 노력이 보이는 것 같다.

애보리진 사회에서도 입지전적으로 성공한 인물들은 있다. 디저리두 연주자이거나 독특한 미술 세계를 펼치는 예술의 영역에서 특히 많이 볼 수 있다. 여기에서는 애보리진 최초의 장교였던 렉 손더스 대위를 소개한다.

원주민으로서는 최초로 사관후보생이었던 손더스는 우리와도 인연이 깊은 인물이다. 한국전 당시 31세였던 렉 손더스는 참전한 호주군의 최대 격전지였던 경기도 가평전투에서 혁혁한 전공을 세운다. 부상당한 상관을 대신해서 지휘관으로 훌륭히 임무를 완수한 후 대위로 승진한 렉 손더스가 이끌던 C중대는 수적으로 열세인 상황에서 물밀 듯이 밀려오는 중공군의 파상공격을 끝까지 막아내고 가평전투를 승리로 이끌면서 수도 서울의 방위에 결정적인 공헌을 했다. 존재조차 몰랐던 인류에 대한 탐색의 끝에서 이미 깊은 인연의 고리가 있었음을 발견해 내면서 그들은 더 이상은 머나먼 곳의 이방인이 아니라 지구촌의 친근한 이웃 주민이 되어 있다.

참고문헌
제레드 다이아몬드 〈총,균,쇠〉, 문학사상, 2005
칼 에릭 스베이비 〈모든것을 살아있게 하라〉, 텍스 스쿠소프, 뜰, 2009
위키 피디아(wikipedia)

제 4 장
우주의 방문자 지구가 되다

운석

운석은 지구와 태양계 형성기에 관한 귀중한 자료를 제공해 준다.
운석을 통해 우주에 떠 있는 하나의 행성으로서의 지구를 느낀다.

북호주 고시즈 블러프 운석구.

병글벙글 레인지 안에 있는 피가니니 운석구. 왼쪽 하단 부분의 비교적 큰 동그라미 모양이 운석구의 흔적이다.

서호주의 또 다른 매력 운석구를 찾아서

삶은 부딪침의 역사이다. 만나고 헤어짐도 결국 부딪침의 다른 표현일 것이다. 지구의 역사도 또한 부딪침의 여정이니 바로 운석과의 만남이 그것이다. 애보리진의 옛 노래에도 부딪침의 모습을 형상화한 내용이 있다. "땅이 갈라지며 뱀과 캥거루가 나왔고, 하늘을 붉게 물들이고 큰 소리를 내던 빛에 모든 동물이 놀라 엎드렸다." 이 가사는 화산과 운석에 관한 애보리진의 경험과 이야기이며, 신화와 전설의 형태로 녹여 노래한 것이다. 운석은 'meteorite'라고 말하여지는데, 이는 높은 대기를 뜻한다. 운석이 우주에서 날아왔다는 것을 알지 못한 옛날에 운석이 하늘인 대기에서 갑자기 생겨나거나 아니면 화산 폭발로 만들어 진다고 믿어 유래한 말일 것이다. 이제는 지구가 태초에 여러 소행성이 부딪쳐 만들어 졌으며, 소행성들의 부딪침이 계속 있었다는 사실을 알고 있다. 부딪침의 증거인 운석을 찾아 탐사를 떠난다는 것은 우리가 어떻게 만들어졌는가를 찾아 떠나는 길이 될 것이다.

운석구로의 여행

한국에서 경험할 수 없는 매력 중의 하나가 바로 운석의 충돌 현장이다. 특히 육안으로 볼 수 있는 울프크릭 운석구는 꼭 추천하고 싶은 탐사코스다. 남달리 아름다운 풍광을 보여주거나 몸을 편히 쉴 수 있는 휴양지는

울프크릭 운석구로 들어가는 타나미길 이정표.

아니지만, 운석구가 우리에게 지구의 또 다른 본래 모습을 대면하게 만드는 묘한 매력을 던져준다는 점에서 서호주 학습탐사 여행에서 반드시 거쳐야 할 장소다

서호주로의 여행은 새로운 자연과의 만남이다. 끝없는 지평선, 일직선의 도로, 붉은 대지, 광활한 시야, 밤하늘의 빛나는 별빛은 모두 한국에서 전혀 경험하지 못하는 자연의 모습이다. 이런 특징을 가진 서호주 대륙은 자신의 비밀스러운 속살을 곳곳에서 은밀히 드러내 보인다. 그 중 운석구의 경험은 자연에 대한 시각을 근본적으로 확 바꿔놓을 만한 정도의 지적인 자극을 줄 것이다

울프크릭 운석 분화구는 이번 2011년 탐사일정에 포함되지는 않았으나 이번 탐사 경로와 가깝고 그만한 탐방의 가치를 가지고 있기 때문에 따로 하나의 장을 마련했다.. 이 장에서 우리는 행성지구가 어떻게 형성되었고 그 흔적인 운석분화구를 통해 알 수 있는 것이 무엇이고, 왜 호주에 유난히 운석구가 많은지를 볼 것이다. 그리고 서호주의 대표적인 운석구인 울프크릭에 대해 자세히 알아보겠다.

소행성과 지구 충돌의 역사

태양계의 형성과정에서 원시 태양을 둘러싼 가스와 먼지의 태양성운은 디스크 형태로 납작해지면서 뜨거워졌고, 이후 디스크가 식기 시작하자 액상이나 고체로 변화된 물질들이 중력으로 응집돼 미행성체(planetesimal)가 되었다. 이러한 미행성체들이 중력과 함께 충돌과 결집을 반복해 지금의 태양계 행성을 만들었다. 그런데 태양성운으로부터 유래한 모든 물질이 행성이 된 것은 아니다. 미행성들의 일부는 화성과 목성 궤도 사이에 모여 소행성대를 형성한다.

지구에 충돌하는 대부분의 운석은 이 소행성 충돌의 파편이나 소행성까지 크지 못하고 우주를 떠돌던 작은 천체가 지구의 중력권에 사로잡혀 낙하한 것인데 그 대부분은 대기권 돌입시에 마찰로 소멸하고 지표에 도달한 것은 극히 드물다. 그러나 무게가 수 톤에 이르는 운석이 대기권을 뚫고

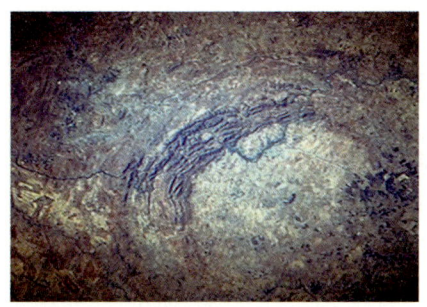
운석중 가장 큰 브레데포트 운석구.

낙하하는 일도 가끔 있으며 수 년에 한 번 정도 일어난다.

운석은 태초의 지구를 조사할 때 뿐 아니라 태양계 형성기에 관한 귀중한 자료도 제공 해준다. 운석의 나이를 측정하면 거의 모두 46억 년이라는 숫자가 나온다. 이것은 원시 태양계 성운가스와 유사한 태양계의 재료물질을 운석이 갖고 있고 그 정보를 제공할 수 있다는 말이 된다. 1962년 멕시코 아옌데 마을이 떨어진 운석은 주민이 직접 목격한 경우인데 운석파편을 2kg이나 채집할 수 있었고 원시 태양계에 관한 중요한 정보를 얻을 수 있었다고 한다.

지구뿐 아니라 지구 주변의 행성이나 위성은 모두가 이 충돌의 흔적인 크레이터 투성이다. 그럼 지구에서는 왜 달처럼 많은 크레이터가 보이지 않는 것일까? 지표의 삼 분의 이가 바다고 풍화작용과 침식작용이 왕성한 지구상에서 크레이터가 원래의 모습을 보존한다는 것은 무척 어려운 일이고, 직경이 수십 킬로미터나 되는 것들은 최근 비행기와 인공위성이 개발되고 나서 확인이 되었다. 지금까지 지구에서 발견된 크레이터가 180여 개가 된다. 그 규모는 직경 수십 m에서 1백km를 넘는 것까지 다양하다.

운석은 크기가 천차만별이므로 지상에 주는 충격의 정도가 각기 다르다. 작은 것은 지상에 자유낙하하는 돌과 비슷한 정도의 충격이지만, 보다 큰 것은 지상에 어마어마하게 큰 충격을 주기도 한다. 예를 들어 1km 정도의 지름을 가지고 있는 소행성체가 지상에 충돌할 경우를 생각해 보자. 이 운석은 대기를 통과하는 동안 소멸되지 않고 15km/sec 전후의 속도로 지구와 부딪친다. 이를 일상적으로 감지할 수 있는 시속으로 바꿔 말하면 5만 4천 km/h라는 상상할 수 없는 엄청난 속도로 지구와 충돌하는 것이다. 아마도 히로시마에 투하된 핵폭탄보다도 수백만배의 큰 에너지를 분출할것이다.

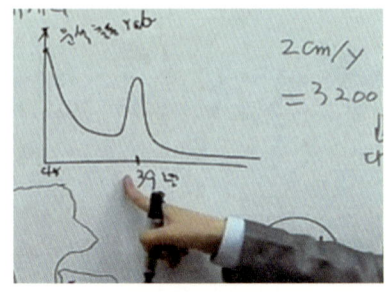

운석충돌 횟수. 〈137억 년〉 강의에서.

보통 운석구는 충돌된 운석의 크기에 비례하여 그 지름이 커지는데 일반적으로는 20배 전후의 비율이다. 운석의 크기가 직경 1km 이면, 운석구의 크기는 보통 직경 20km 전후이다. 이 정도의 크기라면 그 충격은 얼마나 될까. 아마도 지상의 생물 전체를 괴멸상태로 만들 수도 있다. 지질시대, 대규모로 생물들이 절멸된 시기는 거대 운석과의 충돌시기와 부합한다. 현재 지구에서 발견된 운석구중 가장 큰 것은 지름이 대략 300km 정도인 남아프리카의 브레데포트 운석구이다.

운석은 그 크기에 따라 지구 생태계를 교란하고 파괴할 수 있다는 점에서 지구의 단절적 진화과정을 더욱 잘 설명할 수 있는 지표이기도 하다. 현재 계속 발견되고 있는 운석구와 그 크기를 바탕으로 우리는 당시 지구생태계의 충격을 계산할 수 있다. 이를 바탕으로 지구라는 행성이 초기에 어떻게 형성되었는지, 그 후에 생태계는 어떻게 변화하여 진화해왔는지를 설명할 수 있다.

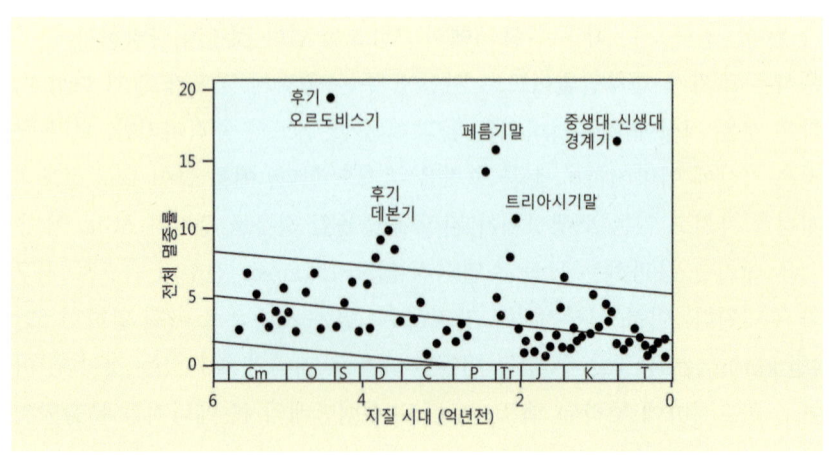

고생대 이후부터 현재까지 생물종의 멸종률(extinction rate) 변화. 다섯 차례의 대량멸종이 확인되고 있다.

서호주에는 얼마나 많은 운석구가 있는가?

전 세계적으로 공인된 180여 개의 운석구 중에서 호주에는 대략 50여 개의 운석구가 있다. 현재 충돌의 증거가 충분히 인정받은 것은 그 중 30여개 정도이다. 나머지 20여 개는 아직 확실한 증거가 없지만 앞으로 발견되는 증거에 의해 충분히 공인받을 수 있는 것들이다.

운석구를 확실하게 증명하는 방식은 운석구덩이라는 독특한 모습의 충돌 현상이 있어야 하며, 동시에 그 근처에 있는 운석잔해들을 발견하는 것이다. 이러한 방식으로 인정받는 것은 극히 소수이다. 그것은 대부분 운석구가 시간의 흐름 속에 그 흔적들이 소멸하고, 운석도 충돌 당시의 고열로 거의 다 소진되기 때문이다. 그러므로 현재는 이러한 방식 이외에 과학의 도움을 받아서 운석구를 판정하고 있다. 예를 들면 위성사진과 중력조사, 지자기조사와 같은 과학적 방법으로 지질을 판독한 후에 운석구의 여부를 판정하는 것이다.

호주의 운석구 위치지도. Australia's Meteorite Craters.

호주에서 대표적인 운석구는 울프크릭 운석구와 고시즈 블러프 운석구인데, 울프크릭이 바로 서호주의 대표적인 운석구이다. 서호주에는 운석구가 20여 개정도 있는데, 그중 주요 운석구는 울프크릭 이외에도 스파이더 운석구, 우들리 운석구, 슈메이커 운석구, 피카니니 운석구 등을 들 수 있다. 이들 운석구 중에서 탐사에 가장 적합한 운석구는 울프크릭이다. 그것은 그 모습이 운석구의 모양을 가장 선명히 가지고 있으며 크기도 또한 적당하여 한 눈으로 볼 수 있기 때문이다.

울프크릭 운석구(Wolfe creek crater)
울프크릭 운석구로 가는 길

호주는 운석구의 나라다. 전 세계적으로 발견된 운석구 중 대략 1/4 정도를 차지하고 있기 때문이다. 울프크릭은 그 중 대표적인 운석구로 서호주 북쪽 킴벌리 지역에 있다. 호주 북서지역의 교통중심인 포트 헤드랜드에서 1번 하이웨이를 타고 동쪽으로 가다가 벙글벙글 국립공원에 이르기 전에 있다. 홀스크릭이라는 마을에서 1번 도로와 분기하는 5번 국도인 타나미 도로를 타고 남쪽으로 145km 정도 가다 보면 울프크릭 운석구 국립공원이 나온다. 이 운석구는 타나미 도로에서 7km 정도 떨어진 가까운 곳에

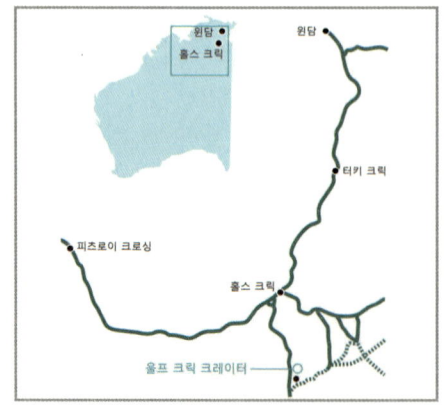

울프크릭 운석구로 가는 이정표와 사진.

울프크릭 운석구안에서. 1차 호주학습탐사 사진.

위치해 있어 비교적 찾기가 쉽다.

울프크릭 운석구의 개요

울프크릭의 대표적인 특징은 운석구의 모습을 잘 보존하고 있다는 점이다. 이곳 지역의 특성이 호주 내륙지방 특유의 붉은 대지로 이루어진 황량한 사막이라는 점 때문에 다른 곳에 비해 풍화작용을 덜 받은 곳이다. 또 하나의 특성은 호주 내륙지역이 매우 오래된 지질이라는 점이다. 서호주 필바라 지역에 있는 암석들은 35억 년 정도 되는 오래된 땅이다. 서호주 Narryer산 지역 암석도 30억 년 정도로 거슬러 올라가는데, 그 암석 속에는 심지어 44억 년이나 된 광물질 결정체들을 포함하고 있을 정도로 오래된 지질이다. 서호주 지역은 이처럼 지구 초기 상태에서의 지질을 그대로 간직한 곳이기 때문에 변성 정도는 퇴적암 지층보다 훨씬 적다. 보다 결정적인 이유는 충돌시기가 다른 곳과 비교해 짧다는 점을 들 수 있다. 이런 특성들 때문에 울프크릭은 보존이 비교적 잘된 곳으로 평가된다.

울프크릭의 모습을 자세히 살펴보자. 원형의 모양을 온전하게 이루면서

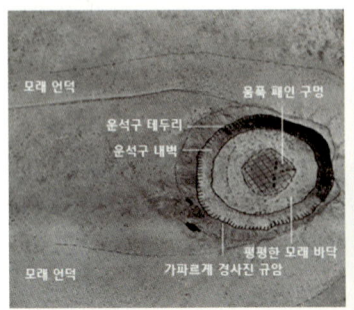 

울프크릭 운석구 주요부분 평면도와 공중에서 바라본 울프크릭 운석구. Australia's Meteorite Crater.

도 충돌의 분명한 형태를 취하고 있다. 위도 19° 10′ S, 경도127° 48′ E에 위치하며, 지름이 870m에서 950m 사이에서 이루어진 원형에 가까운 모습이다. 운석구의 바깥 경사면은 산등성이 모양으로 15° 정도의 경사를 이룬다. 그 높이는 운석구를 둘러싼 모래 평원보다 35m 정도 높다. 내벽은 정상 테두리보다 55m 정도 낮으며, 운석구의 안쪽 바닥에 대해 비교적 절벽 형태를 이루며 40° 정도의 경사로 가파르게 서 있다. 운석구 안의 바닥면은 그 직경이 대략 675m 정도이며, 깊이는 그 주위의 평원보다 25m 정도 낮은 편이다. 초기의 형태는 아마도 현재보다는 더 깊었을 것이다. 추정하면 대략 120m 정도의 깊이였지만, 지금은 주로 모래 등으로 반 이상이 메워져 있는 상태이다.

원형내벽의 암석은 운석구가 형성될 당시의 암반과 같으며 규암질로 이루어져 있다. 이 암질은 3억 6천만년 이상 된 것으로 지질학상 데본기에 형성된 것이다. 그리고 운석구 주위에 있는 규암질 암석은 비교적 평평한 모습으로 있으나, 운석구 내벽의 규암질 암석은 그와 다르게 다양하게 변형되고 구부러진 모습을 보인다. 이는 운석 충돌에 의해 변한 것이다.

울프크릭 운석구 가장자리 모습(위).
1차 호주학습탐사 사진.
울프크릭 운석구 안과 밖의 모습(아래).

울프크릭 운석

울프크릭은 어떤 운석이 충돌되어 만들어졌을까. 이곳은 운석과 같이 발견된 희귀한 예의 운석구이다. 전 세계적으로 운석과 함께 발견된 운석구 18개 중에서 하나이기 때문이다. 1965년 콜브와 페더슨은 총 1.3kg 정도의 철질 운석을 운석구에서 4km 정도 남쪽으로 떨어진 곳에서 발견하였다. 운석은 20m와 30m 정도 크기의 타원형 안에서 조각형태로 발견된 것이다. 운석들의 구성성분은 주로 철로 이루어졌으며, 8.6%의 니켈과 0.4~0.5% 정도의 코발트도 함유하고 있다

울프크릭은 언제 형성되었는가. 약 30만 년 전에 형성되었다고 한다. 울프크릭의 큰 구덩이를 보면 거대한 운석이 그곳에 충돌하여 강력한 폭발이 이루어졌음을 추측할 수 있다. 그러면 충돌할 당시 그 충돌지점에 있던 지구의 암석은 어떻게 되었을까. 아마도 충돌로 인해 그 자리에 있던 거대한 부피의 암석들은 깨끗이 사라졌을 것이다. 즉 암석은 분쇄되거나 먼지구름으로 사라지거나 수증기가 되어 날아가 버렸다. 그 암석 중에서 일부는 깨어진 채로 주위에 흩어지게 되는데, 몇 톤씩 되는 규암질 암석 바위들이 지금도 그 주위에서 보인다.

울프크릭 운석구 가장자리에서 박문호 박사.

충돌 이후에 운석 덩어리는 어디로 사라졌을까. 운석이 지구에 충돌한 후에 충격으로 운석구가 생긴 다음에 그 운석 덩어리는 파괴돼 잘게 쪼개지거나 녹아 없어졌을 것이다. 그리고 잘게 파편화된 것은 운석구 아래 파묻히지 않았다면 운석구 안과 바깥으로 흩어졌을 것이다. 물론 운석구 안에서 운석은 발견되지 않았다. 그 안에서 운석이 발견되지 않는 것은 충돌 당시 운석구 안에 생기는 엄청난 고열로 인해 모든 것이 녹았기 때문이다. 운석덩어리는 파편화된 일부만이 밖으로 튕겨져 나가 운석으로 남게 된다.

울프크릭 운석과 절단면.

울프크릭 방문시기

홀스크릭은 5월에서 10월까지는 건기이므로 길이 막히지 않아 탐사여행을 하기에 좋다. 하지만 1월과 4월 사이는 우기에 해당하여, 갑자기 비가 많이 오며 심지어 통과하기가 불가능한 상황이 발생한다. 우리 탐사대는 항상 7월 말에서 8월 중순 사이 달이 없는 때를 택하였고 매번 만족스러웠다. 퍼스만 벗어나면 매일 구름 한 점 없는 하늘이 지상 최대의 별 밤을 선물하였고 벌레로 고생한 적도 없었다.

호주의 운석구

서호주의 운석구

서호주의 운석구는 울프크릭 이외에도 중요한 운석구가 많이 있으나, 그 중 몇 곳을 간략히 소개하겠다. 이중 피카니니 운석구는 우리가 이번에 방문한 벙글벙글레인지 안에 있는 운석구이다.

스파이더 운석구

스파이더 운석구는 북서호주 킴벌리 지역에 위치한다. 지브 리버길(Gibb River Road)의 마운트 바넷 하우스에서 18km 동쪽에 있으며, 운석구의 직경은 대략 13km 정도로 매우 큰 편이다. 형성시기는 5억 7천만 년 전으로 추정되고 있는데 그 오랜 세월 동안 매우 많이 침식된 곳이기도 하다. 이 곳은 매우 거친 지형으로 유명하여서 아직은 효과적으로 접근하기 힘든 곳이다. 이 운석구의 이름은 공중이나 위성 영상으로 보면 거미 같은 독특한 산등성이 모습에서 유래했다.

우들리 운석구

우들리는 서호주 샤크베이만의 동쪽 우들리에 있다. 우들리를 중심으로 하는 큰 운석 충돌구이다. 운석구는 표면에 노출되지 않았으므로 그 크기를 정확하게 파악하기는 어렵다. 대략적인 크기는 최대 직경이 60km와 120km 사이로 여겨지고 있다. 자기강도를 이용한 지도로 그 모습을 보면 운석구의 형태를 분명히 알 수 있다. 우들리의 충돌은 3억 6천4백만 년 전인 데본기 말기에 일어난 것으로 보인다. 그 크기로 보아 엄청난 충격을 짐작할 수 있는데, 이 시기는 원래 지구 상 40% 종이 사라진 소멸종기에 해당한다.

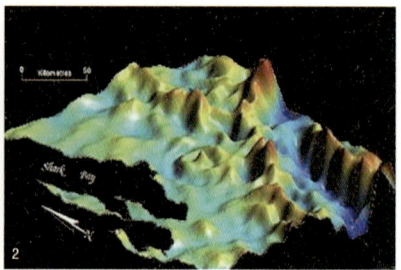

1 스파이더 운석구. 2 중력강도를 이용한 우들리 운석구 3D 이미지. 3 슈메이커 운석구.

슈메이커 운석구

슈메이커는 윌루나 북북동 약 100km 지점인 서호주 중앙에 위치하고 있다. 이 운석구는 매우 오랜 세월 동안 깊이 침식되었는데, 형성시기는 아직까지 명확하지 않고 다만 원생대에 형성된 것으로 추측된다. 원생대는 선캄브리아기를 말하는 것으로 25억 년 전과 5억 4천만 년 전 사이의 지질시기를 말한다. 크기는 대략 30km로 매우 큰 운석구이고, 그 이름은 행성지질학자 유진 슈메이커를 기리기 위해 명명된 것이다. 이 운석구는 너무 오래되었고, 또 그 크기 때문에 탐사 여행 하기에는 적당하지 않다. 현재 위성 이미지로 쉽게 볼 수가 있는데 고리와 같은 모습이 현저하게 드러난 지형을 하고 있다

피카니니 운석구

피카니니 운석구는 서호주 북부 킴벌리 지역 푸눌룰루(Punululu) 국립공원 내에 있다. 이곳은 일명 벙글벙글 국립공원이라고도 하며, 역암질(礫岩質)의 퇴적암 침식지로 유명한 곳이다. 울프크릭과 그다지 멀지 않은 곳에 위치하므로, 만약 이 지역 운석구탐사를 한다면 두 군데 모두 탐사하는 것이 좋을 듯하다. 이 운석구가 울프크릭과 크게 다른 점은 운석구 형태가 명확하지 않다는 점이다. 오랜 세월에 거쳐 침식되었기에 육안으로는 울프크릭과 같은 명확한 형태를 확인하기 어렵다.

벙글벙글 지역은 우리가 직접 답사한 지역이므로 피카니니 운석구에 대해 좀 더 설명을 부가한다. 원래의 운석구는 지금의 형태보다 컸었지만 오랜 세월 많은 침식 때문에 작아진 것으로 보인다. 현재는 원형형태의 모양으로 직경이 약 7km 정도의 크기이다. 초기 형태의 크기는 그 직경이 10km에 이르렀을 것으로 본다. 그리고 현재의 땅 표면은 원래 운석구 바닥보다 1~2km 정도 아래의 것으로 추정되고 있다. 충돌이 일어난 시기는 언제인지 정확히 알 수는 없다. 다만, 이 지역에 있는 암석 등으로 추측하여 살펴보면 데본기 시대 이후에 형성된 것으로 보인다.

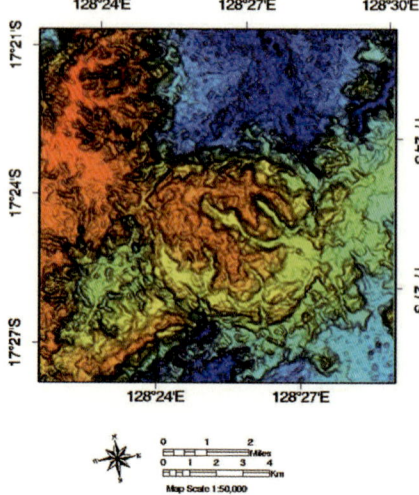

영상수치표고자료(DEM image)로 나타낸 피카니니 운석구.

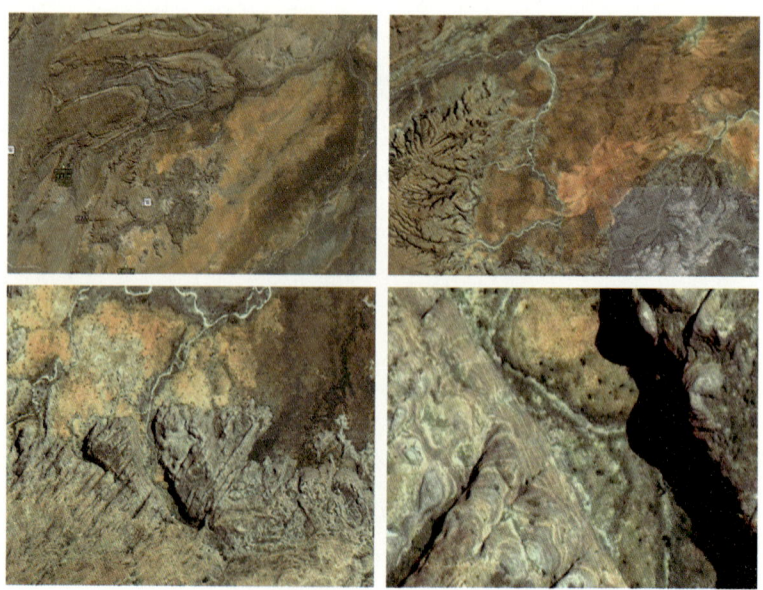

피카니니 운석구가 있는 벙글벙글 지역을 비율을 달리하여 본 위성사진.

서호주 이외 지역의 운석구

서호주 이외의 지역에서는 전체적으로 30여 개의 운석구가 있으며, 대표적인 운석구로는 고시즈 블러프 운석구가 있다.

고시즈 블러프 운석구

고시즈 블러프는 충돌 운석구로 호주 대륙의 중심인 남부 노던 준주에 있다. 울룰루로 유명한 앨리스 스프링스에서 서쪽으로 175km 지점에 위치하며, 약 1억 4250 만년 전 백악기 초기에 만들어진 것으로 여겨진다. 원래의 운석구 가장자리는 지름이 22km 로 추정되지만, 이것은 이미 침식되어 사라졌다. 지금은 단지 노출된 5km의 직경과 180m 높이의 운석구로 존재하며, 그 중앙의 융기부분이 침식된 형태를 보인다.

호주의 운석구에서 발견된 운석

호주에서 운석이 발견된 운석구는 다섯 개이다. 울프크릭 외에 직경 24m인 달가랑가 운석구와 직경 70m인 비버스 운석구가 있으며, 그 외에도 헨버리 운석구와 박스홀 운석구가 있다. 운석은 충돌 당시에 파편화되므로 발견되는 것들은 주로 작은 돌과 같은 모습을 하고 있다. 충돌 당시 엄청난 폭발력 때문에 운석덩어리는 거의 용융됨에도 불구하고 운석이 발견된다는 사실이 여전히 흥미롭다.

달가랑가 운석들.

알면 재미있는 운석에 관한 이야기

우리나라에도 운석이 있는가

두원운석. 대전 지질박물관소장.

현재 확인된 운석구는 없으나, 운석은 5개가 알려져 있다. 그중에서 낙하 위치와 시간을 유일하게 알 수 있는 두원운석이 가장 유명하다. 전남 고흥군 두원면에서 1943년 11월 23일 오후 3시경에 발견되었다.

세상에서 가장 큰 운석

호바운석.

현재 나미비아의 호바 운석이 가장 크다. 1920년에 발견된 이 운석은 철운석으로 무게가 60t 정도이며, 대략 8만년 전에 떨어진 것이다.

운석의 종류

운석은 다양한 기준에 의해 분류된다. 여기서는 구성 성분과 변성 여부로 종류를 구분 해본다.

구성 성분으로 구분하는 것은 운석의 성분을 철질 운석, 석질 운석, 석철질 운석 등으로 삼분하는 방식이다.

1. 철질 운석은 거의 철과 니켈로 이루어진 운석이다. 가장 무겁다.
2. 석질 운석은 규산염 광물로 이루어진 것이다. 이는 지구상의 암석과 가장 유사한 형태이므로 전문가가 아니면 구분이 힘든 종류이다.
3. 석철질 운석은 규산염 광물과 금속 물질이 대략 반 정도씩 섞여 있는 형태이다. 지구 상에는 이런 조합의 광물이 없으므로 암석과 쉽게 구별된다.

발견된 운석중에서 철질 운석은 4% 정도이고 석철질운석은 그 중 0.5%를 차지한다. 석질 운석은 대략 95% 이상으로 운석의 거의 대부분을 차지하고 있다.

변성여부로 구별하는 것은 시원 운석과 분화 운석으로 나누는 것이다. 이 구분은 운석이 용융과정을 겪었는지를 묻는 방식이다. 즉 화성 활동을 통하여 구성물질이 변성되면 분화 운석이 되고, 여전히 변성되지 않으면 시원 운석이라고 한다. 시원 운석은 태양계 생성시기에 생성된 것으로 그때 조성된 성분을 가진 채 변성을 거치지 않았다. 따라서 초기 태양계의 조성 상태를 그대로 간직하고 있으므로, 이 운석의 연구는 태양계의 기원을 설명하는데 결정적인 도움이 된다 하겠다.

운석의 가격

운석은 그 희소성 때문에 주위에서 쉽게 볼 수 없는 희귀성을 가지고 있는 돌이다. 따라서 값이 매우 비싸게 평가된다. 혹 다음 사실을 알고 있는가. 화성에서 온 운석들은 그 희소성 때문에 1g에 대략 1000$ 정도 한다는 것을. 물론 모든 운석이 그렇다는 것은 아니다. 운석은 그 유래와 특성 그리고 구성성분에 따라 매우 다양하기에, 가격들은 그와 비례하여 천차만별의 차이를 보인다. 운석도 그 희소성 정도에 따라 가격이 올라가고 내려가는 것이다.

운석은 어디에서 가장 많이 발견되는가

바로 남극이다. 세계에서 발견된 운석은 반 이상이 남극에서 발견되었다. 이는 남극이라는 지역이 가지는 특수한 상황 때문이다. 남극에서도 다음과 같은 조건을 가진 곳에서 주로 발견된다. 우선 그 조건이 푸른 빙하를 볼 수 있는 곳이어야 하며, 또 산맥 자락 아래라는 조건이 갖춰진 곳이어야 한다.

발견되는 원리는 다음과 같다. 운석이 빙하에 낙하했다면, 그 빙하는 오랜 기간에 걸쳐 눈의 누적 등의 원인으로 압력을 받아 조금씩 아래로 이동한다. 이동하다 산맥 등에 의해 가로막히면 그곳에서 일정한 기간 정체한다. 비록 능선 자락에 의해 빙하가 정체되지만, 그 뒤로도 오랜 세월 동안 계속적으로 내려오는 빙하로 인해 서서히 밀려서 산자락 위로 점차 융기하게 된다. 그러다 여름에 태양열과 바람 등에 의해 빙하가 녹으면 그 안에 있던 운석이 대기에 노출되면서 나타난다.

운석은 지구의 암석과 어떤 차이를 가질까?

간단히 정리하면, 1. 운석은 밀도가 높다. 이는 대다수 운석이 철과 마그네슘 등으로 이루어져 있기 때문이다. 2. 또한, 대부분 운석은 자석에 이끌린다. 그 구성이 주로 철의 성분으로 이루어지기 때문이다. 3. 운석은 독특한 외형을 가지고 있다. 운석 내부와 외부의 색이 서로 다르다. 이는 운석이 대기를 통해 들어 올 때 그 외부는 녹아져서 미끈하게 용융된 모습을 하기 때문이다. 4. 그리고 운석 대부분은 내부에 알갱이 형태인 콘드률이라는 암석 구슬의 모습을 가지고 있다.

서호주 박물관에서 만질 수 있는 운석과 함께. 홍경화 대원.

공룡은 어떻게 지구상에서 사라져 갔는가

공룡의 멸절 이유로 그동안 다양한 근거가 제시됐다. 그 중 가장 강력한 이론이 바로 운석의 충돌이다. 거대한 운석이 지구에 충격을 주어서 생태계를 궤멸에 가깝게 만들었다는 것이다. 지름 수 km가 되는 운석이 지구에 충격을 준다면 어떻게 될까. 아마도 가장 먼저 지진과 대폭발이 일어날 것이다. 그리고 분진이 대기를 감쌀 것이다. 그로 인해 태양 빛이 차단되고 따라서 급격한 빙하기가 도래할 것이다. 이런 환경에서 식물은 제대로 자랄 수가 없게 되고, 동물들도 또한 생존이 어려워진다. 운석충돌로 인한

유카탄 반도의 칙술럽 운석구 자기장지도와 위치지도.

생태계의 파괴는 다양한 생물 종을 거의 절멸에 이르게 하는 것이다. 다음은 공룡들을 절멸케 하였다는 유카탄 반도의 칙술럽 운석구와 관련된 기사이다.

공룡이 백악기 말 갑자기 멸종됐다. 지구상의 모든 공룡들이 일시에 사라진 원인에 대해 과학계는 그동안 100여 가지의 가설을 제시했다. 그 중 가장 널리 인정받고 있는 설은 1980년 물리학자 루이스 알바레스가 제창한 '운석충돌설'이다. 알바레스 팀은 중생대 백악기 말과 신생대 제3기 지층의 경계를 이루고 있는 곳에 이리듐이 고밀도로 농축돼 있다는 사실을 발견했다. 이리듐은 지표에서 매우 드물게 발견되는 원소이지만, 우주로부터 떨어지는 운석에서는 흔하게 발견된다. 또 화산이 분출할 때 나오는 지구의 맨틀에도 이리듐이 드물게 섞여 있다.

따라서 알바레스는 고밀도의 이리듐층이 발견된 것은 그 시기에 거대한 운석이 지구와 충돌했기 때문이라고 주장했다. 그 후 운석충돌설을 뒷받침할 수 있는 유력한 증거도 발견됐다. 멕시코 유카탄 반도의 칙술럽 지역에 있는 지름 300km의 거대한 운석충돌구가 바로 그것이다.

이 정도의 크기라면 직경 약 10km 이상의 거대한 운석이 초속 20km의 속도로 유카탄 반도에 충돌한 후 히로시마에 투하된 원자폭탄의 약 10억 배에 이르는 충격이 발생했을 것으로 추정된다.

엄청난 규모의 지진과 쓰나미가 발생했고, 먼지와 파편이 지구를 뒤덮어 약 3개월 동안 온 세상이 캄캄했다. 먼지 구름에 포함된 수증기는 대기의 질소와 결합해 강한 산성비를 뿌렸으며, 광합성의 중지로 식물들은 말라죽었다. 식물을 섭취할 수 없게 된 초식공룡의 쇠퇴는 곧바로 육식공룡의 멸종으로 이어졌다…… 화석 기록에 따르면 당시 지구 상 동식물의 약 2/3가 멸종한 것으로 추정된다.

운석의 기원 – 왜 하늘에서 돌이 떨어질까

하늘의 돌은 어디에서 유래하였을까. 이는 우리 지구에 앞으로 얼마나 많은 운석이 떨어질 것인지를 묻는 것이기도 하다. 지구의 앞날에 결정적인 영향을 끼칠 수 있는 운석의 충돌 가능성을 통해 우리의 미래 운명을 알고 싶다는 말이다. 그 기원은 바로 우주에 부유하는 소행성들에서 왔다. 이 소행성들은 지구 근처에도 상상외로 많이 있다. 화성과 목성 사이에 위치한 공전궤도에 소행성대라는 독특한 궤도가 있다. 무수한 소행성들이 무리를 이루며 태양을 공전하는데 그 수가 무려 10억 개에 달한다고 한다. 그 전체 무게의 합이 지구의 4배에 이르는 어마어마한 양이며 현재는 다만 20만 개 정도만 관측되었다고 한다.

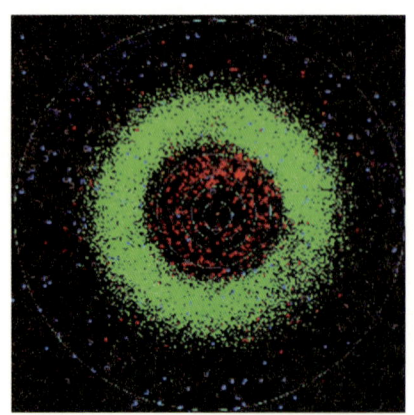
소행성대의 소행성체들. 미국 Minor planet center에 의해 작성된 2000년 12월 21일 현재 행성과 소행성의 위치. 원은 안쪽부터 수성, 금성, 지구, 화성, 목성의 궤도.

이 소행성들이 가지는 위험은 지구에 거대한 충격인 딥임팩트를 줄 수 있기 때문이다. 그 방식은 대략 두 가지이다. 하나는 약 10억 개의 소행성들이 무리를 이루어 공전하다가 충돌이 자주 일어나는데, 그 충돌의 결과로 튕겨져 나간 소행성들이 지구에 근접하는 방식이다. 또 다른 하나는 소행성의 여러 무리 중에서 그 공전궤도가 지구의 궤도에 근접하는 소행성들에 의해 충돌될 가능성에서 유래한다. 이러한 사실은 매우 재미있는 관점을 제시하는데 지구는 소행성들이 서로 합해져서 형성되었다는 가설을 세울 수 있기 때문이다. 또 오랜 세월에 걸쳐 지구로 낙하한 소행성이 지구의 생태계를 거의 파멸에 이르게도 하였다는 가설도 가능하기 때문이다. 한마디로 소행성체들은 지구의 운명과 결정적인 관계를 맺고 우주 속에 부유하고 있는 것이다.

앞으로의 딥 임팩트에 대한 예측

그동안의 연구에 의하면, 지구는 지질학적인 확률로 10만 년마다 거대한 충격을 주는 운석구가 하나 정도 생긴다고 한다. 나사에서 발표한 운석의 충돌확률을 보면 직경 100m의 운석은 10 만년마다 하나 정도이며, 1km의 크기는 몇 천만년마다 하나, 10km의 크기는 1억 년마다 하나 정도 충돌한다. 이는 앞으로도 지구의 운명에 커다란 영향을 미칠 운석충돌 가능성을 확률로 예측할 수 있다. 비록 확률적으로는 낮지만 거대한 운석이 지구에 충돌할 가능성은 상존해 있다.

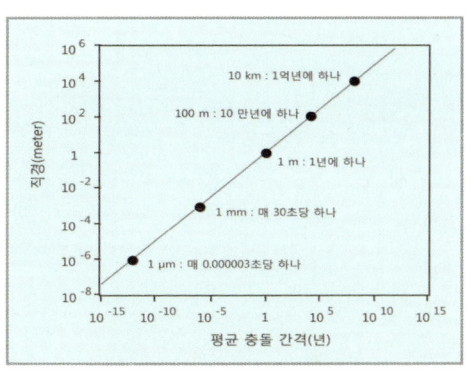

소행성-혜성의 크기에 따른 충돌 빈도수.

이렇게 운석구로의 탐사여행은 단지 풍광으로의 여정이 아니다. 오히려 지구의 과거 역사를 되돌아 보는 길이며, 지구의 미래 운명과의 조우를 준비하는 일이라 하겠다.

참고문헌
최변각 〈하늘에서 떨어진 돌 운석〉, 서울대학교출판부 2008출간
Grotzinger 〈지구의 이해〉, 조석주역, 시그마프레스
마쓰이 다카후미 〈지구, 46억 년의 고독〉, 푸른미디어

Australia's Meteorite Craters   by Alex Bevan and Ken McNamara
published by the Western Australian Museum, Perth 1993.

화보 1

벙글벙글
레인지

병글병글 레인지.

3억 5천만 년 전에 벙글벙글 암석층을 만든 Ord강.

벙글벙글 레인지

퀸즐랜드의 케언즈에서 서호주 브룸까지 호주 북부열대지역의 중심부를 가로질러 관통하는 3,500km의 도로를 사바나웨이라 한다. 이 도로의 일부인 서호주 브룸에서 중간지인 홀스크릭까지를 더 그레이트 노던 하이웨이(The Great Northern Highway)라 부른다. 이 도로를 따라 홀스크릭을 지나 100여km 지점에 있는 벙글벙글산맥은 푸눌룰루(Purnululu)국립공원에 있는 약 450km² 면적의 지역으로 서호주에서 가장 매혹적인 지질학적인 명소의 하나이다. 애보리진 언어인 키자(Kija)어에서 푸눌룰루(Purnululu)는 사암(Sandstone)을 의미한다. 벙글벙글(Bungle Bungle)은 푸눌룰루의 변형이거나 이 지역 킴벌리의 자생식물인 번들번들(Bundle Bundle)에서 유래한 것으로 알려졌다.

벙글벙글산맥은 해발 578m 정도로 융기해 있고, 주변의 삼림지나 초지로 덮인 평야의 서부지역에 가파른 절벽을 지닌 채 200m~300m 솟아있다. 특히 피카니니강(Piccaninny Creek)이 피카니니 협곡(Gorge)을 형성한 지역은 깊은 협곡으로 잘려져 있고, 독특한 오렌지색과 검은색(회색)층의 띠를 가진 산등성이들과 둥근 지붕모양의 복잡한 지역으로 나누어져 있다. 오늘날 지질학적인 중요성과 미적인 아름다움으로 전 세계의 각광을 받고 있는 이 지역은 1983년에서 국립텔레비전방송국 다큐멘터리 제작팀에 의해 발견되어 1987년 국립공원지정을 받고 2003년 유네스코가 지정한 세계자연유산으로 등재되어 있다.

벙글벙글산맥의 대표적인 이미지는 오렌지색과 검정색이 교대로 둘러진 띠무늬를 지닌 벌집 모양의 탑 형태의 암석들이다. 이 암석들은 사암과 역암으로 구성되어 있다. 이들 암석의 성분인 퇴적물들이 3억 5천만 년 전 데본기에 Ord강 바닥에 퇴적되었고, 그 시기의 활성단층이 경관을 바꾸었다. 오늘날 벙글벙글산맥의 북쪽지역까지 오스몬드(Osmond)산맥을 만든 오스몬드 단층(Osmond Fault)을 따라 융기가 발생했고, 서쪽까지는 홀스크릭 단층(Halls Creek Fault)을 따라 융기가 발생했다. 물줄기와 강들은 이들 고대의 고지대를 침식했고, 그들의 경계사면은 가팔랐으며, 물줄기와 강들의 높은 에너지는 큰 바위들을 운반하여 사면의 바닥에 쌓아놓았다. 오늘날 그런 큰 바위역암을 이키드나(Echidna)협곡에서 볼 수 있다. 하지만 벙글벙글산맥의 대부분의 암석들은 개방된 강 유역의 넓은 평야에 걸쳐 흐르는 낮은 에너지의 강들에 의해서 고지대로부터 퇴적된 모래로부터 형성된 것이다. 많은 모래가 퇴적될수록 오래된 강바닥들이 사암으로 뭉쳐졌다. 오늘날 보여지는 그 독특한 벌집 모양의 지형은 최근 2,000만 년 동안 융기와 침식에 만들어졌다. 견고한 외형과는 달리 사암은 극단적으로 쉽게 부서진다. 위에 가로놓여 있는 바위의 무게가 모래알갱이를 제자리에 있게 한다. 그러나 바위가 제거되면 사암은 쉽게 침식된다. 그리고 둥근 모양의 꼭대기는 이런 내부강도 부족을 나타낸다. 표면을 흐르는 물은 갈라진 틈이나 결합부위 같은 바위의 약하거나 불규칙한 부위를 활용하여 탑으로 분리된 좁은 강바닥을 빠른 속도로 침식한다.

사암의 가장 눈에 띄는 특색은 교대로 나타나는 오렌지와 검정색 또는 회

짧은 풀과 작은 관목이 있는 메마른 평지의 벙글벙글지역.

색의 띠이다. 어두운 색깔의 띠는 바위의 더 잘 침투되는 층에 있다. 이 띠는 점토를 많이 함유한 층으로 바위표면에 쉽게 습기를 스며들도록 하여 어두운 색깔의 조류인 시아노박테리아가 바위의 수 밀리미터 표면 층에서 잘 성장하도록 촉진한다. 이 층이 만든 보호외피막은 탑이 침식되는 걸 막아준다. 이들 잘 침투되는 층 사이에 있는 점토성분이 적은 산화철과 망간 착색으로 뒤덮인 덜 침투되는 층은 다공질이고 빨리 건조되는 층이어서 시아노박테리아가 자랄 수 없다. 따라서 표면 보호막이 없고 철 성분이 많은 사암의 표면이 산화에 노출되어 오렌지 색의 띠 모양을 만든다. 이 암석층들은 깨지기 쉬운 사암층이어서 도보를 통한 등반이나 산행은 금지된다. 따라서 정해진 트래킹 코스를 따라 산책을 하며 감상하든지 헬리콥터나 경비행기를 이용하여 공중에서 감상하는 수밖에 없다.

벙글벙글을 여행하기 위해서는 미리 사전준비를 하는 게 좋다. 벙글벙글 산맥에서 트래킹과 아웃 백 야영을 하려면 4륜구동 지프와 물과 먹을 것을

1 헬기를 타고 벙글벙글을 감상 – 잠시 후 환호성과 눈물이 함께. 2 탐사대가 이용한 헬기. 3 공중에서 감상하랴 촬영하랴. 4 사진기 잡는 폼이 아마추어 냄새가 물씬.

반드시 준비해야 한다.

병글병글 공원 내의 쿠라종(Kurrajong)과 왈라디(Walardi) 두 곳의 캠핑장소를 유료(1인당 10A$)로 이용할 수 있다. 또한 병글병글 남쪽 입구에 있는 비싼 벨번캠프(Bellburn Camp)를 이용할 수 있다. 경비행기나 헬기를 이용하려면 홀스크릭(Halls Creek)이나 워문(Warmun)에서 사전에 예약을 하는 편이 좋다. 1인당 200A$에서 250A$정도이고 4인 이상은 협상을 잘 하면 할인 받을 수 있다. 미리 준비하지 않고 입구의 벨번캠프에서 제공하는 헬기를 이용하면 가격은 조금 더 비싸고 비행시간도 짧다.

지진으로 갈라진 형상의 피카니니협곡 위에서.

짧고 가시 돋친 단단한 잎으로 무장한 풀과 작은 관목이 있는 메마른 평지, 가파른 계곡들, 둥그런 바위산으로 둘러싸인 평지광장, 대지를 도끼질하여 갈라놓은 듯한 모습의 산맥들, 메마른 대지를 적시는 생명수의 강, 줄무늬 쵸코렛 케익을 진열해 놓은 듯한 둥근 석탑들, 아침의 신선한 태양과 한낮의 투명한 햇빛과 노을 지는 오후의 산란한 빛을 받아 시시각각으로 변하는 붉은 오렌지색의 향연, 이 모든 걸 품은 원시의 대지 벙글벙글에서 하룻밤 야영과 트레킹을 하는 것은 서호주 여행의 백미다.

지진으로 갈라진 형상의 피카니니협곡 1.

큰 팜트리가 서식하는 피카니니 협곡 사암의 모습.

지진으로 갈라진 형상의 피카니니 협곡 2.

도끼로 대지를 갈라놓은 형상의 피카니니 협곡.

지진으로 갈라진 형상의 피카니니 협곡 3.

강물과 빗물에 침식되고 풍화된 피카니니협곡의 모습.

시아노박테리아가 표피에 서식하여 검정색 보호막을 형성한 모습.

검고 어두운 색의 암석층은 침습성이 좋고 점토성분이 많아 시아노박테리아가 서식하여 보호막을 형성하는 부분이고 오렌지색은 점토성분이 적고 다공질의 건조한 철 혼합물이 존재하는 층으로 산화되어 붉은 색깔을 띠고 있다.

사암층의 침습성 정도에 따라 시아노박테리아 서식의 유무가 구분된다.

피카니니 협곡의 강물과 빗물에 침식된 사암단층 모습.

팜트리가 매달려 있는 피카니니 협곡의 침식된 사암단층모습.

융기와 침식으로 만들어진 피카니니협곡의 모습.

벙글벙글 남쪽지역의 Ord강이 2,000만 년 전에 만든 사암층 전경.

Ord강이 만든 사암층 전경.

벙글벙글 지역의 특징적인 둥근 사암으로 둘러싸인 광장의 모습.

Ord강이 2,000만 년 전에 만든 사암층 지대 1.

Ord강이 2,000만 년 전에 만든 사암층 지대 2.

Ord강이 2,000만 년 전에 만든 사암층 지대 3.

Ord강이 2,000만 년 전에 만든 사암층 지대 4.

화보 1 벙글벙글 레인지

검고 어두운 색의 암석층은 침습성이 좋고 점토성분이 많아 시아노박테리아가 서식하여 보호막을 형성하는 부분이고 오렌지색은 점토성분이 적고 다공질의 건조한 철 혼합물이 존재하는 층으로 산화되어 붉은 색깔을 띄고 있다. 오렌지 색층이 시아노박테리아가 만든 보호막이 없어 쉽게 침식당한다.

벙글벙글의 사암은 쉽게 부서지기 때문에 등반이나 유사한 행동을 하면 안 된다. 정해진 코스의 트래킹 이나 비행을 하면서 감상해야 하는 이유다.

제 5 장
대양 한 가운데 건조한 섬

호주의 기후

인도양과 태평양 그리고 남극바다가 둘러싼 지구의 외딴 섬 같은 호주는 북반구의 냉혹한 한랭성 기후를 제외한 전지구적 기후특성 대부분을 체험할 수 있는 대륙이다.

퍼스를 살짝 벗어나면 만나는 그림 같은 서호주

사막과 건조 지대의 기후 특성을 보이는 서호주 필바라지역.

서호주로 기후여행을 떠나자

학습탐사에 나서면 평소 자연과학의 여러 분야를 공부하며 알았던 지식을 자연의 현장에서 생생한 오감을 통하여 몸으로 확인하게 된다. 관광여행은 시각을 즐겁게 하는 아름다운 경치와 이색적인 문화를 즐기는데 초점을 맞춘다. 반면 학습탐사는 인간과 생명과 지구의 형성에 중요한 의미를 가지는 자연의 모습과 우주의 모습을 관찰할 수 있는 맑은 밤하늘에 환호성을 지르게 된다. 학습탐사에서 평소 공부한 여러 자연과학 분야의 개별지식을 확인하는 것이 중요하다. 또한 이들 개별지식의 배경으로 존재하는 기후에 대해서도 필수적으로 알아야 한다.

사람들은 밤하늘의 별과 지구생성 초기의 흔적을 담은 암석과 지층을 관찰하기 위하여 서호주를 찾는다. 하지만 장엄한 은하수가 펼쳐진 맑은 밤하늘이 서호주의 건조한 사막기후가 만들어낸 명장면이라는 점과 서호주의 붉고 거친 대지와 암석의 풍광이 기후가 지구와 협연을 통해 만든 작품이라는 점을 알아차리기는 쉽지 않을 것이다. 결국 사람들은 기후와 기후가 만든 현상을 쫓아서 머나먼 서호주로 여행을 가는 것이다.

기후는 인간의 의식과 문화와 문명에 직접적으로 영향을 끼친다. 심지어 기후와 날씨가 여행의 성패를 좌지우지 하기도 한다. 그럼에도 불구하고 막상 여행에 나서면서 대부분의 사람들은 날씨와 기후가 가지는 의미와 영향에 주의를 기울이지 않는다. 기후라는 물리적 작용이 생명출현을 위한 대지를 만들고, 식생대를 비롯한 생태계를 만들어 지금 이 순간 지구의 모습을 형성시킨다는 점을 항상 인식하여야 한다. 이런 기후적 관점에서 자연을 관찰하면 각 분야의 자연과학지식이 더욱 짙은 색깔로 모습을 드러낼 것이며, 눈앞에 펼쳐진 자연의 본질적인 모습에 철학적 인문학적 상상의 즐거움이 더해질 것이다.

호주의 넓은 대륙은 다양한 기후대를 가지고 있다. 북반구 대륙의 혹독하게 추운 대륙성 한랭기후를 제외하고 지구 전체에서 일어나는 기후작용을 한 나라에서 체험할 수 있는 곳이다. 호주에서 인간을 비롯한 생명의 삶을 주의 깊게 관찰해 보면 생명들이 기후대를 따라서 생태계를 이루며 사는 것을 볼 수 있다. 서호주를 남에서 북으로 짧은 시간을 통해 종단하면 시시각각으로 변하는 기후대에 따른 식생대와 자연의 풍광이 슬라이드 영상이 되어 몸으로 들어온다.

온대지역인 서 호주 퍼스(Perth)를 조금 벗어난 그린 이너프(Green Enough)라는 초원지대에서는 지명대로 아름다운 녹색이 전부인 평온한 자연의 모습이 몸 안에 스며든다. 계속 북으로 진행하면 바다한류에서 비롯된 건조한 공기로 인하여 형성된 사막기후대를 지나며 척박한 토양과 적은 강우로 인하여 식물도 어렵게 살아가는 황량한 대지를 만난다. 이곳에 적응을 마친 개미가 생태계의 청소부 역할을 하면서 대제국을 이루며 사는 모습을 감상 할 수 있다.

서호주 북서부의 필바라(Pilbara), 카리지니(Karijini)국립공원과 북부 킴벌리(Kimberley)지역의 푸눌룰루(Purnululu)국립공원에서는 대륙이동, 지각변동과 기후의 침식, 분해작용의 협연으로 형성된 장엄하고 기이하며 아름다운 모양의 협곡과 암석으로 가득 차있는 풍광을 즐길 수 있다. 붉고 흰 얼룩무늬의 호주철광상과 해안가의 겹겹이 줄무늬 진 조개껍질과 스트로마톨라이트와 쳐트층에서 기후가 만든 46억 년 지구 역사의 시공에 관한 지문을 발견할 수 있다. 이들은 기후가 지상에 만든 자연의 예술품이다. 그 작품 속에 스며있는 46억 년의 시공간을 상상하는 것은 흥미롭고 즐거운 일이다.

기후에 관한 지식을 잠깐 들여다 보자. 기상(날씨)은 공기 중에서 일어나 순간적으로 나타나는 하나의 물리적인 대기상태 및 현상이다. 기후는 기상의 장기간의 평균적인 종합상태를 말한다. 지구표면은 바다와 대륙으로 둘러싸인 지표와 공기 층인 대기로 구성된다. 이들 지구표면이 태양으로부터 받은 열에너지의 평형상태를 위해 유기적인 물리적 상호작용을 한다. 그 과정에서 나타나는 대기의 총체적인 동적 작용 및 현상이 기후이다. 이로부터 지구자연을 구성하는 토양과 대지의 형태와 모습이 탄생되며, 나아가 지구상 모든 생명체가 탄생하고 존재하는 기반이 된다.

기후에는 온도란 물리량이 제일 중요하다. 온도에 따라 상태가 달라지는 물질들이 열적평형을 위해 동역학적인 작용을 하는 과정 및 결과가 기후이다. 기후를 물리현상과 지구시스템적인 측면에서 이해하는 데는 중학교 수준의 복사, 대류, 전도란 기초지식만 알고 있으면 가능하다. 기후에 영향을 미치는 기후인자는 위치(위도), 지표의 수륙분포와 상태(지형)가 기본적인 기후인자이고, 해류, 해양순환, 해양변동, 해발고도와 지형, 지표면의 구성물질, 피복상태 역시 기후에 영향을 주는 주요한 기후인자이다. 이들 지구 표면의 다양한 종류의 물질과 그 상태들이 태양에너지의 흡수와 반사 정도가 달라서 그곳을 덮고 있는 공기가열에 미치는 영향이 다양해진다. 다양해진 가열상태의 공기가 대기 대순환을 일으키는 것이 기후이다. 즉 태양과 지구가 빛을 매개로 상호작용을 하여 얻은 에너지와 지구의 구조가 상호작용을 하며 생명 현상의 배경으로 존재하는 게 기후이다. 형성된 기후는 다시 지구의 구조에 영향을 준다.

이처럼 기후라는 현상의 본질을 바라볼 때 우주적 관점에서의 시공의 사유와 지구의 구조적 관점에서 여러 기후인자들의 유기적 상호작용이라는 거시적인 안목이 필요하다. 서호주 학습탐사에서 태양과 지구와 달과 기후가 46억 년 동안 우주공간을 배경으로 협연하는 오케스트라를 감상하자.

기후는 인간의 삶과 문화에 직접적인 영향을 준다. 인간이 지역별로 다양한 기후에 적절한 적응을 하는 모습이 의식주와 문화의 다양함으로 드러

태양의 핵융합과 빛의 생성.

태양과 지구의 에너지 평형상태를 알기 위한 열역학 강의.

나는 것이다. 식생대를 비롯한 생태계 역시 대기현상에 적응하기 위한 생명의 모습이다. 서호주에서 풀 한 포기, 곤충 한 마리까지도 기후에 적응하기 위한 최선의 모습으로 존재하는 함을 관찰하게 된다. 생명현상의 놀라운 적응성에 감탄을 하게 될 것이다.

이 책에서 제공하는 호주와 서호주의 기후와 날씨에 대한 정보는 호주 기상청과 인터넷과 일부 책에서 수집 발췌한 것이다. 서호주 여행을 할 때 이를 재료로 삼아서 자연과 인간현상에 대해 풍부한 감성을 곁들이면 좋겠다. 나름대로 최종의 요리를 완성하고 인문학적, 철학적 음미를 하는 것은 독자의 몫이다.

개요

호주의 기후분류

이 지도는 호주전역에 걸친 6개 주요그룹의 쾨펜분류식 기후지역(적도지대, 열대지대, 아열대지대, 사막지대, 초원지대, 온대지대)을 보여준다. 호주의 기후는 폭넓게 변화하지만, 가장 큰 부분은 대륙의 40%가 모래언덕으로 뒤덮인 사막과 반 건조기후이다. 단지 남동과 남서쪽코너 지역만이

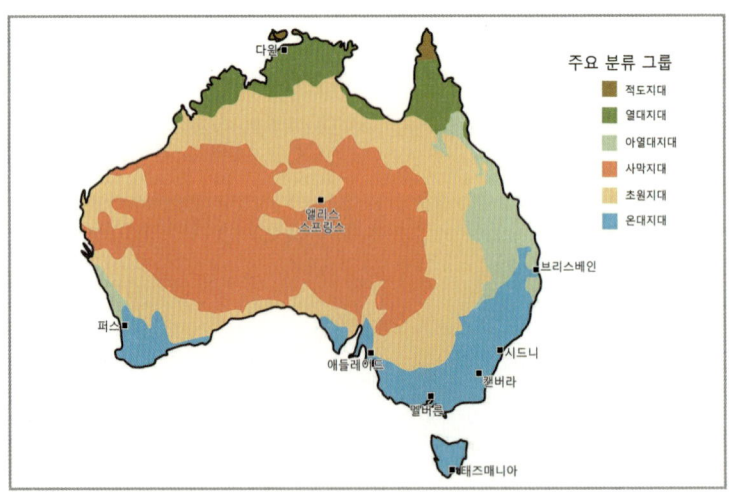

호주의 기후 분류.

온대기후와 적당히 비옥한 토지가 있다. 호주의 북부지역은 열대기후이며, 열대우림과 초원지대, 부분적인 사막기후 사이로 변화한다.
호주의 기후는 건조기후의 지배를 받는다. 이 건조기후는 계절에 따라 북쪽과 남쪽으로 이동하는 아열대 고기압지대의 하강대기이다. 이것은 호주전역에 계절적 경향이 강한 강우패턴을 초래한다. 호주의 많은 지역에서 계절별 온도가 섭씨 50℃에서 섭씨 0℃ 이하의 범위에 이를 정도로 기온 차가 크다. 산맥이 없고 주변이 해양으로 둘러싸여 있어서 최저온도가 온난하게 유지된다. 호주는 남쪽바다에 의해 극지방으로부터 분리된 작은 대륙이기 때문에 겨울 동안 북반구대륙에 있어서 가혹하게 급변하며 밀려드는 추위를 지닌 극지방 대기가 되지 않는다.
북반구의 대륙은 여름과 겨울 사이에 상당한 온도대비를 보인다. 반면 호주 대부분의 여름과 겨울 사이의 온도 대비는 크지 않다. 호주의 강우량은 남극을 제외하고 일곱 대륙 중 가장 낮다. 빈번한 가뭄이 부분적으로 엘니뇨-남방진동에 의해 여러 계절 동안 발생하고 지속된다. 이 때문에 강우량이 변하기 쉽다. 엘니뇨-남방진동은 전세계의 많은 계절적 이상기후와 연관되어 있다. 호주는 가장 영향을 받는 대륙 중 하나이며, 상당한 우기와 동반되는 광범위한 가뭄을 경험한다.
호주의 열대 사이클론, 혹서, 산불과 서리의 빈번함이 남방진동과 연관되어 있다. 때때로 모래폭풍이 한 지역 또는 여러 주를 뒤덮을 것이고, 가끔 큰 토네이도가 발생한다. 몇몇 지역의 염도상승과 사막화는 경치를 황폐화시킨다. 호주 기상청에 따르면 대륙의 80%는 년간 600mm의 이하의 강우량을 보이고, 50%는 300mm이하의 강우량밖에 없다.
호주의 열대/아열대 분포와 서해안을 떨어져 흐르는 한류는 서호주 대부분의 지역을 건조하고 뜨거운 사막으로 만들었으며, 서호주대륙 대부분을 특징적인 모양으로 만들었다. 이 한류는 주 대륙에 필요한 귀중한 작은 수분을 생산한다. 2005년 호주와 미국의 연구자들은 내부대륙의 사막화를 조사했고, 50,000년 전에 도래한 정착민이 행한 정규적인 산불은 호주내부대륙으로 계절풍의 도달을 막았을 수도 있었다는 설명을 제기하였다.

호주사막의 연간평균강우량은 매년 200mm에서 250mm에 이를 정도로 낮다. 그 지역에 년간 평균 15~20회 발생하는 뇌우는 상대적으로 일반적이다. 여름 한낮의 온도는 32℃~40℃ 정도의 범위이다. 겨울에는 18℃~23℃로 떨어진다.

강수량

비

호주 전역 강우량 패턴은 계절의존성이 높다. 지구의 다른 대륙에 비해 호주는 매우 건조하다. 대륙의 80 % 이상이 600mm 이하의 연간 강우량을 보인다. 오직 남극만이 호주보다 강우량이 적다. 다른 극단적인 경우로 퀸즈랜드(Queensland)북쪽 연안에서 떨어진 지역들은 4,000mm 강우량을 보인다. 이 지역은 2,000년에 벨렌덴 커(Bellenden Ker)산 정상에 발생한 연간 12,461mm의 호주 연간 최고강우량의 기록을 가지고 있다. 호주대륙의 건조기후에 기여하는 네 가지 주요 요소(서부 연안 차가운 해류, 낮은 해발의 지형, 고기압 시스템의 우세, 지괴의 모양)가 있다.

호주의 남부지역들은 겨울철에 고기압시스템이 북부호주로 향해 움직일

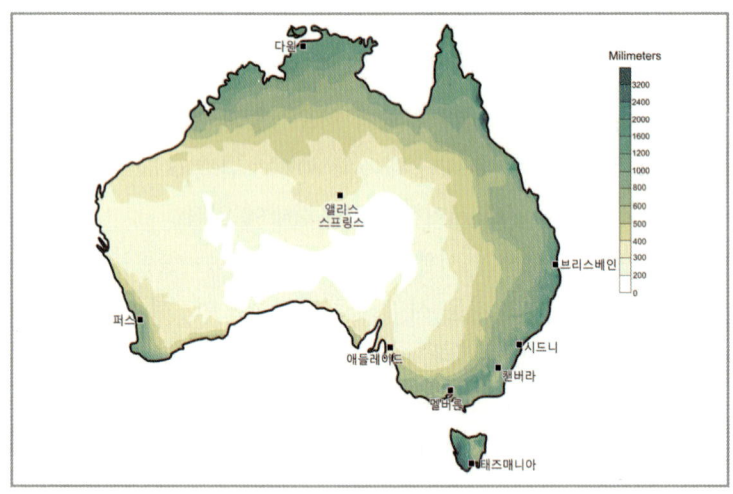

연평균 강우량.

때 비와 함께 등장하는 편서풍과 한랭전선을 동반한다. 차가운 기후변화는 일년 내내 해안근처의 온도가 온화함에도 불구하고 내륙에 서리를 내리게 한다. 여름철의 남부호주는 연안해풍을 동반한 건조하고 뜨거운 기후이다. 오랜 건조기간 동안에 내륙으로부터 불어오는 뜨겁고 건조한 바람이 동부와 남부의 몇몇 주에 산불을 야기한다. 빅토리아(Victoria)와 뉴사우스웨일즈(New South Wales)가 가장 일반적이다.

북부호주의 열대지역은 계절풍의 존재로 인하여 우기의 여름철이 된다. 전형적으로 10월에서 4월까지 우기 동안에 습한 북서풍은 폭우와 뇌우를 동반한다. 때때로 열대성 저기압은 북부의 열대해안지역과 더 나아가 내륙으로까지 많은 강우량을 가져온다. 계절풍의 계절 후에는 겨울이라는 건조한 계절이 오며, 대개 맑은 하늘과 온화한 기후조건이 된다. 이런 겨울철의 시원한 물줄기로부터의 낮은 증발율은 적은 양의 수증기를 발생시킨다. 결과적으로 겨울철에는 "연속적인 우기"라고 기록할 만큼 비구름을 매우 드물게 형성한다. 호주의 건조/반 건조 지역은 이 지역에 펼쳐져 있다. 해수면보다 높은 산맥이나 지역이 없는 이유로 지형성 상승기류에 의한 강우는 아주 적다.

동부에서는 더 그레이트 디바이딩 산맥(The Great Dividing Range)이 호주 내륙으로 비의 이동을 제한한다. 호주는 견고한 모양을 하고 있으며 내륙 멀리까지 관통하는 중요한 물줄기가 없다. 이것은 습윤한 바람이 호주내륙을 관통하는 것을 막는 것을 의미하기 때문에 적은 강우량을 유지하도록 하는 중요한 원인이다.

눈

호주에서 눈은 빅토리아주(Victoria), 호주수도주(Australian Capital Territory), 뉴사우스웨일즈주(New South Wales), 태즈매니아주(Tasmania) 지역의 산에서 내린다. 계절적인 스키관광산업이 있을 정도로 여러 지역에서 정기적으로 눈 오는 계절이 있다. 비록 드물기는 하지만 남부호주(South Australia), 서부호주(West Australia), 퀸즈랜드(Queensland)의 산에서 때때로 눈이 내린 기록이 있다. 눈이 호주 주 대륙에서 해수면에서의 눈이 기록된 적은 있지만 태즈매니아(Tasmania)에서 더욱 자주 내린다. 해수면에 내리는 일부의 눈은 여름 같은 비시즌에 내린다. 북쪽연안의 해수면에서는 드물지만 태즈매니아(Tasmania)에서는 어디서나 거의 눈이 내린다. 멜버른(Melbourne)과 호버트(Hobart)같은 최남단 수도에서는 눈이 거의 내리지 않는다. 퍼스(Perth)나 애들레이드(Adelaide)에 눈이 온 적은 있지만 다른 수도들은 알려지지 않았다. 하지만 멜버른(Melbourne)과 시드니(Sydney)로부터 차로 수시간 떨어진 더 그레이트 디바이딩 산맥 (The Great Dividing Range)에는 광범위하게 잘 개발된 스키장이 있다. 남극에서 북쪽으로 이동하는 차가운 대기에 의해 발생하는 비정기적인 차가운 기상변화는 시골지역에 주요한 강설을 유발할 수 있다. 또한 호버트 (Hobart), 멜버른(Melbourne) 교외의 외곽 산들, 캔버라(Canberra)같은 주요도시도 마찬가지이다. 그런 경우는 드물지만 1951년, 1986년과 2005년에 발생했다.

온도와 습도

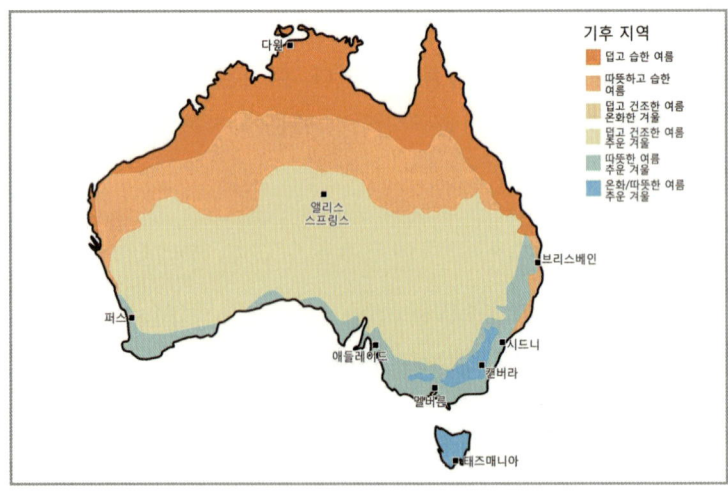

호주의 기후 지대.

이 지도는 온도와 습도의 특성에 따라 구분한 호주의 기후지대를 나타내며 1961년에서 1990년까지 수집된 온도와 습도에 관한 자료에 기초한 지도이다.

이 분류방식은 호주를 여름, 겨울과 관련된 정의에 따라서 덥고 습한 여름, 따뜻하고 습한 여름, 덥고 건조한 여름-온화한 겨울, 덥고 건조한 여름-추운 겨울, 따뜻한 여름-추운 겨울, 온화하고 따뜻한 여름-추운 겨울의 6개 핵심지역으로 구분한다.

자외선 지수(Solar Ultraviolet(UV) Index)

이 지도는 1979년에서 2007년까지 호주전역에 걸쳐 태양이 최고로 높이 뜬 한낮에 구름 없는 조건에서 지역별로 자외선 지수(UVI)를 나타낸 것이다.

이 수치는 오전 11시와 오후 1시 사이에 맑은 하늘에서 기대되는 대표 수치이다. 자외선지수는 지표면에서 태양복사를 간단한 측정하여 피부상해의 가능성을 알려준다. 수치는 0에서 높은 수치로 변할 수 있다. 수치가 높을수록 피부와 눈에 상해의 가능성이 커지고 적은 시간의 노출에도 손상

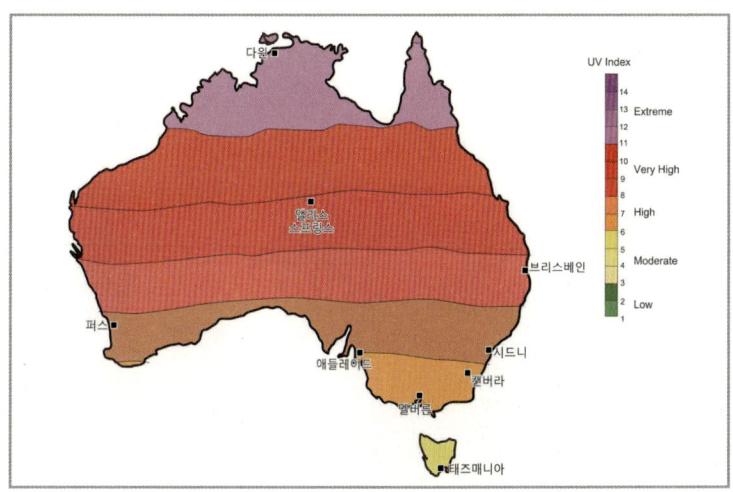

맑은 오후의 연평균 자외선 지수.

이 일어날 수 있다. 보호지수는 자외선지수 3혹은 그 이상으로 설정해야 한다.

매월 맑은 하늘 자외선지수의 평균패턴은 일반적으로 북부대륙의 최고치와 남부의 최저치가 함께 대부분 위도선을 따른다. 1월에는 11℃ 혹은 그 이상의 최고조에 이르는 자외선지수가 사실상 호주전역을 뒤덮는다. 이들 수치는 맑은 하늘의 조건에서 측정된 것이며, 북부지역에서 몬순계절풍의 구름에 다소간 완화되기도 한다. 최저치 지수는 태즈매니아(Tasmania)에서 6월과 7월에 자외선 평균지수 2이하 이고 북부호주는 거의 8~9까지 증가한다. 자외선지수는 그 해의 태양복사와 오존의 강도에 따라 변한다.

서호주의 기후

서호주의 남서부 코어지역은 지중해성기후다. 이 지역은 원래 세계에서 가장 큰 나무의 하나인 유칼립투스의 일종인 카리(Karri)의 집단군락을 포함한 울창한 숲이었다. 서호주의 농업지역은 육상생물학적 다양성을 위한 상위 아홉 군데의 육상서식지이다. 이 지역은 다른 동등한 대부분 지역들보다 토종의 비율이 높다. 앞바다의 리우윈(Leeuwin)해류 덕분에 전세계에서 대부분의 남방 산호초를 포함하고 있는 해양 생물 다양성을 지닌 여섯 번째 상위지 역으로 손꼽힌다.

연평균 강우량은 윗벨트(Wheatbelt) 지역 경계에서의 300mm에서 노쓰클

유칼립투스의 일종인 카리(Karri)가 서식하고 있는 퍼스의 킹스파크.

립(Northcliffe) 근처의 가장 습한 지역에서 1,400mm까지 변한다. 하지만 11월에서 3월 까지는 증발량이 강우량을 초과하여 일반적으로 매우 건조하다. 식물들은 극도의 불모지인 모든 토양에 적응해야만 한다. 여름철에 크고 많은 강우량이 있지만 주된 강우량의 감소가 관측되고 있다.

서호주 중앙의 4/5는 반 건조 또는 사막임에도 광산업 등의 주요한 활동 때문에 극소수의 사람이 거주한다. 연간 평균강우량은 약 200mm에서 250mm이고, 그 대부분은 여름철 열대성 저기압의 발생과 연관된 산발적인 폭우에서 발생한다.

이것의 예외적인 지역이 북부 열대지역이다. 킴벌리(Kimberley) 지역은 연평균 강우량이 500mm에서 1,500mm까지 분포하는 극도의 더운 몬순기후이다. 하지만 4월에서 11월까지 매우 긴 기간 동안 거의 비가 없는 계절이 있다. 이 주의 땅 위를 흐르는 물의 85%가 킴벌리(Kimberley)지역에서 발생한다. 하지만 그것이 집중홍수로 발생하고, 일반적으로 얇은 토양 층을 극복할 수 없을 만큼 부족하기 때문에 오드(Ord)강을 따라 유일하게 개발이 행해지고 있다.

이 주에서 눈이 내리는 것은 드물다. 단지 앨버니(Albany)근처의 스털링 산맥(Stirling Range)에서 전형적으로 발생한다. 그 지역이 충분한 고도를 지니고 있고 남쪽으로 충분히 떨어진 유일한 산이기 때문이다. 더욱 드물게 포롱구룹 산맥(Porongurup Range) 근처에서 눈이 내릴 수 있다. 이 지역의 바깥지역에서 눈은 주요한 사건이다. 눈은 남서호주의 언덕지형 지역에서 보통 발생한다. 대부분 낮은 수준의 광범위한 눈이 1956년 6월 26일에 발생했고 새먼 검즈(Salmon Gums) 만큼 동쪽으로 떨어지고, 웡간 힐(Wongan Hills)만큼 북쪽으로 떨어진 퍼스 힐(Perth Hills)에서 눈이 보고되었다. 그러나 스털링 산맥(Stirling Range)지역에서조차 강설량은 드물게 5cm 초과한다. 그리고 드물게 하루 이상 내린다.

최고 최대 온도는 1998년 2월 19일 바로우 섬(Barrow Island)로부터 61.6km 떨어진 필바라(Pilbara), 마디(Mardie)에서 50.5℃를 기록했다. 최저 최소 온도는 2008년 8월 17일 아이어 버드 관측소(Eyre Bird Observatory)에

서 -7.2℃를 기록했다.

킴벌리 지역 (홀스크릭 Halls Creek)

통계		1월	2월	3월	4월	5월	6월	7월	8월	9월	10월	11월	12월	연평균	측정
온도	최고온도의 평균	36.8	35.6	35.5	33.9	29.9	27.3	27.2	30.0	34.0	37.1	38.4	37.8	33.6	1944~2011
	최저온도의 평균	24.3	23.7	22.8	20.5	16.7	13.7	12.6	14.8	19.0	22.7	24.5	24.7	20.0	1944~2011
강우량	평균 강우량	152.2	143.8	80.7	21.0	12.9	5.5	6.1	1.9	4.7	17.6	37.2	81.1	564.5	1944~2011

필바라 지역 (탐프라이스 TomPrice)

통계		1월	2월	3월	4월	5월	6월	7월	8월	9월	10월	11월	12월	연평균	측정
온도	최고온도의 평균	38.3	35.9	34.2	31.6	27.6	23.5	23.0	25.5	29.1	33.6	35.6	37.8	31.3	1997~2011
	최저온도의 평균	23.0	22.3	20.6	17.6	12.0	8.0	7.2	8.5	11.4	16.1	18.9	21.8	15.6	1997~2011
강우량	평균 강우량	82.3	95.5	60.4	30.9	20.4	25.3	16.8	10.8	2.4	4.4	10.9	40.7	404.8	1972~2011

호주의 기후인자

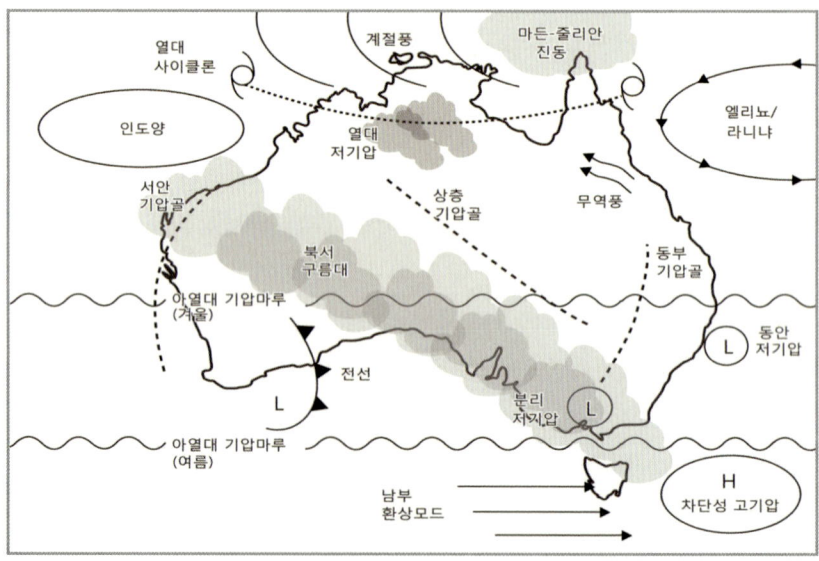

지도에서 보듯이 18개의 기후인자가 호주전체의 기후를 결정한다. 이들 기후인자가 독립적으로 그 지역의 기후를 결정하는 게 아니라 상호 시스템적으로 전체적인 연관성을 갖고 그 지역의 주요기후를 결정한다. 여기서는 서호주와 호주북부지역에 영향을 주는 기후인자에 대해서 살펴본다.

해양변동(엘 니뇨 / 라 니냐(El Nino / La Nina), 남방진동(ENSO))

남방진동(ENSO)은 엘 니뇨와 라 니냐 사이의 진동이다. 이 기후인자는 엘 니뇨, 라 니냐, 호주 몬순기후와 연관되어 있다. 주로 열대 태평양에서 발생하는 엘니뇨와 라니냐 현상은 대표적인 해양변동 사례이며, 열대 태평양 지역의 기후뿐만 아니라 전 지구 기후 시스템을 변형시키는 데 미치는 영향이 큰 것으로 알려져 있다. 특히 최근에 빈번히 발생하고 있는 이상기상은 엘니뇨와 관련된 것으로 알려져 있다.

엘니뇨란 에스파냐어로 남자아이 혹은 아기예수를 뜻하는 말로, 매년 크리스마스 경에 한류지역인 에콰도르의 과야킬만의 해수면온도가 높아져서 수개월 동안 지속되기 때문에 주민들이 붙인 것이다. 엘니뇨에 대한 일반적인 정의는 적도 동태평양 해역의 월평균 해수면 온도가 6개월 이상 지속적으로 평년보다 $0.5°C$ 이상 높은 상태를 말한다. 1950년대까지는 수년에 한 번씩 발생하는 남미 연안의 국지적인 현상이라고 여겼으나, 최근 전 지구적 규모의 대기 해양 관측망이 정비되면서 태평양 열대지역 기압 패턴의 변동과 밀접한 관계가 있어서 대기대순환에 영향을 미치며, 그로 인하여 중 고위도 지방까지 포함하는 전 세계 기후변화에 중요한 영향을 주고 있다는 연구 결과가 많다.

엘니뇨의 발생은 무역풍의 변화와 관련이 깊다. 정상적인 경우, 적도 해역은 무역풍의 영향으로 발달하는 적도 해류가 동에서 서로 흐른다. 이 해류에 의하여 동태평양의 물이 서태평양으로 이동하여 동태평양에서는 용승이 발생하고 해수면 온도가 낮다. 뿐만 아니라 한류인 페루해류의 영향도 받는다. 따라서 서태평양의 수위와 해수면 온도가 높고, 동태평양의 해수면 온도가 낮은 상태여서 서태평양지역에 다우지가 형성된다.

그러나 무역풍이 약화되면 수위가 높은 서태평양의 물이 경사를 따라 낮은 곳으로 이동하기 때문에 해수가 평상시 반대 방향인 동태평양으로 이동한다. 따라서 동태평양 해역에서는 용승 현상이 멈추게 되고, 페루 해류가 들어오지 못하기 때문에 정상적인 경우보다 해수면 온도가 상승한다. 해수면온도가 높은 구역이 서태평양에서 중태평양 혹은 동태평양으로 이동하기 때문에 강수 분포에도 영향을 미쳐, 다우지였던 서태평양지역은 평년보다 강수량이 적어진다. 최근 엘니뇨가 강하게 발달한 경우, 서태평양지역의 필리핀이나 동남 아시아에서는 긴 가뭄으로 인하여 대형 산불이 발생하는 경우가 있었다.

라니냐도 에스파냐어로 여자아이를 뜻하는 말이며, 무역풍이 평년보다 강화되면서 차가운 해수 용승이 더욱 발달하여 적도 동태평양 수온이 정상적인 해보다 낮아지는 현상이다. 엘니뇨가 끝나는 시기에는 갑자기 무역풍이 강화될 때가 있다. 강한 무역풍은 동태평양의 해수를 서태평양으로 더 많이 이동시키므로 중태평양과 동태평양의 해수면은 정상적인 해보다 낮아진다. 이와 반대로 서태평양의 해수면과 수온은 평년보다 상승한다. 엘니뇨와 라니냐 현상은 태평양지역의 해면기압의 변동과 관련이 있다.

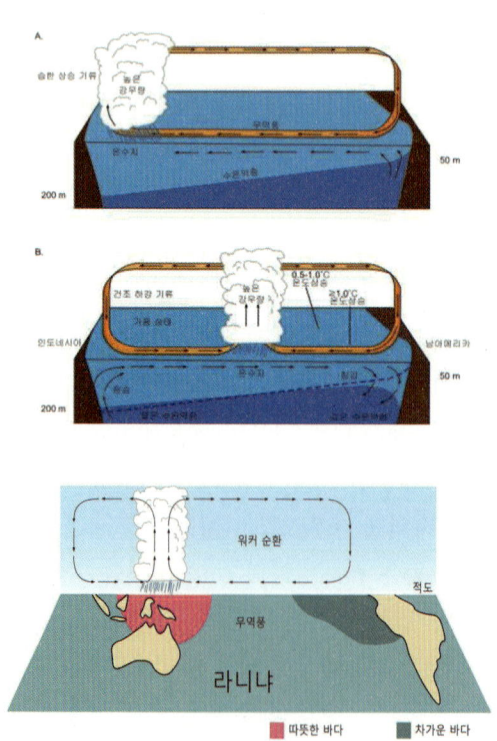

A 보통상태 B 엘니뇨 C 라니냐

수년마다 해면기압 패턴이 정상 상태에서 벗어나 서태평양지역의 기압이 상승하고 동태평양지역의 기압은 하강한다. 이런 기압의 변화로 무역풍이 약화된다. 동태평양과 서태평양 사이의 기압역전이 강할 때는 동풍 대신 서풍이 불면서 반대 방향으로의 해류가 발달하여 따뜻한 물이 동쪽으로 이동한다. 이런 상태가 1~2년 이어지다가 끝나 갈 무렵에 동태평양에서는 기압이 상승하고 서태평양에서 낮아지기 시작한다. 이와 같은 태평양 양쪽 사이에서 벌어지는 기압의 시소현상이 있는데, 이런 기압의 변동과 해양의 온난현상인 엘니뇨가 거의 동시에 진행되므로 이것을 남방진동(ENSO)이라고 한다.

최근의 한 남방진동(ENSO)현상은 1982~83년과 1997~98년에 발생하였으며 이때 무역풍이 완전히 서풍으로 바뀌었다. 이 서풍에 의하여 표층의 물도 동쪽으로 이동하여 서태평양지역 해수면은 낮아지고 동태평양지역 해수면은 상승했다. 동쪽으로 이동하는 물은 열대의 태양에 의하여 더욱 가열되어서 적도 동태평양의 수온은 평년보다 6℃ 더 상승하였다. 두꺼워진 온수 층이 점차 페루와 에콰도르 연안으로 이동하였고, 남아메리카 해안의 차가운 물과 영양분을 공급해 주는 용승이 정지되었다. 온수 층은 남아메리카와 북아메리카 해안을 따라 수천 km 이상 지역으로 확대되었다. 광대한 지역을 덮고 있는 비정상적인 온수 층은 전 지구 바람 패턴에 영향을 미칠 수 있다. 또한 온수 층은 열대성 폭풍이나 강수 발달에 큰 영향을 미친다. 온수 층에서 공급되는 잠열은 폭우의 원인이 되며, 반대 지역에서는 가뭄을 야기할 수 있다. 강한 남방진동(ENSO)현상이 나타났을 때 페루 연안에서는 호우가 내리고 어획량이 감소하였으며, 인도네시아와 호주 등 서태평양 지역에는 극심한 가뭄이 나타났다.

엘니뇨와 남방진동은 여러 해에 걸쳐서 나타나는 대규모의 해양-대기의 상호작용이다. 그 기간 동안에 일부 지역에서는 남방진동에 대한 의미 있는 기후적 반응이 나타나기도 한다. NOAA기후예측센터는 전 세계를 대상으로 남방진동과 관련되어 발생한 이상기상의 사례를 나타냈는데, 각 지역마다 남방진동(ENSO)에 대한 반응이 다양하다.

전선(Frontal System)

남부 호주에 비를 가져오는 전선은 분리 저기압과 아열대 기압마루와 연관되어 있다. 호주는 온난전선과 한랭전선 둘의 영향을 받을 수 있다. 그러나 한랭전선들이 보다 일반적이고 호주지역에 더 큰 영향을 준다. 한랭전선은 차갑고 밀도 높은 공기가 적도를 향하여 발달할 때 형성되며, 더운

전선의 영향으로 비가 오는 퍼스(Perth)의 모습.

공기를 차가운 공기의 경사진 사면을 따라서 위로 밀어 올린다. 온난전선은 저밀도의 더운 공기가 극지방을 향해 움직일 때 형성되며, 차가운 기단에 의해 형성된 경사면 위로 미끄러져 올라간다. 전체 전선들은 아주 느리게 움직이거나 거의 정체해 있는 단순한 전선들이다. 다른 형태의 전선은 폐색전선이다. 이 전선들은 호주지역에서는 일반적이지 않다.

호주 남부 전체에 영향을 주는 전선들은 연중 어느 때나 발생할 수 있다. 그러나 그것들은 겨울철 동안에 가장 큰 영향을 준다. 전선은 일반적으로 남부호주의 서쪽에서 동쪽으로 이동한다. 그리고 며칠에서 한 주까지 호주지역에 존재할 수 있다. 전선 시스템들은 남부 호주에 비를 가져온다. 이 전선 시스템들은 그들의 강도나 속도에서 변화한다. 그리고 일반적으로 더 강력한 시스템들은 더욱 많은 강우와 연관되어 있다. 만일 전선 시스템들이 더 느리게 이동한다면 그때 비는 오랜 기간에 발생할 것이고 매번 많은 비가 있을 것이다.

인도양(Indian Ocean)

인도양의 해수면의 온도들은 호주의 대부분 지역의 강우패턴에 깊은 영향을 줄 수 있다. 이 기후인자는 ENSO와 연관되어 있다. 호주 근처의 평균 인도양 해수면 온도가 더 따뜻함은 호주의 강우량을 늘릴 수 있는 반면 평균해수면 온도보다 차가움은 강우량을 감소시킬 수 있다.

가장 일상적으로 호주 기후에 대한 인도양의 영향이라고 일컬어 지는 것은 인도양 양극(Indian Ocean Dipole)이라고 불린다. 인도양 양극은 호주 강우의 주요 기여인자의 하나이다. 극이 양의 상태에 있을 때 인도네시아

주변의 해수면 온도들은 평균보다도 차갑고 이때 서부 인도양의 온도들은 평균보다 더 따뜻하다. 이런 해수면 온도와 연관된 인도양에 걸친 동풍이 증가한다. 그때 호주 근처의 지역에서는 대류가 감소한다. 이 것은 호주지역에 제한된 강우를 낳는다.

역으로 음의 상태 동안에 인도네시아 근처의 해수면 온도는 평균보다 더 따뜻하고 인도양의 서부에서는 해수면 온도가 평균보다 더 차갑다. 인도양에 걸쳐 더 많은 서풍이 생기며, 호주 근처에 더 큰 대류가 생기고 호주 지역에 강우를 증가 시킨다. 하지만 호주에 대한 인도양 해수면 온도들의 효과는 지역적으로 크게 변하고, 호주 기후에 주는 영향에 관한 부분은 여전히 활발하게 연구되고 있다

인도양 양극은 엘니뇨 - 남방진동(ENSO)과 연관되어 있을 수 있다. 인도양 양극의 양의 상태는 때때로 엘니뇨 발생시 일어나고 보통 영향권 지역에 비를 덜 발생시킨다. 반면 인도양 양극의 음의 상태는 라니냐 발생시 일어나고 보통 해당 영향권 지역에 강우를 증가 시킨다. 인도양 해수표면 온도들은 대부분 호주 남부에 영향을 줄 수 있고, 북부의 최고 끝 지역에도 영향을 줄 수 있다. 이 효과는 일반적으로 5월과 11월 사이에 나타난다. 6월과 10월 사이에 가장 영향이 크다. 사건은 수개월 지속 될 수 있다.

퍼스에서 북쪽으로 한시간 정도 떨어진 거리에 있는 와네루(Wanneroo)시 인근의 인도양 해변가.

무심코 걸어 들어가 만난 잉크 빛 짙은 서호주 인도양에서는
모든 사물 전체가 인간으로부터 등 돌리고 경계없이 존재한다.
언어와 생각으로 자연의 사물들과 하얀 벽을 만들며 경계지어 살아왔던
오만한 세월이 무색하도록 찰나적 순간에 허물어진다.

• • •

한낮에 눈부신 태양의 광휘에도 불구하고
인도양은 나로부터 경계짓는 말을 빼앗는다.
그리고 깊은 파도 이는 침묵의 바다 심연 속으로 나를 내몰아
사물들과 경계없이 존재하도록 한다.

• • •

리차드 파인만이 바닷가에서 지은 싯귀만이 허공을 떠돌고,
하늘도, 땅도, 바다도, 빛도 경계없이 존재하고,
경계짓는 말과 생각이 사라지고,

• • •

이윽고 물질로서 나 자신도 소실되어 사라지면
절대적 일체의 침묵의 세계와 죽음의 세계에 다가선다.

• • •

하늘과 바다가 경계짓지 않는 샤크베이에 가서
스트로마톨라이트의 전설을 뒤로한 채로
말과 생각이 인도양과 햇빛에 흡수되어
파도와 함께 사라진 고요한 침묵의 세계를 맛볼 일이다.
침묵의 명령에 따라 삶과 죽음과 사물들과의 경계를 넘어서서
모든 사물들과 절대적 일체의 세계로 들어가 한낮을 보내며
평온한 안도감을 느낄 일이다.

• • •

되돌아 육지를 향해 인간의 길로 들어서면
다시금 하얗게 벽이 쌓이게 되고
완전한 일체의 몽환적 인도양은 두고두고 가슴에 남을 것이다.

마든-줄리안 진동(Madden-Julian Oscillation)

마든-줄리안 진동(이하 MJO라 칭함)은 지구적 규모의 열대 대기의 특징을 가진 기후인자로, 호주 몬순기후와 열대 사이클론, 열대 저기압과 연관되어 있다. MJO는 호주 지역들의 매주에서 매월까지 제한된 강우기간에 강화되어 내리는 강우와 연관되어 있다.

MJO는 매주에서 매월 단위의 시간규모에 대한 열대 날씨에 있어서 주요한 변동이다. 매 30일에서 60일 마다 전형적으로 재 발생하는 적도 근처의 구름과 강우가 동쪽으로 이동하는 진동을 MJO라고 특징 짓는다. 그러나 열대 대기에서 MJO신호가 항상 존재하는 것은 아니다. MJO효과들은 인도양과 적도 태평양 서부에서 가장 분명하게 존재한다. MJO는 인도와 호주의 계절풍(Monsoons)을 포함한 전 지구의 계절풍 패턴의 시기와 발달과 강도에 영향을 준다. 또한 열대 사이클론 들은 강력한 MJO사건의 어떤 상태와 함께 연관되어 발달하기 쉽다.

MJO는 바람과 구름과 강우의 변화와 관련되어 있다. 가장 많은 열대 강우는 꼭대기가 매우 차가운 큰 뇌우로부터 온다. 꼭대기가 차가운 뇌우들은 단지 낮은 수준의 장파복사들을 내뿜는다. 그러므로 열대지역 내에서 구름 낀 지역들을 식별하기 위하여 유출된 장파복사의 위성 계측장치를 사용하여 MJO를 검출할 수 있다.

MJO는 여름 동안 호주 열대 지역에 가장 큰 영향을 준다. MJO는 호주 남부지역들에도 어떤 영향을 줄 것이다. 하지만 북부지역에 미치는 효과에 비할 때 이 영향은 작게 나타난다. 그리고 이는 여전히 연구주제로 남아있다. MJO는 호주북부 지역에서 활발한 몬순기간의 시기나 강도에 영향을 가질 것이다. MJO는 강우의 지속시기나 강도 측면에서 강우를 강화시킬 수 있다.

북서구름대(Northwest Cloudbands)

북서구름대는 호주의 북서부, 중앙, 남동부에 펼쳐질 수 있는 광범위한 구름층으로 이 지역에 영향을 주어 광범위하고 잦은 비를 가져온다. 이 기후인자는 상층 기압골과 전선과 연관되어 있다. 북서구름대는 인도양에서 발생한 덥고 습한 공기가 극지방(일반적으로 남동쪽으로) 이동할 때 형성되고 중위도 지역에서 보다 차가운 공기위로 상승한다. 북서 구름 대는 동부호주의 고기압시스템의 서쪽측면에서 호주 북서지역의 열대 기단이 극지방을 향해 이동할 때 발생한다.

북서구름대는 또한 호주 남동부 지역에 매우 많은 강우를 만드는 한랭전선과 분리 저기압과 상호작용을 할 수 있다. 이 상호작용을 열대/열대외 상호작용이라 부르며 이는 더욱 강력한 구름의 발달(수직적으로 깊거나 두꺼운 구름)을 생기게 할 수 있다. 북서구름대는 인도양 양극과 연결되어 있다. 호주 북서지역에 이르는 인도양 해수표면 온도들이 평균보다 더 따뜻해 질 때 북서구름대는 더욱 잦아지고 많은 강우를 만든다. 북서구름대는 일반적으로 3월과 10월 사이에 발생하고, 4월과 9월 사이에 빈도가 가장 높다. 북서구름대는 며칠에서 1주간 지속될 수 있다.

아열대 기압마루(Sub-tropical Ridge)

아열대 기압마루는 호주의 대부분 지역에 건조하고 안정적인 상태를 가져온다. 이 기후인자는 무역풍과 계절풍과 연관된다. 아열대 기압마루는 중위도 지역에서 전 지구를 일주하는 고기압 대를 가로질러 흐른다. 그것은 전지구적 대기순환의 부분이다.

이 그림은 일반적인 대기의 순환을 보여준다. 남반구의 아열대 기압마루는 호주전역에서 보여지는 고기압 띠를 가로질러 위치해 있다. 무역풍은 또한 아열대 기압마루의 북쪽 면에서 보여질 수 있다. 아열대 기압마루의 위치는 호주에서 날씨가 계절 따라 변하는 방식에 중요한 역할을 한다. 11월에서 4월까지 남부호주의 따뜻한 연중 절반 정도 기간 동안 아열대 기압마루는 일반적으로 대륙의 남쪽에 위치해 있다. 안정적이고 건조한 상태의 고기압시스템은 일반적으로 아열대 기압마루를 따라 동쪽으로 이동한다. 가을에 아열대 기압마루는 북쪽으로 이동하고 5월에서 10월까지 남부호주에서 가장 추운 일년의 절반 기간 동안에 호주대륙에 남아 있다. 건조

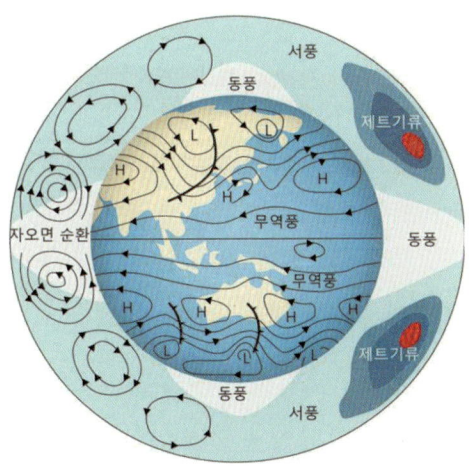

이 그림은 일반적인 대기의 순환을 보여준다. 남반구의 아열대 기압마루는 호주전역에서 보여지는 고기압 띠를 가로질러 위치해 있다. 무역풍은 또한 아열대 기압마루의 북쪽 면에서 보여질 수 있다.

하고 하강하는 공기의 고기압 시스템의 영향으로 기압마루를 따라 안정적이고 건조한 상태가 존재한다. 일년 내내 나타나는 아열대 기압마루는 대기순환의 역동적인 특징이다. 그것은 호주전역에 영향을 주는 광범위한 규모의 특징을 가지고 있지만, 이 효과는 년 중 대부분 아열대 기압마루가 지배적인 중앙호주에 가장 크게 영향을 미친다. 이 지역은 일반적으로 호주에서 가장 건조한 지역이다.

남부호주에서 연 중 따뜻한 기간 동안 기압마루는 대륙의 남부에 위치해 있다. 이 기간 동안 기압마루에 따른 고기압 시스템은 한랭전선의 활동을 억누르는 경향이 있다. 이것은 어떤 한랭전선이 기압마루를 관통하면 일반적으로 약해지는 경향이 있음을 의미한다. 그리고 이런 시스템들과 연관된 강우와 온도 그리고 바람 같은 날씨는 일반적으로 겨울 동안에(이때 기압마루는 북쪽 멀리에 있다.) 비해 덜 강화된다.

남부호주가 시원해지고 겨울이 다가오면 아열대 기압마루는 북쪽으로 향해 호주중앙에 이동한다. 기압마루가 호주내륙으로 이동할 때 저기압과 연관된 한랭전선들은 남부호주까지 펼쳐지기 시작한다. 이런 겨울철에 한랭전선들은

겨울철에 퍼스(Perth)에 내리는 소나기. 김향수 대원.

제 5 장 대양 한 가운데 건조한 섬 호주의 기후 199

차가운 남서풍과 소나기가 내리는 상태와 관련된다.

 호주 남부지역에서 년 중 더운 기간 동안 아열대 기압마루가 대기대순환을 관통하여 남쪽으로 이동할 때 호주 북부에 구름과 비를 가져오는 계절 기압골이 발달하여 대륙의 북쪽지역으로 이동한다. 한편 호주남부가 가을/겨울로 변화할 때 호주 북부에서는 남동무역풍이 날씨를 지배하기 시작한다. 이 시기 동안 계절 기압골은 북반구를 향해 후퇴하고 호주 북부지역은 일반적으로 해가 뜨고 좋은 날씨가 된다.

호주 계절풍(Australian Monsoon)

호주 계절풍은 호주 북부에서 일상적인 계절 발달의 일부이다. 활발한 계절풍의 상태는 북부호주에 호우를 가져온다. 이 기후인자는 열대 저기압과 ENSO, MJO와 연관되어 있다. 몬순(Monsoon)이라는 단어는 계절을 의미하는 아라비아의 Mausam이라는 단어에서 파생되었다. 그것은 열대지역에서 발생한 계절적인 역풍을 설명하는데 사용된다. 호주 북부에서 남동무역풍은 건조한 계절의 특색을 가진다. 그와 동시에 10월에서 4월까지 습한 시기 또는 몬순시기는 북서계절풍의 흐름에 의해 특징지워진다. 호주에 여름이 다가올 때 대륙은 가열된다. 계절 기압골을 효과적으로 일으키는 저기압이(저기압과 상승기류의 지역) 호주 북부에 만들어진다. 이 기압골은 주변의 해양으로부터 습한 공기를 끌어오고 이 습한 공기의 유입을 계절풍(몬순)이라고 부른다.

계절풍은 활성화 또는 비활성화 상태 중 하나로 존재할 수 있다. 활성상태는 보통 넓은 비와 구름지역과 관련되고 기압골의 북쪽측면에서 온화하게 지속적으로 부는 신선한 북서풍과 연관되어 있다. 만일 기압골이 육지 위에나 가까이 있다면 광범위한 호우를 일으킬 수 있다. 계절 기압골이 일시적으로 약해지거나 호주 북부로 후퇴할 때 비활성화기 또는 휴지기가 발생한다. 그것은 가벼운 바람과 산발적인 소나기와 뇌우의 활동, 때때로 돌발적인 적도의 스콜로 특징지워진다. 활성상태에서 비활성상태로의 전이는 아마도 열대지대에서 동쪽으로 흐르는 증가된 구름대인 이동하는 MJO

와 연관되어 있을 것이다.

계절 기압골은 계절 저기압이라고 부르고, 북부호주를 가로질러 자주 동에서 서로 이동하며, 호우와 범람을 만드는 개개의 저기압을 자주 만든다. 북부의 습한 계절은 10월부터 4월까지 계속된다. 이 기간 동안에는 활성화된 계절풍이 언제라도 발생할 것이다. 그렇지만 초기 계절풍의 시작은 보통 12월 늦게 발생한다. 태평양에서 엘 니뇨 상태와 연관되어 시작이 보통보다 자주 더 늦어지고, 라 니냐는 보통 이른 시작과 연관된다. 전형적인 습한 계절은 최초 시작전의 축적기간 동안에 장기간의 비활성화 기간으로 구성된다. 그리고 2~3차례 활성/ 비활성 순환주기에 뒤따른다. 각 전체 순환주기는 약 4주에서 8주간 지속된다. 비활성 기간이 활성기간보다 보통 길다. 계절풍은 구름 낀 상태, 긴 호우기간, 간혹 발생하는 뇌우, 강한 질풍의 시작과 관련이 있다. 이것은 자주 영향권 지역에 범람을 일으킨다.

무역풍(Trade Winds)

무역풍의 강도는 호주 북부 전 지역의 강우에 영향을 준다. 이 기후인자는 아열대 기압마루와 ENSO와 연관된다. 무역풍은 남반구 열대지역의 많은 지역에 걸쳐 부는 동풍에서 남동풍의 바람들이며, 호주의 열대에서 아열대 지역에 영향을 준다. 무역풍은 지구적 대기순환의 일부이다.(아열대기압마루 그림참조) 무역풍은 호주 동부지역과 북부의 많은 지역에 영향을 준다. 호주 동부지역에서 무역풍의 흐름은 동부 해안 저기압과 동부 기압골의 특징에 의해 때때로 방해를 받는다.

무역풍은 호주동부 해안을 향해 있는 태평양 열대 바다 위를 동쪽으로 이동할 때 습기를 모은다. 이들 습기가 풍부한 바람인 무역풍은 동부 해안지방의 열대 아열대 지역의 강화된 강우와 연관되어 있다. 무역풍은 호주 북부의 열대에서 건조한 계절인 겨울철 동안 가장 강하다. 이 시기 동안에 호주 계절풍이 북반구까지 물러날 때 무역풍은 대륙을 가로질러 동쪽/남동쪽 방향으로 분다. 무역풍은 일반적인 대기순환이기 때문에 일년 내내 분다. 그렇지만 그것들은 겨울철에 가장 강하고 그때 북부호주 내륙과 꼭

대기 끝 지역에 일반적으로 건조하고 안정된 맑고 쾌청한 상태의 날씨와 기후에 가장 크게 영향을 준다.

여름철에 아열대 기압마루는 남쪽으로 이동하며, 무역풍은 약해지고 계절풍은 북부호주로 돌아온다. 뉴사우스웨일즈(New South Wales) 와 퀸즈랜드(Queensland) 북부의 더 그레이트 디바이딩 산맥(the Great Dividing Range)의 고지대들은 가장 영향을 받는다. 호주의 가장 습한 위치(Mt Bellenden Kerr, 1545m ASL)는 케언즈(Cairns) 과 이니스페일(Innisfail) 사이의 무역풍의 진로에 있는 그 그레이트 디바이딩 산맥(the Great Dividing Range)에 있다. 그리고 연평균 강우량은 7708mm이다.

열대 사이클론(Tropical Cyclones)

열대 사이클론(Tropical cyclones)은 호우, 파괴적인 바람 그리고 피해를 끼치는 폭풍우 파도를 만든다. 이 기후인자는 열대 저기압과 MJO, ENSO와 연관되어 있다. 열대 사이클론은 더운 열대 수면 위에서 형성된 저기압 시스템이고, 6시간이상 지속되는 중심부 가까이 에서 63km/h의 지속 풍 또는 90km/h 초과 돌풍의 강력한 강풍을 만든다. 강풍은 사이클론의 중심으로부터 수백 km에 펼쳐질 수 있다. 만일 지속풍이 중심부근에서 118km/h(돌풍의 경우 165km/h를 초과)에 달하는 경우에 그때 그 시스템을 강력한 열대 사이클론이라고 부른다. 이것들은 다른 나라에서는 허리케인이나 태풍으로 부른다.

열대 사이클론은 호주 북부 전체에 영향을 준다. 동시에 브룸(Broome) 과 엑스마우스(Exmouth) 사이의 서호주 북서지역을 호주 해안선 지역 중에서 가장 사이클론이 발생하기 쉬운 지역으로 존재하게 한다. 호주 저기압 시기는 11월에 드물기는 하지만 11월부터 4월까지 계속된다. 호주지역의 열대 사이클론의 평균횟수는 매년 ENSO상태에 따라서 약간 변동한다. 라니냐가 발생하는 해 동안에는 코랄해(The Coral Sea)에서 열대 사이클론 추세가 강해지고 이 때문에 호주 북부 해안이 사이클론이 상륙할 위험이 있다.

반면에 엘 니뇨 발생하는 해 동안에는 소수의 열대 사이클론 추세가 있다. 하지만 열대 사이클론은 어느 때고 발생할 수 있다. 엘니뇨와 라니냐의 발생이 확률적으로 간단히 바뀐다. 또한 열대 사이클론은 MJO의 활성상태 동안에 더 잘 발달하기 쉽다. 대부분 사이클론의 주기는 3일에서 7일 사이이다, 그렇지만 어떤 약한 사이클론은 더욱 짧은 주기를 가질 수 있다. 동시에 다른 것들은 우호적인 환경에 남아있으면 몇 주 동안 지속될 것이다. 열대 사이클론은 파괴적인 바람, 범람하는 호우와 해안 저지대에 침수를 일으키는 피해를 끼치는 폭풍 해일을 야기한다. 사이클론은 그들 중심부 주위에서 90km/h를 초과하는 돌풍을 가진다. 그리고 가장 심한 사이클론에서는 돌풍들은 280km/h를 초과할 수 있다. 이들 매우 파괴적인 바람들은 광범위한 부동산 피해를 일으킬 수 있고, 공기 중에 부유하는 파편들을 치명적인 무기로 변하게 할 수 있다. 열대 사이클론의 진행과 연관된 많은 강우는 광범위한 범람을 야기할 수 있다. 호우는 사이클론이 내륙으로 이동하거나 쇠퇴할 때도 지속될 수 있다. 그러므로 잔여 사이클론이 대륙의 중앙과 남부 지역으로 이동할 때 쇠퇴한 사이클론에 의한 범람은 북부 해안으로부터 먼 곳에서 발생할 수 있다.

열대 사이클론에 수반되는 파괴적인 바람들은 놀라운 바다를 야기하고 선박들을 바다에서 항구로 정박하게 할 정도로 위험하다. 이런 바다는 또한 해안지역에 심각한 침식을 야기할 수 있다. 잠재적으로 폭풍 해일은 열대 사이클론의 상륙과 연관된 가장 파괴적인 현상이다. 폭풍우 파도는 약 60km~80km에 걸쳐있고, 전형적으로 보통 조수의 높이에 비해 약 2m에서 5m까지 더 높은 둥근 지붕 모양의 상승 해류이다. 만일 높은 조수와 동시에 폭풍 해일이 발생하면 특히 해안 저지대를 따라서 범람지역이 아주 광범해 질 수 있다.

열대 저기압(Tropical Depressions)
열대 저기압은 호주 북부의 영향권 지역에 호우를 가져올 것이다. 이 기후인자는 열대 사이클론(Tropical cyclones)과 호주 계절풍(Australian

Monsoon)과 연관되어 있다. 열대 저기압은 열대지역에서 종종 계절 기압골과 연관되어 발생하는 온건한 정도의 저기압시스템이다. 열대 저기압(Tropical depressions)은 약한 열대 저기압(Tropical lows)보다 강도가 강하다, 하지만 열대 사이클론 만큼 강하지는 않다, 하지만 그것은 충분히 오랜 기간 동안 우호적인 환경에 남아있다면 열대 사이클론으로 발전된다. 강도 범주 1이하로 쇠퇴한 약해진 열대 사이클론은 열대 저기압(tropical depression)으로 불려진다.

북부의 습한 계절은 10월부터 4월까지 지속된다. 이 기간 동안에 열대 저기압은 어느 때고 호주에 영향을 준다. 열대 저기압은 환경조건에 따라서 하루에서 2주까지 지속될 수 있다. 열대 저기압은 비정기적인 뇌우와 연관되고, 강하고 돌발적인 바람과 호우를 활발하게 하고, 종종 영향권을 홍수에 이르게 한다.

상층 기압골(Upper Level Troughs)

상층 기압골은 호주에 강화된 강우를 가져올 수 있다. 이 기후인자는 분리 저기압과 전선과 연관되어 있다. 상층 기압골은 대기의 상층에서 형성된 저기압골이다. 따라서 지표면 수준의 그림에서는 보여질 수 없을 것이다. 상층 기압골은 호주 어느 지역에서 언제든지 발생할 수 있다. 그것들은 일반적으로 몇 일에서 2주까지 사이에 지속되고 전형적으로 서쪽에서 동쪽으로 이동한다.

상층 기압골은 구름대의 형성을 야기할 수 있다. 이로 인한 구름대는 종종 기압골 근처나 그 동쪽에 광범위한 강우를 야기할 수 있다. 상층 기압골은 또한 전선과 같은 지표면 특징의 기후발달을 도울 수 있다. 그로 인하여 발달된 기후의 효과들이 강화된다. 양호한 날씨에 상층 기압골의 존재는 분리 저기압을 야기할 것이며, 이는 차례대로 영향권에 강우를 강화할 것이다.

서부 연안 기압골(West Coast Trough)

서부 연안 기압골은 따뜻한 계절 동안 호주의 서부 해안 근처에서 발달한 바람과 뇌우, 그리고 온도에 영향을 준다. 이 기후인자는 동부 기압골, 전선, 아열대 기압마루와 연관되어 있다. 서부 연안 기압골은 따뜻한 계절 동안에 호주 서부 해안 근처에 생기는 반영구적인 지표면 기압패턴이다. 그리고 이 시기에 서부 연안 기후조건에 지배적인 영향을 준다. 이 기압골은 아열대 기압마루에 의해 남부까지 휘몰아치는 따뜻한 동향의 대륙성 바람과 인도양으로부터 오는 차가운 해양성 기단 사이의 경계지역에 발달한 저기압대이다.

이 기압골은 전형적으로 북쪽으로 펼쳐지며 나아가 호주 북서쪽 필바라(Pilbara)지역의 가열된 저기압(더운 상승기류에 의해 형성된 저기압 시스템)과 만난다. 그리고 전반적 흐름의 지배적 변동성에 의존하는 내륙과 해안으로부터 떨어져 서쪽으로 이동 할 수 있다. 이 기압골의 전형적인 배열은 서부 연안근처에서 수일간에 걸쳐 깊어지는 것이다. 이때 더 그레이트 오스트레일리아만(the Great Australian)이나 그 남부의 아열대 기압마루에서 강한 고기압 시스템 영향아래 그 기압골의 동쪽까지 이르는 바람이 북동쪽으로 더워지는 경향이 있다.

호주의 남서부에 한랭전선이 다가오면 그 기압골은 일반적으로 동쪽으로 이동하여 호주 내륙을 뒤덮을 것이다. 뒤따르는 고기압전선이 호주 남부로 이동할 때 기압골 발달의 배열은 다시 시작된다. 그리고 동풍은 서부 연안 근처에서 다시 정착된다. 유사한 가열된 기압골 시스템은 호주 동부에 존재하며 동부 기압골로 알려져 있다. 서부 연안 기압골의 패턴은 남아프리카 서부연안근처의 예처럼 세계의 다른 지역에서도 관측된다.

서부 연안 기압골은 대륙이 더워질 때 형성되기 시작한다. 그로 인해 늦은 봄, 여름, 이른 가을(11월에서 3월까지) 동안에 기압골은 가장 일반적이다. 하지만 기압골은 서부호주에 9월과 5월처럼 이른 시기에 나타나기 시작할 수 있고 때때로 4월까지 발생할 것이다. 각 기압골은 일반적으로 몇 일에서 1주까지 지속된다, 그 후 호주를 가로질러서 동쪽으로 이동한다. 그 기압골의 발달 단계에 의하여 동부지역까지 40℃ 이상의 더운 날씨를 경험할 수 있고, 뇌우의 가능성은 충분한 대기 습도를 공급하며, 그때 그 기압골의 서쪽까지 일반적으로 온화한 상태의 바닷바람이 널리 퍼진다. 그 기압골의 위치는 주된 배경인 지표기압의 패턴에 의존한다, 그렇지만 하루 동안에도 변동성을 보일 수 있다, 아침에는 앞바다에 남아있고, 오후에는 내륙으로 이동하여 서부 연안에 시원한 바닷바람을 가져온다. 서부연안의 북쪽지역을 따라 하루 동안 강한 바닷바람이 그 기압골의 서쪽을 발달시키는 것은 일상적이다. 서부 연안 기압골은 일상적으로 좋은 날씨와 연관되어 있다. 그렇지만 그 기압골이 깊어질 때, 뇌우는 충분한 습기가 있다면 그 기압골의 동부를 형성할 수 있다. 그때 때때로 그 기압골은 서부 연안에서 이동하는 상층 기압골과 상호작용을 할 수 있고 나아가 주목할 만한 비를 만든다. 이런 경우들은 드물다. 하지만 호우의 원인일 수 있다.

> **참고문헌**
> 호주정부 기상청(http://www.bom.gov.au)
> 위키피디아(Wikipedia)
> 이승호〈기후학〉, 푸른길

제 6 장
지구 산소의 성지를 가다
샤크베이의 스트로마톨라이트

35억 년을 이어온 지구 산소의 발원지에서 살아있는 조상 스트로마톨라이트를 만나다.

해멀린 풀의 스트로마톨라이트

살아 있는 스트로마톨라이트가 있는 샤크베이에서의 학습탐사대원들.

지구는 푸른 하늘과 파란 바다, 녹색 대지와 갈색의 땅, 수십억 인구와 뭇 생명체의 고향이다. 아침의 신선한 공기, 적당히 따사로운 햇살, 볼을 스치며 지나가는 싱그러운 바람, 코를 맴도는 향기로운 꽃 냄새, 이 모든 것은 산소로 말미암아 만들어졌다. 유명한 생화학자 닉레인은 산소를 '세상을 만든 분자'라고 하였다.(Nick Lane 〈산소, 세상을 만든 분자〉, 넥서스, 박자세 베스트북) 더글라스 애덤스는 소설 '은하수를 여행하는 히치하이커를 위한 안내서'에서 지구에서 내세울 것은 딱 하나, 바로 광합성이라고 하였다. 푸른색은 광합성의 재료인 바닷물을 상징한다. 초록색이 뜻하는 엽록소는 식물의 몸에서 빛 에너지를 화학에너지로 바꾸는 놀라운 존재다. 지구의 산소를 만들기 시작한 것이 바로 이 엽록소의 기능을 하고 있던 시아노박테리아다. 서호주 샤크베이의 살아 있는 화석 스트로마톨라이트를 보며 지구의 탄생, 생명의 기원을 생각할 수 있었다.

행성지구는 소행성들의 충돌로 만들어졌다. 45억 년 후 화성 크기의 소행성과 다시 부딪쳤다. 맨틀이 날아갈 정도의 충돌로 철분 성분이 바다에 쏟아졌고, 위성인 달이 만들어졌다. 엄청난 양의 가스와 입자, 먼지들이 하늘로 올라갔다. 충돌의 결과로 올라간 행성 온도는 시간이 지나며 서서히 식어가기 시작했다. 식어가면서 수소와 산소가 결합하여 만들어진 물은 소나기가 되어 수백만 년 동안 쏟아진다. 메탄, 암모니아, 수소, 이산화탄소 등을 포함하고 있는 행성 대기로부터 원시 수프가 형성되었다. 그 당시 달과 지구의 거리는 지금의 절반도 안되었으며, 지구 자전 속도도 5, 6배는 빨랐다. 조수 간만의 차도 10m가 넘었을 것이다. 원시 수프의 바다는 실험실의 플라스크 안처럼 흔들렸다. 바닷속에서는 맨틀끼리 부딪치며 만들어진 화산이 검은 연기를 뿜으며 솟아올랐다. 원시 수프 안에서 분자들은 화학적 결합을 하고 새로운 생명체들을 만들 준비를 한다. 아미노산을 함유한 운석들이 바다에 떨어졌다. 이것이 최초의 생명탄생 이야기다. 그러나 그들의 시대도 영원하지는 않았다. 산소가 없던 시절에 만들어진 혐기성 세포들은 수프를 발효시키며 살아가다가 시아노박테리아에게 자리를 뺏겼다.

시아노박테리아는 태양 에너지를 이용해 광합성을 하면서 산소라는 유독성 폐기물을 방출했다. 이 유독 기체는 바위와 바다를 산화시키고 대기에 퍼지기 시작한다. 산소 대학살이 일어났다. 대부분 모든 생명체가 사라지고 새로운 세계가 만들어진다. 이 새로운 세계의 질서는 산소에 의해 일어났다. 산소를 통한, 산소에 의한, 산소를 이용한 세계가 만들어졌다. 이때 지구를 덮은 산소는 바다에 녹아 있던 철들과 결합하였다. 이렇게 산화철이 포함된 호주의 붉은 대지와 호상 철광층이 만들어졌다. 시아노박테리아들은 광합성을 통해 분비물을 내어 놓을 때 자신이 형성한 끈적끈적한 점액질로 가둔다. 이것이 석회화되어 하나의 암석처럼 변하는데 그리스어로 '바위 침대'라는 뜻의 스트로마톨라이트이다. 닉레인이 산소를 세상을 만든 분자라고 한 이유가 여기에 있다. 서호주 샤크베이에서 만난 스트로마톨라이트의 의미는 단지 산소를 뿜어내고 있는 것에 그치지 않는다. 세상을 만든 분자인 산소를 만들며 혐기성 세포의 세계를 호기성 세계로 바꾸었다. 그 후 생물은 산소의 높은 에너지를 기반으로 진화했으며, 오늘의 우리에 이르게 된다. 푸른 하늘과 바다, 오존층이 자외선을 걸러주어 따스한 햇살을 만날 수 있다. 에메랄드 빛 지구가 만들어진 증거가 서호주의 스트로마톨라이트에 있다.

샤크베이

하얀 조개 해변이 6km가 넘게 뻗어 있고, 혹등고래와 바다거북이 산란을 하기 위해 찾아오고, 작은 상어들과 가오리가 여유롭게 헤엄을 치고, 병코돌고래가 먹이를 받아먹기 위해 등지느러미로 물을 가르며 해안가에 노닐고, 만여 마리가 넘는 듀공이 소처럼 해초를 뜯어 먹으며, 희귀 파충류 13종이 있는, 그리고 살아 있는 돌이라 불리는 스트로마톨라이트의 최대 자생지가 있는 곳,······ .

샤크베이를 떠올리면 생각나는 것이다. 1991년 세계자연유산으로 지정된 샤크베이는 지구 초기 생명의 현장을 고스란히 원형 그대로 간직한 곳이

서호주 샤크베이. 샤크베이 안쪽의 해멀린 풀의 바닷물 염도는 다른 지역의 2배 이상이다.

다. 확 트인 바다, 그 밑에 누워 있는 스트로마톨라이트, 때 묻지 않은 바람이 스치는 아름다운 곳이다. 바다는 둥근 하늘과 끝없이 맞닿아 있고 푸르름만 가득하다. 오직 스트로마톨라이트만이 검은빛을 발하며 신비롭게 누워 있다. 밤사이 몸을 눕혀 곤히 자던 시아노박테리아가 동트는 빛을 따라 몸을 곧추세운다. 태양을 향한 찬가가 시작되고, 음률에 맞추어 모래알갱이, 부유물들이 흥겨운 춤사위를 내보이며 한데 엉키어 또 다른 생명으로 탄생한다. 햇살을 맞이하며 오늘도 살아 있는 돌멩이들은 자라난다.

지구 반 바퀴를 돌아 35억 년 전 생명의 시원을 담은 살아있는 화석을 찾아왔다. 손가락으로 살짝 누르면 시아노박테리아가 뿜어낸 산소가 보글보글 기포를 만드는 것을 볼 수 있다. 35억 년 전 시아노박테리아가 그대로 살아 숨 쉬고 있는

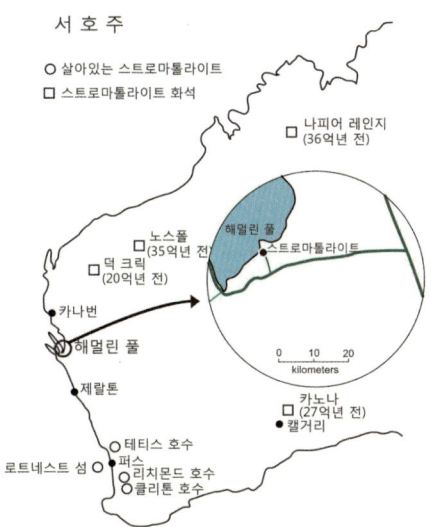

제 6 장 지구 산소의 성지를 가다 샤크베이의 스트로마톨라이트 211

해멀린풀에 도착하기전, 휴게소 벽면에 샤크베이에 대한 자세한 안내가 되어있다.

듯하다.

시아노박테리아는 유독 가스로 가득 찬 대기에 산소를 내품어 푸른 지구를 만들었다. 35억 년 전 지구인 듯 온통 시아노박테리아의 거주지인 스트로마톨라이트가 해멀린 풀에 펼쳐져 있다. 깊이가 약 3~4m인 얕은 바다에 너비가 30cm, 높이 60cm인 수많은 살아 있는 스트로마톨라이트가 가득 바다를 메우고 있다. 한 때 지구를 뒤덮었던 시아노박테리아는 지금 대부분 화석으로 남아 있고 살아 있는 스트로마톨라트는 서호주의 샤크베이가 아니면 만나기 어렵다.

샤크베이의 중요성은 1950년대가 되어서야 인정을 받았다. 1956년 세계문화유산으로 지정된 곳으로 고대 암석에서나 발견되는 화석이 실제 살아 있는 생물로 존재하는 최초의 장소로 기록되고 있다.

서호주 샤크베이의 스트로마톨라이트는 최근 형성된 것으로 약 2천 년에서 3천 년으로 추정된다. 비교적 짧은 역사를 산 이 지역의 스트로마톨라이트가 매우 의미 있는 특별한 이유가 있다. 서호주 샤크베이에서 살아 있는 스트로마톨라이트가 발견되면서 35억 년 전에도 오늘날과 똑같은 구조의 생명체가 살았음을 알게 된 것이다.

현재 샤크베이에서 스트로마톨라이트를 키우며 산소를 배출하는 시아노박테리아가 약 3억 5천만 년 전에 화석으로 발견된 것과 그 형태와 모습이 거의 같기 때문이다. 시아노박테리아와 같은 생명체가 35억 년 동안 지구에 살면서 자신의 모습을 바꾸지 않고 그대로 대를 이어왔다는 것은 놀라운 일이다.

샤크베이 스트로마톨라이트에서 보이는 살아 있는 시아노박테리아.

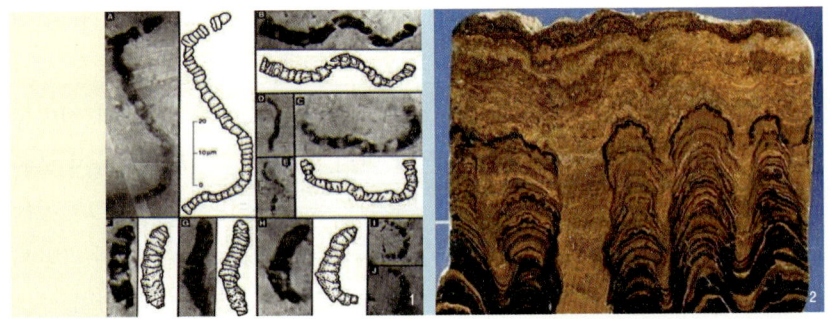

1 35억 년 전 서호주 와라우나에서 발견된 시아노박테리아로 추정되는 미화석. 2 35억 년 전 스트로마톨라이트 화석

일반적으로 스트로마톨라이트는 고생대 이전인 선캄브리아 시대의 지층에서 식별할 수 있는 거의 유일한 화석이다. 스트로마톨라이트는 현재도 계속 생명활동을 하면서 산소를 배출하고 있다. 이들은 수심 5m 정도인 따스한 바다에 주로 분포하는데 물이 상당히 투명해 상황에 따라서는 산소 거품이 표면으로 올라오는 모습을 볼 수 있다. 가장 유명한 자생지가 서호주의 샤크베이다. 살아가면서 만나고 스치는 풍경과 수많은 만남 중에 시공을 넘어 '살아 있음' 하나가 얼마나 많은 쌓임을 통해 이루어졌는지를 사색할 수 있는 곳은 드물다. 거무튀튀한 바위가 살아 있으며, 그 바위가 품어내는 공기 방울을 통해 생명이 태어나고 내 할아버지와 할머니, 아버지와 어머니, 그리고 마침내 나에 이르게 된 믿지 못할 사실로 한동안 생각에 잠기기에 충분하다.

산소

산소는 행성을 만드는데 매우 중요하다. 원시 지구에 녹아 있던 철분과 바닷 속의 모든 황과 대기 중의 메탄 등을 산화시키며 푸른 하늘과 바다를 만들었다. 산소로 가득 찬 하늘은 가벼운 수소와 결합해 비를 내린다. 물의 소실이 줄어든다. 자외선을 차단하여 생명활동에 필요한 태양에너지만을 내어 놓는다. 생명체들에게는 높은 에너지 효율을 발휘하여 크기를 키울 수 있게 해준다. 일례로 나무는 리그닌(lignin)이라는 중합체의 형태로 유연성을 확보하는데 자유산소를 이용한다. 만약 나무에서 리그닌을 추출해 버리면 바람에도 날아갈 정도가 된다.

 산소가 없다면 가로수도, 애완동물도, 사자와 호랑이도, 가을의 청명한 하늘과 푸른 바다는 꿈도 꿀 수 없다. 흙먼지와 세균들만 가득했을지 모른다. 우주 어딘가에 광합성이 없는 진화가 있을 수 있다. 그러나 그곳에는 세균 수준의 복잡성을 벗어날 수 있는 생물은 거의 없을 것이다. 우리만이 세균의 우주에서 지각력 있는 존재라면 그건 단연코 산소가 있었기 때문이다.(Nick Lane 〈생명의 도약〉, 김정은 역, 글항아리, 박자세 베스트북)

산소 이전 시대 – 원시 지구

45억 년 전 지구는 갓 태어난 신생 태양계 안에서 수백만 개 운석과 충돌하여 행성이 된다. 시간이 지나 지금의 화성 크기의 소행성과 충돌하게 된다. 소행성과의 충돌은 맨틀을 뒤집어엎을 정도로 강한 충돌이었다. 철 성분들은 대부분 지구의 핵을 만들었고, 남은 철들은 지구 표면에 녹아든다. 이때 충돌하고 남은 조각들이 모여 지구의 위성인 달이 된다. 독가스로 가득 찬 바다는 철이 풍부한 황록색이고, 이산화탄소가 하늘을 가득 채운 하늘빛은 붉은색이다. 소용돌이치는 지구는 온통 용암의 바다였다. 소행성이 품은 수분이 뜨거운 태양에 의해 증발하고 지구 초기 먼지 속에 떠돌

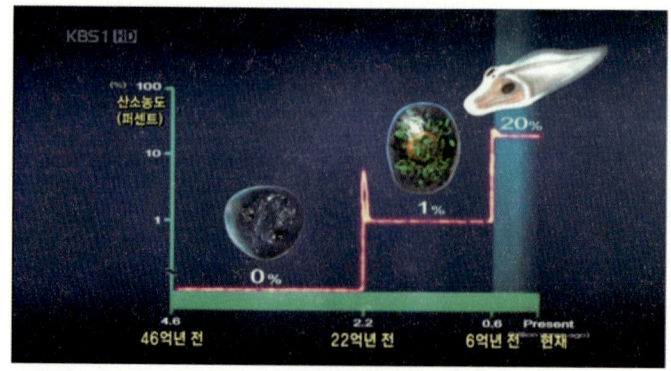

지구대기의 산소농도 변화. KBS다큐.

던 이산화탄소와 결합하여 응결된 물 분자가 지구에 호우를 불러온다. 지표면으로 비가 퍼붓고 수백만 년 동안 계속된다. 지금보다 지구의 자전은 5~6배 빨랐고, 달과 지구의 거리는 절반에도 미치지 못하였다. 달의 인력으로 조수 간만의 차가 10m 이상이었을 것으로 추정하고 있다. 바다는 심하게 요동치며 화학작용이 일어나고 있었다. 우주에서 온 운석들이 바다 위로 떨어졌는데, 그 운석에는 생명체를 만들 수 있는 아미노산 등이 있었다. 해구에서는 맨틀의 충돌로 만들어진 해저화산들이 지구 생명 탄생에 필요한 원소들을 뿜어내고 있었다. 35억 년 전 용암이 바닷물 속에서 응고되어 생성되었다는 남아프리카의 베개 용암은 지구 탄생 초기 모습을 보여준다. 작은 화산섬은 일렁이는 파도 사이로 머리를 내민다. 이산화탄소와 질소가 대기의 주성분을 이루는 이 시기에 최초의 유기물 합성은 박테리아가 주로 이산화탄소와 황화수소를 화학적으로 결합하여 영양분을 얻었다. 이들이 산소가 세상을 덮기 전까지 세상을 채워 나갔다. 최초의 생명체는 38억 년전 출현한 것으로 보이는 데 오존층이 없었기 때문에 낮은 산소량과 자외선 복사를 감내하였다. 그러나 시아노박테리아로 불리는 광합성 생명체가 산소를 내 품기 시작하면서 종말을 맞이한다.

지구에서 산소는 어떻게 생기는가?

공기 중 산소 원천은 두 가지다. 하나는 광합성이고, 다른 하나는 태양광에 의한 자외선이다. 광합성 과정을 통해 식물, 조류, 시아노박테리아는 물을 분해하기 위해 녹색 색소인 엽록소가 붙잡은 태양에너지를 이용한다. 물은 수소이온이 두 개, 산소이온이 하나다. 이 둘의 결합을 떼어내어 산소를 노폐물로서 밖으로 보낸다. 빛 에너지를 이용해 물을 분해하고 공기중 이산화탄소를 붙잡아 에너지가 풍부한 당. 지방. 단백질. 핵산을 만들고 이것을 이용해 유기물질을 만든다. 광합성은 햇빛, 물, 이산화탄소를 이용해 유기물질을 생산하는 반응이다. 그리고 노폐물로 산소를 방출한다.

자외선은 생물 촉매의 도움 없이도 물을 산소와 수소로 분해 할 수 있다.

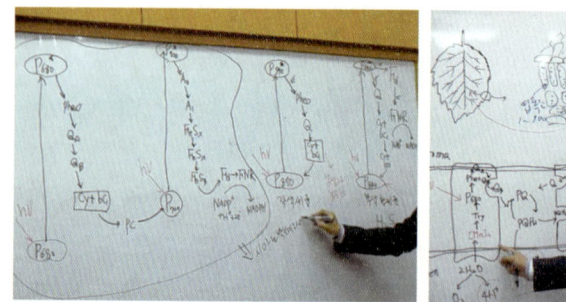

학습탐사 전 〈137억 년〉 강의에서 산소와 광합성에 대해 4시간을 공부했다.

수소기체는 가벼워서 지구 중력을 벗어나고 무거운 산소는 중력에 붙잡힌다. 고대 지구에서의 산소는 대부분 암석과 바닷물에 함유된 철과 반응해 지각 속에 영구히 붙잡혔다. 수십 억 년에 걸쳐 자외선에 의해 물이 사라지는 작용이 일어나면서 화성과 금성에서 바다는 사라졌다.

산소 그리고 시아노박테리아

지구에 처음으로 생긴 생명체는 산소 없이 살아가는 혐기성 세균이었다. 그들 중 하나가 엽록소의 성질을 띠더니 빛 에너지를 이용해 산소를 만드는 최초의 호기성 광합성 생물로 진화 한다. 36억 년 전 지구 상에 등장한 시아노박테리아가 바로 그 주인공이다. 시아노박테리아는 빛 에너지와 물, 공기 중의 탄산가스를 이용해 광합성을 하고 산소를 만들어 내었다. 이후에도 20억 년 정도 계속 이런 상태가 유지되다가 15억 년 전 급격

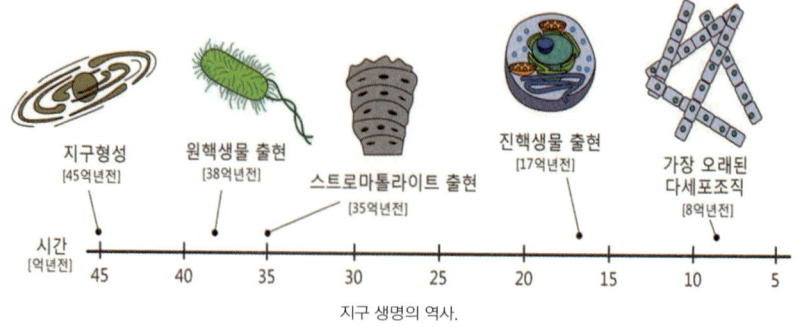

지구 생명의 역사.

히 대기중 산소 함량이 증가하기 시작해서 5억 년 전 현재 수준과 비슷하게 되었다.

시아노박테리아가 번식하게 된 이유에 대해서 닉레인은 눈덩이 지구에 대해 이야기한다. 원시지구에 이산화탄소농도가 많아 지면서 대기 온도가 올라가기 시작했다. 얼마 후 이산화탄소들은 물과 대륙에 녹아들면서 탄산염이 되었고, 탄산염은 대륙을 녹이며 침식을 시켰다. 이산화탄소가 이렇게 줄어드는데 영향을 미친 것은 적도 부근에 대륙이 모여 있었기 때문이라고 한다. 땅은 이산화탄소를 흡수하기 때문이다. 이산화탄소가 대기에서 줄어들자 지구 온도는 떨어지며 북극과 남극에 있던 빙하가 늘어나면서 지구는 눈덩이가 된다.

그러나 얼음 밑 화산들은 얼음과 상관없이 계속해서 이산화탄소를 품어내었고, 시간이 지나자 다시 지구는 이산화탄소가 가득 차며 열탕이 된다. 오랜 시간 동안 눈덩이에서 열탕을 반복한다. 대륙이 적도에서 남쪽과 북쪽으로 갈라지기 전까지는 말이다. 이산화탄소를 삼키는 대륙들이 남극과 북극에 얼음들로 덮이기 시작하면서 이산화탄소가 침식과 함께 사라지지 않은 것이다. 열탕과 눈덩이를 반복하는 동안 대륙은 빙하에 깎여 나가고 녹아 내리면서 바다와 섞이게 된다. 충분한 무기물과 유기물들이 바닷물에 섞이며 생명을 키워내기 좋은 환경을 마련한 것이다.

이 놀라운 현상은 시아노박테리아를 키워내기 충분한 환경이 되었고, 시아노박테리아는 지구를 뒤덮는다. 시아노박테리아가 광합성의 부산물로 내놓는 산소량은 급격히 축적되지 않고 대기 중에서 매우 서서히 증가한

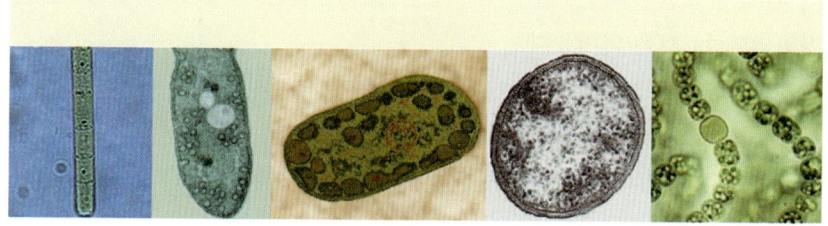

광합성하는 박테리아들의 다양한 형태. 지구 대기에 산소를 채운 산소 발생형 박테리아는 마지막 다섯 번째 것.

필라멘트형 모양의 시아노박테리아.

다. 대기 중 산소량의 느린 증가는 바닷속에 녹아 있던 다량의 철과 연관이 있다. 철규산염 광물의 형태로 존재하던 철은 물질과의 결합력이 강한 산소가 나타나자 산소와 결합하여 산화물로 퇴적되기 시작한다. 풍부했던 철이 산소를 소비하며 산화철광물로 바다 속에 완전히 퇴적될 때까지는 수억 년이 걸린다. 약 30억 년 경 남조류에 의해 부산물로 내뱉어진 산소는 오랫동안 철과 결합한 후에 더 이상 결합할 철이 없어진 수억 년 이후 비로소 대기 중에 서서히 쌓여가며 산소함량을 늘려가기 시작한다.(Nick Lane 〈생명의 도약〉, 김정은 역, 글항아리, 박자세 베스트북)
서호주와 남아프리카에 분포되어 있는 약 35억 년 전 형성된 스트로마톨라이트에서 원시세포의 화석으로 생각되는 작은 탄소유기물이 발견된다. 이 탄소유기물은 구형과 필라멘트 형으로 남조류 또는 시아노박테리아라고 불리며 광합성을 통해 산소를 만드는 세균으로 여겨진다. 일반적으로 생물체는 시아노박테리아와 같이 독립적인 합성능력을 갖추고 있지 못하기 때문에 자신에게 부족한 영양소는 다른 생물을 먹으면서 보충한다. 그런데 시아노박테리아는 물, 탄산가스, 무기염류와 빛 에너지만 가지고 스스로 합성하여 살아간다. 이것은 시아노박테리아가 완벽한 합성능력을 갖기 위해 필요한 비타민, 필수아미노산, 필수지방산, 당질과 기타 성분들을 갖고 있다는 것을 의미한다..
현재 알려진 남조식물은 약 150속 2,000종이다. 일반적으로 물이 있는 곳이면 어디에서든지 살 수 있어서 바닷물이나 민물, 토양 속, 나무 줄기, 눈 속에서 사는 것도 있고, 또 80℃ 이상의 뜨거운 온천 속에서 사는 것도 있다.

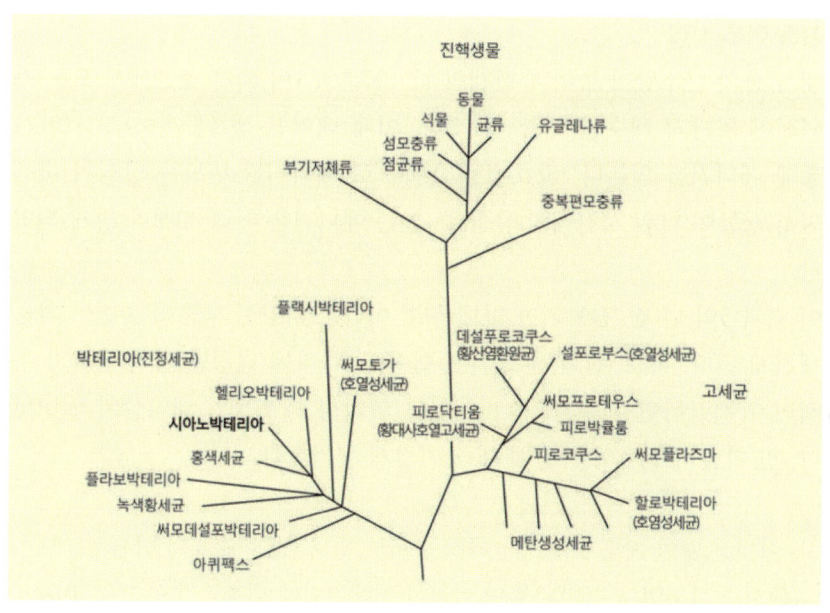

생물의 계통도.

모든 생물은 세포의 특성에 따라 원핵세포생물(prokaryote)과 진핵세포생물(eukaryote)로 구분된다. 원핵세포생물은 세포 내에 핵막과 미토콘드리아, 골지체 등이 없는 생물이다. 세균과 고세균, 시아노박테리아(cyanobacteria) 등 일부 미생물이 이에 속한다. 진핵세포동물은 핵과 미토콘드리아, 골지체 등이 있는 생물로 원생동물, 조류, 곰팡이류 등의 미생물과 동식물 모두를 포함한다. 시아노박테리아는 빛 에너지와 물, 공기 중의 탄산가스를 이용해 광합성을 하고 산소를 만들어 낸다. 전분을 합성하는 일반 식물과 달리 글리코겐을 합성하는 동물성 특성도 갖고 있다. 시아노박테리아가 약 36억 년 전 태어났을 때 지구의 환경이 지금보다 훨씬 열악했음에도 지금까지 이들이 생존할 수 있다는 것은 놀라운 사실이다.

산소 이후 시대

대기 중의 산소량이 늘어나 현재의 약 100분의 1이 되자 태양에서 오는 자외선이 차단돼 해수면이 안전해졌다. 이때 태어난 생물들은 산소 호흡을 통해 에너지를 얻는다. 발효에서 호흡으로 에너지를 만드는 방식이 바뀌면서 생물이 단위 시간에 이용할 수 있는 에너지는 무려 30배가 넘게 되었다.

이 결과 5억 년 전 '캄브리아기 대폭발'이라는 다양한 생물의 출현이 가능해지게 된다. 바로 '진핵 세포'의 출현이다. 바다에 엄청난 양의 산소가 축적되기 시작하면서 원시 바다에 있던 혐기성 세포들의 대학살이 일어난다. 린 마굴리스는 이 사건에 대해 이렇게 얘기한다.

> "이것은 단연 지구가 견뎌온 가장 큰 위기였다. 많은 종류의 미생물들이 즉시 몰살되었다. 미생물들이 이러한 천재지변에 대항할 방어책은 DNA 복제와 유전자 이동, 돌연변이라는 표준적인 방법뿐이었다. 다수가 죽었고, 독소에 노출된 세균들은 생식 활동을 강화했다. 이로부터 흔히 미소생태계(microcosm)라고 하는 초유기체의 재편성이 이루어졌다. 새로 생긴 저항력 있는 세균들은 증식을 계속하여 산소에 민감한 개체들이 차지하고 있던 지구 표면을 재빨리 점령했다. 다른 세균들은 그 아래 흙이나 진흙 등 산소가 없는 장소에서 살아남았다. 오늘날 우리가 두려워하는 핵무기에 필적할 만한 대학살의 결과로 생명의 역사상 가장 눈부시고 중요한 진화가 탄생한 것이다." (Lynn Margulis 〈마이크로코스모스〉 〈공생자 행성〉, 이한음 역, 사이언스북스, 박자세 베스트북)

지구바다에 가득했던 혐기성 생명체는 시아노박테리아가 품어내는 산소의 독성을 이기지 못하고 죽어나가기 시작한다. 그중 몇몇 혐기성 세포들은 자신 안에 호기성 세포를 잡아먹으며 공생을 시작하였다. 일명 미토콘드리아 이브라 불리는 사건이다. 이후 산소의 높은 에너지를 이용해 생명체는 진화한다.

1 스트로마톨라이트를 보호하기 위해 만들어진 보책위의 표지판. 2 스트로마톨라이트에 대한 설명.

산소를 기준으로 생명체는 새로운 전환기를 맞이했다. 산소가 없는 곳에서 살아가던 생명체들은 산소에 의해 거의 전멸당하고 살아남기 위해 산소를 이용하는 생명체를 자신 안에 두게 된다. 광합성을 하는 생명체가 지구를 산소로 가득 채웠다. 세상에 파란색을 선물해 주었다. 산소의 정화능력은 깨끗한 대기와 물을 만들어 주었고, 오존층을 만들어 엄청난 세기의 자외선을 차단하였다. 이것의 출발을 만든 생명체가 시아노박테리아다. 시아노박테리아가 없었다면 대양도 없고, 뚜렷한 생명의 징후도 없는 붉은 화성과 비슷했을 것이다. (Nick Lane 〈생명의 도약〉, 박자세 베스트북) 산소를 품어 내었던 뚜렷한 증거를 간직한 시아노박테리아가 만든 살아 있는 돌, 스트로마톨라이트가 서호주 샤크베이에 있다.

산소의 증거 스트로마톨라이트

시아노박테리아가 만든 암석, 스트로마톨라이트

스트로마톨라이트의 어원은 1908년 E. 칼코프스키가 명명한 스트로마톨리스(stromatolith)이다. stromato-lite는 stroma(Gr. στρωμα, mattress, bed)와 lithos(Gr. λιθος, rock)라는 그리스어 합성어이다. '돌을 덮은 어떤 것'이란 뜻으로 원시 남조류로 알려진 시아노박테리아가 군체를 이루어 살아간 흔적이 스트로마톨라이트 화석으로 남아 35억 년 된 암석 속에서 발견된다.

문자 그대로 해석하면 층을 갖는 암석이다. 시아노박테리아는 군집을 형성하며 자신이 갖고 있는 끈적끈적한 점액질을 이용해 물속에 부유하는 침전물들을 낚아 채 자신에게 가둔다. 시아노박테리아 군집에 붙잡힌 침전물들은 물속에

약 35억 년 전 선캄브리아시대 스트로마톨라이트 화석. 산소가 없던 시절 광합성박테리아중의 하나인 시아노박테리아가 만든 매트로 추정됨.

서 석회암을 형성하는 탄산칼슘과 결합하여 암석 덩어리를 형성한다. 층을 갖는 형태의 스트로마톨라이트는 미생물들이 얇은 막을 형성해서 생긴 것으로 수 년에 걸쳐 아주 얇게 층처럼 쌓이는데 태양 빛으로 양분을 얻은 후 이들이 토해낸 배설물이 침전해 암석이 된 것이다. 퇴적 환경에 따라 기둥 모양, 돔 모양, 원뿔 모양, 판상 모양등으로 성장하는데, 35억 년 전 이후 선캄브리아대(지구 탄생~5억 4200만 년 전까지의 지질시대) 지층에서 세계적으로 광범위하게 발견되어 당시 시아노박테리아들이 활발히 활

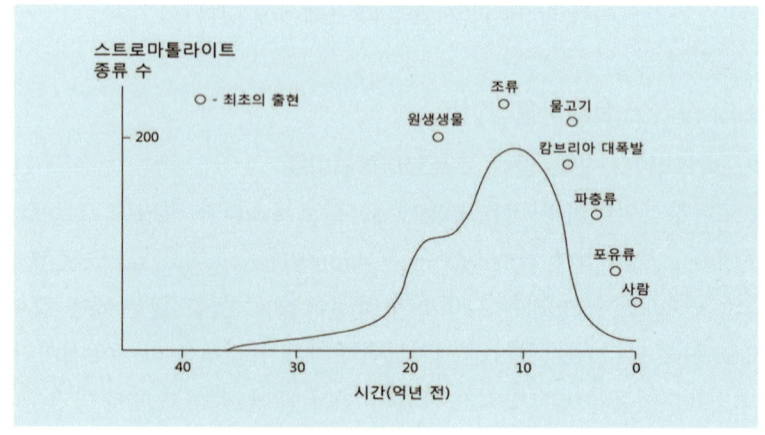

지질 연대에 따른 스트로마톨라이트 종류 수.

동하며 지구에 산소를 공급했다고 볼 수 있다.

스트로마톨라이트 화석 암석의 나이로 보아 25억 년 전에는 스트로마톨라이트가 지구를 덮고 있었다. 얕은 바다에 사는 스트로마톨라이트 덕분에 공기 중에는 산소가 증가한다. 햇빛을 광합성 작용을 통해 산소로 바꾼다. 20억 년 동안 세대를 거듭해가며 산소를 공기 중으로 펌프질한다.

약 22억 년에서 15억 년 전 사이, 처음에 산소는 바다 한가운데 용해되었고, 수십억 톤의 철을 부식시켜 없애버렸다. 철을 바다에서 모두 가라앉힌 산소는 다시 공기 중으로 올라와 하늘을 가득 채운다. 공기 중으로 산소가 투입되면서 두꺼운 이산화탄소 막은 희석되고 공기는 깨끗해진다. 붉은색이던 하늘의 색이 서서히 푸르게 바뀐다.

15억 년 전, 지구의 나이는 이제 30억 년이 되었다. 역사상 처음으로 우리가 알고 있는 지금의 지구모습과 비슷해졌다. 스트로마톨라이트를 통해 시아노박테리아가 뿜어낸 산소가 바다를 푸르게 만든다. 이렇게 산소가 많은 곳은 태양계 행성 중에 지구가 유일하다. 대륙판은 지표면의 약 4분의 1만큼 되도록 커졌지만, 대륙팽창은 끝난 게 아니다. 매우 천천히 대륙은 계속 움직인다. 지구대기를 산소로 바꾼 시아노박테리아가 만든 스트로마톨라이트는 38억 년쯤 처음 나타나 22억 년 전에서 캄브리아 대폭발의 6억 년 전까지 전 지구를 지배한 생명체다. 12억 년 전에 가장 융성했을 것이다. 또한, 시아노박테리아의 지구적 확산이 오늘날 우리가 사는 지구 대륙의 크기를 키운 것으로 보고 있다.

스트로마톨라이트가 만들어지는 두 가지 방식

스트로마톨라이트의 형태가 다른 것은 그것을 만드는 방식이 다르기 때문이다. 시아노박테리아를 비롯한 생물의 광합성 활동으로 스트로마톨라이트가 만들어지는 방법에는 두 가지가 있다. 하나는 시아노박테리아가 만들어내는 끈적한 점액물질이 퇴적물을 잡아 층을 만들어나가는 방식이고,. 또 하나는 바다에서 탄산칼슘화(precipitation of aragonite)가 진행되어 단단하게 굳어진 채 그대로 침전되는 방식이다.

첫 번째, 점액 물질이 퇴적물을 잡아 층을 만드는 방식이다. 여러 박테리아집단이 일련의 과정을 통해 층이 쌓여가며 형성되는데, 침전물의 양과 표면 위에서 살며 서서히 굳어져 가는 시아노박테리아들 사이에 이루어지는 역동적인 균형이 성장의 핵심이라고 한다. 호주의 스트로마톨라이트 연구자는 바하마의 스트로마톨라이트의 형성을 연구하여 다음과 같은 형성 과정을 밝히고 있다.

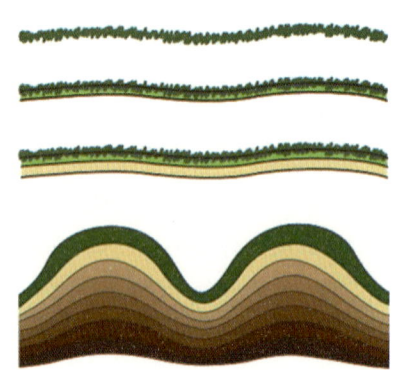

스트로마톨라이트가 만들어지는 과정.

1. 미생물 집단이 형성되는데, 이것은 수직적으로 스스로를 배열하는 필라멘트 모양의 시아노박테리아가 침전한 모래알갱이 주변을 감싸고 그 모래알갱이주변에 점액질의 피막을 침으로써 형성된다.
2. 유기영양을 하는 박테리아로 알려진 미생물 집단이 그 위를 점유한다. 이 새로운 박테리아는 유기물 찌꺼기를 분해하여 먹고 사는데 처음 만들어진 침전물 바로 위에서 끊임없이 끈적끈적한 점액질 판을 형성한다.
3. 바닷속 황산염을 줄이는 박테리아로 시아노박테리아가 만든 점액질을 먹으면서 탄산칼슘 형태의 결정을 만들어내고 성장시킨다
4. 마지막 제일 윗부분 표면은 구형 모양의 시아노박테리아가 지배한다. 이전에 결정화된 아라고나이트 결정구조에도 침투해서 들어가는데, 새로운 결정이 성장하면 채워지는 작은 구멍에 들어가서 그 구조물을 더 단단하게 만든다. 서로 다른 박테리아들에 의한 일련의 과정은 수천 번 반복되고 수백 년 혹은 수천 년 동안 스트로마톨라이트가 서서히 성장하는 것이다.

스트로마톨라이트의 대부분은 극히 느리게 자란다. 약 100여 년에 걸쳐서 수 cm, 즉 연간 1mm 이하밖에 성장하지 않는다고 한다. 따라서 흔히 볼 수 있는 지름 50~100cm 정도의 스트로마톨라이트는 1,000여 년 이상의 오랜 세월에 의해 형성된 것이다. 이러한 스트로마톨라이트의 연간 성장률은 단일한 스트로마톨라이트 안에 있는 각 층(layer)의 방사성 탄소의 나이를 측정함으로써 계산된다. 샤크베이의 스트로마톨라이트는 대략 1.5m 정도 된 것으로 3~4000년 정도 된 것으로 보고 있다. 스트로마톨라이트는 겉모양은 평탄하거나 물결매트 모양, 돔 모양, 노즐모양, 공모양, 기둥모양 등 여러 가지며 두께 0.6~1.0mm 층이 겹쳐져 있다. 전체의 두께와 지름은 1cm에서 1m에 이르기까지 다양하다.

두 번째, 광합성에 의한 탄산칼슘(석회)화되는 현상이 있다. 시아노박테리아의 표면에서 광합성에 의하여 이산화탄소가 흡수되면 부분적으로 알칼리 쪽으로 기운다. 거기에 거의 포화상태가 된 탄산칼슘이 결정이 되어 표면에 퇴적해 나간다. 또 점성물질의 표면에 작은 탄산칼슘 미립자가 침착하고, 그것이 핵이 되어 주변에 있는 탄산칼슘이 결정화되는 것을 촉진하여 시아노박테리아 군집 전체가 탄산칼슘으로 덮인다. 호수에서 형성된 스트로마톨라이트는 바다 스트로마톨라이트와는 다르게 침전물의 층을 형성하지 않는다. 그들의 내부구조는 층이 없는 탄산칼슘 응고물이다. 이런 형태의 스트로마톨라이트는 스롬볼라이트(thrombolites)라고 한다. 끈적이는 시아노박테리아의 표면을 갖는 탄산칼슘 응고물로 형태를 만든다. 탄산칼슘과 영양이 없는 바다 환경의 두 가지 요소가 스트로마톨라이트를 출연시키는 핵심 요소라고 한다.

스트로마톨라이트의 나이테로 알 수 있는 낮과 밤

스트로마톨라이트의 또 다른 중요성은 이것이 지구행성의 움직임과 변화를 일기처럼 기록하고 있다는 데 있다. 시아노박테리아가 빛을 향하여 자라는 성질이 있다는 점에서 광합성 작용이 활발한 낮과 광합성을 하지 않고 움직이지 않는 밤이 되풀이되면서 층 모양의 무늬가 형성되어 간다. 그런데 이 층을 이룬 줄무늬는 계절에 따른 태양 기울기의 차이나 낮과 밤의 길이의 차이를 반영하여 마치 나무의 나이테처럼 태양과 연동한 지구 행성의 섬세한 움직임을 담고 있게 된다. 과학자들은 스트로마톨라이트가 만든 각각의 층이 태양 주위를 도는 지구의 궤도와 지구 회전축의 기울기를 반영하여 형성된다고 보고 있다.

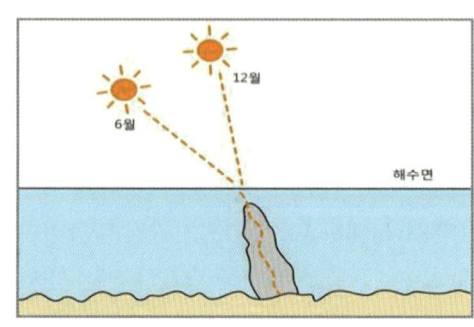

태양의 궤도에 따른 스트로마라이트의 나이테 이동.

샤크베이의 스트로마톨라이트는 단지 시간을 거슬러 생명의 기원을 보여주는 것 뿐 만 아니라 태양을 중심으로 도는 지구 행성이 지난 긴 시간 동안 어떤 변화의 모습을 가져왔는가도 엿보게 해 준다. 이 지역의 스트로마톨라이트의 층의 두께 등을 분석하면서 과학자들은 현재 365일인 일년의 총 일수가 9억 년 전에는 440일이나 되었음을 밝혀냈다.

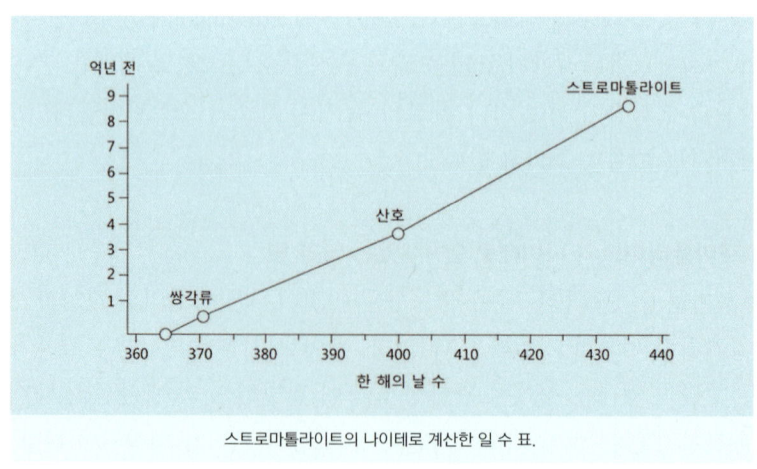

스트로마톨라이트의 나이테로 계산한 일 수 표.

샤크베이의 스트로마톨라이트

샤크베이의 남쪽 끝에 있는 해멀린 풀(Hamelin Pool)은 살아 있는 바다 스트로마톨라이트를 볼 수 있는 두 곳 중의 한 곳이다. 다른 한 곳은 인도양의 바하마 섬에 있다. 샤크베이의 스트로마톨라이트는 해멀린 풀의 얕은 해수의 물가에서 발견된다. 약 4000년에서 6000년 전 해수에 완전히 잠겨서 자라는 대량의 해수 식물들에 의해 해멀린 풀로 유입되는 조류의 흐름이 막히게 되면서 이 지역의 바닷물이 고립되었고, 이런 까닭에 바닷물의 염도가 다른 곳에 비해 높게 유지되었다. 해멀린 풀의 바닷물 염도는 다른 곳에 비해 두 배 이상이나 높다.

바닷물이 자유로이 드나들 수 있다면 달팽이 등과 같은 해양동물이 시아노박테리아 같은 미생물을 잡아먹지만 이곳에서는 흔히 바다에서 볼 수 있는 바다 동식물을 볼 수가 없다. 높은 염도가 시아노박테리아를 먹고 사는 물고기와 다른 바다 동물로부터 고립시켜 시아노박테리아의 왕성한 활동이 오랫동안 유지될 수 있었다.

이런 이유로 약 3000년 전부터 이 지역에 시아노박테리아가 번성하기 시작하여 35억 년 전 과 똑같이 스트로마톨라이트를 만들어내고 있다. 샤크베이의 해멀린 풀에는 50여 종 이상의 시아노박테리아가 살고 있다.

샤크베이의 경우 바다의 높은 염도가 이 지역의 스트로마톨라이트가 번

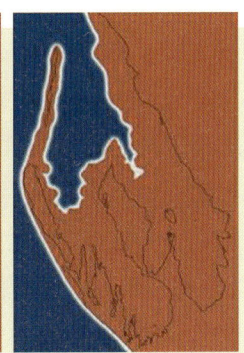

약 만년 전 샤크베이.   현재의 샤크베이.   샤크베이의 해멀린풀(진한 색 부분)의 바닷물 염도는 인도양의 정상 염도보다 두 배가 높다.

샤크베이의 스트로마톨라이트.   바하마의 스트로마톨라이트.

성하는 가장 큰 원인이라고 말할 수 있지만, 인도양의 바하마 섬의 경우는 다른 이유로 스트로마톨라이트를 형성하는 것을 볼 수 있다. 이곳의 스트로마톨라이트는 시아노박테리아가 만들어낸 새로운 매트가 오래된 매트 위에 쌓여 층을 만드는 샤크베이와는 달리 탄산염 침전물들이 쌓여 만들어 낸 스트로마톨라이트를 볼 수 있다. 바닷 속에 탄산칼슘의 양이 매우 풍부한 것이 스트로마톨라이트를 성장시키는 원인으로 보고 있다. 따라서 서호주의 스트로마톨라이트를 연구하는 학자들은 오늘날 스트로마톨라이트를 형성시키는 직접적인 영향으로 탄산칼슘이 풍부한 영양이 없는 바다를 들고 있다. 고 염도의 바다환경은 직접적인 원인이라기보다 결과로 보는 학자도 있다.

서호주 샤크베이에 있는 작은 바다에는 너비가 30cm 높이가 60cm인 수많은 살아 있는 스트로마톨라이트가 얕은 바다를 메우고 있다. 스트로마톨라이트는 죽은 돌처럼 보이지만 표면의 한 조각을 현미경으로 검사해보면 생명으로 가득 차 있음을 금방 알 수 있다. 한 방울에 수십억 마리씩 들어갈 정도다.

해멀린풀의 스트로마톨라이트는 그 형태가 해안가에 위치한 상태에 따라 다르다. 물의 깊이에 따라서도 다른 형태의 스트로마톨라이트가 만들어진다. 물의 깊이에 따라 그 지역에 사는 미생물들이 다르기 때문이다. 사방에서 접근하는 조류와 물결에 영향을 받는 곳에서는 버섯모양의 스트로마

조간대와 떨어진 해안가의 스트로마톨라이트.

조간대에 형성된 버섯모양 스트로마톨라이트.

톨라이트가 형성되고, 해안가와 가까이에 있으면서 보호된 지역에서는 빵 모양의 스트로마톨라이트가 보인다.

시아노박테리아는 태양 빛을 이용한 광합성을 하는 미생물이므로 해멀린 풀에 있는 스트로마톨라이트의 경우 깊이 4m 아래의 바닷물에서는 스트로마톨라이트가 자라지 않는다. 빛이 부족하기 때문이다. 붙잡아 가두는 침전물에도 차이가 있다. 해멀린 풀처럼 조간대의 해안에서 서식하는 스트로마톨라이트는 곰보형 매트(pustular-mat)형태로 형성되는데 이것은 주로 둥근모양의 시아노박테리아(colloidal cyanobacterium Enotophysalis)에 의해 형성된다. 이 시아노박테리아는 구형의 박테리아이다.

많은 다른 시아노박테리아는 필라멘트형이다. 이 곰보형매트 스트로마톨

구멍이 숭숭 뚫여 있는 스트로마톨라이트.

가운데 큰 구멍이 뚫여 있는 형태의 스트로마톨라이트.

라이트는 층이 발달해 있는 것이 아니라 내부구조를 가지고 있다. 그것들은 주로 거친모래, 탄소침전물을 붙잡거나 가두어 두는 방식으로 형성된다.

조수에 따라 모양이 다른 서호주 샤크베이 스트로마톨라이트

샤크베이 해멀린풀의 스트로마톨라이트는 그 형태가 해안가에 위치한 상태에 따라 다르다. 원시원핵 생물인 시아노박테리아가 만들어내는 스트로마톨라이트는 엽층상, 편평한 모양, 돔 모양, 원추형, 울퉁불퉁한 모양 등 다양한 형태를 이루는데 샤크베이의 스트로마톨라이트는 대략 세 종류로 볼 수 있다. 만조때에 물이 차고 간조때에 물이 빠지는 조간대 영역을 중심으로 아랫부분과 윗부분이 형태가 다른 종류를 형성하고 조간대를 기준으로 생기는 바닷물의 깊이에 따라 이 지역에 사는 미생물들과 바다환경이 다르기 때문이다.

첫 번째 형태는, 해안가 위쪽에 올라와 곰보형 매트(pustular-mat)의 스트로마톨라이트를 형성하는데 구멍이 숭숭 뚫린 울퉁불퉁한 농포성 모양의 표면을 가진다. 넓이 1m에 높이 40cm 정도의 크기로 조수 간만의 차이에 의해 바닷물이 드나드는 조간대의 가장 윗부분과 중간 지역에 위치한다. 탄산칼슘 성분이 토사와 가는 모래 등의 침전물을 함께 쌓아가며 층이 없는 구조다. 이것은 주로 둥근 모양의 시아노박테리아에 의해 형성된다.

두 번째 형태로, 만조와 간조가 교차하는 지역의 아랫부분과 조간대를 벗

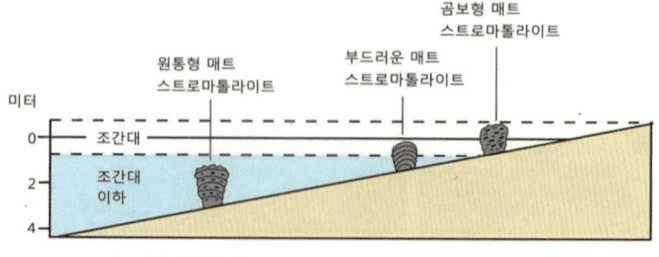

샤크베이 해멀린풀에서 서식하는 스트로마톨라이트의 세가지 형태.

1 해멀린풀 조간대 가장 윗부분 2 간조 때 볼 수 있는 부드러운 표면이 특징인 샤크베이 스트로마톨라이트.

어난 더 깊은 지역에 위치한 것들을 볼 수 있다. 주로 필라멘트형 시아노박테리아에 의해 형성되는데 거친 모래나 탄소침전물을 붙잡아서 묶어두는 방식에 의해 형성된다. 필라멘트형의 시아노박테리아는 빛의 방향을 따라가며 자라는 성질을 갖고 있는데 광합성 작용이 활발한 낮과 광합성을 하지 않고 움직이지 않는 밤을 되풀이하면서 층 모양의 무늬가 형성되어 간다. 표면의 매트는 맨 위로 올라오는 시아노박테리아 때문에 부드럽고 푹신하다.

세 번째 형태로, 3~4m의 물 속에 잠긴 채 그 그림자의 선만을 드리운 원형 기둥 모양의 스트로마톨라이트가 주를 이룬다. 약3.5m 정도가 스트로마톨라이트를 볼 수 있는 가장 깊은 깊이다. 시아노박테리아는 태양빛을 이용한 광합성을 하는 미생물이므로 깊이 4m 아래의 바닷물에서는 스트로마톨라이트가 자라지 않는다. 빛이 부족하기 때문이다. 이 영역의 스트로마톨라이트는 층이 약하고 성긴 구조로 된 소위 원통형의 것으로 거의 1m까지 자란다. 이것은 여러 가지 복합적인 미생물군단에 의해 형성되며 그 안에 일부분으로 시아노박테리아를 포함한다.

특히 규조류가 이 영역에서 발견된다. 시아노박테리아 등의 미생물과 다량의 점액질을 품고 있는 규조류들이 침전물들을 붙잡고 서서히 미세하게 갈아진 탄소 진흙이 단단하게 굳어져 형성된다. 이런 구조의 스트로마톨라이트는 고대 화석 스트로마톨라이트와 그다지 가깝지 않으며 상대적으

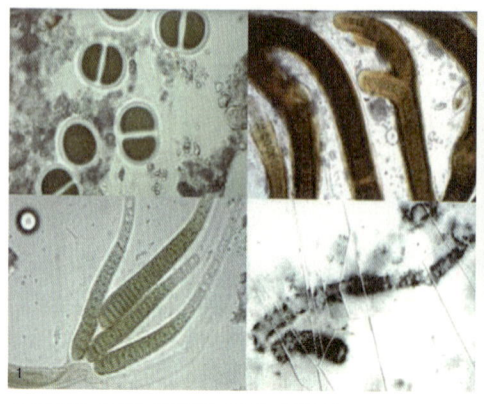

1 둥근 모양, 실 모양, 필라멘트 모양 등 다양한 형태를 갖는 시아노박테리아. 2 비교적 깊은(약3.5m)바다에서 발견되는 스트로마톨라이트.

로 보다 최근에 진화 한 형태로 추정된다.

서호주 필바라의 스트로마톨라이트 화석

시생이언(39억 년 전~25억 년 전) 대부분 시기와 25억 년 전까지 거슬러 올라가는 원생이언(25억 년 전~5억 4,400만 년 전) 초기까지의 시기에 스트로마톨라이트는 드물었다. 그러나 25억 년 전 얕은 바다 환경이 형성되었을 때, 스트로마톨라이트는 증가할 수 있었다. 다양한 스트로마톨라이트가 발달하기 시작한 것은 약 14억 년 전쯤 일어났다. 그다음 캄브리아기까지 7억 5천만 년 동안은 쇠퇴의 길로 접어든다.

필바라에 있는 28억 년 된 Fortes cue Group 암석의 스트로마톨라이트 퍼트에서 미생물화석(micro fossils)이 발견되었다. 이것이 산소 발생 광합성 박테리아인 시아노박테리아 인가 아닌가는 결정하기 쉽지 않은데, 이 산소를 생산하는 광합성 박테리아의 존재는 간접 수단을 통해 유추하기도 한다. 화석 스트로마톨라이트가 많이 발견되는 필바라 지역의 줄무늬철광층(banded iron formation)을 통해서다. 호주에서 화석 스트로마톨라이트는 주로 호상 철광층의 암석이나 쳐트에서 많이 발견된다. 필바라 지역에서 보이는 대량의 호상 철광(deposits of banded-iron formation)은 이러한 철광석이 형성되던 시기에 산소를 발생하는 미생물의 활동을 시사한다. 이

시기의 대기는 주로 메탄, 질소, 이산화탄소로 구성되어 있었다. 시아노박테리아가 등장하고 바닷물에 용해되어 있던 철에 스트로마톨라이트가 배설한 산소가 결합함으로써 호상 철광(banded-iron formation) 형태를 형성한다. 산화된 철(iron oxide)로 바뀌고 남은 산소가 대기 중에 쌓이기 시작한다. 산소 없이 살아가던 미생물에는 대재앙이었다.

이들 산소 배설물로 어떤 미생물들은 죽고, 다른 어떤 생명체는 산소 없이 살 수 있는 환경을 겨우 찾는다. 지구에서 혐기성 박테리아가 호기성 박테리아인 시아노박테리아로 대체되는 과정으로 생명이 진화되는데, 그 증거가 화석 스트로마톨라이트와 호상 철광이다.

18억 년 전 스트로마톨라이트 화석.

24억 년 전 스트로마톨라이트 화석.

선캄브리아대 우리나라에 번창했던 스트로마톨라이트

시아노박테리아는 우리나라에서도 번창했다. 인천에서 약 220km 서북쪽에 위치한 소청도에 약 8억 4000만 년 전 스트로마톨라이트 화석이 분포한다. 인천시 옹진군 대청면 소청도의 남쪽 해안을 따라가다 보면 마치 분칠을 한 듯 한 '분바위' 대리석이 나타나는데 이 대리석 사이에서 발견된 석회암이 스트로마톨라이트다. 선캄브리아대(약 45억 년 전~ 6억 년 전)의 원생대 후기인 약 10억 년 전에서 6억 년 전 것으로 2009년 11월 10일자로 천연기념물로 지정되었다. 영월 문곡리에서는 '거북 등껍질 바위'를 물으면 곧바로 스트로마톨라이트가 있는 정확한 장소를 찾을 수 있는데 약 4~5억

대한민국의 스트로마톨라이트 분포도.

년 전에 생긴 고생대 퇴적지층에서 발견된다. 2000년 3월에 천연 기념물 413호로 지정되었다. 이 밖에도 2009년도 천연기념물 제512호로 지정된 경북 경산시 하양읍 대구가톨릭대학교 내에 있는 스트로마톨라이트는 약 1억 년 전 중생대 백악기 어느 호수에 퇴적되어 형성된 것으로 보인다.

시아노박테리아가 남긴 선물, 철!

시아노박테리아의 활동으로 약 20억 년 동안 전 지구적으로 거대하게 형성된 스트로마톨라이트는 호상 철광(Banded Iron Formation)에 화석으로 자신의 존재를 남긴다. 바다에 떠돌던 모든 철이 산소를 먹고 산화철로 가라앉은 후에야 비로소 바다색은 푸르게 변한다. 호상 철광층에 고정된 산소의 양은 현재 대기 중 산소의 양보다 20배나 많다. 약 27억 년 전에 원시 광합성을 하는 미생물들이 원시대기에 산소를 공급하고, 이 산소는 지구 초기에 철을 산화시키는데 사용되며 서서히 대기 중에 공급된다. 서호주에서 발견되는 호상 철광산은 대기가 형성되기 전 바다에서 산화된 철의 퇴적층이다. 22억 년 전에는 대기 중 산소함량이 현재(21%)의 1%에 불과했으나 19억 년쯤 되어서야 현재 수준의 15%에 이른다.

전 세계에 흩어져 있는 호상 철광층은 오늘날 채굴되는 거의

필바라 카리지니국립공원 데일스 협곡을 찾은 학습탐사 대원들.

모든 철의 원천이다. 약 26억~19억 년 전에 형성된 호상 철광층이 연간 10억 t이나 채굴되는 오늘날 철광의 90%나 차지한다. 우리나라가 수입하는 철광석의 55%를 차지하는 서호주 필바라 노천 철광도 이런 호상 철광층이다. 서호주의 카리니지 국립공원 안은 20억 년 이상 된 호상 철광이 대부분이다. 25억 년 전부터 있던 그 길이 덮였던 담요를 벗고 비밀의 방처럼 드러난다. 시아노박테리아는 철광석이란 선물을 남긴 것이다.

스트로마톨라이트는 오늘도 자란다

남조세균이라고 불리는 세균들이 만든 스트로마톨라이트에 대해 학자들은 아직도 격렬한 토론을 하고 있다. 태양에너지를 이용했다는 주장과 바다에 열수가 흘러서 가능하였다는 주장 등을 하는 것이다. 이것은 어쩌면 매우 중요한 사항이 될 수도 있다. 세포로서 광합성을 하였다는 주장과 무기 염류의 침전물에 고온의 물이 닿아 형성하였다는 주장이니 물러설 수 없는 주장들일 것이다. 하지만 여기 서호주의 스트로마톨라이트를 보면서 알아야 할 것은 남조세균을 키운 것이 태양이냐? 열수냐의 문제가 아니다.

헤멀린 풀의 전망대와 스트로마톨라이트.

어떤 이유든 남조세균이 산소를 뿜어내었고, 그 결과로 혐기성 세포들에 종말을 가져왔다고 하는 이야기는 매우 논리적인 가설들이기 때문이다. 생명의 근원에 대해 이야기를 할 때 빠지지 않고 등장하는 산소 이야기와 이를 만든 시아노박테리아, 그리고 시아노박테리아가 만든 스트로마톨라이트는 분명코 우리의 근간이 되는 진화에서 빠지지 않고 생각해 보아야 할 이야기이다.

우주 대폭발을 통해 입자들이 모여 지구가 탄생하였고, 입자들이 형성한 원자들이 나를 구성하고 있다. 몇 개 원자들의 전자적 현상으로 생명이 탄생하고, 오랜 시간이 흘러 나에 이르게 된 것이다. 자각하는 세포가 된 것은 분명히 남조세균이 품어낸 산소 때문일 것이다.

 하늘과 바다가 잇닿아 있는 서호주 샤크베이에서 바라본 스트로마톨라이트는 오늘도 생명의 신비를 품어내며 저물어져 가는 태양을 향하고 있다.

참고문헌
Ken McNamara 〈Stromatolites〉, Western Australian Museum, 2009
Campbell · Reece 〈생명과학(제8판)〉, 라이프사이언스
Andrew H. Knoll 〈생명 최초의 30억년〉, 김명주 역, 뿌리와 이파리, 2007
Richard Fortey 〈생명 40억년의 비밀〉, 이한음 역, 까치, 2007
Nick Lane 〈생명의 도약〉, 김정은 역, 글항아리, 2011
Nick Lane 〈산소〉, 양은주 역, 넥서스, 2004
Lynn Margulis 〈마이크로코스모스〉, 이한음 역, 사이언스북스, 2007
Lynn Margulis 〈공생자 행성〉, 이한음 역, 사이언스북스, 2007
Lyall Watson 〈생명조류〉, 박용길 역, 고려원미디어, 1992
김규한 〈행성지구학〉, 시그마프레스, 2004
마쓰이 다카후미 〈지구 46억년의 고독〉, 김원식 역, 1990
Barry Parker 〈science101지질학〉, 손영운 역, 이지사이언스, 2007
NHK, 〈지구대기행(다큐멘타리)〉, 1987
크리스 임피 〈우주생명오디세이〉, 전대호 역, 까치, 2009
린마굴리스 도리언 세이건 〈생명이란 무엇인가?〉, 황현숙 역, 지호, 1999
고영구 외 〈잃어버린 30억년을 찾아서〉, 전남대학교출판부, 2003
최진범 외 〈지구라는 행성〉, 이지북, 2009
김규한 〈행성지구학〉, Σ시그마프레스, 2004
제임스루어 외 〈지구〉, 김동희 이동찬 이상훈 역, 사이언스북스, 2006
BBC 〈Earth〉, the power of the planet(다큐멘타리), 2009

제 7 장
지구대륙의 숨결을 그대로 간직하다

판구조론과 호상철광층

20억 년 전의 철광층과 최근의 화산활동으로 형성된
지층이 공존하는 장엄한 지구환경.

카리지니 국립공원 데일스(Dales)협곡.

20억 년 전의 철광층으로만 형성된 협곡 – 카리지니 국립공원 녹스(Knox)협곡.

미행성충돌설에 의하면, 46억 년 전 태양계 주위에서 지구위치의 궤도를 공전하던 작은 미행성들이 충돌하여 지구가 만들어졌다. 충돌 당시 초기 지구는 고온의 액체상태였으나 표면이 점차 식어가면서 고체상태의 지각이 형성되었고, 일정하게 낮아진 온도에서 물과 지구에 존재하는 여러 원소들이 상호작용하여 37~38억 년 전 생명을 탄생시켰다. 그 이후 지구대기와 지각은 생명과 상호작용하며 지구의 상태를 끊임없이 변화시켜서 오늘의 지구환경을 만들었다. 지구는 지각을 이루는 지표면의 고체물질이 지구 내부로 섭입하여 용융되고, 다시 지표면으로 올라와 냉각되면서 지각을 만드는 끊임없는 대류순환을 한다. 따라서 오늘날까지 남아 있는 지구생성 초기의 지각이 발견되는 것은 매우 드물다.

지구생성 초기부터 오늘날까지 훼손을 당하지 않고 남아있는 지각의 지질층을 이해하는 것은 지구초기상태와 생명이 탄생하고 진화한 과정을 확인 검증할 수 있는 확실한 방법이다. 지질기록에는 지구환경변화의 증거가 반드시 남아 있다. 이렇게 중요한 의미가 있는 지구 초기 지각의 지층은 서호주의 노스폴과 남아프리카공화국의 크루거 국립공원 근처의 바베르톤 산지에서 주로 발견되었을 뿐이다.

서호주 학습탐사에서 지구 초기부터 지구대륙역사의 숨결을 간직한 지각을 밟아볼 수 있었고, 지구 생명 공통 조상의 화석이 잠들어 있는 지층을 볼 수 있는 체험을 할 수 있었다. 학습탐사에 꼭 필요한 기본지식으로서 지구대륙형성에 관한 판구조론과 생명, 대기, 지각의 물질들이 상호작용한 흔적인 호상철광층에 대하여 알아보자.

판구조론(Plate Tectonics)

오늘날 지구의 대륙이 어떻게 이 모양으로 형성되었는지를 알프레드 베게너는 대륙이동설로 설명하였다. 이는 해저확장설을 거쳐 현재 지구과학의 중심이론인 판구조론으로 발전한다.

대륙이동설의 경우, 당시 고생물학계에 글로솝테리스라는 페름기 때 식물화석이 발견되었는데, 북반구에만 없고 남아메리카, 아프리카, 남극, 인도, 호주 대륙 모두에서 발견되었다. 이 화석의 발견으로 남반구의 모든 대륙이 한때 모여있었을 거라고 간접적 추측을 할 수 있었다. 또한 대륙의 암석에 새겨진 빙하 흔적을 모두 모아 추적해보니 남극방향으로 일정한 방사성 지질학적 흔적이 나 있었다. 이로 인해 남반구에 있던 모든 대륙이 옛날에는 한 곳에 모아져 있었을 거라는 결정적 증거를 갖게 된 것이다. 다음 증거는 유라시아 대륙 한가운데인 히말라야 산맥에서 해양퇴적층인 오피올라이트가 발견된 것이다. 해양지각이 유라시아 대륙 한 가운데 나타난 것으로 지각이 이동한다는 사실을 알게 되었다.

이러한 생물학적, 지질학적, 지형학적 사실들은 대륙이 움직인다는 핵심적인 증거가 되었다. 이 이론이 인정받기 위해 많은 굴곡이 있었다. 베게너는 이를 증명하기 위해 그린란드 탐사를 하다가 그곳에서 얼어 죽었으며, 이런 증거가 있음에도 당시 과학계는 대륙이동설에 냉소적이었다. 그때까지의 과학지식으로는 지구는 고체이기 때문에 움직일 수 없다고 생각하였기 때문이다. 그만큼 이 이론이 가지는 혁신성은 놀라웠다. 최근에는 인공위성에서 레이저로 정밀 측정하여 대륙이 움직이는 것을 확실하게 증명하고 있다. 그리고 대륙이 움직이는 단적인 예로 1906년 샌프란시스코 대지진을 들 수도 있다. 대개 지질학적인 사건은 몇 천년, 몇 만년 단위로 발생함에도 불구하고, 단 며칠 사이에 갑자기 400m에 걸쳐 땅이 6m나 갈라진 것이다.

베게너 이후 100년 동안 많은 지질학자들이 대륙이동을 연구해 왔다. 특히 판구조론은 대륙의 형성, 해양지각의 형성과 해저확장, 암석권과 대륙이동, 화산, 지진의 발생 및 조산대의 분포 등 지질학적 주요현상을 포괄적으로 설

137억 년 우주진화 강좌에서 판구조론을 공부하는 장면.

명할 수 있는 이론이다. 판구조론은 암석권(Lithosphere)이라고 불리는 약 100km 정도 두께의 지구표면이 10여 개의 판(Plate)로 쪼개져 있으며, 이 판들은 상대적으로 연성인 연약권 위에서 서로 비껴가거나 수렴하거나 밀어지는 상대적 운동을 하는데, 서로 발산하는 곳에서는 생성되고 수렴하는 곳에서 소멸하는 연속적 운동 과정이 대륙이동을 포함한 주요 지질학적 현상을 만들어 낸다는 이론이다. 지구과학에서 판구조론은 생물학에서의 다윈의 진화론과 같은 중요하고 핵심적인 의미를 지닌 패러다임이다. 즉 판구조론은 46억 년 지구의 역사를 보는 기준이 되고, 동시에 앞으로의 지구의 대륙과 해양의 모습을 예상해 볼 수 있는 기준이론이다.

그런데 대륙이 움직인다면 대륙은 무엇이며, 실제로 움직이는 것은 무엇일까? '박문호의 베스트북' 코너에 첫 번째로 소개된 책이 〈바다탐구〉인데, 이 책에는 지구과학을 공부할 때 기본으로 삼아야 할 중요한 지구 단면구조에 관한 그림이 나온다. 이 그림을 정확하게 이해하여야 대륙이 뭔지 설명할 수 있다.

지구는 내부핵, 외부핵, 하부맨틀, 상부맨틀, 연약권, 암석권(지각포함)으로 된 성층구조로 되어 있다. 지각은 대륙지각과 해양지각으로 구분된다. 해양지각은 바다 밑에서 용암이 분출되어 점차 식어가며 확장된 현무암질 지각을 말한다. 현무암질 해양지각은 천천히 식으며 응축되어서 무게가 많이 나가고 대륙지각과 만날 때 700km까지 지하로 들어간다. 대륙지각의 평균두께는 40km이고 해양지각의 평균두께는 7km이다.

세계지도를 놓고 무엇이 움직이냐고 물으면 제대로 된 질문이 아니다. 지구단면을 보여주고 무엇이 움직이냐고 물어야 한다. 지구단면구조 중에서 어떤 것이 움직이는가. 지구 내부에서 액체인 것은 외핵이고 나머지는 고체여서 움직일 수가 없다. 대륙이 움직이는 것은 명확한데 그 자체가 움직이는 것인가. 아니면 그 아래 있는 것이 움직이는가. 이를 이해하는 것이 무엇보다 중요하다. 결론을 말하면 지각은 뗏목 위에 올라탄 승객일 뿐이다. 그 아래 뗏목이 움직이는 것이다. 뗏목이 바로 암석권이고, 판구조론에서는 판이 되는 것으로 연약권위에서 움직이는 실체이다. 이것이 판구조론에서 가장 핵심지식이 된다.

지각이 움직인다고 했을 때는 40km 두께의 지각이 움직이는 것이고, 판이 움직인다고 했을 때에는 100km 두께의 판인 암석권이 움직이는 것이다. 암석권이 움직인다는 결정적인 증거로 지표면에서 발견된 다이아몬드를 들 수 있다. 다이아몬드 결정이 형성되려면 온도가 1,000℃쯤 되어야 하고 압력이 40kbar 이상 되어야 한다. 지하 120km 부근만이 이런 조건이 형성되어 있고, 여기서 만들어진 다이아몬드가 용암과 함께 지표면에 분출되어 나오는 것이다. 다이아몬드가 지표면에 존재하는 것은 지하 100km의 부근의 물질이 지표로 순환되어 나온 증거이며, 나아가 100km 두께의 암석권이 순환한다는 것을 증명한 것이다. 암석권이 판이므로 결국 '암석권이 움직인다', '암석권이 순환된다', '판이 순환된다'는 말은 동일한 의미가 된다.

암석권이 어떻게 순환하는지 알아보자. 암석권끼리 충돌하여 해양지각이 섭입되고 상부맨틀과 하부맨틀의 경계면의 상부맨틀에 해양판 물질이 쌓인다. 해양판 물질이 쌓여 무거워지면 물방울처럼 하부맨틀 바닥으로 내려온다. 고온의 외핵이 외핵-맨틀 경계부의 맨틀물질 일부를 가열하여 상승류(Plume)를 형성하는 것이고, 이들이 지표면까지 도달하면 하와이 섬 같은 열점화산을 만든다.

넓은 맨틀물질이 가열되어 많은 물질이 상승하면 거대한 덩어리의 마그마가 기포처럼 돼서 거대상승류(super plume)가 만들어진다. 이것이 상부맨틀과 하부맨틀의 경계부까지 올라와 마그마 챔버(magma chamber)를 만들게 되고, 이들이 판을 뚫고 지표면까지 나오게 되면 육지에서는 열곡대(예: 동아프리카 열곡대)를 이루고 바다에서는 해저산맥(예: 대서양 중앙해령)을 이룬다. 해저산맥 같은 확장축에는 상부물질들이 계속 올라와 현무암질의 해양지각을 만들면서 옆으로 확장해 나간다. 해저가 확장되는 것이다.

해저확장이나 판구조운동은 고체의 대류가 일어난다는 증거이다. 대서양 중앙해령 하부의 뜨거운 물질이 상승하여 새로운 암석권을 만들고 이 암석권은 식으면서 옆으로 이동한다. 시간이 흐르면 오래된 암석권은 맨틀층으로 침강하고, 맨틀물질로 흡수된 후 다시 가열된다. 물론 이런 맨틀대류에 대하여 약간의 이견이 있다. 즉 맨틀의 상부에서만 대류가 일어난다는 견해와 하부맨틀을 포함한 맨틀전체에서 대류가 일어난다는 견해간의 세부적인 논쟁이 그것이다. 어떤 결론이든지 지구가 탄생한 이래로 이런 대류과정이 일어나 맨틀에서 지표면으로 열이 전달되어 지구가 냉각되었다고 생각하는 것은 동일하다.

판구조론 운동을 통해 지구대륙의 지질학적 현상을 알기 위해서는 판의 경계를 이해하는 데서 출발하여야 한다. 판의 경계끼리 만났을 때 무슨 일이 일어나는가? 세 가지 종류의 판 경계작용 형태를 구분하고, 이를 통해 지질학적 현상들을 이해해 보기로 하자. 발산경계는 판들이 서로 멀어지면서 새로운 지각이 만들어지는 곳이다. 수렴경계는 하나의 판 아래로 다른 판이 밀려 들어가면서 지각이 파괴되는 곳이다. 변환단층경계란 새로운 암석이 만들어지거나 파괴되지 않고 판들이 수평으로 미끄러지는 곳이다.

발산형의 경계들은 해저가 확장되는 중심을 따라 위치하고 있으며 바다의 탄생지이다. 오늘날 대서양 중앙을 가로지르는 산맥이 대표적인 발산형 경계이다. 대서양 해저산맥에서 새롭게 형성되는 해양지각에 판이 수평으

이동 중에 학습에 전념하는 탐사대원. 보웬반응 암기중.

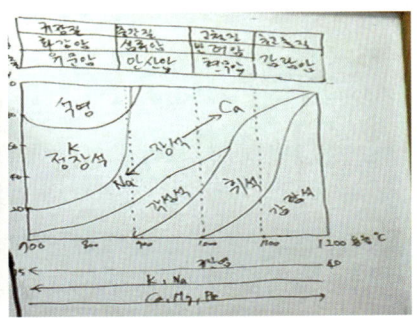
보웬반응 도표는 학습탐사의 필수지식.

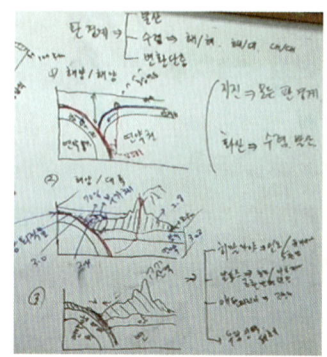 

판경계에서 일어나는 작용을 공부하는 장면.   2011년 〈137억년〉강의는 4시간씩 14번이 진행되었다.

로 밀리면서 계속 서로 멀어질 때, 이들 판 위에 떠 있는 남북 아메리카 대륙과 아프리카와 유럽대륙이 덩달아 멀어진다. 이때 생기는 틈으로 바닷물이 유입되면서 대서양이 된 것이다. 이런 작용이 벌어지고 있는 동아프리카 열곡대도 먼 미래에 큰 바다가 만들어진다고 예상할 수 있겠다.

수렴형 경계는 판들이 서로 충돌하면서 지각이 파괴되고 재순환되는 격전장이다. 수렴형 경계는 판들이 마주치는 곳이다. 마주치는 두 종류의 지각인 해양판과 대륙판의 조합에 따라 해양판과 해양판, 해양판과 대륙판, 대륙판과 대륙판 충돌의 세 가지 형태를 생각할 수 있다.

첫 번째 평균두께 7km인 해양판과 해양판이 충돌하면 속도가 빠른 판이 천천히 움직이는 판의 밑으로 내려간다. 두 판이 만나는 부위를 섭입대라 하며 깊은 골이 만들어진다. 그리고 바다의 가장 깊은 해구를 형성하고 느리게 움직이는 해양판의 안쪽에 화산활동과 이로 인한 여러 개의 섬들이 형성된다. 대표적인 지역으로 마리아나 제도를 들 수 있다. 마리아나 해구는 그 깊이가 11,000m로 에베레스트 산의 길이보다 깊다. 해구에서 평균두께가 7km 정도의 해양지각이 지하 100km까지 물과 함께 들어간다. 이 지점에서 물이 분리되어 나오며 물질들을 감압 용융시켜 마그마를 만든다. 이 마그마가 지표로 흘러나와 해저지각에 쌓이면, 예를 들어 필리핀 안쪽의 화산섬과 괌 혹은 사이판 등의 호상열도가 된다.

두 번째 해양판과 대륙판이 부딪히면 무거운 해양판이 가벼운 대륙판 밑으로 가라앉으면서 해양 쪽에는 해구가 만들어지고, 대륙판에서는 섭입하던 지각이 녹아서 다시 대륙위로 솟아 오르면서 화산활동을 통해 높은 산맥을 만든다. 대륙지각은 티벳 고원 같은 경우에 두께가 60~70km까지 되지만 평균해서 40km 정도이다. 대륙으로부터 흘러온 유기물이 유입되어 바닷물에 쌓인다. 얼마나 빨리 쌓일까? 2cm씩 쌓이는데 1,000년이 걸린다. 100만 년이면 2m, 1,000만 년이면 20m, 1억 년이면 200m. 해양퇴적물이 컨베이어 벨트에 실려가듯 수백 미터씩 쌓여 대륙판에 부가해준다. 이것을 부가체라 한다.

이 부가체로 인하여 대륙이 자라는 것이다. 해양퇴적물이 70%가 대륙으로 부가되고, 30%가 해양지각과 함께 지구 내부로 섭입된다. 섭입된 지각은 마그마를 생성시키고 화산으로 분출된다. 안데스산맥과 칠레해구가 대표적인 사례이며 미국북서부의 로키산맥도 역시 같은 예이다. 이들은 대륙판과 해양판이 만나서 생긴 것이다. 해양판과 대륙판의 충돌 및 맨틀층 대류작용과정에서 이들의 물리작용을 결정하는 주요 인자가 밀도이다. 밀도가 운명이 된다. 밀도가 무거운 것이 밑으로 들어가기 때문이다. 맨틀층은 비중이 3.3, 대륙지각이 2.8, 해양지각이 3.0, 해양퇴적물은 2.4로 서로 다른 차이를 보인다.

대륙지각이 빙산처럼 떠 있는데, 가벼운 밀도의 부가체를 더해주면 전체 덩어리의 평균밀도가 가벼워질 것이다. 가벼워지면 계속 위로 간다. 그래서 로키산맥은 계속 위로 가는 것이다. 해양판과 대륙판이 만나는 작용과 부가체의 작용이 더해지는 안데스 산맥은 더 빨리 높아지고 있다. 안데스 산맥이 높아지는 반면 강우에 의해서 침식되기도 할 것이다. 하지만 깎여 나가는 속도보다 부가체에 의해서 올라가는 속도가 더 빠르다.

마지막으로 대륙판과 대륙판이 만났을 때를 보자. 이들 두 판은 밀도가 가벼워 모두가 가라앉을 수 없기 때문에 솟아오르고 주름이 잡히면서 융기한다. 이런 대표적인 사례가 5,000만 년 전에 인도판과 유라시아판이 충돌하여 솟아오르기 시작한 히말라야 산맥이다. 알프스 산맥은 8,000만 년 전

유라시아판과 아프리카판이 충돌하며 솟아 올라간 것이다. 애팔래치아 산맥은 고생대부터, 우랄 산맥은 페름기부터 높아지고 있다.

변환단층경계는 두 개의 활발히 움직이고 있는 확장축을 연결시키는 구조로 1906년 샌프란시스코 대지진이나 LA근처의 대지진이 이 구조의 판구조운동과 관련이 있다.

지진과 화산 등의 지질학적인 현상들은 판 경계에서 생긴다.

호주대륙의 형성과 지형

대륙의 형성

약 2억 5천만 년 전 트라이아스기 초기에 판게아(Pangaea)라 불리는 하나의 거대한 대륙이 뭉쳐졌고 판탈라사(모든 해양을 뜻하는 그리스어)라는 거대 해양에 둘러싸여 있었다. 판게아는 약 1억 8천만 년 전부터 분리되기 시작하여 북쪽의 로라시아(Laurasia)는 북으로, 남쪽의 곤드와나(Gondwana) 대륙은 남으로 움직이기 시작한다. 1억 6천만 년 전 곤드와나 대륙이 판게아에서 분리되어 나오면서 남아메리카, 아프리카, 인도, 오스트레일리아, 남극 대륙이 형성되었다.

1억 5000만 년 전 쥐라기 말에 대서양이 일부 열리고 북반구 로라시아 대

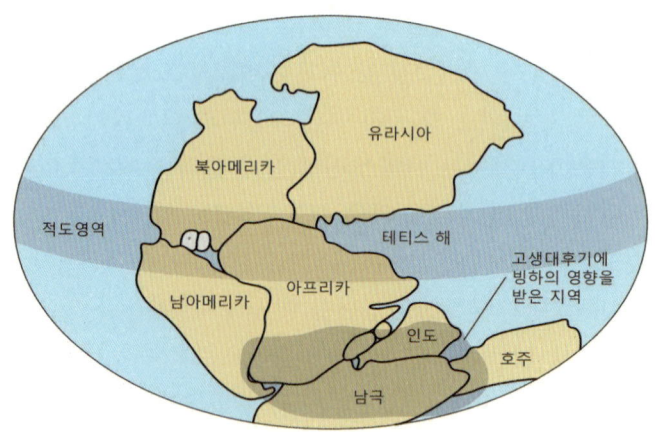

초대륙 판게아(Pangaea)의 모습.

초대륙이 분리되는 모습.

륙이 남반구 곤드와나 대륙으로부터 거의 분리되었다. 인도, 남극, 그리고 호주는 아프리카로부터 분리되기 시작했다.

6500만 년 전 백악기 말에는 대서양이 넓어지면서 아프리카와 남아메리카 사이가 멀어지게 된다. 이때 남극대륙과 함께 호주대륙이 다른 대륙과 완전히 떨어지게 된다. 고립된 호주대륙은 생물학적 독창성을 보존하게 된다. 그러나 이때까지는 남극에 붙어 있어서 빙하에 의해 더 이상 진행하지 못할 때까지 남극 쪽으로 이동한다. 그 후에 인도판은 아시아 판에 부딪히고, 호주대륙은 남극으로부터 분리되어 서서히 적도 쪽으로 움직이게 된다. 이제 호주대륙은 점차 따뜻해지고 건조한 기후로 바뀌게 된다.

카리지니 국립공원 방문자센터에서 서호주대륙의 형성과 지층에 대해 공부하는 탐사대.

서호주와 한반도는 이웃이었다

한반도는 인도판이 움직이기 시작한 훨씬 전에 생긴 대륙이동과 충돌의 산물이다. 고생대 말에 곤드와나대륙 북쪽에서 호주와 이웃하던 작은 땅덩어리였던 것이다. 우리가 탐사한 서호주 일대가 한반도와 나란히 붙어 있던 땅이라니 놀랍기도 하거니와 서호주가 더 가깝게 느껴지게 된다. 전북대학교 김광호 교수는 「최신 지구학」(박자세 베스트북)의 〈한반도는 어디서 왔을까?〉, 〈한반도의 이동과 충돌〉이라는 논문에서 이 부분을 자세히 논증하고 있다.

판구조론에 입각한 한반도의 과거 이동 경로는 고지자기학을 통해 직접적으로 밝혀졌다. 지구의 자기는 북극과 남극이 평균적으로 20만 년에 한 번씩 바뀐다. 쥐라기 때에는 100만 년 동안 4번 바뀌었다는 기록이 있다. 지구 상 모든 암석은 자성광물을 포함하고 있다. 그 중 화산에서 분출된 용암은 자성을 띠고 있는 자철석(Fe_3O_4)을 가장 많이 포함하고 있다. 자철석은 지구 자기의 영향을 받아 자화되어 극성을 띠고 용융상태에서 움직이는데, 지구 자기장과 평행한 방향으로 놓이면서 굳어지게 된다. 남극과 북극을 극점으로 지구를 둘러싼 자기장은 특정한 위도에서 지표면과 일정한 각도를 이루게 된다. 이렇게 자석의 침이 지표면에 대해서 기울어지는 정도를 복각이라고 한다.

복각은 극지방에서는 90°이고 적도에서는 0°이며, 북위에서는 플러스(+)각도 남위에서는 마이너스(-)각도이다. 지구자기장과 평행을 이루는 자화된 암석들 역시 그 위치에서 수평면과 복각을 이루게 된다. 자기장을 띤 화성암과 퇴적암 등은 당시의 특정한 복각을 지닌 채 굳어져서 당시 지구 자기장의 방향을 가리키고 있다. 암석을 방사성동위원소에 의해 연대측정하고 구멍을 뚫어서 내부 암석의 자화를 측정하여 당시의 복각을 알아내면, 이 암석이 어느 시기에 어느 위도에 생성되었는지 알 수 있다. 이런 방식대로 대서양 해령의 암석을 등간격으로 채취해 조사해보니 용암이 분출된 지점에서 멀어질수록 오래된 암석임이 판명되었다. 각 지점의 지자기를 재보면 정방향과 역방향이 교번하고 있음을 알게 되고, 그 자료를 맞춰보면 얼마의 시간 간격으로 멀어지기 시작했는지 측정할 수가 있다.

고지자기이론을 바탕으로 경남 산청에서 하동에 이르기까지 남북으로 길게 분포한 회장암이라는 화성암층을 조사했더니 흥미로운 결과가 나왔다. 이 암석이 형성된 시기는 17억 년 전후의 중기 원생대에 형성되었으며, 고지자기 복각이 평균 -54°였다. 마이너스(-)복각은 남반구에서 가능한 현상이며, 54°는 위도 35° 지점에서 지구자기장과 수평면이 이루는 복각이다. 결론은 17억 년 전 중기 원생대 동안 한반도가 호주의 서부에 붙어 있었다는 것이다.(남위 35°).

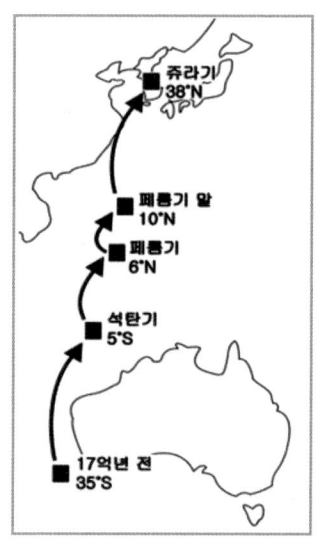

판구조론에 따른 한반도의 이동경로.

대략 3억 6천 만년 전 석탄기 때 한반도는 남위 5도에 있었다. 페름기에 북위 6°, 페름기 말에 북위 10°까지 올라온다. 그 후 중생대 트라이아이스기 말에서 쥐라기 초에는 북위 23°까지 올라왔고, 쥐라기부터 북위 38°에서 머물고 이동하지 않았다.

우리나라에 분포하는 백악기, 신생대 제3기, 제4기의 지층들로부터 복각을 측정해도 쥐라기의 화강암과 비슷한 복각이 측정되어 한반도 위도의 변화가 일어나지 않았음을 알 수 있다.

「한반도 30억년의 비밀」이라는 책의 1권 '적도의 땅'은 지난 10억년 동안 한반도가 움직인 것을 자세히 기술하고 있다. 이는 박문호의 자연과학세상에 베스트 북으로 추천된 탁월한 책이기도 하다. 그 외에도 KBS특집 다큐멘터리가 있다.

한반도가 서호주로부터 유래했다는 다른 지질학적 증거는 원생대 회장암의 세계적 분포 양상이다. 한반도를 호주의 서부에 놓으면, 중기 원생대와 초기 고생대 동안 옹기종기 모여 곤드와나 초대륙을 구성했던 남미, 아프리카, 마다가스카르, 인도, 남극대륙, 호주 등지에 분포하는 중기 원생대의 회장암들이 한반도의 것과 잘 어울려 원형의 띠를 이루는 것이다. 이와 같이 중기원생대의 고지자기와 회장암의 분포가 한반도의 고지질을 증명하는 것이다.

또 다른 생물학적 증거로 만 종이 넘는 삼엽충을 사례로 들 수 있다. 우리나라에서 발견된 삼엽충만 200종이 넘는다. 특히 우리나라 강원도에서 삼엽충 화석이 많이 나온다. 그것이 호주 한 가운데 울룰루에서 발견된 삼엽충의 종들과 비슷하다. 이는 당시에 강원도가 호주와 이웃하고 있었음을 알게 해 준다. 서호주가 아주 가깝게 느껴지는 재미있는 사실이다.

대륙의 지형

호주는 한반도 면적의 35배인데, 그 중 90% 이상이 사막이나 고원으로 이루어져 있다. 대륙전체의 평균 고도가 330m인 평평한 지형이며 세계에서 가장 낮은 대륙이다. 최고 높은 산인 코지우스코(Kosciuszko)의 높이가 우리나라 한라산보다 약간 높은 2,228m밖에 되지 않는다.

호주대륙을 지형적으로 보면 크게 동부고지와 중동부 저지, 서부대고원으로 구분된다.

동부고지는 대륙의 동부 쪽으로 북에서 남으로 대분수 산맥이 뻗어 있으나, 고지의 연속일 뿐 높은 산이 없고 넓은 평탄면을 이루고 있다. 대분수 산맥에서 평야 지역에 걸쳐서 많은 석탄광이 개발되어 있다. 남부 호주의 알프스 산맥은 7~8월의 적설기에 겨울 스포츠의 최적지가 되고 있다.

중동부의 저지대는 평균 해발 고도 약 150m 이하로 대륙의 중앙부에서 동쪽으로 펼쳐져 있는데, 과거 바다 밑이었던 이곳에서는 지금도 도처에서 백악기의 어패류 화석이 발견되고 있다. 사우스 오스트레일리아 주의 에어호는 해면보다 약 10m 나 낮다.

서부 대고원은 평균 해발 고도 300m 안팎의 주로 편마암석 사막 지대로 웨스턴 오스트레일리아 주와 노던 테레토리의 절반, 사우스 오스트레일리아 주와 퀸즈랜드 주의 일부가 여기에 해당한다. 중부의 맥도널 산맥, 머

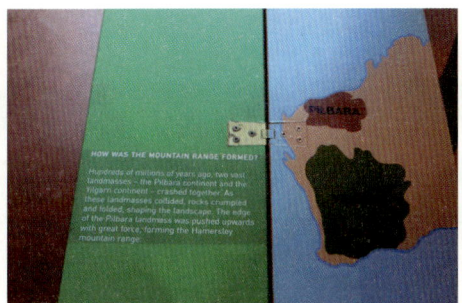
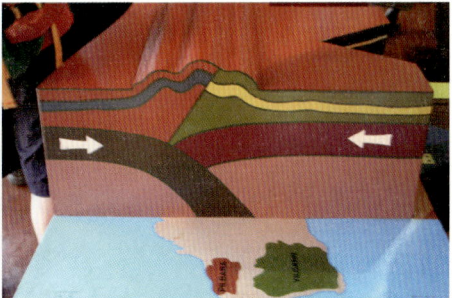

카리지니 국립공원의 방문자 센터에 있는 서호주 지역 형성에 관한 모형물.

스 그레이브 산맥과 서부의 해머즐리 산맥, 오프탈미아 산맥의 사이는 극도로 건조해서 지역의 대부분은 풀과 관목으로 덮여있으며, 하천은 간헐성 하천으로 염호가 많다. 1960년대부터 본격적인 지하 자원의 개발이 시작되어 방대한 철광석과 보크사이트가 발견되었다.

이번에 우리가 탐사한 서호주 일대는 필바라(Pilbara)와 일간(Yilgarn) 두 판이 수렴하여 만든 지형으로, 특히 카리지니지역은 황홀한 협곡과 지층을 형성하고 있다.

호상철광층(카리지니)

호주대륙이 품고 있는 지질 생물학적 의미는 참으로 깊고도 다양하다. 카리지니 철광산도 그 중의 중요한 하나로써, 붉게 물들어 있는 대지와 그 속에 깊게 패어있는 지층이 던지는 의미는 경이롭기까지 하다. 온통 붉은 대지와 지층은 어떻게 형성된 것인지? 어떤 구조를 이루고 있는지? 끝없는 질문이 떠오른다. 오랜 세월 대지가 물길에 의해 깊이 파여 드러난 지층만이 지구구조가 얼마나 복잡한 것인지를 상상할 수 있게 한다.

연구결과 호상철광층(banded iron formation)은 스트로마톨라이트와 밀접한 관계를 가지면서 형성된 것으로 밝혀졌다. 스트로마톨라이트는 지구역사에서 생명의 출현과 대기산소의 형성을 설명하는 지표생물이기에 지질생물학적으로 매우 중요한 연구자료가 된다. 따라서 호상철광층은 단순한 지질과 암석의 차원을 넘어서는 지구 초기생명의 간접증거이며, 생물진화와 지질과 대기의 상호작용에서 생성된 지구환경의 산물로 접근되어야 한다.

먼저 호상철광층이 형성될 때의 전체과정을 살펴보자. 지구에 바다가 형성된 후 대략 35억 년 전쯤에 바다에서 시아노박테리아 같은 광합성 박테리아에 의해 탄소동화작용이 시작되었다. 그 결과로 산소가 바닷물 속으로 녹아들면서 산소의 농도가 올라가고 바닷물 속 산소가 거의 포화상태가 된다. 이때 해수에 포함된 산소와 지구표면에서 씻겨 내려간 철 성분이 결합해 산화철이 형성되어 대양의 바닥에서 누적되면서 층상 만들기를 수억 년 동안 반복하여 거대한 산화철광층 지질구조를 만든 것이다. 카리지니 철광층도 이런 과정을 거쳐 형성되었고 현재 세계적인 철광산지가 되었다.

바닷물 속에 있는 철 성분이 대부분 산화철이 되어 침전된 이후부터 광합성의 결과로 생성된 산소는 바다에 포화 되고 나머지는 대기 중으로 올라

20억 년 전에 형성된 지구역사의 숨결을 간직한 카리지니 국립공원의 호상철광층 위를 걷는 탐사대원들.

카리지니 국립공원 데일스(Dales) 협곡 Circular Pool의 지층 – 지층 상부는 화산활동으로 형성된 용암이 식어서 굳어진 최근 지층이고 중간은 퇴적층이고 맨 밑의 층은 20억년 전에 형성된 철광층이다. 이 지역 지층을 대표하는 모습이다.

가게 된다. 그 결과 산소가 대기에 농축되기 시작하였고, 산소로 호흡하는 다양한 생명체의 출현이 가능해진 것이다. 즉 생명의 진화가 이루어질 수 있는 토대가 마련된 것이다. 카리지니 철광산이 가지는 의미는 주로 산소의 생성과 관계가 있다. 다양한 생명체 출현과 밀접히 연관된 산소의 농도야말로 지구의 역사에서 가장 중요한 역할을 하는 주연배우였다. 따라서 산소와 철이 결합하여 만든 호상철광층에 대한 연구는 지구의 역사연구와 지질조사에서 중요한 분야 중 하나가 된다.

지구 생명의 역사에서 가장 중요한 세 가지를 꼽으라면 원핵생물의 등장, 지구 대기의 산소 농축, 진핵생명체의 출현을 들 수 있다. 그 중에서 산소가 생명현상의 진화를 가속시켰다는 점에서 대기의 산소농축은 매우 중요하다. 더구나 지구만이 대기 중에 산소가 있다는 점에서, 이는 태양계의 다른 곳에서는 찾아볼 수 없는 독특한 현상이기도 하다. 현재 수준의 지구 대기 중 산소의 농축은 대략 20억 년에 걸쳐 점차적으로 이루어진 것으로 생명체의 탄소동화작용이 낳은 결과이다.

이처럼 호상철광층은 생명과 대기와의 관계에서 형성된 것으로 판단된다. 이 점을 보다 넓은 관점에서 살펴보면 지구 내의 모든 물질들은 서로 영향을 주는 밀접한 관계를 가지고 상호 진화하였다고 정리할 수 있다.

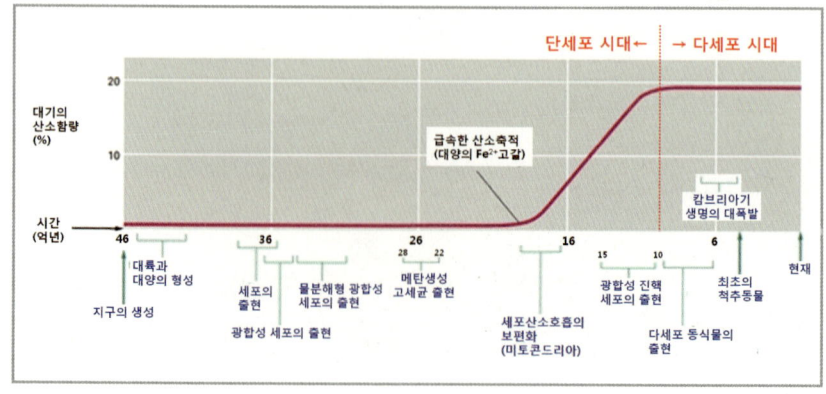

지구의 산소 변화와 생명 진화의 역사.

퍼스 서호주자연사박물관에 지구 여러 장소에서 발견된 호상철광층이 전시되어 있다.

카리지니 철광산은 어떻게 형성된 것일까

호상이란 띠의 모습을 하고 있다는 뜻이다. 그러므로 호상철광층은 띠모습을 하고 있는 철광층을 의미한다. 하얀띠와 붉은띠가 교대로 보이는데, 카리지니 철광층은 하얀 띠보다는 붉은 띠가 보다 선명하게 보인다. 본래 철광층은 처트질의 암석에 산화철광물인 자철석과 적철석이 많이 포함되어 선명한 붉은색 띠를 이루고 있다. 처트질의 암석은 규산염을 함유한 석영알갱이로 이루어진 치밀하고 단단한 퇴적암이다. 따라서 내포한 불순물에 따라 검은색, 회색, 녹색, 갈색, 붉은색 등으로 색조변화가 다양하게 나타나는바, 산화철이 함유되면 붉은색 띠를 가진 암층을 이룬다.

호상철광층은 산화철의 퇴적층(붉은 띠)과 그렇지 않은 퇴적층(하얀 띠)이 교대로 얇은 층을 이루어 겹겹이 쌓여진 모습의 퇴적암으로 만들어진 지층이다. 붉은 띠와 하얀 띠의 퇴적이 만들어진 이유는 바닷물 속의 산소농도 때문이다. 산소농도가 일정 수준을 넘으면 산소는 바다에 함유되어 있던 철이온과 화학반응을 하여 산화철이 되고, 그 산화철이 퇴적하여 하나의 지층을 이룬다. 하지만 일정 이하의 산소농도에서 철이온은 대규모로 산화되지 않으므로 침전하지 않게 된다. 대신 점토나 부유물, 혹은 모래 등이 퇴적하여 비교적 하얗게 보이는 퇴적층을 만드는 것이다. 산소농도의 변화에 따라 산화철의 적갈색층과 백색계열의 퇴적이 번갈아 이루어

퍼스 자연사 박물관에 전시된 서호주의 대표적인 호상철광층.   카리지니 국립공원의 협곡을 이루는 철광층.

지는 해저지층이 형성되는 것이다.

그 퇴적층이 비록 26~19억 년 전에 해저면에 침적되었지만 지각의 변동 등으로 인해 현재는 지구 곳곳에서 그 모습을 드러내고 있다. 전 세계에 분포한 호상철광층은 오늘날 우리가 사용하는 대부분 철의 원천이다. 세계적으로 매년 채굴되는 철광 중에서 호상철광층이 차지하는 비율이 대략 90%를 차지하는 것이다. 우리나라가 수입하는 철광석도 약 55% 정도는 이번에 우리가 탐사한 호주서부의 필바라 노천 호상철광층에서 온 것

서호주의 철광산. 20억 년 전에 형성된 철광층이 깎여서 만들어졌다.

이다. 이 전체 과정을 생각해보면, 그 먼 시대의 지질현상이 오늘날 우리의 삶과 밀접하게 연관되어 있다는 사실에서 인연의 깊이라는 말이 떠오른다. 서호주를 탐사하는 것은 단순하게 볼거리 관광차원을 넘어서서 참다운 학술탐사의 깊이를 더할 수 있는 여정이 된다.

호상철광층에 고정된 산소의 양이 현재 대기 중의 산소양보다 20배 정도는 많다. 이러한 특성은 당시 산소농도의 극심한 변화를 추측할 수 있게 한다. 물론 이 철광층은 지금의 바다에서는 형성되지 않는다. 바다의 철 농도가 지극히 낮기 때문이다. 정확하게 호상철광층은 지난 18억 5,000만 년 동안 생기지 않았던 것이다. 이는 그 이전에 바다에 녹아있던 대부분의 철 이온이 산소와 결합하여 호상철광층에 집적되었기 때문이다.

따라서 그 시기의 바닷속 산소량이 초기에는 거의 없었지만, 탄소동화작용을 하는 생명체의 도움을 받아 급격히 늘었다가 산화철의 형태로 집적되었고, 그 후에는 다시 점차로 줄어드는 변동을 거쳤을 거라고 생각할 수 있다. 바닷속에서 광합성 박테리아인 시아노박테리아 같은 생명체의 급격한 번성과 산소의 발생, 바다 전역에서 이루어진 산소와 철 이온의 대규모 화학반응과 퇴적, 남은 산소의 대기에로의 확산 등이 있었던 것이다. 이를 생각해볼 때 지구 역사 전반기인 19억 년 이전에는 극심한 대기의 변화가 있었고 호상철광층은 그 변화의 소산으로 당시 해양 퇴적물의 가장 일반적인 구조였다고 추정할 수 있다.

산소의 증가가 생명체에 의해 증가가 이루어졌다면, 20억 년 이전에 어떤 생명체가 그 거대한 변화를 이루었을까. 일반적으로 광합성작용을 하는 최초의 원생생물인 시아노박테리아의 출현으로 설명한다. 남조류인 시아노박테리아의 집적체인 스트로마톨라이트는 전 지구적으로 번성하였고, 더불어 산소의 농도도 급격히 증가하였던 것이다. 이처럼 산소발생의 흔적인 스트로마톨라이트 화석은 전 지구적으로 발견되고 있으며 우리나라에서도 많이 발견된다. 서호주의 샤크베이에서는 아직도 스트로마톨라이트가 자라며 산소를 생성하는 모습을 볼 수 있다.

철광층은 시생이언 초기의 대기와 바다에 산소가 희박했음을 증명한다

철광층이 시생대 초기의 대기와 바다에 산소가 희박했음을 보여주는 지질학적 증거라고 말한다. 약 18억 년 전에 철광층이 존재했다는 사실은 초기 지구의 바다와 대기에는 산소가 아주 오랫동안 매우 희박한 상태였음을 암시하기 때문이다. 생명이 탄생했을 무렵 산소의 농도가 낮았다가 높아지는 변화의 과정을 보여주는 증거는 지질학적으로 많이 남아 있다.

초기의 지구에 산소가 희박했다는 가능성을 뒷받침하는 설득력 있는 증거가 황철석의 존재이다. 황철석(Pyrite)은 태곳적 강이 시생대와 원생대 초기의 해안평야를 가로질러 구불구불 흐를 때 퇴적된 자갈과 모래에서 나온다. 유기물이 풍부한 이 퇴적물에 포함된 황철석은 지표면 아래서 황산염환원세균이 생산한 황화수소가 산소가 희박한 지하수에 용해된 철과 반응하여 형성되었다. 그런데 황철석은 암석 속에서

철광석 종류와 분자식에 대하여 강의하는 박문호 박사.

많이 발견됨에도 암석이 침식을 받아 생기는 퇴적물 알갱이에는 없다. 산소가 많은 지구환경에서는 황철석이 침식을 받아 공기 중에 노출되면, 산소에 의해 분해되어 사라지기 때문이다. 따라서 황철석(Pyrite)이 존재하는 지층은 당시 그 지역에 산소가 희박함을 증명하는 지표가 되는 것이다.

탄산철($FeCO_3$)로 이루어진 능철석(Siderite)과 산화우라늄(UO_2)으로 이루어진 우라니나이트(Uraninite) 역시 산소에 민감하기 때문에 산소존재여부를 증명하는 지표광물이 된다. 두 광물 모두 오늘날의 해안 근처 범람원의 퇴적물 속에서 발견되지는 않는다. 하지만 22억 년보다 더 오래 전의 강에서 형성한 퇴적물 속에 황철석 알갱이와 함께 발견되고 있다. 이는 지구생성 초기에 형성된 황철석, 능철석, 우라니나이트가 암석 표면에 노출되어 풍화와 침식에 의해 깎여나간 뒤, 강물 속에 뒹굴다가 그대로 범람원에 쌓

퍼스의 자연사박물관에 전시된 서호주산 황철석.

퍼스의 자연사박물관에 전시된 서호주산 능철석.

였던 것이라고 볼 수 있다. 이 광물들은 초기 지구에서 그들을 분해하여 없애버릴 정도의 농도를 가진 산소를 만나지 못한 것이다. 따라서 당시에는 산소가 희박하였다고 말할 수 있다.

여기서 잠깐, 서호주의 호상철광층과 비교해서 미국 애리조나 주, 유타 주의 인상적인 협곡의 붉은빛 사암과 셰일을 구분할 수 있어야 한다. 이 암석들은 지질학 용어로 붉은층(red beds)이라고 불리는 바, 모래 알갱이 위에 씌워진 산화철 때문에 붉은 빛을 띠는 것이다. 산화철은 표층의 모래석에서 만들어 지는데, 이는 오직 그들을 씻어내는 지하수에 산소가 포함되어 있을 때만 형성된다. 산소에 민감한 황철석, 능철석, 우라니나이트가 사라지면서 약 22억년 전 이후에 퇴적된 지층에만 가능한 것이다. 즉 서호주의 호상철광층은 20억년 전에 형성된 것이고 미국의 레드베즈는 지구생성 22억 년 후에 형성된 비교적 새로운(?) 지층인 것이다. 이런 현상은 22억 년보다 더 오래된 시대에는 대기와 표층수에 포함된 산소가 적었음을 말해준다. 물론 지금보다 얼마나 적었느냐는 문제를 두고 학계에서 논란이 분분하지만, 그 상한선을 현재 산소농도의 약 1% 본다. 어쩌면 훨씬 낮았을 수도 있다.

원생이언 초기의 환경변화를 말해주는 또 다른 증거는 토양이다. 토양은 암석과 공기가 만나는 곳에서 형성된다. 따라서 토양은 어떤 경우이든지 생성 당시의 대기화학조성을 반영하는 것이다.

산소가 적은 환경에서는 모암이 풍화될 때 철이 2가 철이온[Fe^{2+}]의 형태로 방출되어 산소가 희박한 지하수에 용해된 채 떠내려간다. 하지만 산소가 많아졌을 때는 풍화된 철이 불용성의 산화철로 바뀌어 그 자리에 남게 되었을 것이다. 물론 이런 관찰로부터 대기의 산소를 정량적으로 정확히 추측하는 것은 어려운 일이다. 모암의 화학조성을 알아야 하고 태고의 대기에 존재했던 이산화탄소의 양을 추측해야 하기 때문이다. 따라서 대기의 산소가 적어도 현재 농도의 15%에 이르렀다는 결론은 옳을 수도 있고 틀릴 수도 있다. 하지만 24~22억 년 전쯤에는 공기가 숨 쉴 만해졌다는 결론은 분명해 보인다.

철광층, 붉은층, 산소에 민감한 광물, 토양 같은 산소부족을 증명하는 지질기록은 그 시기와 범위에 관해서 여전히 논란이 남아 있다. 이제 지구전체의 환경을 알려주고 있는 몇 가지 생물화학적인 지표를 살펴보자. 대표적인 것이 퇴적암 속의 탄소와 황 동위원소 비율이다.

오늘날 지층의 유기물과 석회암에서의 탄소동위원소 ^{13}C와 ^{12}C의 존재비가 25%쯤 차이가 난다. 하지만 예외적으로 22~23억 년 전보다 오래된 암석에서는 약 45%의 분별효과가 나타난다.(분별효과: 어떤 원소의 동위원소들은 원자량이 다르기 때문에 몇몇 화학반응에서 다르게 행동한다. 즉 광물에 포함된 동위원소와 생명의 작용으로 만들어진 유기물에서의 동위원소 비율이 차이가 난다. 생명의 작용에서는 가벼운 질량의 동위원소가 더 쉽게 결합하여 유기물속에 가벼운 동위원소의 비율이 높다. 이처럼 화학반응에서 나타난 동위원소 비의 양적 차이를 동위원소 분별효과라 한다.)

그렇게 큰 분별효과는 초기 지구는 지금까지와는 다른 대기구성을 가지고 있었음을 알려준다. 그런 큰 분별은 비산소 물질대사를 하는 광합성생물, 메탄생성고세균, 메탄산화세균이 결합하여 만든 결과로 시생이언부터 원생이언 초기까지 지구전체 탄소순환의 형태를 알게 해주는 것이다.

한편 황산염환원세균은 황동위원소의 분별효과를 일으킨다. 황산염은 일부 광합성을 통해서 생산할 수 있지만 대부분은 황을 함유한 화산가스나 황철석의 결정이 산소와 반응하여 생성된다. 도널드 캔필드는 시생이언 퇴적물에 포함된 황동위원소 분별효과가 특별히 적었음을 밝혔다. 황동위원소의 분별효과는 원생이언 초기의 암석에 증가하는 반면, 탄소동위원소의 분별효과는 줄어들기 시작한다. 이런 동위원소 측정결과는 원생이언 초기에 산소농도가 높아지기 시작함을 뒷받침한다.

대기에 산소가 고이기 시작하던 시기
황동위원소의 분별효과를 통해 지구역사의 어느 시기에 대기에 산소가 고이기 시작했는지를 알 수 있다. 대부분의 화학적, 생화학적 과정들은 질량에 따라 동위원소를 분별한다. 하지만 상층대기에서 빛이 일으키는 화학반응들 같은 몇 가지 과정은 질량에 상관없이 동위원소를 분별한다. 태고의 암석에서 이러한 과정의 화학적 지문을 발견하려면 모든 종류의 황동위원소를 빈틈없이 측정해야 한다. 캘리포니아 대학의 마크 티먼스의 연구팀은 운석으로 지구에 떨어진 화성의 표본에 포함된 황동위원소를 고감도 장치로 측정했는데, 초기의 화성에서 황순환이 질량 비의존적인 분별효과를 일으키는 대기과정의 지배를 받고 있었다는 사실을 알았다.

티먼스 연구팀의 제임스 파쿠아는 지구에서 가장 오래된 지층에 포함된 석고와 황철석에도 질량 비의존적인 황동위원소의 흔적이 남아 있음을 증명했다. 지구화학계가 놀랄만한 발견이었다. 초기 지구에 나타났던 이러한 황의 화학특성은 화성처럼 산소가 희박한 대기에서만 일어날 수 있는 광화학 과정들의 결과인 것이다. 그런데 24억 5000만 년 전 이후부터는 동위원소에서 이런 흔적이 사라진다. 이런 사실은 원생대 초기로 접어들면서부터 지구의 대기에 산소가 고이기 시작했다는 사실을 알려주는 것이다. 요컨대 모든 지구생물화학 흔적들은 한결 같이 당대의 대기 산소가 급격히 증가하였음을 증명하고 있다. 약 24~22억 년 전쯤에 지구의 대기는 산소의 혁명이라는 격심한 변화를 겪었던 것이다.

호상철광층은 산소혁명의 흔적이다

오랫동안 지속되던 산소가 희박한 상태에서 산소가 비교적 풍부한 상태로 지구환경이 변화한 이유가 무엇일까? 결론을 말하면 시아노박테리아의 광합성의 진화가 원생이언 초기의 산소혁명을 일으켰다고 말할 수 있다. 하지만 광합성만으로는 대기의 변화를 설명할 수 없다. 광합성으로 생기는 산소와 호흡으로 소비되는 산소가 균형을 이루는 상황에서는 광합성이 아무리 많이 일어난다 해도 산소가 대기와 바다에 고일 수 없기 때문이다. 또한 대륙의 풍화와 화산가스와의 반응으로 산소소비가 많으면 산소축적이 어렵다.

따라서 중년기 지구의 환경을 변화시키는 구체적인 요인으로 다음의 사실들이 지적되고 있다. 유기물을 퇴적물 속에 대량 매몰시켜 산소와의 반응이 줄어들도록 한 지질학적인 변화가 요인이라는 견해, 시생이언 후기와 원생이언 초기에 메탄생성고세균이 만든 메탄가스가 대기 상층부에 도달하였고 여기서 자외선이 메탄가스를 분해하여 수소가 생성되어 우주로 날아감으로써 산소가 지표면에 쉽게 정착할 수 있었다는 견해, 지구 내부가 식으면서 화산활동이 줄어들어 산소를 소비하는 가스의 대기방출이 줄어서 산소가 축적되기 시작하였다는 견해, 산소와 반응하여 산소의 축적을 가로막는 철을 산소와 황화수소가 싹쓸이 한 이후 지구의 바다와 대기에 산소가 축적되기 시작하였다는 견해 등이 있다. 아직까지 과학계에서는 산소축적의 주된 요인에 관해 합의가 이루어지지 않았다. 어쨌든 이온화된 철과 산소가 결합하여 생성된 호상철광층은 시아노박테리아가 만든 산소혁명의 시대에 만들어진 결과물이고, 일정한 시기까지 대기와 바다에 산소의 축적을 가로막았던 흔적임은 분명하다.

산소와 황화수소가 이온화된 철을 암석의 형태로 고착시키고, 지질학적 변화가 산소소비를 하는 유기물을 대량 매몰시키고, 대기 상층부에서 자외선에 의해 분해된 수소가 우주로 날아가 지표에 산소가 쉽게 정착하기 시작했고, 지구 냉각에 따라 화산활동이 줄어 산소와 결합하는 가스의 대기방출이 줄어드는 등의 여러 요인으로 지구 중년기에 바다와 대기 중에 산소가 농축될 수 있었다. 그 후 산소의 증가는 세포의 발전을 가져와 생명체는 보다 복잡한 진화의 길을 걸을 수 있었던 것이다. 이때의 산소 혁명은 진화의 방향을 재조정하였으며, 먼 후대에 우리 인간의 탄생으로 이어지는 새로운 생물계통의 진화로 안내한 것이다.

호상철광층의 존재야말로 25억 년 전 전후에 지구 대륙과 대기 그리고 생명체가 서로 합주하며 진화를 이루어간 흔적을 그대로 보여주는 대표적인 지표라고 할 수 있다.

현재로부터 20억 년 전으로 들어가는 시간의 문. 카리지니의 협곡.

카리지니 국립공원 데일스(Dales) 협곡의 서큘라 풀.

20억 년의 시간여행을 시원하게 다녀온 탐사대.

카리지니 국립공원의 20억 년 전 바다에서 형성된 철광층 모습.

20억 년 전의 철광층과 용암이 만든 화산암의 조화 – 카리지니 국립공원 데일스(Dales) 협곡 써큘라 풀로 가는 길목의 풍경.

20억 년 전의 철광층과 용암이 만든 화산암의 조화 – 카리지니 국립공원 데일스(Dales) 협곡.

카리지니의 철광층.

20억 년 전의 철광지층이 만든 아름다운 협곡 – 카리지니 국립공원 데일스(Dales) 협곡.

웅장한 붉은 빛 철광층의 협곡 – 카리지니 국립공원 녹스(Knox)협곡.

20억 년 바다 밑에 누워 계시는 군요.

20억 년 바다물결의 패턴이 화석으로 남아 있는 철광석.

이 개미집은 혹시 철골구조?

초고철질의 용암이 식어서 만든 화산암 – 카리지니 협곡의 암석.

20억 년 전의 철광층 조각을 화산용암이 에워싼 채 굳어졌다.

거대한 화산암 덩어리를 학습하는 탐사대.

20억 년 전의 철광지층이 만든 아름다운 협곡 – 카리지니 국립공원 녹스(Knox)협곡.

서큘라풀을 즐기는 호주 젊은이들.

참고문헌
앤드류 H. 놀 〈생명최초의 30억년〉, 뿌리와 이파리
알프레드 베게너 〈대륙과 해양의 기원〉
Grotzinger 〈지구의 이해 제5판〉, 시그마프레스
김경렬 〈화학이 안내하는 바다탐구〉, 자유아카데미
박인수 외4인 〈지구시스템과학〉, 교육과학사

제 8 장
유대류의 대륙

호주의 동식물

포유류의 절반인 유대류. 대부분의 유대류가 유독 호주에 서식하는 이유가 무엇일까? 호주의 동식물을 통해 행성지구에서 동물의 발생과 진화가 걸어온 길을 살펴본다.

야생화 들판의 캥거루.

퍼스에 있는 캐버샴 야생공원에서의 학습탐사대.

나는 호주 동부 지역을 여행한 경험은 있지만 퍼스 시내를 비롯한 호주 서부지역을 가 본 적은 없었다. 특히 사막화된 지역의 풍광을, 감동을 넘어서 지겹도록 본 적은 더구나 없었다. 11박 12일의 짧지 않은 일정속에서 많은 것을 느끼고 깨닫고 자각하며 보냈다. 밤하늘의 무수한 별, 끝없이 펼쳐진 도로, 시뻘건 지평선, 벌겋게 달아 오르는 태양의 일출과 일몰, 들판에 널브러진 각종 동식물들의 한가한 외유의 모습을 관찰하면서 자연 속에서 산 교육하였다.

생명의 탄생과 발생진화생물학 관점에서의 동물의 진화

137억 년 전 빅뱅이 시작되고 찰나의 순간에 우주의 온도가 낮아지면서 공간은 무한한 확장을 하였고 입자들이 생겨나기 시작하였다. 확장된 공간에 입자들이 떠돌다 항성으로 뭉치고, 항성의 핵융합으로 인하여 오늘날 물질과 생명의 기원인 원자들이 생겨나기 시작하였다. 별에서 생긴 원자들이 성간 물질로 떠돌다 태양계에서 46억 년 전에 지구란 행성으로 뭉치고 서서히 온도가 내려가면서 생명이 탄생할 기반을 갖추었다. 39억 년 전에 지구상 최초의 생명인 단세포는 다음 가설의 과정을 거쳐서 탄생되었다. 아미노산이나 뉴클레오티드 등의 작은 유기분자들이 해저 열수공에서 무생물적인 방법에 의해 합성되고, 이 분자들이 단백질과 핵산 등의 고분자 물질로 중합되고, 이런 고분자가 세포막에 싸여 자기복제와 물질대사를 하는 최초의 세포로 탄생한 것이다. 이후 기나긴 시간 동안 단세포만의 지구가 유지되었다. 스트로마톨라이트화석을 통해 35억 년 전의 시아노박테리아(남세균)가 최초의 단세포인 원핵생물임을 확인할 수가 있다. 서호주 샤크베이의 해멀린 풀(Hamelin Pool)에 가면 현재 살아있는 시아노박테리아가 스트로마톨라이트를 형성하고 물 분해형 광합성을 하여 산소를 발생시키는 것을 확인할 수 있다.

21억 년 전에 단세포 원핵생물인 박테리아가 공생을 통해서 하나의 세포 내에 핵막과 미토콘드리아가 있는 조금 복잡한 구조의 진핵 단세포로 진화하였다. (린 마굴리스 〈마이크로코스모스〉 〈공생자행성〉, 박자세 베스트북) 이러한 진핵세포가 15억 년 전에 다세포로 결합을 하면서 오늘날 지구 생물권의 토대가 형성되었다. 다세포로 결합된 세포에서 동물이 탄생한 것은 10억 년 전에서 7억 년 전 사이이다. 화석의 형태로 확인된 최초의 동물군이 호주 남부의 에디아카라 언덕에서 발견되었다. 이는 6억 년에서 5.35억 년 사이에 생존한 것으로 선캄브리아 시기에 바닷속에서 번성했던 최초의 동물군 화석이다. 이어서 5.35억 년에서 5.25억 년 사이에 바닷속에서 캄브리아기 대폭발이라고 부르는 다양한 동물군이 출현하게 되었다. 이전 에디아카라 동물군이 골격이 없는 몸을 가진 반면 캄브리아기의 동물군은 몸에 골격을 가지기 시작했다.

지구 생물체계에 제일 중요한 사건은 다름아닌 단세포와 다세포의 출현이다. 다세포가 된 이후에 다양한 몸의 출현이 가능해진 것이다. 오늘날 모든 동물들은 10억 년 전에 살았던 동물의 공통 조상으로부터 공통의 발생 조절 유전자인 툴킷을 물려받았다. 공통의 툴킷 유전자와 그의 발현을 조절하는 유전자 스위치의 시공에 따른 작은 돌연변이가 긴 시간 축적되어 다양한 동물이 출현한 것이다. 우리는 이를 진화라 한다.

오늘날 다양한 동물군은 어떻게 생겨났을까? 그에 대한 답은 발생과 진화라는 키워드로 가능하다. 한 세대의 개체가 어떻게 수정란에서 성체로 복잡성을 만들어 내는지 이해하면, 훨씬 기나긴 시간에 걸쳐 발생과정 중의 작은 변화들이 축적되었을 때 다양한 형태들이 생겨난다는 것을 쉽게 유추하여 이해할 수 있다.

발생이란 하나의 수정란이 시간의 경과에 따라서 배아를 형성하고 조금 크고 복잡한 조직을 가진 성체의 동물로 변하는 과정을 말한다. 즉 유전정보가 기능적인 3차원 조직을 가진 동물로 변하는 과정을 말하는 것이다. 따라서 현재의 몸의 형태를 가진 동물이 어떻게 생겨났는지는 발생의 과정을 들여다 보면 알 수 있다. 우리는 분자생물학을 기반으로 한 발생학을 통해 발생 과정의 통제 방식을 자세히 알게 되었다. 최근에 비약적으로 발전하고 있는 진화발생생물학의 견해에 따르면 지구상 모든 동물은 10억 년 전 공통의 조상으로부터 공통의 발생 조절 유전자를 물려받았다. 이 공통의 발생 조절 유전자인 툴킷(Tool kit)유전자들은 발생 과정에서 단백질을 만드는 구조유전자발현의 시간과 위치를 정하는 역할을 한다. 이런 기능을 가진 유전자들의 발현을 미세하게 조절하는 것이 유전자 스위치이다. 스위치는 동일한 툴킷유전자들이 서로 다른 동물에서 서로 다른 방식으로 사용되도록 도와 준다. 스위치는 하나의 독립적 정보 처리 단위여서 스위치 하나가 변하거나 툴킷단백질이 통제하는 스위치 하나가 진화적으로 변해도 다른 구조나 패턴에는 전혀 영향을 미치지 않은 채 그 해당 구조나 패턴의 발생만 달라져 진화의 다양성을 가져온다. 즉 스위치의 작은 돌연변이가 축적되어 자연선택을 받아 다양한 동물로 진화하게 되는 것이다.

이런 발생과 진화에 관한 기초지식을 가지고 다세포에서 오늘날 다양한 동물로 진화하기까지의 계통도를 살펴보자. 계통도라 함은 먼 과거에 일어난 동물들의 주요한 변화를 어떻게 이해할 것이냐의 문제다. 발생과정을 통한 몸의 형성과정에 관한 지식을 토대로 과거의 동물부터 현재의 동물에 이르기까지 다양한 동물의 형태를 구조적 또는 기능적 특성에 맞게 시간 순서로 분류한

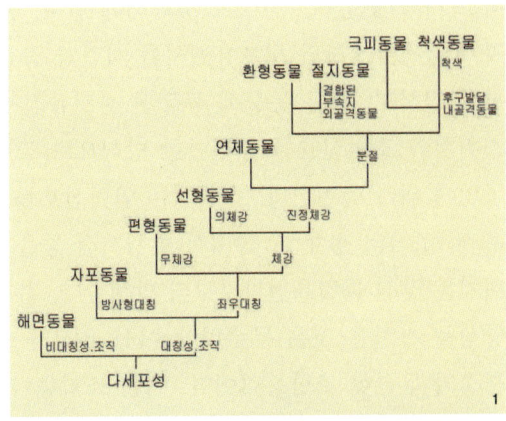

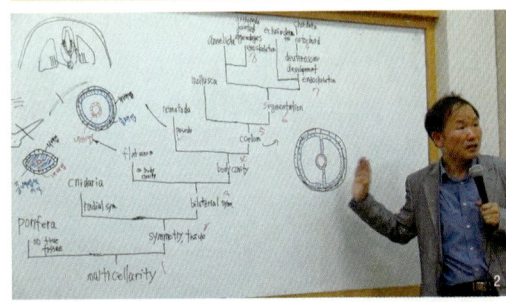

1 발생진화생물학 관점의 동물진화 계통도. 2 이 계통도 하나를 2시간에 걸쳐 철저히 학습했다. 학습탐사는 〈137억 년 우주의 진화〉 강의의 현장답사이다.

게 바로 아래 그림의 계통도이다.

이 계통도를 감상함에 있어서 주목해야 할 사항들이 있다. 첫째는 이 계통수의 밑바탕에 깔린 기본적인 개념이 바로 유전자(Gene)라는 사실이다. 발생은 유전자가 현재의 성체를 만들어가는 과정을 살펴보는 것이고, 진화는 유전자 스위치가 돌연변이를 일으켜 자연선택을 받아 형태와 기능상 변화를 일으키는 것이다. 이처럼 발생이나 진화는 유전자의 발현을 시간구분(개체의 유전자 발현-발생, 계통의 유전자 발현-진화)에 따라 구별한 것에 불과하다고 표현할 수 있을 것이다. 진화에는 시간축이 필요한 것이다. 결국 발생학이나 진화학을 공부하여 형태를 밝히는 것은 유전자(Gene)에 관한 학문인 유전학과 분자생물학으로 귀결될 수 밖에 없다.

둘째는 이 계통도의 위로 갈수록, 즉 시간이 지날수록 동물의 형태가 복잡하고 다양해진다는 사실에 주목해야 한다. 발생 조절 유전자인 툴킷유전자가 혹스유전자와 구조유전자를 시간과 공간에 따라 다양하게 변화하도록 조절하고, 모든 동물에 공통된 툴킷유전자의 발현을 조절하는 유전자 스위치와 조절신호들이 무한한 방식으로 조합함으로써 복잡하고 다양한 몸의 형태가 출현한다. 스위치는 입력신호를 통합할 때 삼차원 공간과 세포 및 조직의 정체성, 상대적 발생시점 등을 고려하여 출력을 낳는다. 스위치는 앞선 툴킷유전자로부터 발생한다. 결론적으로 동물의 복잡성과 다양성을 가져온 것은 무수히 늘어선 유전자 스위치들에 작용하는 유전자 툴킷의 무한한 조합능력이다. 이들 조합능력의 가능한 모든 경로가 실현된 것이 아니며, 가능한 모든 형태가 만들어진 것도 아니다. 가능한 잠재력을 현실화하여 존재토록 하는 것이 바로 생태환경에 따른 자연선택이다. 이처럼 몸의 형태가 다양해진 결과 이를 기반으로 하는 운동성이 다양해 짐을 알 수 있다. 공통조상으로부터 공통의 유전자를 물려받았으나 발현과정에서의 변이가 자연선택을 받아서 진화를 한 결과 연속 반복되는 부속지들이 차별성을 갖게 되었고, 마침내 다양한 기능을 가진 몸의 형태와 복잡한 동작이 가능한 운동성이 출현했음을 알 수 있다. 유전자 스위치는 발생과 진화라는 드라마에서 공통주제의 다양한 변주의 주인공인 셈이다.

호주 학습탐사를 통한 호주의 동식물들을 관찰하고 그들을 바라봄에 있어서 진화와 발생학에 기반을 둔 계통도를 이해함은 절대적이다. 진화와 발생학적 의미를 담은 계통도를 이해하고 호주 동식물을 바라볼 때 그들이 지닌 지구 생물권에서의 중요한 위치에 주목을 하게 된다. 호주에서는 지구생명의 역사와 진화발생생물학적 관점에서의 중요한 흔적들을 볼 수 있다. 서호주 샤크베이의 해멀린 풀(Hamelin Pool)에 가면 35억 년 전의 지구최초의 생명체인 시아노박테리아의 화석인 스트로마톨라이트가 현재에도 자라며 산소를 생성하는 모습을 볼 수 있다. 남부 호주의 애들레이드 부근에서는 에디아카라 동물군의 화석을 볼 수 있고, 뉴사우스웨일즈에서는 미국에는 한 마리도 살지 않는 유조동물이 지천으로 있다. 원시포유동물인 오리너구리는 호주 동부와 태즈매니아에 서식하고 바늘두더지는 호주전역에 서식하고 있다. 바늘두더지는 꿈을 꾸는 동물의 경계점에 있는 동물로 뇌 과학의 연구에 중요한 위치를 차지하고 있는 동물이다. 또한 전 세계에서 유일하게 남아있는 유대류인 캥거루와 코알라, 웜뱃 등이 호주 전역에 서식하고 있다. 그야말로 진화발생생물학과 고생물학의 정원이 호주에 있음을 발견하는 것은 호주 학습탐사에서 얻을 수 있는 귀중한 선물이다.

호주의 동식물과 지질학적 특성

호주에는 원시적인 동물들이 많이 있다. 이번 학습 탐사에서 다른 나라에서는 찾아보기 힘든 각종 동물들이 멸종되지 않고 보존되는 이유가 궁금했다. 말이나 소와 같이 발굽 달린 동물은 왜 없으며, 원숭이 같은 영장류나 사자나 표범 같은 맹수는 왜 존재하지 않을까? 약 300여 종이나 되는 포유류(유대류 포함) 중에 절반이 넘는 150여 종은 캥거루와 같이 새끼주머니가 달린 유대류라고 하는데 유독 이 유대류가 호주에 많이 서식하는 이유는 무엇일까? 오리너구리(platypus)나 바늘두더지(echidna) 같은 단공류(monotrems)는 그 기원이 너무나 오래되어 살아 있는 화석으로 불릴 정도라는데 이 종들이 어떻게 호주에서만 남아 존재하고 있는 것인지 궁금했다. 단공류와 유대류뿐 아니라 조류도 마찬가지로 호주에 서식하는 850여 종의 조류 가운데 400여 종은 세계의 다른 어느 곳에서도 발견된 적이 없다. 이런 희귀함과 신비로움이 동물들에만 그치지 않는다. 호주 남서부 지역에 서식하고 있는 6,000여 종의 육상식물 가운데 75%에 해당하는 식물은 세계 어느 곳에서도 발견되지 않는 것들이다.

이쯤 해서 호주 동식물들의 고고학을 생각해 보지 않을 수 없다. 이런 특이한 생물 분포를 이해하기 위해서는 지구 생물들의 동선을 역사적, 지리적으로 역추적하는 일이 필요하기 때문이다. 고고학계의 정설인 판게아이론에 의하면 지구는 일찍이 2억 5천만년 전 하나의 커다란 초대륙만이 존재하고 있었다. 이 때 각 지역의 동물과 식물은 상호간에 이동하며 섞일 수 있었다. 이 초대륙은 약 2억 년 전에 두 개의 커다란 대륙인 '로라시아'와 '곤드와나'로 분열되었다. 곤드와나는 1억 6천만년 전에 다시 남아메리카, 아프리카, 인도 그리고 호주대륙으로 갈라지기 시작하였는데 이 때 호주대륙은 남극 방향으로 이동하여 남극대륙과 만나게 되었다. 이후 호주대륙은 광대한 바다로 인하여 다른 대륙과 격리되어, 따라서 동식물은 상호간에 접촉할 수 없었다.

한편 포유류들은 중생대 백악기 말기에서 신생대 제3기 초엽(약 6천 5백만년 전)에 걸쳐 크게 다양화 되었으며, 고립된 대륙 안에서 제각기 독립적으로 진화하였다. 그리고 약 5백만년 전에는 이전에 갈라졌던 육지들이 다시 이동하여 남북아메리카, 인도와 유라시아, 유럽과 아프리카가 육지로 연결되었다. 이러한 대륙의 재배치로 인하여 동식물들은 다시 적자생존의 과정을 통하여 멸종되거나 진화하였다. 그러나 이러한 대륙간의 접촉에서 남극대륙과 호주대륙은 제외되어 계속 고립되었다. 호주대륙은 4천5 백만년 전에 남극대륙으로부터 분리되어 따뜻하고 건조한 적도방향으로 이동하기 시작하여 대략 1천 5백만년 전에 현재의 위치에 정착되었다. 그 후 남극대륙이 빙하로 뒤덮이자 남극대륙의 포유류는 멸종해 버렸고, 호주대륙에만 원시시대의 포유동물이 살아남아 오늘날까지도 격리된 채 살아 있는 화석처럼 존재하게 되었던 것이다.

이러한 호주대륙의 지질학과 진화발생생물학의 지식을 전제로 하고 호주의 다양하고 특이한 동식물들이 어떻게 보존되어 왔으며 어떤 분포를 하고 있는지 어떤 형태와 습성을 가지는지 확인해 보자. 또한 호주의 현재 생물들의 특징은 무엇인지 알아보기 위해 현재 호주 대륙에 있는 동식물들을 하나씩 만나보자.

호주의 동물들

평소 공부했던 분자생물학과 발생학, 진화학에 관한 생물학 지식들이 학습탐사라는 자연 속에서의 학습을 통해 구체화 되었고 현존하는 동물들을 눈앞에 보면서 그 지식들을 떠올리니 지식들이 더욱 투명해짐을 느꼈다. 박자세와 현장에서 배웠던 진화발생생물학의 관점에서 호주동물들의 생물권에서의 위치에 주목하면서 동물들의 몸의 형태와 운동성 그리고 섭생에 대한 특징들을 살펴보자.

호주동물의 이해를 위한 동물의 계통도

호주의 동물들을 살펴 보기 전에 일단 진화발생생물학 관점에서 동물들의 역사를 알아보자.

발생단계에서 생기는 양막을 기준으로 한 동물분류와 진화계통에 대해 살펴보자. 고생대 즈음에 생긴 양막류의 첫번째 분지가 단궁류이다. 궁이라는 것은 측면두개골의 움푹 파인 구멍으로 턱 근육을 이어주는 것이다. 이빨모양과 턱 근육은 먹이의 종류를 결정하기 때문에 진화상에서 매우 중요한 위치를 차지한다. 턱 근육을 부착하여 지지하는 측두공 구멍이 하나면 단궁류, 둘이면 이궁류, 구멍이 없으면 무궁류로 분류한다. 이 분류는 파충류, 조류의 분류보다 더 근본적인 발생 측면의 중요한 분류이다. 단궁류에서 반룡류가 진화되었고, 반룡류에서 수궁류가 진화되었고, 수궁류에서 우리의 조상 포유류가 진화되었다. 두 번째 분지가 현재 거북이만이 생

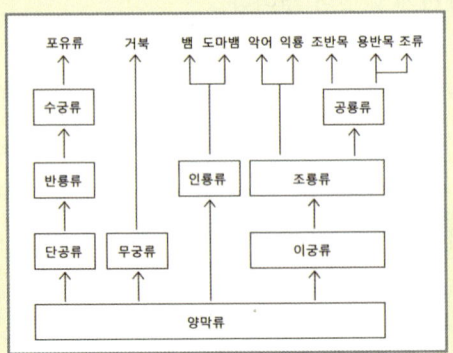

양막발생을 기준으로 분류한 동물진화 계통도.

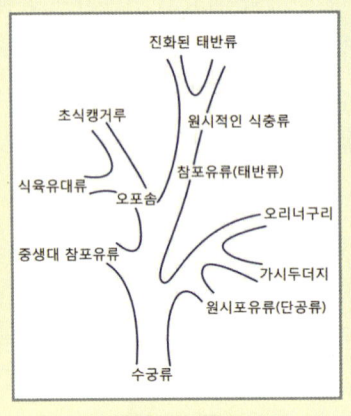

포유류 진화 계통수.

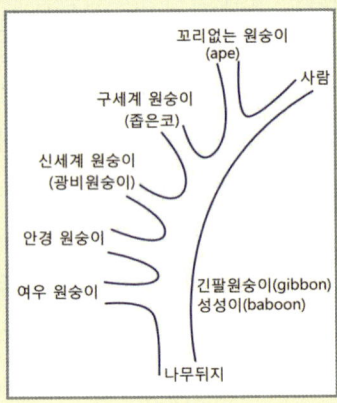

영장류 진화 계통수.

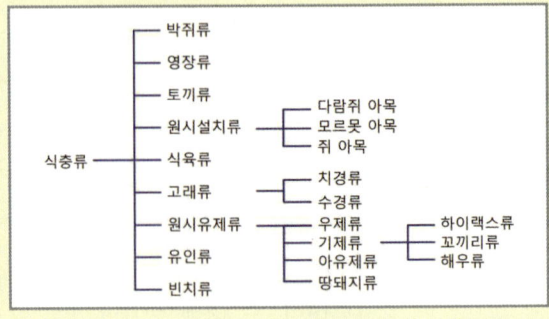

태반포유류 진화 계통수.

존한 무궁류다. 세번째 분지가 뱀과 도마뱀의 인용류가 있다. 네번째 분지인 이궁류는 조룡류로 진화했고, 조룡류는 다시 악어와 날아다니는 멸종 공룡인 익룡과 공룡류로 분지하였다. 공룡류는 다시 조반목, 용반목으로 분지하여 진화하였다. 용반목의 한 분파가 조류다.

태반의 발달을 기준으로 분류한 동물계통도를 자세히 살펴보자. 포유동물의 출현이 2억 년이 넘는다. 포유동물은 수궁류로부터 진화했다. 수궁류에서 분지된 두 원시 포유동물(단공류)인 바늘두더지, 오리너구리가 진화했다. 그 다음 단계로 진화한 동물이 중생대 포유류이다. 중생대 포유류에서 분지한 동물이 유대류인 주머니쥐(opossum)이다. 북미에 있는 유일한 유대류라고 보면 된다. 주머니쥐에서 갈라져 나온 것이 유식 유대류와 초식 유대류인 캥거루이다. 나머지 분지는 태반류인 포유류이다. 이 포유류는 대부분 벌레를 먹는 식충류이다. 식충류에서 많은 동물군이 분지되어 진화한다. 박쥐류, 영장류, 토끼류, 고래류, 유제류, 육식류, 빈치류로 진화했다. 발굽있는 동물인 유제류는 기제류, 우제류, 아우제류, 땅돼지류로 분지 진화했다. 원시 포유동물인 알 낳는 단공류, 태반이 빈약하여 작은 새끼를 낳아 주머니의 젖샘을 이용하는 유대류, 그 다음에 태반류로 진화한 것이다. 태반류는 2억 년 전에 진화했고 여기서 영장류인 인간이 진화했다. 호주에 아직도 생존하고 있는 원시 포유동물 단공류인 오리너구리, 바늘두더지와 유대류인 캥거루는 인간까지의 진화 과정에 존재했던 포유동물들의 모습이다.

식충류에서 진화한 영장류의 계통수에서 맨 밑바닥의 출발점인 나무뒤쥐(tree shrew)가 영장류의 조상이다. 이것이 설치류인지 영장류인지 논란이 있으나 영장류에 가깝다고 한다. 나무뒤쥐가 식충류와 영장류의 경계를 이어주는 동물인 것이다. 나무뒤쥐로부터 첫번째 나타나는 영장류는 여우원숭이다. 여우원숭이는 마다가스카르에 주로 서식하고 있다. 다음에 안경원숭이로 진화했고, 그 다음에 남미에 서식하는 신대륙원숭이로 진화했으며, 다음에 아시아, 아프리카에 서식하는 구대륙원숭이로 진화했다. 박자세 베스트북 '조상 이야기'에 이들 원숭이에 대해 자세하게 소개되어 있다. 신대륙 원숭이는 코가 커서 광비원숭이라고도 한다. 구대륙 원숭이는 코가 작은 협비원숭이다. 구대륙 원숭이 다음에 꼬리 없는 대형원숭이(ape), 고릴라 오랑우탄, 침팬지, 보노보가 진화했고 마지막으로 6백만년 전 침팬지와의 공통 조상으로부터 사람이 진화했다.

박자세 학습탐사대는 언젠가 인류의 조상인 여우원숭이를 보러 마다가스카르에 갈 것이다.

단공류(Monotremata): 포유류와 파충류 사이

학습탐사 11일째에 퍼스 시내에 있는 서호주박물관에 가서 여러 동물들의 뼈와 화석을 견학하였다. 그 곳은 각종 희귀 동물들의 보고이다. 그 중 가장 흥미로운 동물이 진화사적으로 중요한 단공류였다. 특이하게도 전 세계적으로 호주와 뉴기니라는 곳에서만 서식하는 몇 안 되는 희귀종이다. 단공류는 포유류이지만 아주 원시적이고, 바늘두더지와 오리너구리 두 종류뿐이다. 바늘두더지과는 2속 4종이 있고 오리너구리과는 1속 1종이 있다. 단공류는 털이 있는 정온동물로 포유류지만 알을 낳기 때문에 파충류의 특성을 가지고 있어 파충류에서 포유류로 넘어가는 중간 형태라고 할 수 있다.

단공류는 포유류의 두 가지 주요 유형인 태반 포유류 및 유대류와 확실히 구분되는 많은 특징들을 가지고 있다. 이들의 가장 뚜렷한 차이는 태반 포유류는 살아 있는 새끼를 낳고 캥거루와 같은 유대류는 새끼가 태어나기 전에 짧은 기간 동안 어미의 몸에 달려 있는 주머니 속에서 새끼를 키우는 반면 단공류는 알을 낳는다는 사실이다. 또한 단공류는 다른 포유류와 종의 수, 체내 기간, 골격 형태의 면에서도 많이 다른데 어떤 면에서 그들은 포유류보다는 파충류에 가깝다고 할 수 있다.

단공류의 다른 특징은 포유류에서 차지하는 비중이 극히 적다는 것이다. 멸종된 단공류를 제외하면 여기에 해당하는 종의 수는 많지 않다. 그 중 하나가 오리너구리이고 이 동물은 오리의 부리와 비버의 꼬리 그리고 물갈퀴 달린 발을 지니고 있다. 다른 한 종이 여러 종류의 바늘 두더지이다.

이 동물은 개미핥기를 닮았지만 뾰족한 털로 덮여 있어 고슴도치처럼 보이기도 한다. 이 동물들은 대부분 호주에 서식한다.

단공류는 이 동물들의 체내 기관이 특이하기 때문에 붙여진 것으로 영어이름은 Monostreme인데 'mono'는 하나를 의미하고 'trema'는 구멍을 의미한다. 다른 포유류들은 배변, 배설, 생식에 필요한 구멍들을 각기 따로 가지고 있으나 단공류는 이런 기관들이 전부 '총배설강'이라는 하나의 구멍으로 연결되어 있다. 이런 구조 때문에 단공류는 실제로 다른 포유류보다는 파충류에 더 가까운 것처럼 보이는 것이다. 다른 포유류와 달리 단공류의 다리는 몸체 바로 밑이 아닌 측면에 붙어 있고 앞다리가 뒷다리보다 약간 짧다. 따라서 이들의 걸음걸이는 네 발 달린 파충류 도마뱀들의 걸음걸이와 같이 뒤뚱뒤뚱 걷는 것이다. 이렇듯 구조적으로 파충류와 유사하기 때문에 단공류는 오랫동안 파충류의 일종이거나 태반 포유류의 먼 조상으로 여겨졌는데 지금은 단공류가 초기 포유류 진화계통에게 갈라져 나온 것으로 이해되고 있다.

다 자란 단공류는 이빨이 없다. 멸종한 단공류가 이빨을 가지고 있었던 것으로 추정할 수 있는 화석 증거가 있지만 오늘날의 오리너구리는 아주 어릴 때는 이빨이 있지만 곧 빠져버린다. 단공류는 유두가 없다는 점에서도 다른 포유류들과 다르다. 단공류와 다른 포유류 모두 젖을 먹여 새끼를 키운다. 그러나 단공류의 젖은 독특한 유두가 아니라 피부의 일부에서 분비된다. 이쯤 해서 단공류 동물들을 하나씩 알아보자.

바늘두더지(short-nosed echidna)

단공류에 속하는 이 동물은 섭취물의 소화와 배설 그리고 생식을 모두 한 곳에서 해결하는 매우 기이한 동물이다. 바늘두더지는 온 몸에 털이 나 있고 유선이 있기 때문에 분명히 포유류이지만, 알을 낳는다는 점에서 파충류와 조류의 특징을 함께 가지고 있다. 바늘두더지는 암컷의 경우 질이 없고, 수컷은 고환이 몸 안으로 들어와 있기 때문에 체온이 다른 포유류에 비해 6~7℃ 정도 낮은 31~32℃를 유지한다. 바늘두더지는 태어나서 10주

정도 지나면 털이 바늘처럼 굳어지기 때문에 이 때부터는 어미의 새끼주머니로부터 나와 밖에서 생활한다. 가장 원시적인 형태를 하고 있는 이 동물의 수명은 보통 50년 정도이다. 야행성인 바늘두더지는 흰개미 집을 공격하여 끈적거리는 분비물이 묻혀진 긴 혀를 1분에 100번 정도 날름거리며 개미를 잡아먹는다. 이 동물은 위험에 처하게 되면 강력한 발톱으로 땅을 파고 숨으며, 땅이 딱딱하여 땅 속으로 숨기가 불가능할 때는 몸을 공처럼 만들어 밖으로 가시를 돌출시킴으로써 자신을 방어한다. 바늘두더지는 오리너구리 및 쿠카부라(물총새)와 함께 2000년 시드니올림픽의 마스코트였다.

바늘두더지는 고슴도치와 비슷한 형태로 몸길이는 35~50cm이고 꼬리는 매우 짧아 흔적만 있다. 몸 윗면과 옆면에 센 털과 짧은 비늘 모양의 털이 있고 몸 빛깔은 검은색 또는 암갈색이며 몸 아랫면은 바늘 모양의 털이 없으며 색은 암갈색이다. 주둥이는 뾰족하고 이빨이 전혀 없으나 혓바닥과 입천장의 뿔처럼 단단한 판이 먹이를 부수는 역할을 한다. 앞·뒷다리는 짧고 5개의 발가락이 있으며 발톱은 갈고리 모양으로 되어 있지만 수컷의 발에는 털이 없으며 며느리발톱이란 것이 있다. 땅 속에서 생활하는데 지렁이 모양의 혀가 15~17cm나 입 밖으로 나와 흰개미, 개미, 지렁이 등을 잡아먹고 산다.

7~9월에 번식하며 한 배에 하나의 알을 낳아 암컷의 배에 형성되어 있는 주머니에 넣어 온도를 유지시킨다. 10~11일 정도면 부화하여 한 쌍의 털 송이 부분으로부터 분비되는 젖을 먹고 자라는데 부화 후 10주 정도면 바

단공목(單孔目) 가시두더지과의 포유류.

서식지: 호주, 뉴기니.

늘 모양의 털이 굳어지므로 주머니에서 나와 보금자리에서 지낸다. 1년쯤 되면 성적으로 성숙하는데 고환은 복강 속에 남아 있기 때문에 음낭은 없고 오른쪽 난소는 퇴화하여 왼쪽의 것만 기능을 발휘한다. 보통 단독으로 생활하며 땅 속에 수직으로 굴을 팔 수 있어 적의 공격을 받으면 깊이 들어간다. 바늘두더지는 포유동물의 뇌의 진화와 관련하여 중요한 분기점에 있는 동물이다. 뇌의 진화에 꿈이 중요한 의미를 지니고 있다. 수면에는 꿈을 꾸는 REM수면과 꿈을 꾸지 않는 NON REM수면이 있다. 따라서 REM수면이 완성되어야 꿈을 꿀 수 있고, 꿈을 꾸어야 적은 용량의 전두엽을 가지고도 많은 고차원적인 정보처리가 가능하여 뇌의 진화를 통한 고차원적인 동물로 진화가 가능한 것이다. 바늘두더지는 REM수면을 완성하지 못하고 REM과 NON REM의 중간상태인 세타파상태의 수면을 취한다. 온열동물인 포유류와 조류만이 꿈을 꿀 수 있다. 바늘두더지의 뇌를 보면 이를 확인할 수 있다.

오리너구리(platypus)

오리너구리는 '모순(paradox)'이라 할 정도로 기묘한 동물이다. 오리너구리는 조류, 파충류, 어류, 유대류, 포유동물의 특징들을 함께 갖고 있는 특이한 동물이다. 오리너구리의 심장은 포유동물과 같은데, 생식기관은 파충류와 같다. 알을 낳는다는 점에 있어서는 도마뱀과 같지만, 알이 부화되면 포유동물처럼 젖을 먹여 새끼를 기른다. 이 동물은 오리의 주둥이를 닮은 납작하고 탄력적이며 예민한 주둥이를 가지고 있는데, 이 주둥이는 개울물에서 바닥을 휘저어 먹이를 찾는데 사용한다.

오리너구리는 주로 호주 동부지역에 서식하며, 해뜨기 전과 일몰 후 몇 시간 동안만 활발히 활동한다. 낮 동안에는 강이나 호수 둑의 굴속에서 머문다. 이 동물은 하룻밤 사이에 자신의 몸무게에 해당하는 먹이를 먹어 치우는 대식가이기도 하다. 오리너구리는 1년에 한 번만 교미를 하며, 보통 두 개의 알을 낳는다. 오리너구리의 암컷에는 젖꼭지가 없기 때문에, 새끼는 어미의 피부 속 내분비선에서 만들어져 피부로 스며 나오는 젖을 핥아먹

퍼스 자연사박물관에서 찍은 단공목 오리너구리.

서식지 : 호주동부, 태즈매니아.

고 산다. 오리너구리의 평균수명은 12년 정도이며, 60cm까지 자라고, 몸무게는 2.4kg까지 나간다. 수컷의 뒷발톱에는 뱀의 독과 유사한 독이 있으며, 이것은 번식기 동안 수컷들이 암컷을 차지하거나 자신들의 영역을 지키기 위해 싸울 때 사용한다. 유럽인들은 이 이상한 동물에 대해 처음 들었을 때 자신들을 장난 삼아 속이는 것으로 생각하여 '헛소리'란 뜻으로 이 동물을 '험버그(Humbug)'라 하였다고 한다.

오리너구리 부리의 양쪽 표면에는 약 4만 개의 전기 감지기들이 띠처럼 세로로 줄줄이 뻗어 있다. 오리너구리의 뇌는 이 4만 개의 감지기들로부터 온 자료들을 처리하는 부위가 넓은 영역을 이루고 있다. 또 4만개의 전기 감지기 외에, 부리 표면에는 누름 막대(push rod)라는 약 6만개의 역학 감지기들이 흩어져 있다. 그리고 오리너구리의 뇌 속에서 역학 감지기들로부터 입력을 받는 신경세포들을 찾아냈다. 또한 전기 감지기와 역학 감지기 양쪽에 반응하는 뇌세포들도 발견했다(전기감지기에만 반응하는 뇌세포는 아직 찾아내지 못했다). 이 두 종류의 세포들은 부리의 공간 지도에 표시되어 있다. 그것들은 마치 인간의 시각 담당 뇌 영역과 비슷하게 영역을 이루고 있다. 시각 영역은 두 눈으로 보는 데 도움을 준다. 영역을 이룬 우리의 뇌가 두 눈에서 오는 정보들을 결합하여 입체 시각을 구성하듯이, 오리너구리가 전기 감지기와 역학 감지기를 다소 비슷한 방식으로 결합시킨 것이라고 보여진다. 그런 일이 어떻게 가능할까? 천둥과 번개를 비유로 들어보자. 번개와 천둥은 동시에 일어난다. 하지만 번개는 치는 즉시 우리 눈에 들어오지만, 천둥은 소리라는 상대적으로 느린 속도로 전달되므로 우리에게 오는 데 거리는 시간이 더 걸린다(그리고 메아리 때문에 천둥은 우르릉거리는 소리가 된다). 번개와 천둥 사이의 시차를 통해서 우리는 폭풍우가 얼마나 멀리 떨어져 있는지를 계산할 수 있다. 아마 오리너구리에게는 먹이의 근육에서 일어나는 전기 방전은 번개와 같고, 먹이가 움직일 때 생기는 물속의 교란 파동은 천둥과 같을 것이다. 오리너구리의 뇌는 둘 사이의 시간 지연을 계산하여, 먹이가 얼마나 멀리 있는지 계산하는 것이다.

인간이 만든 레이더가 접시 안테나의 회전을 이용하듯이, 오리너구리의 뇌도 먹이의 방향을 정확히 파악하려면 부리를 좌우로 움직여서 지도 전체에 있는 각기 다른 수용기들에서 오는 입력 신호들을 비교해야 할 것이다. 오리너구리는 뇌세포 배열 지도에 투영되는 무수히 배열되어 있는 감지기들을 이용하여, 주변의 전기 교란들을 상세한 3차원의 영상으로 만들 가능성이 아주 높다. (리처드 도킨스 〈조상이야기〉, 박자세 베스트북)

오리너구리의 다른 이름은 일명 오리주둥이라고도 한다. 현생 포유류 중에서는 바늘두더지와 함께 가장 원시적인

오리너구리의 전기감지세계, 〈조상이야기〉.

동물로서 난생이다. 몸길이 30~45cm, 꼬리길이 10~14cm, 몸무게 1~1.8kg이다. 암컷은 수컷보다 작다. 몸은 굵고 꼬리는 길며 편평하고 네다리는 짧다. 발은 넓이가 넓고 5개의 발톱이 있으며 물갈퀴가 발달하였다. 앞발의 물갈퀴는 커서 발가락보다 앞쪽에 나와 있어 걸을 때에는 접으며, 뒷발의 물갈퀴는 작고 발가락 끝에 달한다. 수컷의 발뒤꿈치에는 며느리발톱과 같은 속이 빈 가시가 있으며 독샘과 연결되어 독액을 낸다.

주둥이는 오리와 같이 너비가 넓고 편평하며 털이 없고 감각이 예민한 부드러운 피부로 덮여 있다. 주둥이의 앞 끝 위쪽에 난원형의 콧구멍이 열려 있다. 눈은 작으며 머리의 앞쪽에 있고 바로 그 뒤쪽에 귓구멍이 있는

데 귓바퀴는 없다. 털은 짧고 양털 모양이며 윗면은 회갈색, 아랫면은 윗면보다 밝은 은빛 광택이 나는 회백색 또는 황갈색이다. 구강은 너비가 넓고 안쪽에 커다란 볼주머니가 있다. 이빨은 어릴 때는 있으나 나중에 탈락되어 성수에서는 아래위 턱에 2쌍의 골질 판이 이빨 구실을 한다.

평지에서 1,500m까지 분포하며 반수서인데 주로 이른 아침이나 저녁 때 활동한다. 먹이는 가재류 • 지렁이류 • 수서곤충 및 조개류 등이다. 주둥이는 촉각이 예민하여 이를 이용해서 물밑에 사는 동물을 찾으며 잡은 먹이는 볼 주머니에 저장한다. 하천이나 소호 근처에 굴을 파고 살며 그 속에서 암컷은 긴 지름 1.6~1.8cm의 백색을 띤 포도알 모양의 알을 보통 2개 낳는다. 연 1회 7~10월 중순에 산란한다. 포란 기간은 7~10일이며 부화된 새끼는 알몸으로 눈을 감은 채 부화하며 암컷 복부의 주름진 피부에서 스며 나오는 젖을 핥고 자란다. 포유기간인 약 4개월이 지나면 보금자리를 떠난다. 호주 동부 및 태즈매니아 등지에 분포한다.

유대류(Marsupialia)

유대류 이외의 포유동물은 태반류로 분류된다. 다양한 유형의 태반을 통해서 배아에게 양분을 공급하기 때문이다. 태반은 새끼의 것인 수많은 모세혈관들과 어미의 것인 수많은 모세혈관들이 서로 접하는 커다란 기관이다. 이 탁월한 교환 체계(그것은 태아를 먹일 뿐만 아니라 태아의 노폐물을 제거하는 역할도 하기 때문이다)는 새끼가 느지막하게 태어날 수 있게 해준다. 한 예로 발굽을 가진 초식동물들의 새끼는 태어나자마자 자신의 다리로 걸어서 무리를 따라다니고 심지어 포식자를 피해서 달아날 수 있을 정도까지, 어미의 몸 속에서 보호를 받으며 지내다가 나온다. 유대류는 다르다. 유대류의 주머니는 체외 자궁이나 다름없고, 그 안에 있는 커다란 젖꼭지는 일종의 탯줄 역할을 하며, 새끼는 거의 반영구적인 부속 기관처럼 거기에 달라붙어 있다. 새끼는 좀더 자라면 스스로 입에서 젖꼭지를 떼고, 태반류 새끼처럼 필요할 때에만 젖꼭지를 빤다. 그러다가 마침내 제2

의 탄생을 하듯이 주머니에서 밖으로 나온다. 그 뒤로 주머니는 새끼에게 일시적인 피신처 역할을 할 뿐 서서히 사용 빈도가 줄어든다. 캥거루의 주머니는 앞쪽으로 열려 있지만, 주머니가 뒤쪽으로 열려 있는 유대류들도 많다.

유대류는 현존하는 포유동물의 두 가지 큰 집단 중 하나이다. 우리는 대개 그들을 호주와 연관 지으며, 동물상이라는 관점에서 볼 때 뉴기니도 거기에 포함시키는 편이 편리할 수 있다. 이 두 땅덩어리를 합쳐서 부를 만한 널리 알려진 적당한 이름이 없다. '메가네시아(Meganesia)'와 '사훌(Sahul)'은 기억하기도 떠올리기도 어렵다. 오스트랄라시아는 동물학적으로 볼 때 호주 및 뉴기니와 공통점이 거의 없는 뉴질랜드까지 포함하기 때문에 사용할 수 없다. 따라서 오스트랄리네아(Australinea)라는 지명이 적절하여 사용된다. 오스트랄리네아 동물은 뉴질랜드를 제외한 호주, 태즈매니아, 뉴기니에서 사는 동물을 말한다. 인간의 관점에서 보면 다르지만, 동물학적 관점에서 볼 때 뉴기니는 호주의 열대 지역이나 다름없으며, 양쪽 다 유대류가 포유류 동물상을 지배하고 있다. 유대류의 역사는 남아메리카에

수렴진화. 계통적으로 관련이 없는 둘 이상의 생물이 적응의 결과 유사한 형태를 보이는 현상이다.

서 더 길고 오래되었으며, 주로 수십 종의 주머니쥐들을 통해서 지금도 이어지고 있다. 비록 현재 아메리카의 유대류라고 하면 주머니쥐가 거의 전부이지만, 언제나 그랬던 것은 아니다. 화석까지 포함시키면 유대류의 다양성은 주로 남아메리카에서 나타난다. 북아메리카에서 더 오래된 화석들이 발견되고 가장 오래된 유대류 화석은 중국에서 나왔다. 즉 그들은 로라시아에서는 사라졌지만, 곤드와나의 커다란 잔해인 남아메리카와 오스트랄리네아에서는 살아 남았던 것이다. 그리고 현대 유대류 다양성의 주요 무대는 오스트랄리네아이다. 오스트랄리네아의 유대류는 남아메리카에서 남극 대륙을 거쳐왔다는 것이 일반적인 견해이다.

지금까지 남극대륙에서 발견된 유대류 화석들은 오스트랄리네아 유대류의 조상으로 보이지 않지만, 그것은 남극대륙에서 발견된 화석이 아주 적기 때문일 수도 있다. 곤드와나로부터 갈라진 뒤 상당히 오랫동안 오스트랄리네아에는 태반 포유동물들이 전혀 없었다. 호주의 모든 유대류가 남아메리카에서 남극대륙을 거쳐온 주머니쥐를 닮은 한 개척자의 후손일 가능성도 없지 않다. 정확히 언제인지는 모르겠지만, 그 이주는 호주(더 구체적으로 말하면 태즈매니아)가 포유동물이 섬 건너기를 통해서 갈 수 없을 정도로 남극대륙에서 멀어진 때인 5,500만 년 전보다 훨씬 더 나중에 일어났을 리는 없다. 포유동물이 살기에는 남극대륙이 얼마나 열악한 환경이었는가에 따라 달라지겠지만, 그 일은 훨씬 더 일찍 일어났을 것이다. 아메리카의 주머니쥐들은 호주의 어떤 유대류와도 가깝지 않을뿐더러, 호주 사람들이 주머니쥐라고 부르는 동물과도 가깝지 않다. 게다가 주로 화석으로만 남아 있는 다른 아메리카 유대류들은 유연관계가 더 멀어 보인다. 다시 말해서 유대류 가계도에서 주요 가지들은 대부분 아메리카에 속하며, 그것이 바로 유대류가 다른 경로를 통해서가 아니라 아메리카에서 발생해서 오스트랄리네아로 이주했다고 우리가 생각하는 한 가지 이유이다. 하지만 그 가계도의 오스트랄리네아 가지는 고향으로부터 격리되자 분화했다. 그 격리는 약 1,500만 년 전 오스트랄리네아(특히 뉴기니)가 아시아에 가까이 다가왔을 때 박쥐와 설치류가 들어오면서(아마도 섬 건너기를 통해서) 끝났다.

유대류는 포유류의 한 갈래로, 태생 포유류이지만 태반이 없거나 불완전하며, 어린 짐승은 완전히 성숙되지 않은 채로 태어난다. 대부분의 암컷 배 부분에는 육아낭이 있는데, 갓 태어난 어린 짐승은 어미가 핥아서 만든 길을 기어서 육아낭에 들어가 거기에 있는 젖꼭지에 도달한다. 어린 짐승은 젖을 빨아먹지 못하므로, 어미는 근육 작용으로 젖을 분비해 준다. 자궁과 질이 두 개씩 있어서 2자궁류라고도 한다. 대뇌반구는 작으며, 표면에는 도랑이 없다. 호주에서 많이 살고 있으며, 캥거루·코알라·주머니쥐·주머니고양이·웜뱃 등을 비롯 248종이 알려져 있다.

캥거루(kangaroo)

캥거루라는 낱말은 강거루(gangurru)라는 낱말에서 나온 것으로, 1770년 8월 4일 제임스 쿡이 엔디버 강둑에서 "Kangooroo or Kanguru"라는 글이 처음 기록되었다. 널리 퍼진 그릇된 속설에 의하면 제임스 쿡이 원주민에게 저 동물의 이름은 무엇이냐? 라고 물었을 때 원주민이 그의 말을 알아듣지 못하여 한 말 "모르겠다"가 캥거루의 어원이 되었다고 한다. 실상은 원주민 언어로 Gangurru, 즉 회색 캥거루를 의미하는 단어에서 파생한 것이다. 캥거루의 뒷다리는 크고 강하며, 앞다리는 짧고 작다. 꼬리는 몸집이 큰 종은 90cm가 넘는다. 꼬리는 깡충깡충 뛸 때 균형을 잡아 주고, 네 다리로 걷거나 두 다리로 설 때 몸을 지탱해 준다. 캥거루는 뒷다리로만 뛰며 두 다리를 동시에 옮겨 깡충깡충 뛴다. 단거리를 뛸 때는 시속 64km로 뛸 수

  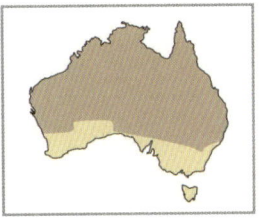

캥거루는 유대목 캥거루과에 속하는 동물의 총칭이다. 송영석, 이슬아, 진광자 대원. 왈라루, 붉은 캥거루의 서식지.

있고, 높은 장애물도 뛰어넘을 수 있다. 붉은 캥거루의 경우에는 길이로는 13m까지 위로는 4m까지 뛰어넘을 수 있다. 캥거루의 머리는 작고 사슴 같으며, 주둥이는 뾰족하다. 귀는 크고 곧게 서 있으며, 앞에서 뒤로 돌릴 수 있다. 몸은 짧은 털로 덮여 있고 대부분의 종이 갈색 또는 회색 털을 갖고 있다.

캥거루의 하복부 앞에 육아낭이 있어서 출산 직후 새끼는 자기 힘으로 그 속에 기어 올라가서 젖꼭지에 달라 붙어서 자란다. 새끼는 30~40일의 임신기간을 지나 출산되어 앞발만을 써서 어미의 복부로 올라간다. 태반이 없으므로 조산(早産)되며 새끼는 자궁 내에서 분비물을 흡수하여 성장하는데 크기 약 2.5cm, 몸무게 약 1g으로 발육 초기에 출산해 버린다. 그 후의 발육 상태는 종류에 따라서 다르지만 6~12개월이면 독립한다. 천적은 독수리·비단뱀·여우 등이다. 일부 소형종 캥거루가 잡식성 경향이 있는 외에는 모두 초식이다. 일반적으로 어금니가 넓고, 융기나 결절이 있어서 먹이를 갈아 으깨는 데 알맞다. 땅에서 지내며 낮에는 그늘이나 덤불 등에서 쉰다. 꼬리와 뒷다리가 발달하여 5~8m, 때로는 13m까지도 점프하지만, 소형종이나 수상생활을 하는 종은 뒷다리의 발달이 약하다. 덤불이나 산림·암석지, 앞이 탁 트인 초원이나 숲 등에서 살고 일부 종은 수상생활을 한다.

캥거루는 크게 세 부류로 나뉜다. 첫째 부류는 붉은캥거루·회색캥거루·왈라루 등을 포함한 대형 캥거루류와 나무오름캥거루·왈라비 등이다. 첫째 부류의 캥거루는 몸길이 80~60cm, 꼬리길이 70~110cm이며, 광활한 초원, 숲이나 덤불 등에서 산다. 초원에 사는 붉은캥거루, 탁 트인 숲에 사는 왕캥거루가 가장 잘 알려져 있다. 또 황무지에는 왈라루가 살고 있다. 풀을 먹으면서 무리를 지어 이동생활을 하는데, 몸이 튼튼하고 실팍하며 발은 비교적 짧고 넓으며 바위가 많은 곳에서 살기에 알맞아서 발바닥에는 거친 과립이 있다. 호주 남동부에 분포한다. 왈라비는 캥거루와 비슷하지만 약간 작다. 위턱의 셋째 앞니에 한 개의 세로 홈이 있고, 어금니 앞 끝에 융기가 있는 것으로 구별한다. 몸 빛깔은 일반적으로 황갈색 또는 회갈색이다. 소택지나 골짜기 등에 가까운 초원이나 덤불에 살고 있다. 몸길이 45~105cm, 꼬리길이 33~75cm이며 무리를 지어 산다. 종류에 따라서는 나뭇잎을 포함한 식물을 먹는다. 둘째 부류인 쥐캥거루류는 큰 종이 토끼만 하다. 이 중 흰띠쥐캥거루는 많은 입구를 낸 거대한 땅굴을 파고 그 속에서 산다. 쥐캥거루류에 속하는 또 다른 종인 포토루는 뒷다리가 아주 짧고 코가 뾰족해서 쥐처럼 보이다. 셋째 부류 냄새쥐캥거루는 몸집이 아주 작아 쥐만하다. 캥거루류의 다른 종과는 달리 뒷발의 발가락이 4개가 아니라 5개이다. 현재 적어도 캥거루는 69종이 있다고 알려져 있다. 영국, 하와이, 뉴질랜드 등에서 사육되다 야생으로 간 것이 몇 종류 있기는 하지만, 원래부터 야생에서 살던 종은 호주와 뉴기니에 있다.

포유동물은 원시포유류인 단공류와 유대류, 태반포유류로 나뉜다. 단공류는 오리너구리와 바늘두더지처럼 알을 낳고 젖을 먹인다. 유대류는 미성숙 상태의 태아를 낳아 주머니 속에서 젖을 주어 키우고, 태반포유류는 태반이 발달해 임신기간이 길고 성숙한 태아를 낳아 젖을 먹이되 곧 독립시킨다. 캥거루는 대표적인 유대류다. 유대류는 임신한 어미의 태반 발달이 불완전하다. 짧은 임신 기간 동안 자궁에 난황낭 유형의 태반이 발달한다. 유대류의 배아는 난황낭을 통해 양분을 얻는다. 이렇게 난황에 의존하다 보니 태반이 충분히 발달하지 못해 임신 기간이 짧다. 자궁에 수태된 태아가 제대로 자랄 수가 없어서 빨리 출산을 하는 것이다. 유대류의 새끼는 겨우 콩알 정도의 크기로 일찌감치 밖으로 나온다. 갓 태어난 유대류 새끼는 발육이 불완전한 태아 상태에서 독립할 수가 없다. 어미는 이 미성숙한 태아를 온전한 개체로 자랄 때까지 주머니에 넣고 다니며 키운다. 새끼는 웬만큼 자란 뒤에야 젖꼭지에서 떨어져 나오는데, 종류에 따라 몇 주에서 몇 달 동안 주머니 속에서 자란다.

캥거루 삼세대의 주머니 동거

어미 캥거루는 주머니 안에 새끼를 넣어서 함께 생활한다. 어미와 자식이 이렇게 밀착된 동물이 또 있을까 싶다. 어미는 한 번에 3세대에 해당하는 새끼를 돌볼 수 있다. 1세대는 다 자라서 몸집이 커져 주머니에서 나와 혼자 돌아다니지만 이따금 주머니에 머리를 박고 젖을 먹으며 어미 곁을 못 떠나는 몸집 큰 새끼, 2세대는 주머니에서 지내면서 젖을 먹으며 자라는 새끼, 3세대는 어미의 자궁에 있는 태아다. 캥거루는 왜 다 자란 새끼를 주머니에 넣은 채 뛸까? 어미가 새끼를 주머니에 넣고 다니는 데에는 말 못할 사정이 있지 않을까?

호주 대륙은 1억 3,600만 년 전에서 6,400만 년 전 사이에 남극 대륙에서 떨어져 나와 떠돌다가 중심부가 남회귀선에 정착했다. 북과 남의 회귀선은 태양이 그 지역의 천정에 왔다가 돌아가는 위선으로, 지구 전역에 걸쳐 회귀선 부근에는 건조 지역이 펼쳐져 있다. 사하라 사막, 호주 사막이 그 보기다. 회귀선 부근은 하강 기류의 영향권에 있다. 적도 쪽에서 데워진 공기가 상승해 이동하다가 회귀선 부근에 와서는 다시 차가워져서 하강하기 때문이다. 이때, 하강 기류는 고기압을 형성한다. 따라서 지표면 쪽으로 오며 데워지면서 공기의 온도가 올라가고 습도는 낮아진다. 맑은 날씨가 지속되지만 물이 없는 건조한 상태에서는 일교차와 계절별 온도 차이가 아주 커진다. 이는 호주 내륙이 생물이 살기에 매우 어려운 환경이라는 것을 의미한다. 이런 호주의 환경을 견디지 못한 태반포유류는 대부분 사라졌다. 그러나 몸 겉에 주머니가 있는 유대류는 잘 버텼다. 유대류가 호주에서 세력을 펼치는 데는 주머니의 역할이 컸다는 이야기다.

혹독한 환경에서는 어미가 제 몸을 추스르기도 쉽지 않아 새끼를 몸 속에서 일찍 떼어 내는 것이 유리하다. 그래야 태반을 복잡하게 발달시킬 필요가 없고, 몸집이 커진 태아를 뱃속에 넣고 다님으로써 생길 수 있는 위험도 줄일 수 있다. 임신 기간이 길면 에너지 소모는 많아지는데 먹이 찾기는 힘들어지고 적의 공격으로부터 달아나기도 어려워진다. 그래서 유대류는 어미 스스로 웬만한 환경쯤은 거뜬히 이겨 낼 능력을 갖추고 나서 새끼를 낳아 기르는 데에 힘쓴다.

호주 사막에서 새끼 키우는 법

호주에서 유대류는 태반포유류보다 적응을 잘했고 내성 면에서도 우월했다. 3천만 년 전에 이르러 유대류는 매우 빠른 속도로 진화했다. 이들은 물을 저장할 수 있는 생리적 능력을 확보하면서 폭넓은 환경 조건에 적응하기에 이르렀다. 그 결과 크기와 모양이 다양해지면 바위 많은 언덕부터 숲이며 건조한 지역에 이르기까지, 호주 전역에서 살게 되었다. 대형 태반포유류가 사라지자 유대류는 호주를 기회의 대륙으로 삼은 것이다.

조기 출산한 캥거루 어미는 새끼 보호에 열과 성을 다한다. 어미의 정성은 젖꼭지에서 부터 드러난다. 캥거루 어미는 젖꼭지가 네 개인데, 젖꼭지마다 각기 다른 영양분을 함유하고 있다. 갓 태어난 새끼는 스스로 어미 주머니 속으로 들어가서 네 젖꼭지 가운데 하나를 문 채 자란다. 거기에서는 새끼의 연령대에 맞는 양분의 젖이 나온다. 캥거루 새끼는 어미에 매우 의존한다. 어미가 주는 젖은 스스로 먹이를 찾지 못하는 새끼에게는 생명의 원천이기 때문이다. 캥거루 새끼는 들개나 독수리 같은 포식자를 피할 수 있고 먹이 구하기에 능숙해질 때까지 주머니 속에서 지낼 수 있다. 따라서 그만큼 살아남을 확률이 높아진다. 몸집은 어미만큼 자랐지만 경험이 부족한 어린 캥거루는 무엇에 놀라거나 하면 어미의 주머니 속에 다짜고짜 머리를 박는가 하면, 배가 고프면 젖까지 먹는다.

호주 사막처럼 늘 고기압이 머무는 곳은 공기 속의 수증기를 빼앗아 건조해지면서 생물의 활력을 앗아 간다. 그러나 캥거루 어미는 새끼를 주머니에 넣고 뛰면서 환경의 압력을 극복해 냈다. 캥거루는 온도 변화와 수분 부분에 대한 내성이 크다. 요즈음에는 캥거루가 다른 대륙에서 들어온 동물들과 초원의 먹이를 나누면서 살지만, 캥거루는 토착종으로서 호주 내륙의 건조한 환경을 견뎌 내는 그들만의 비결이 있다. 먹이가 없고 심하게 건조한 상황에서 갈증이 날 때 캥거루는 물을 찾아내기 위해서 땅을 1m 넘게 파는 경우가 있다. 이렇게 해서 캥거루가 물웅덩이를 찾아내면 다른 동물들도 때때로 혜택을 입는다. 흔히 포유동물은 체온이 올라가면 땀을 흘리는 동시에 헐떡이며 몸을 식힌다. 캥거루는 땀을 흘리기보다는 헐떡

입으로 열을 방출하는 독특한 포유동물이다. 기도와 폐로 1분에 300번 식 공기를 통화시키면서 몸 안의 열을 발산한다. 아울러 앞다리를 혀로 핥으면서 체온을 식힌다. 앞다리의 피부 표면 가까이에 혈관이 많이 모여 있어서 침이 증발할 때 그 쪽의 열이 식기 때문이다. 캥거루는 이렇게 침으로 물을 잃고, 헐떡일 때에도 몸 안의 물을 잃는다. 그러나 쓸모 없는 물을 이용하도록 진화한 것이라서 건조한 지역에서 견디기 좋다. 붉은캥거루 같은 대형 캥거루는 물 없이도 오래 버틸 수 있다. 녹색 식물만 있으면 먹이에서 수분을 얻을 수 있기 때문이다.

캥거루는 임신 주기를 조절한다

캥거루가 어려운 환경에서 살아갈 수 있는 커다란 강점 가운데 하나는 몇몇 종류의 암컷이 임신 주기를 조절할 수 있다는 것이다. 주머니 속의 새끼가 일찍 죽거나 자라서 주머니를 떠나면 암컷은 1주일 안에 다시 새끼를 낳을 채비를 갖춘다. 다 자란 암컷 캥거루는 죽을 때까지 꾸준히 임신할 수 있다. 암컷은 출산한 뒤 며칠 안에 발정기로 들어가서 짝짓기를 하고 임신을 한다. 그러나 오직 한 주일만 아주 작은 크기로 배아를 발달시키고 나는 마지막 새끼가 주머니를 떠날 때까지 휴면 상태로 임신을 지속한다. 말하자면, 수정 상태에서 분열은 시키지 않고 지내다가 주머니 속의 새끼가 떠나면 자궁 속에서 배아를 발달시켜 출산을 한다. 수정된 알의 발달을 지체시키는 기간은 이미 주머니 속에 들어 있는 새끼의 건강 상태나 계절과 기후에 따라 달라진다. 캥거루 어미는 출산을 12개월까지 늦출 수 있다. 정상 임신 기간이 35일을 넘지 않는데, 그 기간을 열 배나 늘리는 까닭은 가뭄을 피해 먹이가 풍부할 때 새끼를 낳기 위한 것이다. 암컷이 출산한 뒤 바로 짝짓기가 가능한 것은 포유동물에게서는 좀처럼 보기 힘든 특성이다.

임신과 출산을 조절하며 생존 확률을 높이는 동물은 캥거루만이 아니다. 추운 지방에서 사는 곰도 그렇다. 곰은 먹이가 부족하거나 몸 상태가 좋지 않을 때에는 임신 상태를 중단하고 수정란을 몸에서 흡수해 버린다. 곰 암컷은 건강 상태가 좋을 때를 골라서 출산하지만 캥거루처럼 임신 기간을 오래 지연 시키지는 않는다. 흔히 먹이가 풍부한 계절이 끝나 갈 무렵에 수정란이 자궁에 착상되면 진성 임신이 시작된다. 암컷의 몸 상태에 따라 지연되기 때문에 수정란 착상은 짝짓기를 하고 나서 두 달쯤 뒤에 일어난다. 그러므로 곰의 전체 임신 기간은 꽤 길어지는데, 캥거루와는 좀 다른 형태의 임신 조절이다.

캥거루 어미의 지극정성 모성애

생물계에서 어미의 역할은 그 무엇보다 중요하다. 모든 생물은 어미의 몸에서 나온다. 새끼가 유전적으로나 환경적으로 그 습성을 되풀이한다는 점에서도 어미의 영향력은 아주 크다. 그런데 낳기만 하고 돌보지 않는 어미도 있다. 그런 생물일수록 환경의 영향을 많이 받는다. 환경이 좋으면 많은 수가 살아남지만 그렇지 않으면 대부분 죽는다. 어린 생명체에게 어미의 보호가 없다는 것은 말 그대로 허허벌판에 던져진 채 스스로 살아남아야 한다는 뜻이다. 그만큼 새끼가 겪어야 하는 어려움은 클 수밖에 없다. 흔히 이런 생물은 일단 많이 낳고 보는 '출산 지향형' 전략을 쓴다. 대부분 몸집이 작고 세대 간격이 짧아서 더러 조건이 좋을 때에는 빠른 속도록 번성하기도 한다. 곤충이나 물고기 중에는 낳기만 하고 돌보지 않는 어미를 둔 것이 많다. 그러나 다산다사의 생식 전략을 펼치는 생물이라고 해서 다 그러는 것은 아니다. 쉬파리 종류는 알을 몸 안에서 부화시켜 내놓는 유형이다. 그리고 상어나 가오리 같은 연골어류도 알이 모체 안에서 발달해 새끼로 태어나기도 한다. 이들은 자손이 좀 더 많이 살아남는 쪽으로 생식적 진화를 이룬 동물이지만, 어미와 새끼 사이에 사랑이라는 말을 끼워 놓기에는 아직 어색하다. 난생 동물이라고 해서 꼭 어미가 무심한 것은 아니다.

거북같이 구멍에 알을 낳고는 돌보지 않는 동물도 있지만, 악어처럼 적으로부터 알을 지키고 돌보는 동물도 있다. 둥지에서 알을 품는 새들도 그렇다. 앵무새, 딱따구리, 매는 새끼가 털 없이 눈도 못 뜬 채 깨어나기 때문에 먹이를 물어다 주는 어미의 보살핌이 장기간 필요한 만성조다. 이와 달리 오리처럼 알에서 깨자마자 어미를 따라다니며 먹이 활동에 나서는 조성조도 있다. 이들은 유형은 다르지만 모두 어미의 사랑이 새끼에게 전달되는 동물이다. 포유동물과 모성애라는 말은 따로 떼어 놓을 수가 없다. 젖먹이동물에게 어미의 보살핌은 절대적이다. 포유동물은 젖을 먹이며 키우고 돌보느라 새끼를 많이 낳지 못하기 때문에, 그들이 독립할 때까지 최선을 다해 보살피는 '사망 회피형' 전략을 구사한다. 유대류인 캥거루 역시 포유류의 일종이어서 마찬가지로 모성애가 지극하다.

주머니 밖 세상으로 나가기

캥거루는 출산 며칠 전부터 준비에 몰두한다. 그 가운데 하나는 주머니 속을 깨끗이 청소하는 일이다. 갓 태어난 유대류 새끼는 아주 작고 털이 하나도 없다. 그러나 어미 주머니 속의 젖꼭지까지 기어 올라가는 데 필요한 에너지는 있다. 새끼는 어미가 체액으로 만들어 준 길을 따라 주머니 속으로 들어가서 젖꼭지에 달라붙는다. 갓 태어난 새끼는 젖을 빨 능력이 없지만, 어미의 젖 근육이 운동을 하면서 새끼의 입 속으로 젖을 분출시킨다. 주머니 속에서 사는 초기에는 새끼가 젖꼭지에 늘 붙어 있다. 좀 자라서 털이 나기 시작하면 젖꼭지에서 떨어질 수 있어, 떨어졌다가 다시 젖꼭지에 붙곤 한다. 주머니 속에서 새끼가 자라는 동안 어미는 종종 입술로 주머니 속을 닦아 내는가 하면, 앞발로 주머니를 열어 새끼가 잘 있는지 살펴본다. 눈을 맞추며 웃어 주는 것이 아기에게 얼마나 중요한 일인지 캥거루 어미도 아는 것 같다. 귀가 봉긋하게 솟아나면 이제 새끼가 주머니 밖으로 나올 준비가 된 것이다. 새끼는 주머니 속에서 사는 막바지 단계에 이르면 몸이 얇은 털로 덮인다. 주머니 밖으로 나가려면 담력을 키워야 해서 새끼는 밖을 내다보다가 숨고 다시 밖을 내다보는 행동을 며칠 되풀이한다. 주머니 밖으로 나가기 시작하면 자신감이 생길 때까지 차츰 탐험 시간을 늘려 간다.

대형 캥거루의 새끼는 3개월이 지나면 밖으로 나가서 먹이를 찾기 시작하지만, 주머니 속을 들락거리는 시기를 5개월에서 9개월쯤 더 거친다. 새끼들이 잠깐 나왔다가 어미의 보호를 받기 위해 다시 주머니 속으로 들어가는 일을 반복하는 단계다. 어린 캥거루가 완전히 젖을 떼는 시기는 어미의 주머니 밖으로 완전히 나간 뒤 몇 달이 더 지나고서다. 캥거루는 들개나 독수리 같은 포식자들을 피하면서 거친 환경에서 생존의 노하우를 터득해야 독립할 수 있다. 캥거루 어미의 모성애는 지극히 자식을 감싸 안는 유형이다. 캥거루 어미는 새끼를 주머니에 넣고 다니면서 키워 내고, 새끼가 드넓은 들판을 뜀뛰기로 가로지르도록 지지해준다. 캥거루의 모성애는 열악한 조건에서 돋보인다.

과잉보호는 경쟁력을 앗아간다

캥거루 새끼는 의존성이 강하다. 이는 어미의 과보호에서 비롯된 측면이 크다. 어미는 주머니에 넣어서 키워 준 것도 모자라는지 다 큰 새끼의 응석까지 고스란히 받아 준다. 이런 어미의 과잉보호가 자식의 앞날에 오히려 걸림돌이 될 수도 있다는 것은 좀 더 다양한 환경에 처한 유대류와 태반포유류를 비교해 보면 알 수 있다.

화석 자료를 살펴보면 유대류는 태반포유류의 조상이 아니다. 이들은 거의 같은 시기에 진화했다. 유대류와 태반포유류는 중생대 말기부터 거의 같은 생태적 지위를 차지하며 경쟁 관계에 놓여 있었다. 이럴 때에는 더 잘 적응하는 쪽이 살아남는 경쟁적 배제 관계가 형성된다. 실제로 여러 대륙을 살펴보면 완전 태반의 포유동물이 번성한 지역에서는 유대류가 사라졌고, 유대류가 번성한 지역에서는 완전 태반의 포유동물이 밀려났다.

유대류는 호주에서는 육상 포유동물의 우세종이고, 남아메리카에도 작은 몸집의 유대류가 있다. 그러나 북아메리카나 아시아, 유럽, 아프리카 대륙에서는 거의 절멸한 상태다. 북아메리카에서는 버지니아 주머니쥐 한 종만이 고양이만 한 크기로 남아 있다. 밤을 틈타 활동하고 낮에는 구멍 속에서 숨어 지내며 가까스로 살아 남은 종이다. 중생대와 신생대에 이르기까지 유대류는 북아메리카 대륙에 흔한 편이었다. 신생대 제3기 말까지도 꽤 살았는데, 그 뒤 태반포유류에게 슬금슬금 밀려난 것이다.

주머니를 가진 호주 유대류

호주의 유대류는 태반포유류와 달리 종류가 많지 않다. 다만, 생김새나 신체 구조는 다양한 편이다. 네 발로 움직이는 작은 주머니두더지 종류부터 유칼리나무에서 사는 코알라, 두 다리로 뛰는 큰 캥거루에 이르기까지 다양하다. 유대류는 종류에 따라 주머니 방향이 다르다. 캥거루처럼 껑충껑충 뛰어다니는 동물은 새끼가 밑으로 빠지지 않게 주머니가 위쪽으로 열려 있고, 웜뱃 같은 유대류 두더지는 땅을 파는 동안 훼손되지 않도록 주머니가 뒷다리 쪽으로 열려 있다. 코알라 또한 주머니가 뒤쪽으로 비스듬히 열려 있다. 그래서 코알라 새끼는 웬만큼 자란 다음에는 아래로 빠질 염려가 있어서 주머니 속에 머물 수 없다. 새끼는 자라면 팔다리로 어미를 붙잡고 업혀 지낸다. 코알라의 주머니가 뒤쪽으로 열려 있는 것은 땅을 파던 습성이 있던 조상이 포식자를 피해 나무 위로 올라가서 살게 되었기 때문인 것으로 보인다. 갓 태어나서는 젖을 먹다가 좀 자라면 소화가 덜 된 어미 똥을 먹는 코알라의 특성 또한 뒤로 난 주머니와 연관시켜 볼 수 있다.

호주의 광활한 건조 지대에서는 유대류 어미의 육아법이 그런 대로 좋은 성과를 거두었다. 그러나 과잉보호는 어미의 한계 안에 자식을 가두는 결과로 이어지기 쉽다. 캥거루를 보면 주머니로 들어가기 위해 먼저 발달한 앞다리가 다양한 환경에 도전할 때에는 걸림돌이 될 수도 있음을 볼 수 있다. 캥거루는 반투명의 양막에 둘러싸인 채 태어난다. 갓 태어난 캥거루는 눈과 귀, 뒷다리 등이 아직 발달하지 않은 그야말로 태아 상태다. 새끼는 바로 막을 찢고 몇 분 안에 어미의 주머니 속으로 들어가야 한다 그렇게 하지 않으면 죽는다. 새끼는 혼자 힘으로 후각과 중이에 있는 중력 센서를 이용해 어미가 발라 놓은 체액의 도움을 받아 주머니 속에 있는 젖꼭지까지 재빨리 기어올라야 한다. 그래서 캥거루는 앞다리가 몸의 다른 부분에 비해 빨리 발달하며, 앞발로 사물을 움켜잡을 수 있게 되었다. 그러다

보니 유대류는 앞다리가 여러 태반포유류처럼 다양한 형태를 취하지 못했다. 유대류가 소나 말처럼 발굽을 가질 수 없고, 박쥐처럼 날개를 가질 수 없으며, 바다코끼리처럼 지느러미 발을 가질 수 없는 것은 이 때문이다.

두 다리만 의지하는 캥거루

특히 캥거루의 앞다리는 자라나면서 발달이 더디고 빠른 움직임에 별 도움이 되지 않는다. 토끼도 빨리 달릴 때 캥거루처럼 뜀뛰기를 하지만 앞발 또한 힘차게 내딛는다는 점이 캥거루와 다르다. 토끼는 좁은 공간에서도 잽싸게 방향 전환을 하고 빠르게 움직일 수 있어서 지구 곳곳에 널리 퍼져 산다. 캥거루는 빨리 움직이려면 뒷다리 두 개를 한꺼번에 써서 뛰어 오르는 수밖에 없다. 이렇게 뛰면 에너지를 적게 쓰면서 빠른 속도록 나아갈 수 있다는 이점은 있다. 붉은캥거루는 시속 88km 정도의 빠른 속도로 단거리를 갈 수 있다. 시속 30km가 넘으면 소모되는 에너지 단위량이 줄어든다. 계속 튀는 고무공이나 용수철처럼 에너지를 저장해 다시 뛰어오르게 되므로 에너지 소비가 크지 않다.

캥거루는 종아리 근육이 강하고 꼬리에 있는 커다란 힘줄 묶음이 엉덩이 뼈 쪽에 붙어 있는데, 이런 근육과 힘줄의 조합은 운동에너지로 변환하는 데 도움을 준다. 그러나 앞다리와 꼬리를 바닥에 대고 움직이거나 뒷걸음질 할 때에는 에너지가 많이 들어가고 뻣뻣해진다. 그러다 보니 갖가지 환경에서 훨씬 자유롭게 살아가는 태반포유류와의 경쟁에서 밀려날 수밖에 없었다. 완전 태반포유류는 대부분 네 다리를 자유롭게 움직인다. 화석자료에 따르면 뜀뛰기로 움직인 동물이 옛날에는 몇 백 종에 달했지만 지금은 50종쯤 남아 있다. 그만큼 뜀뛰기는 경쟁력이 높지 않다. 어미 주머니 속의 편안한 삶에 길들여지다 보니 모험을 감행하고 새로운 환경에 적응하는 데 소극성을 띠게 된 것이다. 과잉보호가 진화를 가로막는 족쇄가 되었다고 하면 지나친 말일까?

유대류 vs 태반포유류

캥거루는 여느 포유동물과 달리 강인함이나 효율보다는 어미의 헌신에 많이 기대는 동물이라고 할 수 있다. 캥거루 어미는 험난한 환경 속에서도 새끼가 건강하게 자라서 제 몫을 다하도록 지켜 주고 싶었을 것이다. 어미의 꿈은 웬만큼 이루어졌다고 할 수 있다. 누가 뭐래도 호주 대륙을 주름잡으며 이제껏 살아왔으니 말이다. 그러나 캥거루는 여러 환경으로 진출하여 우세종으로 등장하는 데에는 실패했다.

유대류와 달리 태반포유류는 자신의 특성을 찾아 그걸 세분화하고 특수화하는 데 성공했다. 저마다 알아서 경쟁력을 확보한 것이다. 태반포유류는 현재 4천여 종이 지구 곳곳에 흩어져 산다. 툰드라에서 사는 북극곰부터 사막에서 사는 낙타, 바다의 고래, 땅속의 두더지, 날아다니는 박쥐에 이르기까지 생김새와 생활방식이 정말 다양하다. 260~280종인 유대류와 비교할때 태반포유류는 크게 성공한 것이다. 300만 종에 이르는 곤충에 비할 수는 없겠으나, 포유류가 훨씬 큰 몸집으로 살아간다는 것을 감안하면 놀라운 수치다.

태반포유류가 호주를 제외한 전 대륙에 걸쳐 우세종의 지위를 차지한 것은 강인한 어머니의 힘에서 비롯된 것일지도 모른다. 태반포유류의 어미는 위험을 무릅쓰고 제 뱃속에 새끼를 배고 젖을 먹여 키우는 한편, 천적이 득실대는 생태계에서 새끼 스스로 살아갈 수 있는 법을 가르친다. 순록과 누 같은 포유동물은 태어난 지 몇 시간 만에 혼자 힘으로 움직이며 먼 길을 오갈 만큼 자립심이 뛰어나다. 약육강식의 세계에서 치열한 경쟁을 뚫고 살아남는다. 그러다 보니 잘 달리든지, 잘 기어오르든지, 잘 매달리든지,

태반 포유류와 유대류. 퍼스의 캐버샴 야생공원에서. 이슬아 대원.

자신에게 맞는 방법을 터득해 개발하면서 강점으로 만들었다. 태반포유류는 하루아침에 성공한 것이 아니다. 지식과 정보를 쉽게 얻을 수 있고 물질이 풍요로워질수록 틀에 박힌 생각과 태도로 살아서는 경쟁력이 떨어진다. 상상력을 키우고 때로는 모험도 할 줄 알아야 한다. 유대류와 태반포유류를 보면 그 차이가 어떤 결과로 이어지는지 알 수 있다. 캥거루 어미처럼 틀에 갇힌 사랑만 쏟을 것이 아니라 새로운 환경에 맞서 홀로 서는 법도 가르칠 일이다.

코알라(koala)

코알라는 퀸즐랜드 남부에서부터 태즈매니아를 제외한 동부지역 전역에 걸쳐 시식하고 있으며, 특정 종류의 유칼립투스 잎사귀만을 먹고 산다. 이처럼 특이한 식습관 때문에 코알라는 이들 검트리 숲이 줄어들자 심각한 생존 위기에 처하기도 하였다. 검트리 잎에는 기름기와 독성이 있어 다른 동물들은 소화해 낼 수 없으나 코알라만은 이를 소화해 낼 수 있는 효소를 가지고 있다. 유칼립투스 이파리에는 수면제 성분이 들어 있기 때문에 코알라는 하루에 18시간 정도 잠을 잔다. 코알라는 낮에는 나뭇가지에서 잠을 자고 주로 밤에 활동하는 야행성 동물이며, 먹을 것을 찾아 다른 나무로 이동할 때 외에는 땅에 거의 내려오지 않는다.

코알라는 일 년에 한 마리의 새끼를 낳는데, 갓 태어난 코알라는 체중 0.5g, 길이 1.9cm밖에 되지 않는다. 수태기간은 34~36일이며, 수명은 13~18년 정도이다. 코알라의 새끼는 태어난 지 36주가 되어 몸무게 1kg 정

  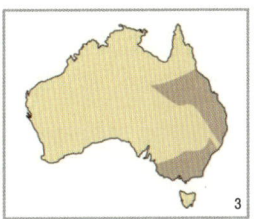

1 손등으로 조심스럽게 만지다. 2 퍼스의 캐버삼공원의 코알라. 3 코알라의 서식지.

도가 되면, 새끼주머니에서 나와 어미의 등에 매달려 검트리 잎사귀를 따 먹으며 생활한다. 그러나 날씨가 춥고 습하거나 잠을 잘 때는 새끼주머니에 들어간다. 코알라는 키 78cm, 무게 12kg까지 자라며, 무리를 이루지 않고 개별적으로 생활한다. 코알라는 다른 신체부위에 비해 머리가 유난히 큰 특이한 신체구조를 갖고 있다.

'코알라'란 원주민 말로 '물을 마시지 않는다'는 뜻의 굴라(gula)에서 비롯된 이름이다. 이는 코알라가 유칼리 나무의 잎사귀만 뜯어먹을 뿐 거의 물을 마시지 않기 때문에 붙여진 이름이다. 그러나 코알라는 때때로 물을 마시기 위해 시냇가를 찾기도 한다.

코알라(koala)는 호주에 서식하는 초식성 유대류이며, 몸길이 60~80cm, 몸무게 4~15kg이다. 꼬리는 거의 없고 코가 크다. 앞·뒷발에 모두 5개씩 발가락이 있는데, 앞발 제1·제2발가락은 다른 발가락과 서로 마주보며 나뭇가지를 잡는 데 적합하다. 암컷의 배에는 육아낭이 있는데, 뒤쪽으로 입구가 있으며 안에 두 개의 젖꼭지가 있다. 털은 양털처럼 빽빽이 나 있으며 윗면은 암회색, 아랫면은 회백색이고 특히 귀의 털이 길다. 맹장은 몸길이의 약 3배로 포유류 중에서 가장 길어 2.4m나 된다. 주로 밤에 활동하며, 유칼립투스의 삼림지에만 서식한다. 보금자리는 만들지 않고, 낮에는 나뭇가지 위에 안전하게 걸터앉아서 낮잠을 잔다. 세계에서 가장 게으른 동물이다. 대부분 단독으로 생활하고 성질은 순하다고 알려져 있지만, 캐버샴 공원에서 우리를 안내한 수의사(호주에는 수의사가 수도 많고 인기 직종이다)에 의하면 성질이 꽤 까칠해, 만질 때 조심해야 하고 만지더라도 손등으로 부드럽게 만져야 한다고 했다. 새끼는 몸길이 1.7~1.9cm, 몸무게 1g 이하이고, 털이 나지 않은 미숙한 상태로 태어난다. 그 뒤 육아낭 안에서 몇 달 동안 자란 뒤 약 6달 동안 어미에게 업혀 지낸다. 젖을 뗄 무렵에는 어미의 항문에 입을 대고 반쯤 소화된 유카리 나무 잎을 먹는다. 모피 때문에 남획되어 수가 감소하였으므로, 현재는 호주·미국·일본 등지의 동물원에서 양육·보호되고 있다. 호주 남동부에 분포한다.

코알라(koala)는 코알라과에 속하는 유일한 종으로, 학명은 Phascolqrctos

cinereus이다. 유럽에서 건너간 초기 이주민들은 코알라는 토종곰, 코알라 곰 등으로 불렀으나 생물학적으로 코알라는 곰과는 아무런 연관이 없다. 그러나 초기 이주민의 선입견은 코알라의 학명에도 영향을 끼쳤다. 코알라의 학명 Phascolarctos는 주머니달린(그리스어: phaskolos) 곰(그리스어: arctos)이란 뜻이다.

웜뱃(wombat/Vombatidae)

웜뱃은 땅굴 속에서 생활하는 유대류로 호주에 4종이 서식하고 있으며, 몸길이는 1m까지 자란다. 특히 털복숭이코웜뱃은 체내에 수분을 저장할 수 있어 건조한 기후환경에서도 살아남을 수 있도록 적응되어 있다. 주로 남부호주와 서부호주의 건조지역에서 서식하고 있는 웜뱃은 낮에는 굴에서 잠을 자고, 밤에 주로 활동한다.

모두 호주에만 분포한다. 짧고 근육이 발달된 다리와 매우 짧은 꼬리를 가지고 있다. 웜뱃이라는 이름은 시드니 지역에 거주하던 Eora 원주민 부족이 붙인 이름이다. 웜뱃의 강한 발톱과 설치류를 닮은 앞니는 긴 굴을 파기에 적합하다. 밤이나 어스름할 때 활동하지만, 시원할 때나 흐린 날에는 낮에 나오기도 한다. 초식동물로 풀이나 뿌리를 먹는다. 오소리와 비슷하다고 하여 현지에서는 오소리라고 하기도 한다. 몸길이 70~120cm로서 수컷과 암컷의 크기가 비슷하지만 종류에 따라서 크기가 다르다. 몸은 묵직하고 뚱뚱하며, 머리는 크고 펑퍼짐하다. 눈은 작고, 두개골과 이빨은 설치류와 비슷하다. 아래위 1쌍의 앞니는 다른 이빨과 같이 무근치로서 일생동안 자라는데, 앞면과 옆면만 에나멜질이다. 꼬리는 거의 없고 땅딸막하

웜뱃(wombat)은 웜뱃과에 속하는 유대류의 총칭. 가운데는 우리를 안내한 수의사. 애기웜뱃과 남쪽털코웜뱃의 서식지.

며, 네 다리는 짧고 튼튼하다. 코알라와 몇 가지 비슷한 특징이 있는데, 배에 달린 육아낭과 흔적만 남아 있는 꼬리, 위 안에 독특한 냄새를 풍기는 반점, 태반의 구조 등이다. 발톱은 길고 튼튼하며, 땅을 파기에 알맞게 갈고리 모양으로 발달되어 있다.

관목림이나 사구지대에서 서식한다. 야행성으로 집 굴을 파고 생활한다. 시력은 약하지만 청각과 후각이 예민하다. 호주와 태즈매니아섬에 분포한다. 분류상 다른 의견이 있으나 보통 2속 3종으로 분류한다. 애기웜뱃(Vombatus ursinus)은 호주·태즈매니아섬에 분포하고, 몸 빛깔은 연한 노란색과 회색, 검은색, 어두운 갈색 등으로 다양하다. 두껍고 무거운 몸통과 작은 눈, 평평한 머리, 둥근 귀, 거친 털 등이 특징이다. 코 끝에는 털이 없다. 다리는 짧고 힘이 세지만, 앞발의 발톱은 길고 튼튼하다. 절멸의 위기에 있는 남쪽털코웜뱃(Lasiorhinus latifrons)은 호주의 남부와 내륙의 건조지대에 분포한다. 웜뱃과에 속하는 동물 중 가장 작다. 머리는 크고, 눈은 작으며, 귀는 뾰족하다. 코 끝에 털이 나 있는데, 털은 부드럽다. 단독생활을 하며 야행성이어서 낮에는 구멍에 숨어 있다가 밤에 나와서 풀이나 풀뿌리, 식물의 땅속줄기 등을 먹는다. 한배에 1마리의 새끼를 낳는다. 북쪽털코웜뱃(L. krefftii)은 몸이 땅딸막하고, 네 다리가 굵고 짤막하다. 콧등은 다갈색 털로 덮여 있고, 온몸은 부드러운 갈색 털로 덮여 있다. 앞다리의 튼튼한 발톱을 이용해 땅을 파고 집을 짓는다. 유칼립투스·아카시아 등의 혼생림에 서식하며, 식물의 땅속줄기와 풀뿌리 등을 먹고, 땅 위에서는 풀·나무껍질 등도 먹는다. 한배에 1마리의 새끼를 낳는다. 호주 동부에서 남부에 걸쳐 분포하나 지역에 따라 멸종의 위기에 처해 있다.

주머니 개미핥기(Numbat)

육식성 주머니동물인 주머니고양이목의 3개과 중 하나이고 호주 서부에서 발견되는 유대류 동물이다. 주머니개미핥기는 오로지 흰개미만 먹는다. 호주 서부지역의 상징인 주머니개미핥기는 현재 멸종위기에 처해있어 주 정부의 보호를 받고 있다.

 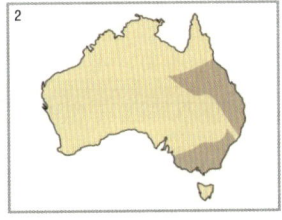

1 주머니 개미핥기(학명: Myrmecobius fasciatus). 2 개미핥기 서식지.

Thylacine(태즈매니안 호랑이)

척색동물 포유류 유대목 주머니고양이과의 동물이다. 태즈매니아주머니늑대(Thylacine)는 호주의 태즈매니아 섬에 서식했던 육식 유대류이다. 주머니를 가지는 늑대라는 점에서 수렴진화의 대표적 예로 꼽힌다. 등에 호랑이와 비슷한 무늬를 가졌기 때문에 태즈매니아호랑이(Tasmanian Tiger)라고도 한다. 태반동물인 늑대나 개 등과 직접적인 관계가 없으나 상당한 해부학적 유사점을 가지고 있다. 태즈매니아늑대(Tasmanian Wolf) 또는 사일러사인(Thylacine)이라고도 부른다.

단독 또는 한 쌍으로 행동하며, 낮에는 나무나 바위의 그림자에서 보내고, 해가 진 뒤에 사냥하러 나갔다. 먹이로는 소형 포유류를 주로 포식하고 있었다고 생각된다. 본래 태즈매니아 주머니늑대는, 호주 대륙 및 뉴기니 섬 일대에 생식하고 있었지만, 3만 년 전에 인간이 진출하면서 인류나 야생개인 딩고에게 먹이를 빼앗기고 인류가 발을 디디지 않았던 태즈매니아 섬에만 살게 되었다. 대항해 시대 이후 유럽으로부터 인간이 정착하게 되면

1 태즈매니안 호랑이라고도 불리는 태즈매니아 늑대. 2 호주의 우표에 있는 Thylacine.

서, 양 등의 가축을 해치는 유해 동물로 여겨진 주머니늑대는 대량 학살당했다. 1930년에, 마지막 야생 주머니늑대가 사살되었으며 곧 런던 동물원에서 기르던 주머니늑대도 죽으면서 멸종했다고 생각되었으나, 1933년에 야생 주머니늑대가 한번 더 포획되어 호바트 벤자민 동물원으로 옮겨졌다. 하지만 그 조차도 1936년 9월 7일에 죽음으로써 전멸하였다. 현재도 태즈매니아 및 다른 호주 지역에서 종종 태즈매니아 주머니늑대의 모습이나 발자취가 보고 되곤 하지만 확실한 증거는 발견되지 않았다.

주머니늑대의 복원 노력은 실로 정성어리다. 1999년에 호주 박물관이 복제를 시도하였으며, 2002년 말에 표본으로부터 사용 가능한 DNA를 추출하는 부분적인 성공을 거두기도 했다. 하지만 2005년에 표본의 DNA가 에탄올로 보존하는 과정에서 지나치게 손상을 입었다는 것이 밝혀지면서 이 계획은 중단되었다. 그리고 2005년 5월 마이클 아처 교수, 뉴사우스웨일스 대학교 총장, 호주 박물관의 이전 지도자 및 진화 생물학자와 이 복원계획 사업에 흥미를 가진 대학 및 연구소 그룹에 의해 재출발되고 있다. 2008년 미국 텍사스 대학교 리처드 베링어 교수와 오스트레일리아 멜버른 대학교 앤드루 패스크 박사팀이 100년 전 표본에서 DNA를 추출하여 이를 쥐에게 이식한 결과, 생물학적 기능을 발휘하도록 했다고 발표했다.

포섬(possums)

이 동물들은 영어권에서, 통상적으로 "포섬"(possums)이라고 불리지만, 이 용어는 쿠스쿠스아목(Phalangeriformes)의 호주 동물군을 가리키는 데에도 쓰인다. 버지니아주머니쥐는 원래 "오퍼섬"(opossum)이라 불리는 동물이

1 주머니쥐는 서반구에 사는 주머니쥐목(Didelphimorphia) 유대류의 총칭. 2 캐버삼 야생공원에 있는 포섬 안내판.

다. 이 단어는 알곤킨족 어 wapathemwa에서 유래하였다. 오퍼섬은 백악기 후기 또는 고신생기 초기에 남아메리카 유대류로부터 갈라진 것으로 보인다. 자매 군은 새도둑주머니쥐목(Paucituberculata) 이다.

그 밖의 호주 동물들

딩고(dingo, Canis lupus dingo)

딩고는 아시아대륙에서 건너온 '늑대와 피가 섞인 들개'로서, 개처럼 짖지를 못하고 늑대처럼 울부짖는 소리를 낸다. 약 15,000년 전에 원주민과 함께 호주에 들어온 것으로 추정되는 딩고는 원주민 주거지에서 애완용으로 길러졌으며, 내륙의 추운 겨울밤에는 원주민들이 딩고를 껴안고 잠으로서 이불을 대신하였다. 그러다 오랜 세월 동안 호주의 거친 환경에 적응하느라고 성격이 매우 공격적이고 거칠어졌다. 주요 먹이는 작은 캥거루 종류인 왈라비, 토끼등이지만 이제 딩고는 호주대륙의 유일한 맹수로서 캥거루를 비롯한 거의 모든 동물을 잡아먹으며, 때로는 과일도 먹는다. 딩고는 태즈매니아를 제외한 호주 전역에 분포되어 있으며, 야행성으로 주로 밤에 양과 같은 가축을 공격하여 농부들에게 피해를 입히기도 한다. 이런 딩고로부터 피해를 막기 위해 5,600km의 도그펜스(Dog Fence)를 설치하였으며 이는 우주의 인공위성에서 보이는 인공설치 물로 유명하다. 딩고는 물을 싫어하여 물 속에서 헤엄을 치는 일은 거의 없다.

인도늑대(Canis Indica)의 후손으로 생각되는 딩고는 몸이 비대하며 어깨 높이 60cm, 몸길이 90cm, 꼬리길이 30cm 가량이다. 몸무게는 20kg이다. 귀가 쫑긋하고 꼬리가 크다. 몸 털은 적갈색·황갈색·흰색·검은색 등

 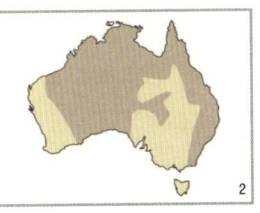

1 인도늑대(Canis Indica)의 후손으로 생각되는 들개. 2 딩고 서식지.

딩고를 막기위한 도그펜스.

여러 가지를 보인다. 생김새가 꼭 우리나라 진돗개를 닮았다. 새끼일 때 데려다 키우면 애완용으로 아주 좋다. 개와 비슷하지만 개보다 두개골과 턱뼈가 크고, 어금니와 송곳니도 더 크다. 들이나 숲 속에서 한 마리 또는 여러 마리가 모여 살며, 한배에 4~8마리의 새끼를 낳는다. 호주와 동남아시아에 토착하여 분포하는데, 원주민과 함께 말레이 지방에서 옮겨간 단 하나의 야생 식육류로서 유명하다.

듀공(Dugong dugon)

'듀공(dugong)'은 말레이어의 'duyong'의 변형이다. 몸은 유선형으로 고래와 닮았다. 몸길이는 약 3m이다. 3~5cm 길이의 털이 드문드문 있다. 입 주위에 있는 약 200개의 감각모는 지름이 약 2㎜이며 입술이 움직이는 것과 동시에 해초를 잡아뜯어 입 속으로 운반하는 데 알맞게 되어 있다. 수컷은 두 개의 엄니가 위턱에 나 있으며, 위턱의 끝은 아래로 처져 있다. 새끼는 한배에 한 마리 낳으며 몸길이는 3m, 무게는 300kg까지 나간다. 콧구멍은 2개이며 머리 앞 끝 위쪽에 열려 있고 눈은 작다. 앞다리는 가슴지느러미처럼 생겼는데 팔꿈치로부터 끝부분이 겉에 나와 있다. 뒷다리는 없고 꼬리지느러미는 수평이고 뒤쪽은 중앙이 깊게 팬 반달 모양이며 등지느러미는 없다. 몸 빛깔은 회색인데 때에 따라 규조류가 부착되어 옅은 갈색이나 청색으로 보일 때도 있다. 피부는 두껍고 코끼리와 같이 주름이 많다. 산호초가 있는 바다에서 생활하며 단독생활을 한다. 낮에는 오랫동안 바다 밑에 숨어 있다가 저녁부터 먹이를 찾아 헤맨다. 헤엄 속도는 시속 8km이며 헤엄칠 때는 가슴지느러미를 노처럼 사용한다. 아프리카 동해안으로부터 홍해·말레이반도·필리핀·호주 북부·반다해 및 남태평양의 여러 섬에 분포하며 오키나와에서도 포획되었다고 한다.

홍해와 인도양의 얕고 따뜻한 바다에서 산다. 1900년대에 들어 급격히 줄어들어 많은 지역에서 법으로 보호하고 있지만 아직도 가죽·고기·기름을 얻기 위해 남획되고 있다. 다른 시레니아 4종과 함께 국제 멸종위기종이다. 가장 가까운 종으로는 스텔러바다소(Stella's Sea Cow)가 있었으나 지나친 밀렵으로 인해 18세기에 멸종하였다. 듀공은 인도-태평양 지역의 37개국에서 서식하는 종이며 대다수의 듀공은 호주의 연안에 서식하는 것으로 알려져 있다. 또한 듀공은 철저하게 초식만을 하는 유일한 해양 포유류이기도 하다. 다른 시레니아 종처럼 듀공은 등지느러미가 없는 대신 노처럼 생긴 앞 지느러미가 발달하여 유영하는 데 이용한다. 돌고래와 같은 꼬리가 있어 쉽게 구분이 가능하지만 두개골과 이빨이 발달되어 있다. 듀공은 해초류에 전적으로 의존하기 때문에 자연히 해초가 자라는 지역으로 서식지가 한정되는 편이다. 특별히 듀공은 만이나 해협, 바람이 닿지 않는 섬 주변의 해안가를 즐긴다. 해초를 뽑아 먹기 위해서 주둥이가 아래쪽으로 날카롭게 되어 있다.

듀공은 고기나 기름을 위해 수 천 년간 포획되어 왔으나 최근 들어 개체수가 급감하면서 거의 대부분이 멸종 위기에 처해 있다. 세계자연보전연맹(International Union for Conservation of Nature and Natural Resources)에 따르면 듀공은 멸종 위기 종으로 지정되어 있으며 국제 야생동식물 멸종위기종 거래에 관한 조약(CITES)안에도 듀공을 포획하여 만든 제품 따위에

바다소목 듀공과의 포유류.

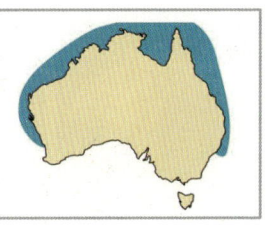

듀공 서식지.

대한 무역을 규제하고 있다. 듀공의 서식지가 몇 개국에서 보호를 받고 있기는 하지만 인구가 늘어난 해안가에서는 환경 파괴로 인한 서식지 감소와 어로 도구의 남용 등이 듀공의 개체 감소에 적잖은 영향을 주고 있다. 이런 상황에서 듀공은 수명이 긴 한편 생식 작용이 빈번하지 않은 종인 탓에 더 큰 어려움을 겪고 있다. 폭풍이나 천적인 상어, 범고래, 악어의 위험에 노출되어 있다.

에뮤(Emu)

에뮤는 타조 다음으로 세계에서 가장 큰 새이며, 캥거루와 함께 호주를 상징하는 동물이다. 현생 종으로는 1종뿐이다. 회갈색 깃털을 지닌 이 새는 키가 180cm까지 자라며, 몸무게는 45kg까지 나간다. 에뮤는 날지는 못하지만 지상을 시속 50km의 빠른 속도로 빠른 속도로 질주할 수 있다. 이 새는 여권이 센 동물로 널리 알려져 있는데, 암컷이 수컷에게 구혼을 하고 수컷이 8주간 알을 품어 새끼를 부화한다. 수컷은 알을 품기 전에 피하에 지방을 저장하였다가 알을 품을 때 그 열량을 사용하며, 알을 품는 기간 중에는 둥지를 떠나는 경우가 거의 없다. 또한 수컷은 새끼가 완전히 성숙할 때까지 6~9개월 동안 정성스럽게 돌본다.

에뮤는 캥거루와 마찬가지로 앞으로만 나아갈 뿐 뒷걸음을 치지 못한다. 또한 에뮤는 매우 호기심이 많아 옷을 흔든다든지 거울로 빛을 반사시키면 주위로 다가온다. 호주 원주민들은 이렇게 함으로써 에뮤를 유인하여 사냥한다. 에뮤는 농장에서 상업용으로 많이 사육되는데, 에뮤 고기는 지

에뮤(Emu)는 화식조과에 속하는 날지 못하는 새.   에뮤서식지.

방질이 적어 식도락가에게 인기가 높다. 에뮤의 가죽과 알은 고기와 함께 높은 가격에 거래되며, 전세계로 수출되고 있다. 특히 에뮤의 기름은 다양한 종류의 화장품 원료로 사용되며, 근육통 및 관절염 등의 통증 치료에 효과가 높다. 에뮤의 기름은 전통적으로 원주민들에 의해 약품으로 사용되어 왔다.

에뮤의 머리와 목에는 깃털이 거의 없이 푸른색 피부가 드러나 있다. 목과 다리가 길고 튼튼하며 발가락은 둘째·셋째·넷째의 3개뿐이다. 발톱은 짧고 튼튼하다. 날개는 퇴화되어 짧다. 암수 빛깔이 같으나 울음소리는 다르다. 무리 생활을 하며 잘 뛰고 헤엄도 잘 친다. 주로 과실이나 나뭇잎·풀뿌리·씨앗·곤충 따위를 먹으며, 건기나 가뭄 때는 농경지에 침입하기도 한다. 번식기에는 암컷의 목에 검은 생식깃털이 나고 푸른 피부색도 짙어진다. 높은 나무 밑이나 땅 위에 오목하게 만든 둥지에 한배에 9~20개의 알을 낳아 수컷이 58~61일간 품는다. 부화 후 며칠이면 새끼는 둥지를 떠난다. 암수 모두 목이 쉰 듯한 소리를 내며, 호기심이 강해서 이상한 행동이나 움직임에 쉽게 반응한다. 군데군데 나무가 자라는 사바나와 덤불지대, 탁 트인 초원 등지에 산다. 에뮤과의 근연종으로 캥거루섬 및 킹섬에 살던 흑에뮤(D. diemenianus)는 1800년대 초에 멸종되었다.

목도리 도마뱀(Austalian Frilled Lizard)

학명은 Chlamydosaurus kingii이고, 분류는 척색동물문 〉 파충강 〉 유린목 〉 아가미과 〉 목도리도마뱀속이다. 몸 색깔은 회갈색, 오렌지색이고 크기

목도리 도마뱀.

목도리 도마뱀 서식지.

60~90cm. 몸무게 400~870g정도이다. 비교적 큰 도마뱀에 속하며 평균 길이는 85cm이다. 비교적 긴 다리와 긴 꼬리를 가지고 있다. 가장 큰 특징은 엘리자베스 칼라 같은 목의 주름이다. 목 주름은 얇지만 목 주위에 접혀 있다가 위협을 받았을 때 넓게 펼친다. 쫙 펼쳤을 때 30cm정도 된다. 짝짓기는 주로 11월~3월에 하며 번식기는 11월~3월 사이다. 임신기간(포란 기간)은 70일 정도며 새끼 수(산란 수)는 10~13마리 정도를 낳는다. 수명은 약 15년이다.

주로 낮에 활동하며, 위협을 받았을 때 목에 달린 주름 같은 비늘 막, 즉 '목도리 장식'을 갑자기 펼치는 행동을 취한다. 상대방을 위협할 때는 목 둘레의 '목도리(frill)'를 우산 모양으로 펼치고 동시에 몸을 일으키면서 입을 크게 벌리기도 한다. 약간 습하거나 반 건조 지역인 사바나 지역의 나무 위에 살면서 곤충이나 작은 도마뱀·거미류를 잡아 먹고 과일 야채도 먹는 잡식성이다. 호주 북부와 뉴기니 남부에 분포한다.

목도리도마뱀은 또한 호주 야생동물 프로그램(Totally wild)의 상징이며 멸종위기종(멸종위기등급: IUCN Red List 평가불가종)으로 보호대상이다. 호주 북쪽 군부대의 마스코트 인데 이유는 목도리도마뱀이 빠르고 공격적이며 보호색 덕분에 적으로부터 잘 숨을 수 있기 때문이란다.

흰 개 미

흰개미는 흰개미목(Isoptera) 흰개미과(Rhinotermitidae)의 곤충으로 학명은 Nasutitermes이다. 호주에서는 동부와 북부가 서식지이다. 나무의 속을 갉

흰개미목의 곤충, 흰개미.

흰개미는 바퀴벌레에 가까운 곤충이다.

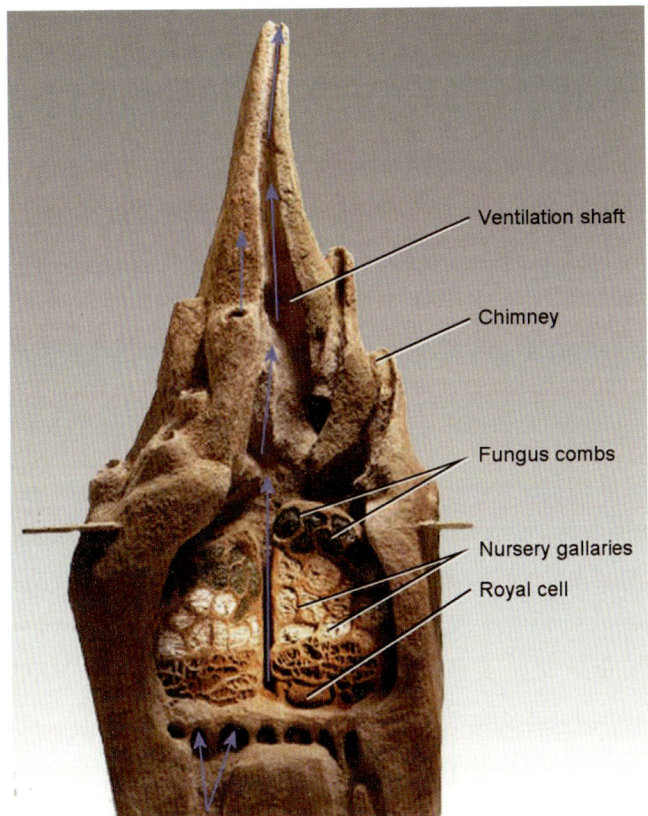

흰 개미집의 형태와 구조.

지천으로 널린 개미집을 관찰하며.

차창밖으로 보이는 바오밥 나무와 군락을 이루고 있는 개미집들.

아먹는 해충으로 보통 여겨진다. 이름과는 달리 벌목의 개미와는 전혀 다른 분류로, 바퀴벌레와 더 가깝다. 내장 속에는 흰개미가 나무의 섬유질을 소화할 수 있도록 돕는 미생물이 살고 있고, 개미나 꿀벌처럼 여왕개미, 일개미, 병정개미가 있는 사회생활을 한다는 점에서 개미와 흡사하다. 다만 개미나 꿀벌과는 다르게 여왕 외에 왕도 존재한다. 천적으로는 침팬지, 땅돼지, 개미가 있는데, 이중 개미는 번식에 필요한 여왕개미까지 죽이는 무서운 천적이다.

목조건물 등에서 흰개미가 서식하면 안 되는 이유는 흰개미가 나무의 셀룰로오스라는 성분을 필요로 하여 나무를 갉아먹기 때문이다. 그래서 우리나라의 배흘림 기둥 양식으로 만들어진 유명한 절이 흰개미에게 피해를 당한 사례도 있다고 한다. 해결방법으로 흰개미 탐지 견을 이용하여 흰개미에 의한 피해를 막고 있다. 흰개미는 일단 여왕이나 왕을 제외하고는 모두 몸이 투명하다. 또한 가슴과 배가 구분이 되지 않는다. 일개미는 얼굴이 하얀색이나, 병정은 주황색으로서 몇몇 종은 특수한 화학물질을 발사하여 적을 막는 경우도 있다. 여왕과 왕은 1차, 2차, 3차가 있으며 유시충 단계에서는 여왕과 왕을 구분할 수 없으나 여왕의 배는 산란을 시작하면서 점점 커지기 때문에 나중에 되어서야 구분 할 수 있다. 2차, 3차 는 환경적 요인으로 태어난 생식 개미들로 1차 여왕, 왕이 죽었을 때를 대비한 예비 생식충이다.

흰개미집은 경이로운 건축물이라고 불린다. 그럴 만한 이유가 있는데 흙과 흰개미 타액으로 만들어진 이 우뚝 솟은 집이 무려 높이가 약 6m에 이르기 때문이다. 벽은 약 45cm 두께의 벽이 햇볕에 달구어져 콘크리트처럼 단단해진다. 어떤 흰개미집은 하룻밤 사이에 속성으로 순식간에 지어지기도 한다고 한다. 흰개미집 중앙 부분에서는 여왕개미가 서식한다. "일흰개미"는 날개가 없고 앞을 보지 못하지만 특수하게 만들어진 방으로 알을 운반한다. 그곳에서 알에서 깨어난 유충을 돌보기도 하는데 무엇보다도 흰개미집의 가장 놀라운 시설은 환기 시설이다.

흰개미집은 서로 연결된 여러 개의 방과 통로로 이루어져 있다. 그런데 바깥의 날씨가 변해도 내부 온도가 일정하게 유지된다. 예를 들어 아프리카 짐바브웨의 경우, 낮에는 기온이 38℃가 넘어 매우 덥다가도 밤이 되면 2℃ 정도로 뚝 떨어져 일교차가 매우 심한데도 흰개미집의 내부 온도는 31℃로 일정하게 유지가 된다. 어떻게 그럴까? 흰개미집 바닥 군데군데 나 있는 환기구들로 신선한 공기가 들어오고, 탁해진 더운 공기는 위로 빠져 나간다. 지하에 있는 방을 통해 들어온 시원한 공기는 내부에 있는 통로와 방들을 통과하며 순환한다. 흰개미들은 필요에 따라 구멍들을 여닫아 온도를 조절한다. 흰개미들이 그들의 주식인 곰팡이를 기르려면 반드시 온도가 일정하게 유지되어야 하기 때문이다. 이처럼 흰개미집은 매우 뛰어난 구조를 지니고 있다.

호주의 식물들

서호주 학습탐사 내내 가는 곳 어디에서나 한국에서는 볼 수 없는 특이한 식물들이 많았다. 이는 호주가 커다란 대륙이기 때문에 남북으로 다양한 위도대에 걸쳐 다양한 기후가 형성되고 그에 따라 남북을 가로지르는 다양한 식생대가 펼쳐지기 때문이다. 호주는 다른 대륙으로부터 오랫동안 격리되어 있었기 때문에 동물과 마찬가지로 식물도 특이한 것이 많다. 서호주의 남서부 지역에서 자라는 6천여 종의 육상 식물의 75%는 세계의 다른 어느 지역에서도 발견되지 않는 것들이다. 한편 호주는 빙하기에 해수면이 낮아져 파푸아뉴기니와 매우 가까워진 적이 있는데, 이 때문에 호주

바오밥 나무를 24명의 탐사대원이 둘러서 있다.

길가의 바오밥 나무.

바오밥 나무 열매.　　　　　　　　휴게소 마당에 떨어져있는 바오밥 나무열매.

북부지역에는 아시아로부터 기원한 열대식물이 많이 자라고 있다. 또한 뉴사우스웨일스의 산악지대와 뉴질랜드의 남단에는 남극에서만 발견되는 식물이 서식하고 있는데, 이는 호주 대륙이 남극대륙으로부터 떨어져 나왔다는 이론을 뒷받침하고 있다. 호주가 원산지인 대표적인 식물들을 소개하면 다음과 같다.

바오밥 나무

일명 물병나무 또는 보압(Boab Tree)나무라고도 하는 이 나무는 건조한 북부지방에서 발견되는데 가뭄에 대비해서 줄기 속에 물을 저장하는 식물이다. 아프리카의 바오밥 나무와 친척뻘 되는 이 나무는 생김새가 물병과 비슷하여 물병나무란 이름을 얻게 되었다. 호주의 바오밥 나무는 약 9만 5천 리터의 물을 저장할 수 있다고 한다. 이 나무는 키가 20m까지 자라지만, 몸통둘레는 24m까지 자란다. 원주민들은 물병나무의 껍질로 로프나 천을 만들어 사용한다. 또한 높이 20m, 가슴 높이 둘레 10m, 퍼진 가지 길이 10m 정도로 원줄기는 술통처럼 생긴 세계에서도 큰 나무 중의 하나로서 호주에서는 신성한 나무 중 하나로 꼽고 있으며 구멍을 뚫고 사람이 살거나 시체를 매장하기도 한다. 열매가 달려 있는 모양이 쥐가 달린 것같이 보이므로 죽은쥐나무(dead rat tree)라고도 한다. 잎은 5~7개의 작은잎으로 된 손바닥 모양 겹잎이다. 꽃은 흰색이며 지름 15cm 정도로 꽃잎은 5개이다. 열매는 수세미외처럼 생겨서 길이 20~30cm로 털이 있고 딱딱하며 긴 과경이 있다. 수피는 섬유이고, 잎과 가지는 사료로 사용하며 열매는 식용으로 쓰인다. 수령이 5,000년에 달한다고 한다. 바오밥 나무의 학명은 이

나무를 발견한 프랑스의 식물학자 M. 아단송의 이름에서 비롯되었다. 바오밥 나무는 1년에 15cm정도 자라며 우리나라에서는 분재처럼 키를 키워가며 화분에서 키울 수 있다. 전 세계적으로도 멸종위기에 있는 희귀식물이라 하는데 호주에서는 지천에 널려 있는 모습이 흥미로웠다. 많은 사람들이 알고 있듯이 바오밥 나무는 어린 왕자가 살던 별 B-612에 사는 것으로 나와서 유명해진 나무다. 어릴 때에는 장미와 비슷하지만 무섭게 자라 뽑지 않으면 작은 혹성을 엉망으로 만들어 버린다는 내용이다. 바오밥 나무 꽃은 박쥐를 닮아서 밤에만 핀다고 하고, 그 열매는 죽은 쥐를 닮았다고 해서 '원숭이 빵'이라고 불린다.

유칼립투스(gum tree)

유칼리 나무의 정식이름은 Eucalyptus 이며 호주에서 가장 많은 나무 종으로서 산림의 90% 정도 이상을 차지하는 것이 바로 유칼리 나무다. 이 유칼리 나무는 도금양과의 한 속으로 상록 교목 또는 관목이며 호주에만도 약 600여종의 유칼리가 있다고 한다. 코알라라고 하는 귀여운 동물은 이 잎만을 먹고 산다. 약 60여 종류의 유칼리만 먹는 코알라는 이 잎에 함유된 독성이 강한 탄닌성분을 해독하기 위해 1일 약 18시간 이상을 잠을 잔다고 한다. 유칼리 나무는 꽃이 피기 전에 꽃받침이 꽃의 내부를 완전히 둘러싼 특징을 취하여 잘 싸였다는 뜻이기도 하다. 높이 100m 이상 자라는 것이 있고 늙은 나무의 껍질은 잘 벗겨져서 벗겨지고 나면 허옇게 보이는 것이

1 쌍떡잎 식물 도금양목 도금양과의 상록교목 또는 관목. 2 Knox Gorge의 유칼리 나무.

꼭 둥그런 시멘트기둥처럼 보이기도 한다.

잎은 홑 잎으로 가장자리가 밋밋하고 분백색이 돌며 어긋나는 것과 마주나는 것이 있다. 꽃은 3~11월에 백색, 황색, 적색 등으로 피며 많은 수술이 있고 꽃잎과 꽃받침은 일찍 떨어지고 수술은 노출된다. 열매는 종자가 많이 들어 있고 신선한 잎에서 채취되는 유칼리 유는 약용으로 많이 쓰인다. 나무의 뿌리는 건조한 지방에서 자라기 좋게 강하고 깊게 땅속으로 파고 들며 수분을 쉽게 그리고 빨리 흡수해 버리고 잎은 흡수한 수분의 빠른 증발을 막기 위해 땅으로 쳐져 있다. 호주를 여행하다 보면 도처에 보이는 유칼리는 멀리서 보면 꼭 야채 중 브로컬리 같이 생겼다. 이 숲을 영국 사람들은 Forest 숲이라는 개념으로 부르지 않고 Bush 덤불 숲이라는 말을 쓰게 되었고 부시 산책을 호주에서는 부시워킹이라고 한다. 우리 말로 하면 등산 정도다. 참고로, 호주에 이름난 부시워킹 코스가 많다. 이런 트랙을 찾아 천천히 등반하면서 호주 땅 아니 자연을 음미 하는 것도 여행에서 빼어 놓을 수 없는 재미일 것이다. 바로 이 부시워킹을 하면서 가장 흔하게 접할 수 있는 나무가 바로 유칼리 나무인 것이다.

호주의 문학 중에서도 이 부시라는 개념을 주제로 다루는 것들도 많고 심지어 부시에서 마시는 차도 마른 유칼리 잎을 넣어서 같이 끓인다. 이 부시를 빼고는 호주를 말하기 어려울 정도로 호주 인들의 생활 속에 깊이 박혀 있는 것 같다. 하지만 이 유칼리가 건조한 기후와 어우러져 호주의 가장 큰 재해인 산불을 만들어 내기도 한다. 호주는 남회귀선이 지나는 곳에 위치하여 적도에서 발생된 열풍이 남회귀선으로 내려와 사막을 이루는 형이 되어 있고 또한 대서양에서는 남극 쪽에서 불어오는 건조한 바람이 내륙으로 들어오고 동해안 쪽에서는 우리나라의 높새바람과 유사하게 (남반구니까 반대) 동에서 불어오는 바람이 호주 대륙의 동부 해안을 따라 길게 형성된 그레이트 디바이딩 산맥(The Great Dividing Range)을 만나면서 동반한 수분을 전부 동부 해안 쪽에 쏟아버리고 내륙으로는 건조한 바람이 들어가게 되어 호주의 대륙은 사막의 형성이 자연스럽게 되는 것이다. 이렇게 동부 해안에 쏟아 내리는 비는 자연스럽게 커다란 수림지를 형성하게 되고 이 수림지는 비가 오지 않을 때 바짝 말라 좋은 땔감 역할을 하게 되기도 하는 것이다. 이럴 때 누군가 불을 붙이거나 아니면 자연화재가 일어나게 되면 걷잡을 수 없는 대형산불이 되기도 한다.

호주 야생화 뱅크시아

뱅 크 시 아 (B a n k s i a)

뱅크시아속(Banksia)은 프로테아과의 한 속으로, 약 170여 종을 포함하고 있다. 호주가 원산인 야생화로, 특이한 꽃과 열매 때문에 원예 식물로 인기가 있다. 다 자랐을 때는 포복성 관목에서부터 교목으로 30m까지 자라는 것들도 있다. 뱅크시아는 일반적으로 광범위한 지역에서 분포하는데, 경엽수림, (가끔)열대우림, 관목지, 그리고 조금 더 건조한 지역에서까지 자란다. 하지만 호주의 사막에서는 자라지 않는다. 뱅크시아속 무리가 가지는 꿀 샘은 생태계에서 중요한 구실을 하는데, 수많은 동물에게 달콤한 꿀로써 중요한 음식자원을 제공한다. 그뿐만 아니라, 뱅크시아는 호주의 묘목장과 절화산업에서 경제적으로도 중요한 자원이 된다. 그러나 개간과 잦은 불, 질병 등의 수많은 과정에서 개체 수가 줄어 멸종위기에 처해 있다.

뱅크시아는 나무나 목질의 관목으로 자란다. 나무로 가장 크게 자라는 종은 뱅크시아 인테그리폴리아(B. integrifolia, 해변 뱅크시아)와 뱅크시아 세미누다(B. seminuda, 강변 뱅크시아)인데, 종종 15m 이상으로 자라고, 어떤 것은 30m까지도 자란다. 관목으로 자라는 뱅크시아 종은 보통 똑바로

1 뱅크시아 에리키폴리아(Banksia ericifolia). 2 야생화들판에서의 산책.

서지만, 몇몇 종들은 가지를 흙 위 아래로 뻗으며 자란다. 뱅크시아의 잎은 종마다 큰 차이가 난다. 뱅크시아 에리키폴리아(B. ericifolia)는 길이 1~1.5cm의 짧고 가는 잎을 가지고, 뱅크시아 그란디스(B. grandis)는 길이 약 45cm의 크고 넓적한 잎을 가진다. 대부분 종들의 잎은 가장 자리가 톱니 모양이지만 뱅크시아 인테그리폴리아 등 몇 종은 그렇지 않다. 잎들은 보통 가지를 따라 불규칙한 나선형으로 배열하는데, 소수의 종들은 잎이 돌려나기로 붐비면서 나온다.

많은 종들은 어린 잎과 다 큰 잎이 다르게 생겼다. 예를 들어, 뱅크시아 인테그폴리아는 어린 잎의 가장자리가 큰 톱니 모양이지만, 자라면서 사라진다. 뱅크시아의 특징이라고 하면 보통 꽃차례에 주목된다. 길쭉한 막대기 모양의 꽃차례는 목질의 축을 이루고 있으며 둘씩 한 쌍을 이루는 꽃들이 축에 직각으로 빼곡히 들어차서 마치 커다란 솔처럼 보인다. 하나의 꽃차례에는 수 백 개에서 많게는 수 천 개의 꽃들이 들어있다. 뱅크시아 그란디스는 하나의 꽃차례에 약 6000개의 꽃을 피운 기록이 있다. 뱅크시아의 꽃은 보통 노란 빛을 띠지만 주황, 빨강, 분홍, 보라색까지도 있으며, 꽃의 색깔은 꽃 덮개 또는 암술대의 색에 의해 결정된다. 암술대는 꽃 덮개보다 무척 길고, 처음엔 꽃 덮개에 덮여있다가 며칠 간 서서히 꽃 덮개 밖으로 모습을 드러낸다. 암술대와 꽃 덮개가 다른 색일 때는 꽃차례 위 아래의 색이 달라 보인다. 특히 뱅크시아 프리오노트스(B. prionotes)와 그와 가까운 관계의 종들은 그 효과가 확연한데, 꽃이 피기 전에는 희게 보이던 꽃차례가 꽃이 피면 선명한 주황색을 띠게 된다. 대개의 경우에서 꽃은 길며 홀쭉한 주머니 모양이다. 가끔 다수의 꽃이삭이 형성될 수 있다. 이 현상은 뱅크시아 마르지나타(Banksia marginata)와 뱅크시아 에리키폴리아(B. ericifolia)에서 가장 많이 보인다. 시간이 지나면 꽃 이삭은 말라서 주황색, 황갈색 또는 어두운 갈색을 띠며 수년에 걸쳐 회색으로 바랜다. 몇몇 종에서 시든 꽃은 없어지고 축을 드러내지만 다른 종들은 이것들이 수년간 털 모양의 열매구조를 이룬다.

오래된 꽃 이삭은 영어로 흔히 "cones"로 알려지지만 이것은 틀린 말이다.

cones는 우리말로 구과로서 오직 침엽수와 소철류에만 발생한다. 꽃차례의 많은 꽃들 중에 소수만이 열매로 자란다. 또한 몇몇의 종에서 꽃 이삭은 열매를 전혀 맺지 않는다. 뱅크시아의 열매는 목질의 골돌과로 꽃차례의 축에 박혀있고 씨앗들을 단단히 에워싼 두 개의 가로로 놓여진 껍질로 구성된다. 열매는 봉합 선을 따라 갈라져 씨앗들을 내보내며, 다른 종들도 같은 방법을 취한다. 몇몇의 종에서 열매는 씨앗이 숙성되자마자 열리지만 대부분의 종의 열매는 산불에 의한 자극으로만 열린다. 각각의 열매는 보통 하나 또는 두 개의 작은 씨앗이 들어있으며 씨앗은 날 형태의 얇은 날개를 가지는데, 이것은 땅에 떨어질 때 씨앗이 돌게 해 준다.

워틀(Wattle)

워틀은 아카시아의 별칭으로 호주 사람들은 보통 아카시아를 워틀이라 부른다. 워틀은 유칼립투스 나무에 비해 건조기후에 대한 저항력이 훨씬 강하기 때문에 호주의 생태환경에서 매우 중요하다. 워틀은 봄철에 노란 빛깔 또는 진한 오렌지 빛깔의 아름다운 꽃을 피우며, 호주에 약 835종이 서식하고 있다. 황금색 워틀(Golden Wattle)은 호주 도처에서 볼 수 있으며, 우리 나라의 무궁화처럼 호주의 국화로 지정되어 있다.

아카시아속의 교목.

맹그로브(Mangrove)

상록수인 맹그로브는 바닷물이 드나드는 진흙(갯벌) 해안에서 주로 발견되며, 조수간만의 차이에 따라 주기적으로 물에 잠긴다. 호주에는 1천 만

맹그로브.

㎢가 넘는 맹그로브 숲이 해안선을 따라 형성 되어 있다. 맹그로브의 뿌리는 암석 부스러기, 해초, 모래 등을 붙들어두는 역할을 함으로써 바다의 바닥을 높이는 역할을 한다. 또한 이 나무는 해안선을 안정시키고 다양한 해양생물과 물새들에게 보금자리를 제공한다. 맹그로브는 염분이 많은 바닷물을 흡수하기 때문에 염분을 잎사귀에 저장하여 떨어드리는 방법으로 소금기를 제거한다.

호주에 서식하는 동식물 중 현재 호주의 생태계를 구성하는 주된 동식물과 진화적으로 중요한 의미를 지닌 동식물에 대해 알아 보았다. 여기에서 호주에서 발견되는 모든 동식물을 언급하는 것은 불가능하지만 위에서 언급한 동식물만으로도 호주대륙에 펼쳐져 있는 생태계의 진면목을 알 수 있는 계기가 될것이다. 해양동물에 관심이 있는 사람은 진베이 상어라 일컫는 상어고래와 돌고래에 관해서 알고 가면 해양동물과 쉽게 교감을 할 수 있는 서호주 바닷가 생태계의 신비로움을 만끽할 수 있다. 여기에서 거론되지 못한 많은 흥미로운 생물들이 눈 앞에 아른거리며, 아쉬움을 남긴다.

참고문헌
네이버 백과사전, 네이버 지식iN
위키백과
리처드 도킨스 〈조상이야기〉, 이한음 옮김, 까치 펴냄, 2005
최형선 〈낙타는 왜 사막으로 갔을까〉, 부키 펴냄, 2011
이덕안 〈호주(지구촌 나들이)〉, 푸른길 펴냄, 2000
로랑 켈러・엘리자베스 고르동 〈개미〉, 양진성 옮김, 작은책방 펴냄, 2009

(References)
Oliver, Douglas L. 1989. Oceania: The Native Cultures of Australia and the Pacific Islands. Honolulu: University of Hawaii Press. pp 174-175.
Moye D.G. (ed) (1959). Historic KIANDRA. The Cooma-Monaro historical society. p. 1.
Physical Map of Australia, special advertising feature of Australia.com on pg 16, National Geographic magazine, May 2006, Washington DC
Resurrection of DNA Function In Vivo from an Extinct Genome by Andrew J. Pask, Richard R. Behringer1 and Marilyn B. Renfree PLoS ONE 21 May 2008
Tasmanian tiger gene lives again Nature News 20 May 2008
http://www.baobabfruitco.com/
www.dreamy.pe.kr/zbxe/6366
http://www.cybergarden.co.kr/?c=gesi&f=detail&no=261&menuCode=0201

화보 2
길

서호주 단상

유칼립스 나무 아래
적막한 흰개미 붉은 기둥 집
일몰 속으로 기척 없이 흩어지고
유칼립스 나무 위로
어둠 단단해져
남반구 풀벌레 울음
한 줄기 곡선 그을 때
점점이 밝아지는 천상의 광휘
소리 없이 번져가는 은하
숨 멈추고 바라본 별들 사이로
표표히 사라지는 사념의 다발
가벼워진 존재
환한 하늘 은하 속으로 사라지고
지평선만 횅하니 걸려있는
브룸에서 600km 서쪽 호주 사막
텅 빈 시공

박 문 호

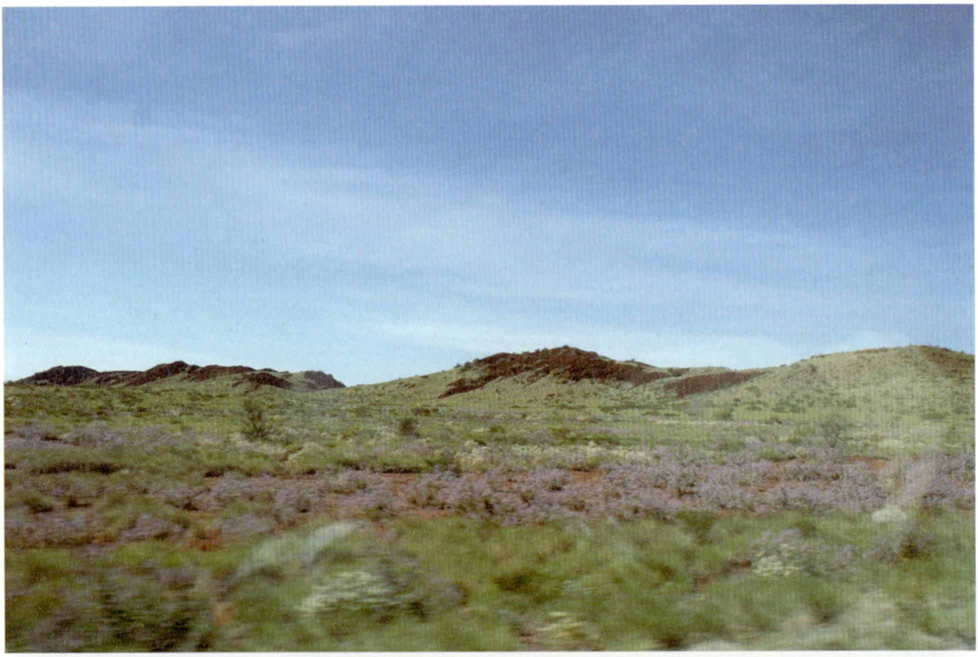

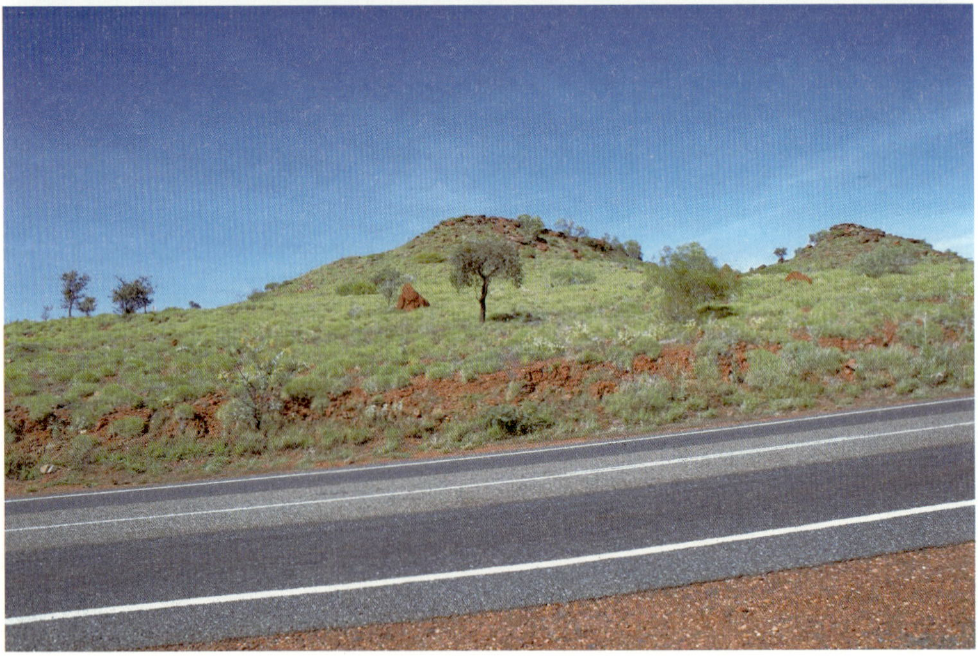

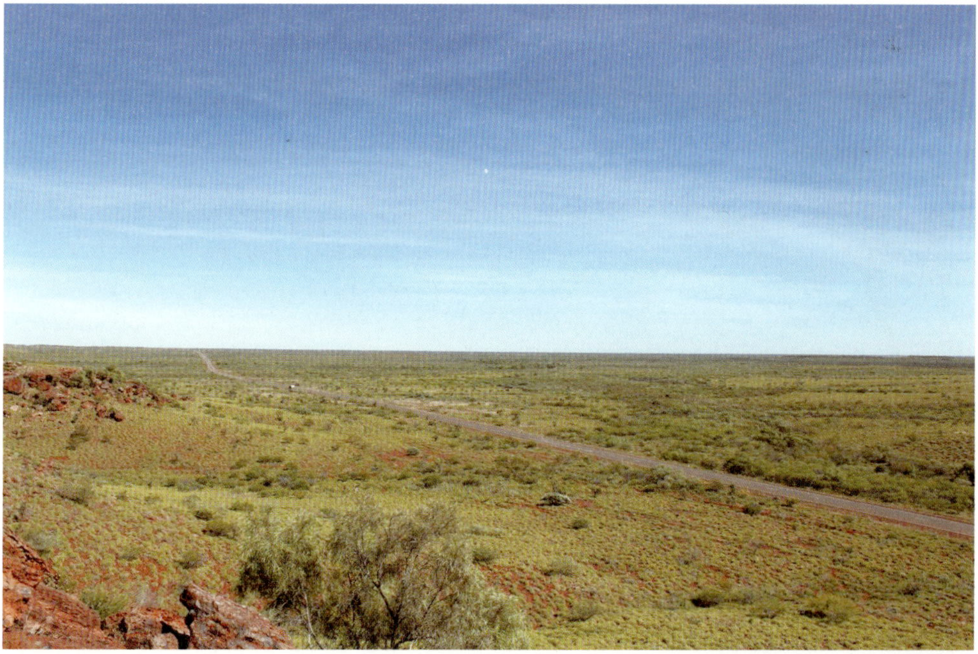

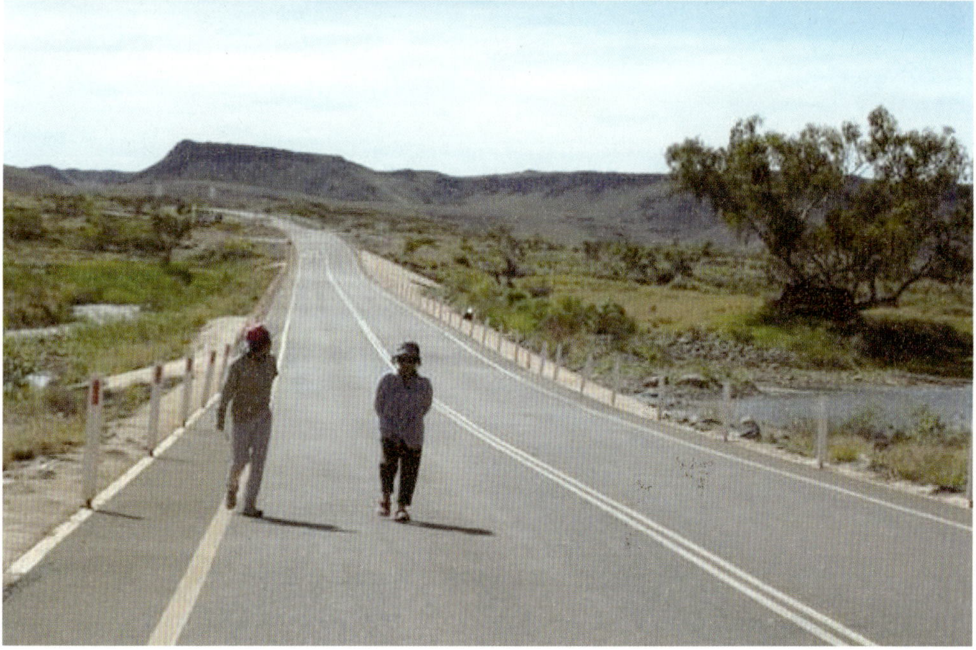

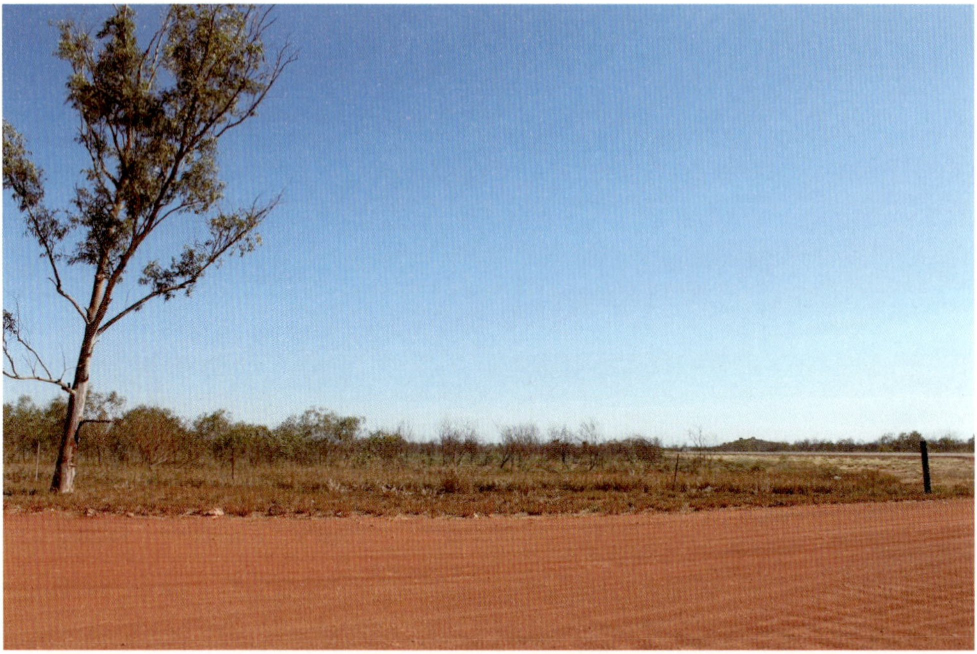

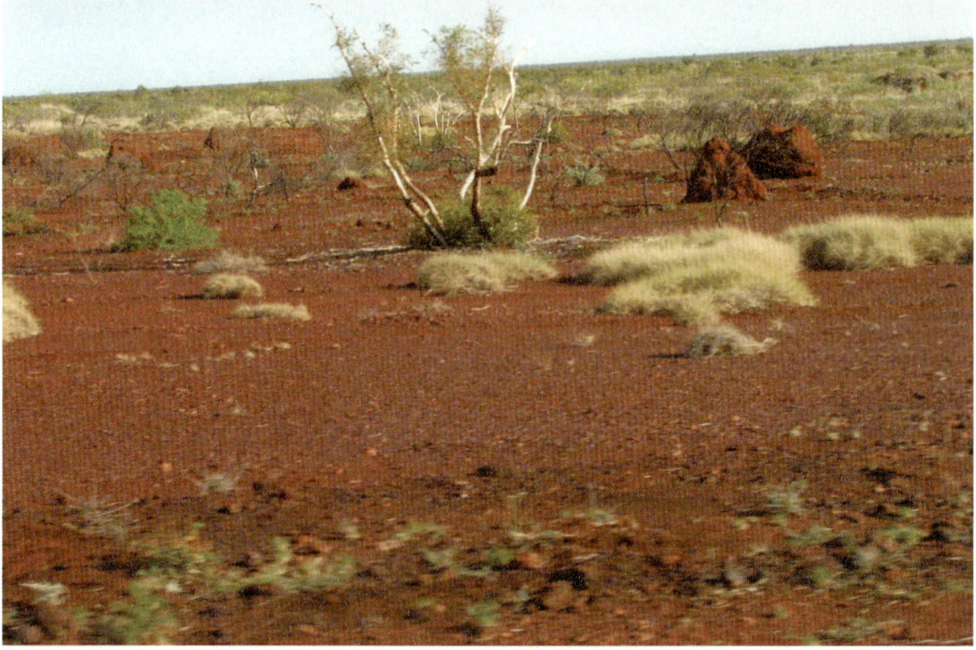

길을 떠납니다.

태양과 마주하며.

길에서 묻고,
길에서 망설이기도 합니다.
그래도 우리는, 시련을 헤치고

자신을 돌아보고
관조하며
합을 합쳐

달려갑니다.

행성지구와 137억 년 우주가 한 점에서 만나는 서호주의 길.

제 9 장
지상 최고의 별밤

서호주의 밤하늘

별과 대지와 나의 존재가 우주 그 자체가 되는 서호주 사막의 밤하늘은 우리 척수를 타고 내려오는 전율이다.

쏟아지는 별 아래서 별자리를 공부하는 탐사대.

아인슈타인의 중력장 방정식. 우주에 있는 모든 물질은 시공을 변환시키고 물질은 또 그 주어진 시공의 길을 따를 수 밖에 없다. 이 얼마나 놀라운 일인가? 호주사막 한가운데에서 대한민국 24명이 시공을 사유하며 이 방정식을 마주하고 있다는 것이.

서호주의 밤하늘

서호주 학습탐사 전에 〈137억 년 우주의 진화〉 강의가 있었다. 박문호 박사는 무려 30시간에 걸쳐 우주배경복사, 항성 핵융합과정, 별의 일생, 그리고 일반상대성이론을 강의했다. 그리고 이 천문학 강의 내용을 서호주 밤하늘 현장에서 우리는 생생히 복습할 수 있었다. 이때의 학습 내용을 바탕으로 서호주 밤하늘이야기를 나누고 싶다.

서호주의 밤하늘을 어떻게 말하면 좋을까! 그 가슴 벅찬 순간순간을 무슨 말로 전달할까! 이 글이 그때의 감동을 독자들에게 전하는 것이라면, 그리하여 그 느낌을 공유하려는 것이라면, 마치 그 자리에 있었던 듯 온몸이 전율할 수 있는 글을 쓸 수만 있다면 그렇게 하고 싶다. 그런 재주를 가지지 못함에 난망함을 느끼며, 서호주 학습탐사 대장인 박문호 박사의 서호주 밤하늘에 대한 감흥문으로 시작하고자 한다.

'박사님, 호주에 별 관측가시면, 청심환 꼭 준비 하십시오.' 별 사진으로 유명한 박승철 선생이 10년 전 처음 호주에 갈 때 일러준 말이다. 과장이 아니었다. 쏟아지는 은하수 아래 홀로 서성이노라면 별과 대지와 나의 존재는 우주 그 자체가 된다. 순간에서 영원까지 시간이 얼어붙은 절대적 일체감에 압도된다. 밤하늘은 지상적 존재라기보다는 우리 척수를 타고 내려오는 전율이다. 사막의 밤은 홀연히 우리를 에워싼다. 오징어 먹물 같은 깜깜함이 몰려오면 사물은 어둠 속으로 녹아든다. 별이 소금처럼 뿌려진다. 점점 단단해져 가는 어둠 속으로 천상의 광휘만 찬연하다. 저 깊은 곳에서 뭔가 울컥하고 올라온다. 그냥 우두커니 서 있거나 서성일 뿐, 일체 다른 행위가 어울리지 않는 비현실적인 실재감에 압도된다. 어둠이 단단해질수록 별은 점점 시려진다.

차가 다니지 않는 직선 길 2차선 아스팔트 길에 밤이 깊어 가면서 은하의 끝자락이 내려 앉는다. 지평선 끝자락까지 나와 은하만이 유일한 존재가 될 즈음 사념의 다발은 모두 증발하여 가벼워진 존재 그대로 천상의 광휘 속으로 자취 없이 하나가 된다. 그리고 새벽 여명의 틈새로 대지와 태양과 함께 다시 분별 세계 속에 토해진다. 어느 야영지 뒤에 있던 바오밥나무, 24명 모두의 팔 길이로도 다 에워싸지 못한 그 세월을 알 수 없던 바오밥나무. 그 큰 가지 위로 전설처럼 걸려있던 남십자성을 탐사대원들 모두 저녁 식사 후에 바라볼 즈음, 그때 별과 바오밥나무 사이로 실재인 양 떠오르는 어린왕자를 기억한다. 그는 마치 우리 옆에 영원히 있었다는 듯이 비현실적 존재들은 학습탐사 일원들과 어깨를 맞대고 별의 빛나는 침묵을 함께했다.

간혹 아무것도 아닌 무엇이 되고 싶다. 감각도 사라지고, 자아도 흰 웃음만 남기고 사라질 때, 지구행성은 천상의 광휘에 감싸이며, 필바라 35억 년 대지는 세월에 겹겹이 쌓인다. 브룸에서 600km, 바오밥나무만 수도승처럼 그들의 환한 침묵에 동참한다. 학습탐사 대원 모두는 매일 밤 알파켄타우르스, 안타레스, 아크투르스, 알데바란, 시리우스, 카노푸스를 함께 바라보았다. 카노푸스는 제주도에서 겨우 볼 수 있지만, 남십자성의 일등성들과 알파켄타우르스는 남반구에서만 잘 볼 수 있다. 대원들 모두는 페가수스 사각형 부근의 안드로메다 갤럭시와 남십자성 부근의 대마젤란, 소마젤란 성운을 동시에 매일 밤 확인했다. 심지어 대원 중 일부는 침낭 속에서 밤새도록 별의 움직임을 살펴보았다. 북반구에서 유일하게 육안으로 확인 가능한 갤럭시인 안드로메다를 호주에서 마젤란 성운과 함께 보다니, 별을 좋아하는 사람들의 소망은 이미 이루어진 것이 아닐까?

새벽 5시쯤 오리온자리가 지평선위로 올라오기 시작한다. 8월은 남반구의 겨울이고, 사막에서의 새벽은 조금 춥다. 새벽 한 시간 이상 별을 보노라면 오리온자리가 모두 올라오는데 방향이 북반구와는 정반대 방향이다. 리겔이 위로 가고 베텔규스가 아래로 오는 배치이다. 해가 뜨기 직전에 카시오페아 자리도 간혹 확인할 수 있다. 호주대륙에서 우리에게 친숙한 별자리를 방향이 바뀐 상태로 확인하는 경험은 놀랍다. 아마도 우리나라에서 수십 년 동안 볼 수 있는 밤하늘의 별보다 학습탐사 열이틀 동안 더 많은 별과 장엄한 은하수를 매일 밤 함께 보았으리라. 이는 탐사한 지역 면적이 한반도의 몇 배나 되지만 인적이 없고, 거의 평지인 사막 기후여서 가능하였다. 서호주는 딥블루의 하늘과 무한에서 한 점으로 사라지는 길, 그리고 숨 막히는 별 밤의 나라인 것이다.

지구에서 최고의 별 밤이 가능한 곳은 어디일까? 몽골사막, 히말라야 산맥, 남태평양 무인도를 생각할 수 있다. 선택하라면 서호주를 말하고 싶다. 몽골을 두 번 학습탐사한 경험에 의하면 몽골 사막에도 구름이 많기 때문이다. 히말라야 산맥도 별의 최고 관측지는 아니다. 산맥이 시야를 가리기 때문이다. 무인도도 바다의 습기로 시야의 투명도가 낮다. 결국, 지상 최고의 별 밤은 단연코 서호주 사막이라 하겠다. 그래서 나는 지난 10년간 4번이나 서호주 사막을 다녀온 것이리라. 무언가 아무것도 아닌 것이 되고 싶을 때, 은하 속으로 환하게 사라지고 싶을 때 서호주 사막은 무슨 기억처럼 다가와 아찔한 현실이 된다.'

대마젤란, 소마젤란 성운 그리고 은하수가 찬란한 남반구 밤하늘.

서호주 밤하늘에서 육안으로도 잘 보이는 대 마젤란 성운.

모든 대원이 밤하늘 아래 받았던 느낌은 아마도 이보다 절대 덜하지 않았을 것이다. 서호주의 밤하늘만큼 어렸을 때 읽었던 어린왕자를 생각나게 하는 것도 없는 듯하다. 어떤 대상이든 관계를 맺어야 비로소 나의 세계가 될 수 있다는 어린왕자의 말보다 그 밤하늘에 더 어울리는 말이 있을까? 물론 밤마다 별들을 보다 보면 떠오르는 생각은 단순해지기도 하며, 혹은 무궁무진해지기도 한다. 그 생각의 편린 중에서 궁금했던 점은 저 별들 너머의 세계에 대한 호기심이다. 즉 밤하늘에 빽빽이 들어찬 저 별들은 도대체 어디에서 왔을까, 어떻게 저리도 많이 생겼을까 라는 원초적인 의문이 문득문득 머리에 떠올랐다 스러져갔다. 학습탐사의 글을 쓰는 지금도 그렇다. 무엇인가 근원에 대한 물음이 그 깊이를 알 수 없는 밑바닥으로부터 올라와 의식언저리에서 맴도는 것이리라.

밤마다 야영지에서 별에 대한 강의가 있었다. 그 강의는 주로 밤하늘의 별들에 관한 것이었지만, 그 내용들은 결코 단순하지 않았다. 남반구 하늘에 총총히 떠 있는 별들과 별자리에 대해 이야기를 하면서도 탐사대장이 두고두고 강조한 것은 1987A 초신성에 대한 이야기였기 때문이다. 오히려 초신성에 대한 이야기가 대부분인 것처럼 느낄 정도였다. 그것은 아마도 초신성 현상이 그만큼 중요하다는 이야기일 것이다. 왜냐하면 그 이야기는 결국 별들이 어떻게 탄생하고 성장해가며 소멸하는지를 단적으로 말하여주는 우주현상에 대한 설명이기 때문이다. 더구나 그것은 주위 행성에서 살아가는 사람들의 운명도 이야기해주는 것임에 더 말할 필요도 없을 것이다.

이제 간단히 서호주 밤하늘의 별 이야기를 엮도록 하겠다. 글을 다음과 같은 순서로 기술하고자 한다. 먼저 밤하늘의 저 많은 별들을 사람들은 어떻게 정리했는지 궁금하다. 그토록 많은 별들이 솔직히 조금은 곤혹스럽기 때문이다. 다음으로 별들은 하늘에서 반짝이지만 결코 서로 같지는 않을 것이다. 그들을 구별하는 기준이 무엇일까 궁금했다. 광도와 색깔 그리고 질량의 크기로 구분한 별의 세계를 알아 보았다.

그 다음에 남반구에서 주요 별이나 별자리들은 무엇이 있는지가 궁금하다. 북반구와는 달리 별자리가 반대로 보인다는 점과 북반구에서 안 보이는 별들이 많다는 점에서 더욱 그러하다.

다음으로는 우리와 저 별들의 거리가 얼마나 되는지 궁금하다. 도대체 얼마나 먼 것일까? 가장 먼 별들은 얼마나 떨어져 있는 것일까? 우주의 크기는 얼마나 되는 것일까?

마지막으로 별의 일생이 궁금하다. 그들은 어떻게 생성되고 소멸되는 것일까? 아마 이 부분이 무엇보다도 가장 궁금하고도 흥미진진한 부분이 될 것이다. 이상의 순서와 마무리 말로 별들의 나라를 엮어 본다.

저 하늘의 많은 별들을 사람들은 어떻게 정리한 것일까

수 많은 별들을 곤혹스러워하며

밤하늘에는 너무 많은 별이 있다. 어찌 보면 고만고만한 별이 총총히 들어찼으니, 천공을 보면 그 어디를 보아도 그 빽빽함이 비슷하게 들어찬 듯하다. 그렇다면 우리는 어떻게 별들을 구별할 수 있을까? 쉽게 구별할 수 없을 듯하다. 따라서 저 별들도 나름 자기의 번지수를 가지고 있어야 할 것이 아닐까? 자기 주소가 없다면 우리는 어떻게 구별할 수 있을까?

 하늘만 무심히 바라보면 그야말로 카오스의 세계인 듯하다. 그러기에 이전부터 별들을 구별하기 위해 별자리를 만들고, 그것을 표시하는 지도를 만들었나 보다. 바로 별 그림이라는 뜻을 가진 성도가 그것이다. 성도는 별을 표시하기 위해 천구라는 독특한 가상의 형태를 보인다. 그러면 천공의 별들은 천구에 박혀있는 듯이 보이게 된다. 이처럼 성도는 천구에 붙박여 있는 별을 평면상으로 표시한 것이다. 모든 별을 그렇게 표시하면, 즉 별에게 하나씩의 주소를 부여한다면 우리는 더욱 쉽게 별을 구별할 수 있을 것이다.

별들의 주소

우주는 고정된 그 무엇이 아니다. 동쪽 지평선에 떠오른 별은 서쪽을 향해 밤새도록 지평선과 천정에 따라 위치를 바꾼다. 남반구의 하늘에 떠오른 별들은 천구의 남극을 중심으로 시계방향으로 일정하게 움직인다. 이러한 움직임을 이해하기 위해서는 천구의 원리를 이해할 수 있어야 한다. 천구란 세상에 실재하는 것이 아니라 천체 움직임을 더욱 쉽게 이해하기 위해 고안한 가상의 구조이다. 우주를 더욱 쉽게 이해하기 위해 가상의 구체를 그려서 별자리들의 움직임을 추론할 수 있게 해주는 것이다. 다시 말하자면 우주의 모습이 실제로 꼭 그렇지는 않지만, 우리의 눈에 그렇게 보이도록, 즉 지도처럼 상상해 보자는 것이다. 천구는 어쩌면 별에게 하나씩의 주소를 부여하는 체계의 소산이라고 말할 수 있을 것 같다.

그림에서처럼 내가 지구의 남과 북을 반으로 나누는 적도와 자전축의 중간에 서 있다고 가정하자. 천구는 그림에서처럼 지구의 자전축과 적도의 연장선을 연결해 놓은 것이고 지구는 그 중심에 있다. 그리고 하늘의 별을 관측하는 나는 지구의 지평선 위에 서 있는 것으로 가정하자. 이 때 관측자인 나의 머리 정수리로부터 똑바로 위에 있는 하늘을 천정(zenith)이라고 하며, 이와는 정반대의 방향을 천저(nadir)라고 한다. 관측자인 나는 이

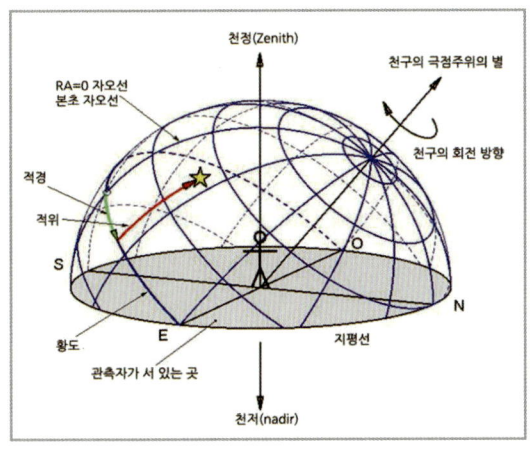

천구의 개념도.

들 천정과 천저의 수직 중간인 지평선상에 서있게 되며, 내가 서 있는 지평선 바로 위에서 시작하는 하늘 위의 모든 것을 볼 수 있는데 반해 반대 방향은 아무 것도 볼 수 없다.

천구는 지구 상에서와 같이 관측자에게 상대적으로 나누어져 있다. 지구의 자전축인 남극과 북극을 하늘 위로 길게 선을 연결하면 천구의 남과 북을 가르는 남극과 북극이 된다. 반대로 자전축에 직각이 되도록 지구 위에 선을 그으면 적도가 되고, 이 적도를 길게 연장하면 천구의 적도인 황도가 된다. 이때 천구의 북극은 북극성 방향으로 가까운 하늘의 별자리인 작은곰자리 안에 있게된다. 천구의 남극은 오늘날의 별자리인 8분의(Octans)에서 남극 방향의 흐릿한 별인 Sigma Octantis(Polaris Australis)을 향하고 있다.

별들의 주소표시: 적경과 적위

평면상에 좌표가 정해지면 우리는 그 좌표상에 있는 별들을 표시할 수 있다. 지구 상의 모든 위치는 경도와 위도를 가지고 표시하고 있듯이, 천구 속 별들의 위치도 지구 상의 경도와 위도를 하늘까지 그대로 연장하여 표시할 수 있다. 다만 하늘까지 뻗은 경도와 위도가 천구에서는 적경과 적위라고 불리는 점이 다르다. 이처럼 인위적인 좌표를 설정한다면 하늘의 모든 별들을 일정하게 표시할 수 있게 된다.

하늘의 동서 좌표는 적경이라 불린다. 적경은 경위가 그리니치 천문대를 기준으로 삼은 것에 비해 춘분점을 기준으로 하여 0°에서 360°까지 표시한다. 혹 적경은 시간처럼 시, 분, 초로도 측정된다. 하늘의 적도는 춘분점을 기준으로 동쪽 방향으로 하늘 아래서 지구가 회전하는 시간인 24시로 나눠져 있다. 페가수스 사각형의 동쪽 변에 해당하는 별들과 카시오페이아자리 베타별의 적경은 0시에 가깝다. 알데바란은 4시 33분의 적경을 가지고 있다. 적위는 하늘의 남북 좌표를 말한다. 약간의 설명을 덧붙인다면 적위는 적도를 0°로 하여 북반구는 플러스 몇 도, 남반구는 마이너스 몇 도 라고 표시한다.

별의 주소를 정하는 방법은 일단 이 정도로도 충분하다. 이제 어느 별이든지 적경 몇 시, 적위 몇 도 라는 천구에서 일정한 좌표를 가지는 자기 주소를 얻게 된 것이다. 페가수스 사각형을 예로 들어 적경과 적위라는 가상의 선을 상상해보자. 천구의 적도는 페가수스 사각형의 바로 아래를 통과하여 지평선 위의 정동에서 정서로 호를 그린다. 팔을 펼쳤을 때 당신의 펼친 손가락 사이의 각거리는 적도 위에서 대략 적경 1시, 즉 남북 적위로는 15°에 해당한다. 페가수스 사각형은 동서로 1시의 너비와 남북으로 15°의 높이를 가지고 있다. 이러한 적경과 적위의 가상선들은 천구 위에 고정되어 있는데 이것은 위도와 경도의 선들이 지표면에 고정된 것과 같다.

지구가 별들 아래에서 동쪽으로 회전함에 따라 하늘은 지구 둘레를 도는 것처럼 보인다. 별들과 우리의 가상선은 적도는 매 시간당 한 뼘씩 서쪽으로 돈다. 굴뚝이나 나뭇가지와 같은 기준이 되는 물체를 페가수스 사각형의 서쪽 모서리와 일직선으로 세워 보자. 한 시간이 지난 후 다시 보아라. 이제 페가수스 사각형의 동쪽 모서리가 당신의 기준선과 일직선을 하고 있을 것이다. 밤이 깊어짐

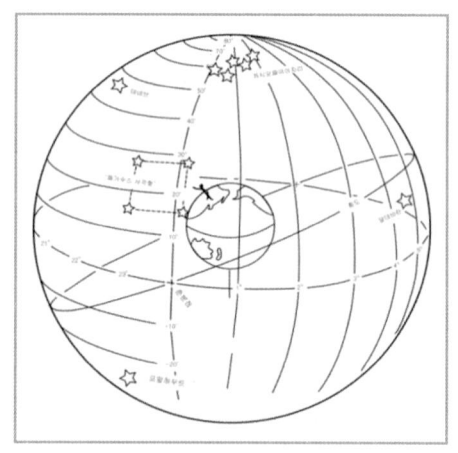

페가수스 별자리를 이용해 하늘의 적경과 적위 찾기.

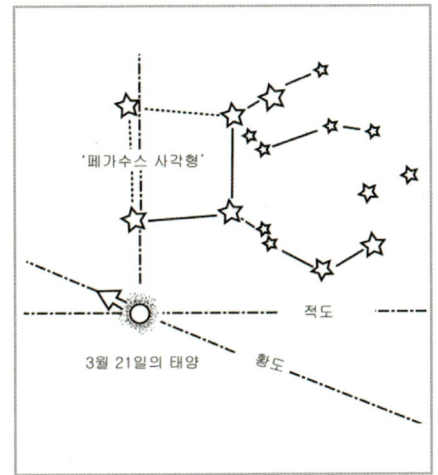 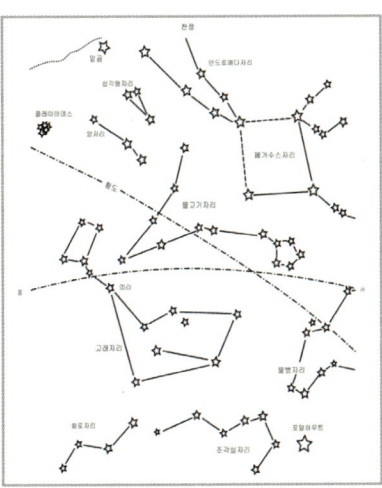

페가수스 별자리를 이용해 하늘의 적경과 적위 찾기.   페가수스 별자리 인근의 여러 별자리들.

에 따라 적경의 시간 선들은 거대한 시계의 회전하는 표면처럼 머리 위를 통과한다. 여기서 주의할 점 하나는 이 '시계'의 0시를 나타내기 위해 춘분점을 선택한 것이 전적으로 임의적이라는 사실이다.

별자리는 하늘의 번지수

해 질 녘 동쪽 지평선에 나타나 밤새 하늘을 가로질러 서쪽 하늘에서 빛나고 있는 별들은 언제나 고요한 듯하지만 한순간에도 천변만화한다. 그런데 비록 우주가 무한하다지만, 우리가 어두운 밤하늘에서 볼 수 있는 별은 1,000개에서 1,500여 개뿐이다. 예부터 인류는 이들 밤하늘의 별들에 이름을 붙여왔다. 남반구의 별들을 예로 들면, 베텔규스, 리겔, 알파켄타우르스, 안타레스, 아크투르스, 알데바란, 시리우스, 카노푸스 등으로 불러왔다.

그런데 빛나는 별들뿐 아니라 별자리의 이름도 부여된다. 우리는 일상적으로 어느 지역의 누구네 집이라고 말하듯이, 그 집이 포함된 지역을 먼저 말함으로써 그 집의 주소를 더욱 쉽게 이해 한다. 별들도 그 별이 포함되고 있는 지역을 구분하여 사용하면 훨씬 편리할 것이다. 게다가 별자리는 그에 해당하는 이야기와 신화가 있는데, 그것은 아마도 사람들이 자신의 삶과 상상력을 하늘에 투영한 것이리라. 따라서 천공의 많은 별이 어느 별자리의 무슨 별이라고 하는 번지수를 가지게 되었다.

그러면 별자리는 얼마나 될까. 오늘날에는 1928년 국제천문연맹(IAU, International Astronomical Union)이 채택한 88개의 별자리가 공식적으로 사용되고 있다. 예를 들어, 안타레스(Antares, α Sco)는 전갈자리(Scorpius)의 알파별이라하고, 벨라트릭스(Bellatrix, γ Ori)는 사냥꾼자리인 오리온자리(Orion)의 감마별이라고 말한다. 또한 레귤러스(Regulus, α Leo)는 사자자리(Leonis)의 알파별이라고 부르는 방식이다. 88개의 별자리로 천공의 모든 지역을 분획하는 것이다.

인류가 별자리를 사용하기 시작한 지는 대략 기원전 6천 년 전쯤이다. 인류가 지적 체계를 갖춘 이후에 가장 오래된 학문이 천문학이다. 기원전 4,700년경 바빌로니아인들이 사용한 달력은 일 년을 춘분에서 시작했고, 그 첫 달에 황소자리에서 가져온 이름을 붙였다. 4,700년 경의 춘분에 태양이 황소자리에 있었다는 사실을 알았다는 사실로부터 인류는 이미 기원전 4,000~5,000년 이전부터 천문학적 지식을 가졌다고 말할 수 있다. 그리고 우리가 사용하는 대다수의 별자리 이름은 500~2,000년 전으로 거슬러 올라간다. 대부분은 바빌로니아, 이집트와 같은 아랍어를 그 기원으로 하는 그리스어, 로마어에서 유래한다.

지금 우리가 일상적으로 사용하는 별자리들은 2세기 후반 그리스 천문학자인 프톨레마이어스(Ptolemaeus)가 정리한 48개 별자리 분류법에 그 기원을 두고 있다. 그리고 17세기 초 이후로는 독일의 아마추어 천문학자인 요한 바이엘(Johan Bayer)이 정리한 별자리 표기법도 사용하고 있는데, 이는 별의 밝기에 따라 그리스와 로마의 알파벳을 사용하는 것이다.

물론 동양에서도 나름의 성도로 천공의 별들을 정리하고 있으며, 동양의 별자리에도 '삼원 이십팔수'(三垣 二十八宿)라는 체계가 있다.

88개의 별자리

이제 별자리가 별들의 번지수임을 알았으니 하늘의 좌표를 분획할 별자리의 종류를 살펴보자. 별자리는 본래 천구의 별을 보이는 모습에 따라 선을 이어서 어떤 사물을 연상하도록 이름을 붙인 것이다. 아래에 나오는 목록들은 위키피디아에서 발췌한 것으로 현대에 사용하는 88개의 별자리를 알파벳 순서대로 나열한 것이다. 여기서 넓이는 평방도를 말하며, 기원은 별자리 이름이 만들어진 시기를 말한다. 별자리 하나하나가 큰 우주 공간대

별자리 목록

라틴어 이름	약자	한국어 이름	적경	적위	넓이	기원
Andromeda	And	안드로메다자리	0h 34m	39°15′	722	고대 (프톨레마이오스)
Antlia	Ant	공기펌프자리	10h 7m	−33°21′	239	1763년, 라카유
Apus	Aps	극락조자리	16h 8m	−76°35′	206	1603년, 우라노메트리아
Aquarius	Aqr	물병자리	22h 42m	−10°28′	980	고대 (프톨레마이오스)
Aquila	Aql	독수리자리	19h 41m	3°22′	652	고대 (프톨레마이오스)
Ara	Ara	제단자리	17h 14m	−51°7′	237	고대 (프톨레마이오스)
Aries	Ari	양자리	2h 41m	22°34′	441	고대 (프톨레마이오스)
Bootes	Boo	목동자리	14h 41m	32°20′	907	고대 (프톨레마이오스)
Caelum	Cae	조각칼자리	4h 43m	−38°10′	125	1763년, 라카유
Camelopardalis	Cam	기린자리	6h 9m	71°58′	757	1624년 바르트쉬
Cancer	Cnc	게자리	8h 30m	23°34′	506	고대 (프톨레마이오스)
Canes Venatici	CVn	사냥개자리	13h 1m	42°21′	465	1690년, 헤벨리우스
Canis Major	CMa	큰개자리	6h 50m	−22°19′	380	고대 (프톨레마이오스)
Canis Minor	CMi	작은개자리	7h 37m	6°46′	182	고대 (프톨레마이오스)
Capricornus	Cap	염소자리	21h 3m	−19°21′	414	고대 (프톨레마이오스)
Carina	Car	용골자리	7h 46m	−57°50′	494	1763년, 라카유
Cassiopeia	Cas	카시오페이아자리	0h 52m	60°18′	598	고대 (프톨레마이오스)
Centaurus	Cen	센타우루스자리	12h 57m	−44°0′	1060	고대 (프톨레마이오스)
Cepheus	Cep	세페우스자리	22h 25m	72°34′	588	고대 (프톨레마이오스)
Cetus	Cet	고래자리	1h 43m	−6°22′	1231	고대 (프톨레마이오스)
Chamaeleon	Cha	카멜레온자리	12h 0m	−81°1′	132	1603년, 우라노메트리아
Circinus	Cir	컴퍼스자리	14h 32m	−67°18′	93	1763년, 라카유
Columba	Col	비둘기자리	5h 42m	−37°55′	270	1679년 로이에
Coma Berenices	Com	머리털자리	12h 45m	22°39′	386	1603년, 우라노메트리아
Corona Australis	CrA	남쪽왕관자리	18h 39m	−41°45′	128	고대 (프톨레마이오스)
Corona Borealis	CrB	북쪽왕관자리	15h 53m	32°38′	179	고대 (프톨레마이오스)
Corvus	Crv	까마귀자리	12h 23m	−18°38′	184	고대 (프톨레마이오스)
Crater	Crt	컵자리	11h 21m	−38°45′	282	고대 (프톨레마이오스)

라틴어 이름	약자	한국어 이름	적경	적위	넓이	기원
Crux	Cru	남십자자리	12h 29m	−60°18′	68	1603년, 우라노메트리아
Cygnus	Cyg	고니자리	20h 36m	49°35′	804	고대 (프톨레마이오스)
Delphinus	Del	돌고래자리	20h 40m	12°6′	189	고대 (프톨레마이오스)
Dorado	Dor	황새치자리	5h 20m	−63°1′	179	1603년, 우라노메트리아
Draco	Dra	용자리	17h 57m	66°4′	1083	고대 (프톨레마이오스)
Equuleus	Equ	조랑말자리	21h 15m	7°56′	72	고대 (프톨레마이오스)
Eridanus	Eri	에리다누스자리	3h 53m	−17°59′	1138	고대 (프톨레마이오스)
Fornax	For	화로자리	2h 46m	−26°4′	398	1763년, 라카유
Gemini	Gem	쌍둥이자리	6h 51m	24°49′	514	고대 (프톨레마이오스)
Grus	Gru	두루미자리	22h 27m	−45°49′	366	1603년, 우라노메트리아
Hercules	Her	헤르쿨레스자리	17h 26m	31°14′	1225	고대 (프톨레마이오스)
Horologium	Hor	시계자리	3h 13m	−52°0′	249	1763년, 라카유
Hydra	Hya	바다뱀자리	9h 8m	−11°41′	1303	고대 (프톨레마이오스)
Hydrus	Hyi	물뱀자리	2h 35m	−72°55′	243	1603년, 우라노메트리아
Indus	Ind	인디언자리	21h 8m	−52°19′	294	1603년, 우라노메트리아
Lacerta	Lac	도마뱀자리	22h 31m	46°40′	201	1690년, 헤벨리우스
Leo	Leo	사자자리	10h 0m	7°0′	947	고대 (프톨레마이오스)
Leo Minor	LMi	작은사자자리	10h 19m	33°14′	232	1690년, 헤벨리우스
Lepus	Lep	토끼자리	5h 26m	−19°39′	290	고대 (프톨레마이오스)
Libra	Lib	천칭자리	15h 11m	−15°33′	538	고대 (프톨레마이오스)
Lupus	Lup	이리자리	15h 23m	−42°43′	334	고대 (프톨레마이오스)
Lynx	Lyn	살쾡이자리	7h 44m	47°50′	545	1690년, 헤벨리우스
Lyra	Lyr	거문고자리	18h 54m	40°39′	286	고대 (프톨레마이오스)
Mensa	Men	테이블산자리	5h 30m	−79°1′	153	1763년, 라카유
Microscopium	Mic	현미경자리	20h 57m	−37°48′	210	1763년, 라카유
Monoceros	Mon	외뿔소자리	6h 58m	−3°16′	482	1624년 바르트쉬
Musca	Mus	파리자리	12h 28m	−69°8′	138	1603년, 우라노메트리아
Norma	Nor	직각자자리	16h 3m	−52°43′	165	1763년, 라카유
Octans	Oct	팔분의자리	22h 10m	−84°16′	291	1763년, 라카유
Ophiuchus	Oph	뱀주인자리	17h 2m	−2°21′	948	고대 (프톨레마이오스)
Orion	Ori	오리온자리	5h 34m	3°35′	594	고대 (프톨레마이오스)
Pavo	Pav	공작자리	19h 10m	−65°52′	378	1603년, 우라노메트리아
Pegasus	Peg	페가수스자리	22h 37m	19°39′	1121	고대 (프톨레마이오스)
Perseus	Per	페르세우스자리	3h 31m	44°46′	615	고대 (프톨레마이오스)
Phoenix	Phe	불사조자리	0h 44m	−48°46′	469	1603년, 우라노메트리아
Pictor	Pic	화가자리	5h 23m	−51°22′	247	1763년, 라카유
Pisces	Psc	물고기자리	0h 53m	15°29′	889	고대 (프톨레마이오스)
Piscis Austrinus	PsA	남쪽물고기자리	22h 25m	−31°34′	245	고대 (프톨레마이오스)
Puppis	Pup	고물자리	7h 52m	−32°37′	673	1763년, 라카유
Pyxis	Pyx	나침반자리	8h 53m	−29°47′	221	1763년, 라카유
Reticulum	Ret	그물자리	3h 54m	−60°31′	114	1763년, 라카유

Sagitta	Sge	화살자리	19h 40m	17°0′	80	고대 (프톨레마이오스)
Sagittarius	Sgr	궁수자리	19h 23m	−29°53′	867	고대 (프톨레마이오스)
Scorpius	Sco	전갈자리	16h 52m	−35°20′	497	고대 (프톨레마이오스)
Sculptor	Scl	조각가자리	1h 0m	−38°31′	475	1763년, 라카유
Scutum	Sct	방패자리	18h 39m	−10°53′	109	1690년, 헤벨리우스
Serpens	Ser	뱀자리	15h 44m	10°51′	637	고대 (프톨레마이오스)
Sextans	Sex	육분의자리	10h 6m	−1°8′	314	1690년, 헤벨리우스
Taurus	Tau	황소자리	4h 6m	17°20′	797	고대 (프톨레마이오스)
Telescopium	Tel	망원경자리	19h 15m	−51°28′	252	1763년, 라카유
Triangulum	Tri	삼각형자리	2h 3m	32°20′	132	고대 (프톨레마이오스)
Triangulum Australe	TrA	남쪽삼각형자리	16h 7m	−65°6′	110	1603년, 우라노메트리아
Tucana	Tuc	큰부리새자리	23h 50m	−64°56′	295	1603년, 우라노메트리아
Ursa Major	UMa	큰곰자리	10h 16m	57°29′	1280	고대 (프톨레마이오스)
Ursa Minor	UMi	작은곰자리	14h 58m	75°2′	256	고대 (프톨레마이오스)
Vela	Vel	돛자리	9h 20m	−48°29′	500	1763년, 라카유
Virgo	Vir	처녀자리	13h 21m	−3°31′	1294	고대 (프톨레마이오스)
Volans	Vol	날치자리	7h 40m	−69°37′	141	1603년, 우라노메트리아
Vulpecula	Vul	작은여우자리	20h 22m	25°2′	278	1690년, 헤벨리우스

기를 표시한 것이므로 지구 상의 6대륙과 같은 비중으로 이해하면 좋겠다. 외운다면 더욱 좋다.

별자리 이름이 가지는 내용이 무엇인가? 별자리를 지칭할 때 주요한 별들을 이은 선과 별자리의 영역을 혼동하면 곤란하다. 별자리는 별들이 연결된 어떤 특정한 모습만을 가리키는 것이 아니라 어떤 특정한 지역을 통째로 말하는 것이다. 따라서 그 자리는 매우 넓으며 무수한 별이 있다. 안드로메다 별자리를 예로 들면, 그림의 노란 선 안이 전부 안드로메다 자리인 것이다. 일상적으로 별자리를 말할 때, 특정 별들을 이은 선의 모습이 바로 별자리 이름이라고 생각하기 쉽다. 예를 들어 페가수스 별자리와 인접한 영역의 시라 Sirrah, 즉 알페리츠를 알파별로 하여 베타별인 미라크와 감마별 알마크를 이은 모습을 안드로메다 공주별자리라고 하는 것이 그 것이다. 그러나 별자리의 영역과 그 자리의 주요한 별들을 이은 선 형태를 구분해야 한다.

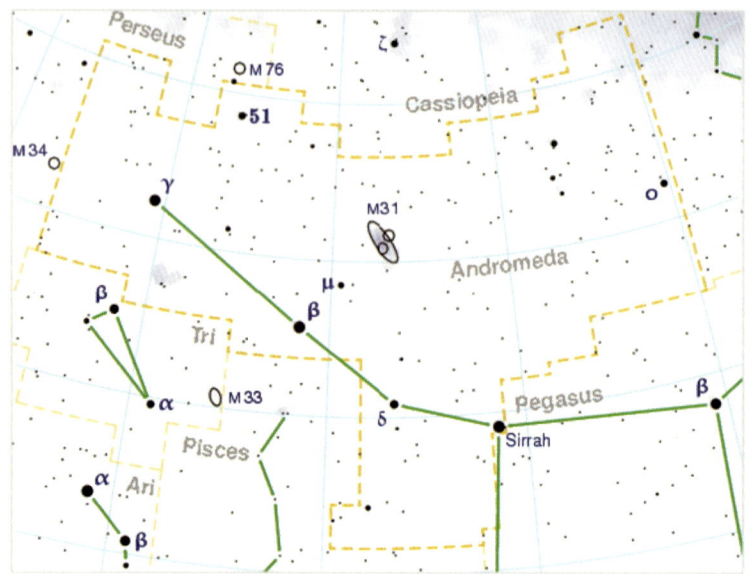
안드로메다 별자리. 노란선 안의 영역과 주요 별들을 이은 모습.

별들은 어떤 기준으로 구분될까

별들을 구별하는 기준: 광도, 색깔, 크기

이제 우리는 별들의 위치를 구별할 수 있다. 다음에는 각별들의 기본 특성을 알고 싶어할 것이다. 예를 들면 얼마나 밝은 별인지, 어떤 색의 빛을 보이는지, 얼마나 큰 별인지, 얼마나 지구와 멀리 떨어져 있는지 등을 말이다. 별들을 구별하는 기준은 비교적 단순하다. 일단 별들은 서로 거리가 매우 멀기에 자세하게 관측할 수 없다. 별들의 위치를 성도로 표시하여 구별할 수 있다면, 별들의 특성을 구별할 수 있는 기준은 아마도 빛밖에는 없을 것이다. 우리 육안으로는 빛의 세기와 빛의 색깔을 구별할 수 있을 뿐이다.

빛의 세기로 구별하기

예로부터 별들은 위치와 그 밝기로 구별되었다. 그래서 더욱 많이 반짝이는 별들이 밤하늘의 주인공이 된 것이다. 반짝이는 별빛은 얼마나 많은 시인과 묵객의 사랑과 연인들의 고백대상이 되었던 것일까! 아마도 이루 말할 수 없을 것이다. 더구나 낮의 밝음만큼이나 밤의 어둠도 생생하게 느꼈을 원시시대에 밤하늘을 수놓은 별빛들은 그야말로 유일한 찬탄과 경외의 대상이었을 것이다. 어떻게 별빛들을 구분하였는지 살펴보자.

육안으로 구별하는 안시등급은 기원전 2세기 그리스인 히파르코스에 의해 정립되었다. 육안으로 본 별들을 빛의 밝기에 따라 등차를 두어, 가장 밝은 별을 1등급으로 하고 가장 희미한 별을 6등급으로 하는 구분도를 만들었다. 그 차이를 계산하니 한 등급은 대략 2.5배의 차이가 있으며, 6등급의 간격은 100배의 밝기차이를 가진다. 물론 현대에 이르러 관측기기의 발달 등으로 인해 더 자세한 구분도 가능해졌다. 안시등급인 겉보기등급으로 가장 밝은 별이 시리우스별로 -1.46등급이고, 그 다음의 카노푸스별은 -0.72등급이 된다. 태양은 무려 -26.7등급에 해당한다.

육안관측으로 정립된 별의 안시등급은 오랜 세월 인류에게 매우 중요하였다. 인류는 그동안 안시등급으로 별들을 구별해 온 것이다. 하지만 물리학적으로 안시등급보다는 절대등급이 의미가 있다. 안시등급으로는 별의 기본적인 성질을 전혀 알 수 없기 때문이다. 별들은 매우 멀리 떨어져 있어서 별빛 이외에는 어떤 정보도 알 수가 없고, 따라서 절대등급의 별빛만이 우리에게 거의 정보 대부분을 준다.

절대등급이란 별들의 자체 밝기에 따라 등급을 나누는 것이다. 모든 별을 일정한 거리에 두고, 즉 10pc(3.26광년)의 거리에다 두고 빛의 밝기를 측정하여 등급을 매긴다. 이런 방식으로 매기면 안시등급과는 매우 다른 결과가 나온다. 시리우스별은 1.4등급이 되고, 카노푸스별은 -2.5등급이 된다. 그리고 태양은 -26.7등급에서 4.8등급이라는 30등급의 차이가 발생한다. 태양은 그 크기가 비교적 작은 별에 속한다.

별 온도로 구별하기

별들을 구별하는 방식은 빛의 세기 이외에 별의 색깔로 구분하는 방식이 있다. 별빛을 육안으로 보면 그 색깔이 약하지만, 망원경으로 보면 별들의 색깔은 현저한 차이를 보인다. 이 색깔의 종류는 빛의 가시광선인 일곱 가지 무지개색의 구별과 유사하다. 특히 스펙트럼으로 별빛을 분광하면 별의 색깔은 대략 낮은 온도인 붉은색으로부터, 주황색, 노란색, 황백색, 흰색, 청백색과 가장 높은 청색 등으로 구별된다. 별빛에서 색의 차이가 있는 것은 별 온도와 긴밀히 연관되어 있는 바, 온도 차에 따라 색의 차이가 생긴다.

별빛도 하나의 전자기파이므로 특정한 파장을 가진다. 스펙트럼을 통과한 빛의 파장이 각기 다르다는 점에서 별들을 구별할 수 있다. 이런 차이는 별들의 표면온도 차이에 의해 나타난다. 별의 표면온도가 3,000℃ 정도이면 붉은색을, 온도가 5,000℃ 정도이면 주황색을, 6,500℃ 정도이면 노란색을, 8,000℃이면 황백색을, 12000℃ 이상이면 흰색으로, 그리고 30000℃ 정도이면 청백색을, 45,000℃ 이상이면 청색으로 보인다. 이렇게 온도의 차이에 따라 별의 구별이 가능하므로, 표면온도에 따라 별을 구별하여 각각 차례로 알파벳 O, B, A, F, G, K, M으로 표기한다.

별의 크기와 질량으로 구별하기

크기로 별을 정리하는 것이 가장 쉬운 별의 구분방법이다. 별을 크기에 따라 구분한다는 것은 부피를 기준 삼아 구분하는 것이다. 기본적으로 빛을 내는 별들은 태양과 같이 스스로 핵융합을 한다. 별들의 크기와 질량 비교는 태양을 기준으로 한다. 태양보다 질량이 무거운 별들이 태양 크기 정도면, 그 별은 중심영역에서 밀도와 압력이 높아서 강한 핵융합 에너지를 방출한다. 안타레스, 아쿠투르스, 베텔규스등 붉게 빛나는 밝은 별들은 태양보다 수만 배 큰 적색거성들이다. 이런 별들은 늘어난 부피만큼 밀도가 희박해지며 표면온도가 낮아서 붉은색의 큰 별이 된다..

또한, 헤르츠스프룽과 러셀은 절대등급의 광도와 스펙트럼과의 관계에 의해 별들을 정리하고 그 사이에 일정한 상관관계가 있다는 것을 알아냈다. 밤하늘 별의 대부분은 주계열성이다. 주계열성은 항성 중심영역에서 수소가 헬륨으로 변환하는 핵융합과정에 있는 별이다. 주계열성의 별이 어느

태양, 아르크투루스, 베텔규스, 안타레스의 크기비율.

시기가 되면 외곽가스가 팽창하여 적색거성이 된다. 이 도표의 중요성은 여기서 끝나는 것이 아니라 별의 일생과 진화를 말할 때 드러난다. 뒤에 상술한다.

별을 질량으로 구별하는 일은 매우 중요하다. 질량이 얼마인지를 알고 나면, 그다음에 그 별의 기본 성질과 앞으로의 운명들을 알 수 있기 때문이다. 탐사대장이 별에 관한 강의를 하면서 강조하는 것 중의 하나가 "Density is destiny"이다. 수도 없이 반복한다. 질량의 크기가 별의 모든 것을 결정하는 가장 중요한 요소라는 것이다. 단위부피당 질량인 별의 밀도는 별의 화학적 조성 상태와 맞물려지고, 그에 따라 그 별의 밝기와 물리적 크기 그리고 별의 최종상태까지 결정하는 것이다. 예를 들어 질량이 태양보다 10배 이상 큰 별은 대부분 초신성 폭발로 일생을 마치며, 심지어 더 큰 별들은 폭발 이후 블랙홀을 형성하게 된다.

태양보다 10배 이상 큰 별들을 거성이라 하면, 그보다 더 큰 경우는 초거성이라 한다. 태양보다 작은 별들은 왜성이라 하며, 심지어 백색왜성은 수십 킬로에 불과한 것도 있다. 핵심은 밀도이다. 부피가 일정할 때 질량이 크면 밀도가 크므로 결국 핵융합 정도가 달라지기 때문이다. 별의 일생은 결국 밀도에 의해 운명지어진다.

크기는 태양을 기준으로 한다. 태양보다 1.4배 이상인 경우와 12배 이상인 경우와 30배 이상인 경우로 나눈다. 태양 질량의 1.4배라는 상수는 천문학에서 유명한 찬드라세카르 상수이다. 그리고 1.4배 이하에서 1/4 이상인 경우와 1/12 이하에서 1/4 이상인 경우, 그리고 1/100에서 1/12까지의 크기로 살필 수 있다. 이런 구별은 별들의 미래 운명과 깊이 관계를 가지고 있는 바, 뒤에 초신성을 살펴볼 때 자세히 이야기하겠다.

별들은 성간가스 구름 덩어리에서 동시에 수천 개가 생성된다. 성간 가스가 중력수축하여 그 중심에서 온도와 압력이 높아져 수소가 핵융합 할 정도가 되면 비로소 주계열성이 된다. 아래 사진은 M16 독수리자리 성운이며, 가스 구름 기둥에서 별이 형성되는 부위가 표시되어 있다. 왼쪽의 가스구름기둥은 그 높이가 3광년 정도이고 그 내부에서 수 천 개의 항성이

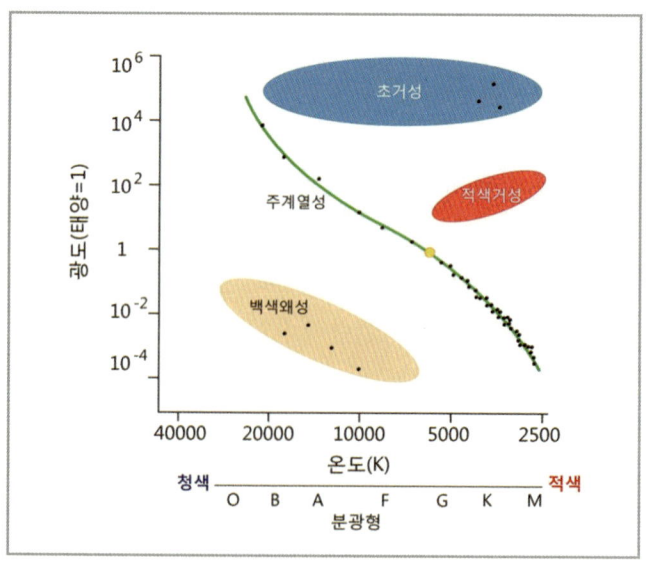

H-R도: 분광형과 광도로 본 별들의 종류.

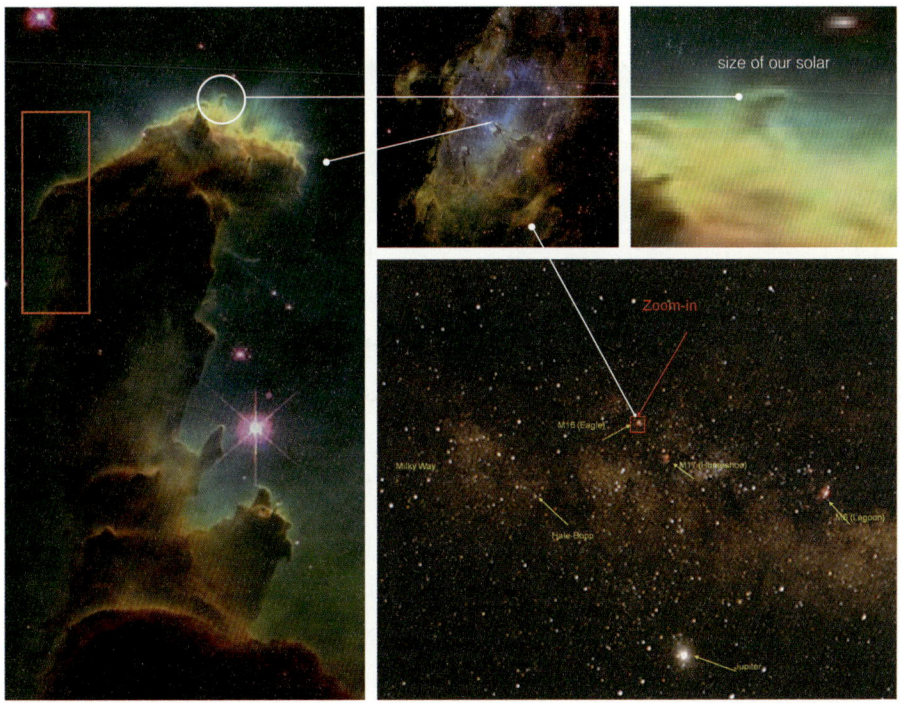

M16성운 가운데의 성간가스 구름크기를 나타내는 사진. 〈뇌 생각의 출현〉에서 인용.

생성된다고 추정된다. 일부 외각에서 별이 생성되는 모습이 오른쪽 위 사진에 나타나있다.

이제 하늘에 떠있는 전체 별을 구분할 수 있는 틀을 통해 별들의 차이를 더욱 자세히 이해 할 수 있을 것이다. 이제 별들이 가지는 기본적인 특성을 최소한 이해할 수 있는가. 그렇다면 남반구에는 어떤 별들이 있는지 살펴보자.

남반구의 주요 별자리를 찾아보자

남십자성을 찾아서

우리나라에서 하늘의 별을 보는 것은 참으로 드문 일이 되었다. 산업이 발달하고 도시의 삶을 살다 보니 점점 자연과 거리가 있는 삶을 영위하게 된

제 9 장 지상 최고의 별밤 서호주의 밤하늘 369

다. 그러다 보니 별은 더이상 우리의 삶 속으로 들어오지 못하는 이방인이 되어 가고 있다. 하지만 옛 선조 누구도 달나라에 가는 것을 생각 못했듯이 가까운 미래에 우주공간을 다닐 수 있는 획기적인 삶이 가능할 수 있다면, 별들의 세계는 또다시 우리네 삶과 긴밀한 관계를 가질지도 모른다. 앞으로 별의 세계가 우리의 삶과 밀접한 관계를 맺을 때가 올 것이라고 믿어본다.

서호주 사막에서 별의 세계를 관찰하며 밤의 의미도 새롭게 생각해볼 수 있었다. 그 옛날 전구의 불빛이 없었던 칠흑같이 까만 어둠 속에서 불근불근 다가오는 공포를 어떻게 피했을까? 밤이 되면 그때 사람들은 어디에다 마음을 맡기었을까? 아마도 저 밤하늘 빛나는 별들이 아니었을까? 별들은 결코 우리와 떨어져 존재하는 것이 아니었던 것이다. 오랫동안 우리 유전자에 그렇게 새겼던 별과의 만남이 다시 이어졌다는 사실에 전율하였다.

호주의 남반구 별들은 대항해 시대 이후에 조명을 받기 시작한다. 항해하면서 남반구로 진출하였으며, 그때 비로소 북반구에서 안 보이던 별들의 이름과 별자리를 만들었던 것이다. 따라서 남반구 별자리와 별들의 이름은 우리에게 그다지 익숙하지 않다. 게다가 남반구의 별자리는 북반구에서 보는 별자리 형태와 정반대 방향이다. 그러므로 별을 보는 것은 그다지 차이가 나지 않는다 하더라도 별자리 형태는 뒤집어진 모습이므로, 이를 미리 정리하고 이해할 필요가 있다.

우리나라에서 보이지 않는 남반구 별자리들

지금 통용되는 별자리는 88개로, 전체의 천공을 88개의 영역으로 나누는 방식이다. 우리나라에서 보이지 않는 별자리들도 많은데 모두 남반구 저위도에 있는 별자리들이다. 우리나라에서 보이는 별자리는 대략 52개이며, 부분적으로만 보이는 것은 15개이고, 아예 안 보이는 것이 21개이다. 물론 북반구의 별자리들도 남반구에서 매우 아름답게 보이는데, 예를 들면 백조자리와 거문고자리, 독수리자리가 그것이다. 여기서는 소개를 생략한다.

아래에 나열된 별자리는 우리나라에서 부분적으로 보이거나 전혀 보이지 않은 별자리들이다. 혹 익숙한 별자리가 있는지 이름을 읽어보자. 먼저 부분적으로만 보이는 별자리로 고물자리, 공기펌프자리, 나침반자리, 남쪽왕관자리, 돛자리, 두루미자리, 봉황새자리, 비둘기자리, 에리다누스자리, 이리자리, 조각도자리, 조각실자리, 켄타우루스자리, 화로자리, 현미경자리 등이 있다.

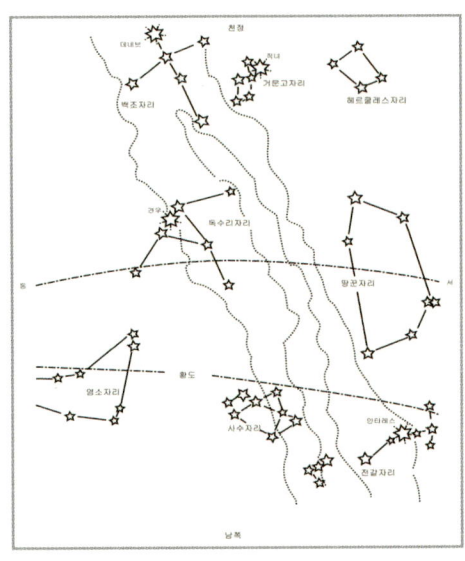

황도대 인근에 있는 주요 별자리들. 남반구에서도 황도대에 걸친 북반구 별자리들이 잘 보인다. 〈별밤 365〉에서 인용.

그리고 더 낮은 적위에 위치하여 전혀 보이지 않는 별자리들도 있는데 공작자리, 그물자리, 극락조자리, 날치자리, 남십자자리, 남쪽삼각형자리, 망원경자리, 물뱀자리, 시계자리, 용골자리, 이젤자리, 인도인자리, 제단자리, 직각자자리, 카멜레온자리, 캠퍼스자리, 큰부리새자리, 테이블산자리, 파리자리, 팔분의자리, 황새치자리, 화가자리 등이 그것이다.
어찌 보면 북반구 별자리도 잘 모르는데 굳이 우리 삶과 상관이 없다고 여겨지는 남반구별자리를 아는 게 쓸모 없는 일이라 여겨질 수 있다. 하지만 별자리를 우주의 좌표로 삼아 무한한 우주공간과 물질 세계를 탐험하기를 즐기기 위해서는 꼭 알아두기를 권유한다. 우주에는 남과 북의 방향이 없다. 별자리와 별 이름이 익숙해지면 별을 사랑하게 될 것이다. 미리 아는 게 하나도 없다고 그다지 걱정할 일이 아니다. 지금부터 친근해져 보자

남극 찾기

남반구에서 가장 중요한 별 관측은 남극 찾기에서 시작한다. 그러나 남극

점을 찾는 일은 쉽지가 않다. 그 근처에 밝은 별이 없기 때문이다. 그래서 남극점을 찾으려면 다른 별자리로부터 미루어 추론해야 한다. 그 기준이 남십자성별자리이다. 이 별자리는 남극 근처에서 가장 뚜렷하여 남극 위치를 쉽게 파악할 수 있게 한다.

천체를 관측하는 방향에 따라 밤하늘 별의 움직임이 달라진다. 그림처럼 남쪽방향으로 시선을 두고 관측 방향을 기준으로하여 볼 경우, 거의 모든 천체의 움직임은 시계방향으로 동쪽에서 서쪽으로 움직이는 것처럼 보인다. 지구를 포함한 행성의 공전과 자전방향(예외 금성과 천왕성의 자전)은 모두 반시계방향이다. 그러므로 반시계방향인 서쪽에서 동쪽으로 자전하는 지구에서 천체를 관측한다면, 만약 남반구의 어느 지역에서 하늘의 별을 관측할 때 남쪽방향으로 시선을 두고 관측하면 우리의 눈에는 반대로 모든 별이 시계방향, 즉 동쪽에서 서쪽으로 사라지는 것처럼 보인다.

북극에는 작은 곰자리의 꼬리 가장자리에 있으면서 북반구에서 가장 밝게 빛나는 별인 북극성이 있지만, 남극에는 이와 같은 별이 없다. 다만, 남극에서 가장 가까운 곳에 Sigma Octantis라는 별이 있지만 매우 희미해 보기 어려워 다른 방식으로 남극을 찾는다. 남반구의 어느 곳에서 길을 찾거나 바다

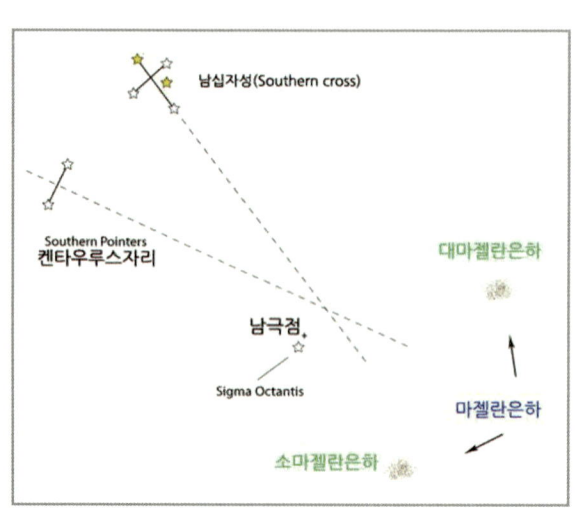

남극위치도. 〈별밤 365〉에서 인용.

를 항해 할 때 남십자성의 북쪽 감마별(Gacrux, γ Cru)에서 남쪽의 알파별(Acrux, α Cru) 방향으로 남극을 향해 직선을 길게 긋거나 켄타우르스자리

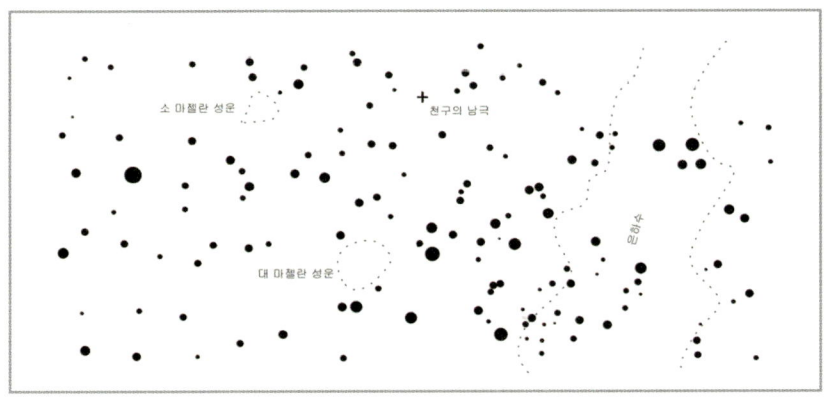

대소 마젤란은하와 남극의 위치. 〈별밤 365〉에서 인용.

의 알파별 리길 켄트(Rigil Kent α)와 베타별 하다르(Hadr β)를 잇는 선을 긋고, 그 선의 중심에서 직각이 되도록 남극 방향으로 선을 길게 연결하면 남극을 쉽게 찾을 수 있다. 다시 말해서, 남십자성을 지나는 선과 Pointers의 두 별을 직각으로 통과하는 선이 남극점 주변에서 서로 교차하게 된다. 그리고 남극 바로 아래에 위치한 지평선 위의 한 지점은 정남쪽 방향을 가리키게 된다. 이런 방식으로 남극과 남극주변의 별들을 찾는다면 길을 잃는 경우는 없을 것이다.

더 간단한 남극점 찾는 법은 아래 그림에서 천구의 남극으로 표시된 것처럼 대마젤란 성운과 소마젤란 성운을 한 변으로 하여 상상으로 정삼각형을 만든다. 이 때 정삼각형의 나머지 꼭짓점 방향을 은하수가 있는 방향으로 정하면 바로 그 정삼각형의 꼭짓점이 남극점에 해당한다.

주요 별자리와 별들

88개의 별자리 중에서 북반구의 별자리는 40개이고, 남반구별자리는 48개이다. 여기서는 남반구에서 볼 수 있는 중요한 별자리를 남십자성자리를 중심으로 몇 가지만 간단히 소개하고자 한다. 남십자성자리, 팔분의자리, 켄타우르스자리, 용골자리를 소개한다.

남십자성자리

아주 오래전 프톨레마이어스 시대에 켄타우르스자리의 일부였던 남십자성자리는 켄타우르스자리의 남서쪽에 자리하고 있다. 남십자성은 4개의 별로 이루어져 있는데 각각 알파(α)별, 베타(β)별, 감마(γ)별, 델타(δ)별이며, 이들 네 별의 대각선이 십자형을 이룬다. 그러나 중심에 밝은 별이 없어 십자가보다도 다이아몬드 모양으로 보인다. 감마별(1.6 등), 델타별(2.8 등), 베타별(1.2 등), 알파별(0.8 등)은 각각 북·북서·남동·남쪽을 가리키는데, 북쪽의 감마별에서 남쪽의 알파별로 직선을 그으면, 그 방향이 천구의 남극을 가리키므로, 남십자성은 근대 항해시대 이후 남쪽 바다를 항해하는 사람들의 중요한 표적이었다. 남십자성은 은하수 사이에 있지만 밝은 별들이기 때문에 쉽게 찾을 수 있다. 이 별자리에는 보석상자라 불리는 아름다운 산개성단 NGC 4755와 석탄자루라 불리는 암흑성운이 유명하다.

알파(α)별은 아크룩스라고 부른다. 아크룩스라는 단어는 아무런 뜻이 없다. 이 별의 이름을 만든 사람은 미국의 천문학자 일라이저 H. 버릿으로 그는 남십자성을 뜻하는 크룩스(Crux)에 로마자 A를 붙여 아크룩스(Acrux)라는 단어를 만들었는데, 이것이 지금까지 사용되고 있다. 아크룩스의 겉보기 등급이 0.77등급이며 지구에서 321광년 떨어져 있다. 이 별은 세 개의 별로 이루어져 있다. A별은 태양보다 크고 밝은 별로 겉보기 등급은 1.34이다. B별은 A별에서 400AU 거리에 있는데 이 거리는 태양에서 명왕성까지 거리의 10배에 해당한다. C별의 겉보기 등급은 4.86이다. 아크룩스는 하늘에 있는 별 중 14번째로 밝은 별이다.

베타(β)별은 미노사라고 부르며 또는 베크룩스라고도 한다. 미노사라는 이름에 대한 것으로는 알려진 것이 없다. 베크룩스는 미국 천문학자 버릿이 지은 이름으로 그리스 문자 베타(β)에 해당하는 로마자 B를 붙여 베크룩스(Becrux)라는 이름을 만들어냈다. 베타(β)별의 겉보기 등급은 1.25 등급이고 353광년 떨어져 있다. 이 별의 온도는 25,000K이며 밝은 백색이다. 광도는 태양의 3,200배로 매우 밝으며 지름은 태양의 8 배이다. 베타(β)별은 맥동변광성이며 주기는 6시간이고 변광폭은 0.06등급으로, 맨눈으로는 거의 느낄 수 없다. 이 별은 초당 16km씩 태양계에서 후퇴하고 있다.

감마(γ)별은 다른 이름으로 가크룩스라고 부르며 역시 버릇이 지어낸 이름이다. 그리스어 감마(γ)를 로마식으로 바꾸어 가크룩스(Gacrux)라는 이름을 만들었다. 감마(γ)별의 겉보기 등급은 1.59 등급이고 지구에서 87.9 광년 거리에 있다. 스펙트럼형 M3의 초거성으로 붉은 색으로 보인다. 표면온도는 매우 낮아 2,000 ℃에 지나지 않는다. 이 별은 태양보다 140배 밝다.

델타(δ)별은 겉보기 등급이 2.8등급이고 거리는 600광년이다. 스펙트럼형은 B2이고 표면온도는 20,000K이다. 이 별은 지구에서 초속 22km로 멀어진다.

남십자자리는 남반구의 유명한 별자리로 항해할 때 북극성과 같이 방향을 찾는 기준으로 삼았다. 그러나 명성과는 달리 그 차지하는 영역은 비교적

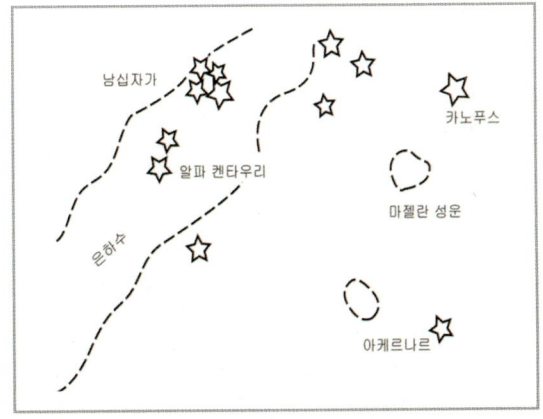

남반구의 별자리: 남십자자리와 켄타우루스자리. 〈별밤 365〉에서 인용.

호주와 뉴질랜드 국기에 있는 남십자성.

1 캠핑장에서 거대한 바오밥 나무 사이로 보았던 남십자성.
2 남십자성 인근의 무수한 별들과 다른 십자성의 모습. 3 남십자성.

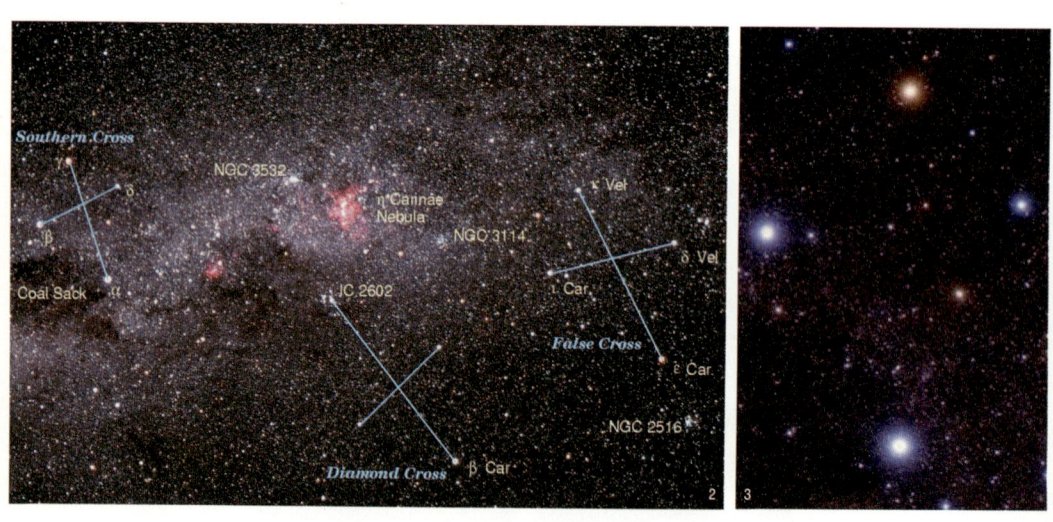

작은 별자리이다. 하지만 두 개의 1등성을 포함하고 있고 모양이 분명하기 때문에 남극에서 가장 쉽게 찾을 수 있는 별자리 중의 하나가 되었다. 호주와 뉴질랜드 국기에 있는 별자리도 바로 남십자성이다.

팔분의자리

팔분의자리는 프랑스의 천문학자 라카유가 1751년에서 1753년까지 남아프리카의 희망봉에서 남반구 하늘을 관측하면서 만든 별자리이다. 이 별자리는 1730년 팔분의를 발명한 영국의 수학자 하들리를 기념하여 만들었다. 팔분의는 육분의를 개량한 것으로 항해나 천체관측을 할 때 천체의 고도를 측정하는 장비이다. 팔분의는 45°씩 측정하기 때문에 전체 원을 돌기 위해서는 8회 움직이기 때문에 팔분의라고 부르게 되었다. 원호의 크기에 따라 사분의, 오분의, 팔분의처럼 360°의 몇 분의 1까지 측정할 수 있느냐에 따라 여러 가지 기구가 만들어졌다. 보통 이런 측각기기를 모두 육분의라고 부른다.

이 별자리에는 밝은 별이 없으며 4등급 이하의 어두운 별만 보인다. 팔분의자리에는 하늘의 남극이 있다. 하늘의 남극에는 밝은 별이 없으며 남극성은 시그마(σ)별이다. 그러나 정확히 남극에 있는 것은 아니고 약간 떨어져 있어서 하늘의 남극 주위를 돌고 있다. 팔분의자리는 하늘의 남극에 있는 별자리이다. 이 별자리에서 밝은 별을 찾아 볼 수 없으므로 하늘의 남극을 찾기 위해서 주로 남십자성을 이용한다. 우리나라에서는 전혀 볼 수 없다.

켄타우루스자리

켄타우루스자리 프록시마별은 4.22광년 거리로, 태양을 제외하고는 지구에서 가장 가까운 별(적색왜성)이다. 켄타우루스자리의 중심에서 왼쪽에 자리하고 있는 알파별 리길 켄트(Rigil Kent α)는 지구에서 4.37광년 떨어져 있다. 베타별 하다르(Hadr β)는 알파별 리길 켄트(Rigil Kent α)와 남십자성의 베타별인 미모사(β Cru) 사이에 자리하고 있다.

켄타우루스는 그리스신화의 켄타우로스를 뜻하며, 상반신은 말의 모습인 괴물이다. 켄타우루스자리의 상반신 두성운이라고 부르는 유명한 산광성운 M17이 있다. 그러나, 켄타누에서 가장 유명한 것은 발 부분에 있는 태양계에서 가장 가까운 별인 (α)별이다. 지구부터 거리는 4.395±0.008 AU이고 밝기는 -0.01등급이다. 알파(α)별은 실제로는 삼중성이다. A별은 태양과 유사하여 질량과 크기는 태양보다 약간 크다. B별은 A별과 24AU 떨어져 있다. 이 거리는 태양에서 해왕성까지 거리보다 조금 먼 거리이다. 공전주기는 79.9년이다. C별은 온도가 낮은 적색왜성으로 밝기는 11.1등급이다. 매우 어두워서 광도가 태양의 1/17,000에 지나지 않는다. 이 별을 프록시마 센타우리라고 부른다. A, B와 1/6광년 떨어져 있으며 지구에서 거리는 4.22광년인데 세 별 중에서 지구에 가장 가깝다. 그러므로 프록시마 센타우리가 우주에 있는 별 중 태양계에서 가장 가까운 별이 된다.

베타(β)별은 아랍어로 '땅'을 뜻하는 하다르라는 이름으로 부른다. 이 별은 푸른색이며 고온의 거성이다. 밝기는 태양의 1만 3천배로 추정되며 140AU의 거리에 동반성이 있다. 세타(θ)별은 멘켄트라고 부르며 라틴어로 '켄타우로스의 어깨'라는 뜻에서 유래한다. 지구에서 60.9광년 떨어져 있으며 밝기는 2.06등급이다. 이 별은 태양보다 45배 밝으며 온도는 4,500K로 태양(6,000K)보다 낮다. 질량은 태양의 4배이며 크기는 태양의 16배이다.

용골자리

용골자리는 프톨레마이오스의 별자리에 있던 아르고자리를 프랑스 천문학자 라카유가 고물자리, 나침반자리, 용골자리와 돛자리라는 4개의 별자리로 분할하면서 만들어졌다. 용골자리는 원래 아르고자리의 가장 남부를 차지하는 큰 별자리이다. 이 별자리는 은하수 부근에서 많은 성운과 성단을 관측할 수 있다.

용골자리에는 아르고자리의 알파(α)별 카노푸스가 있다. 카노푸스는 남반

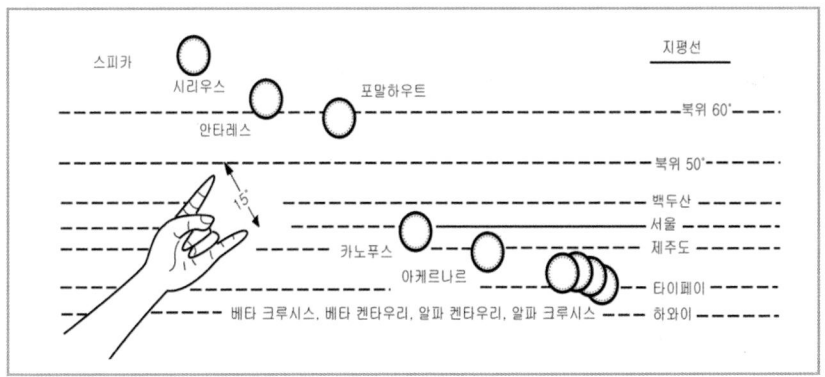

우리나라에서 보기 힘든 남쪽하늘 일등성의 상대적 위치. 〈별밤365〉에서 인용.

구 하늘에서 가장 밝은 별이며, 북반구의 큰개자리에 있는 시리우스 다음으로 전체 하늘에서 가장 밝은 별이다. 원래 붉은 별이 아니지만, 지평선 방향의 두꺼운 지구대기층이 푸른빛을 흡수해 붉게 보인다. 겉보기 등급은 -0.62등급이며 313광년 거리에 있다. 지름은 태양의 65배이고 밝기는 태양의 14,000배이다.

반지름은 0.6천문단위 수준으로 이는 태양 반지름의 65배 수준이다. 만약 이 별을 태양 대신 태양계 중앙에 갖다 놓는다면, 카노푸스의 표면은 수성 궤도의 4분의 3까지 이를 것이다. 적위가 -51° 40′이기 때문에 북위 37° 30′인 서울에서는 지평선에서 약 1° 정도로, 거의 지평선에 걸쳐 있다. 지평선 가까이 떠 있기 때문에 그 영향으로 붉게 보인다.

동양에서는 이 별이 잘 보이지 않았기 때문에 인간의 수명을 관장하는 별로 믿었다. 옛 기록에 따르면, 남부 지역에서 이 별을 보았을 경우 나라에 그것을 고하도록 했으며, 매우 경사스러운 징조로 여겼다. 또 이 별을 보게 되면 오래 산다는 말도 있다.

이상의 별자리와 별들 이외에도 남반구에는 많은 중요한 별들이 있다. 다음을 기약한다.

우리와 저 별들의 거리는 얼마나 될까

우주의 크기

별들의 주소와 몇몇 별들의 기본적인 특성을 알아보았다. 그리고 남반구에서의 중요한 별자리와 그 주소에 속하는 별들도 간단히 정리해보았다. 그런데 자세히 살펴보면 각 번지수에는 알 수 없는 이방인도 있다는 것을 느낄 수 있다. 너무나 흐린 별빛 때문에 정체를 알 수가 없는, 그래서 어디에서 왔는지 잘 모르는 이방인들을 이제는 소개하여야 할 것 같다. 이들은 그냥 넘기기에는 오히려 의미가 큰 존재들이라서 도저히 넘어갈 수 없는 이방인들이다.

이 이방인들은 몇몇 눈에 보이는 이들 말고는 거의 안보이기까지 하는 아주 난처한 이들이다. 잘 보이지도 않는 곳에 콕 숨어 있다가 망원경에만 할 수 없이 잠깐 나타나기 때문이다. 그동안 이들이 우리 동네에 있던 이웃인 알았는데 사실은 먼 동네에서 온 손님인 것이다. 기실 밤하늘에는 다른 동네들도 부지기수이기 때문에, 다른 동네의 별들이 마치 우리 동네의 별처럼 보였던 것이다. 우리 동네는 번지수가 88개에 주소지는 어마어마한 2,000억여 개 정도이지만, 이런 정도의 주소숫자를 가지고 있는 동네도 또한 1,000억여 개가 넘는다는 말을 이해할 수 있겠는가? 참으로 난감한 일이다.

우리 동네는 10만 광년의 길이를 가진 곳이다. 하지만 그 손님들은 수백만 수천만 수억 수십억 광년의 빛을 타고 온 이들이다. 우물 안 개구리식 시각을 잠시 접어놓고, 이제 우리 동네 사람이라고 믿었던 이방인들이 누구인지 살펴보고, 그리고 그들을 만나보도록 하겠다. 물론 눈으로 보이는 이방인들을 만나도록 하자. 바로 안드로메다은하, 대마젤란은하, 소마젤란은하 등 3개의 은하가 그들이다. 이들을 만나기 전에 먼저 밤하늘에는 어떤 동네들이 있는지 알아보자.

은하의 공간을 생각하며

매우 궁금한 것 중의 하나가 저 별들은 도대체 떨어진 거리가 얼마나 될까? 라는 생각이다. 저 많은 별이 있는 공간이 얼마나 넓은지가 궁금하다. 즉 은하의 공간이 얼마나 넓은가를 알고 싶은 것이다. 아마 누구도 그 실상을 정확히 알 수는 없으리라. 하지만 그에 대한 추론은 여러 방식으로 얼마든지 가능하다. 빅뱅이론에 따른다면 팽창한 그만큼 우주는 넓어졌으리라. 그 시간은 대략 137억 년 정도이므로, 빛의 속도를 역산하면 대략 우주공간의 넓이를 짐작할 수 있을 것이다.

또 다른 방법으로 별들의 분포도를 댈 수도 있다. 별들의 숫자만큼 우주는 넓기 때문에, 만약 은하들이 얼마나 분포되어 있는지 알 수 있다면 우주공간의 넓이를 알 수 있을 것이다. 여기서는 은하의 구조를 살펴보자. 별은 하나의 항성계를 이룬다. 항성계는 두 별이 서로의 질량중심을 공전한다. 밤하늘 별들의 대략 50%는 이처럼 쌍성을 이룬 별들이다. 태양은 쌍성 대신 행성과 항성으로 구성된 항성계이다. 이런 별들이 모인다면 별들의 집단인 성단이 이루어진다. 많은 별이 한 곳에 뭉쳐 있는 모습에 따라 그 종류를 구상성단과 산개성단으로 나눈다.

성단 이외에 별들이 모여 있는 형태로써 성운이 있다. 성운은 별들이 주계열성에서 벗어나 맥동변광성이 되어 외곽 가스를 대규모로 방출할 때 생

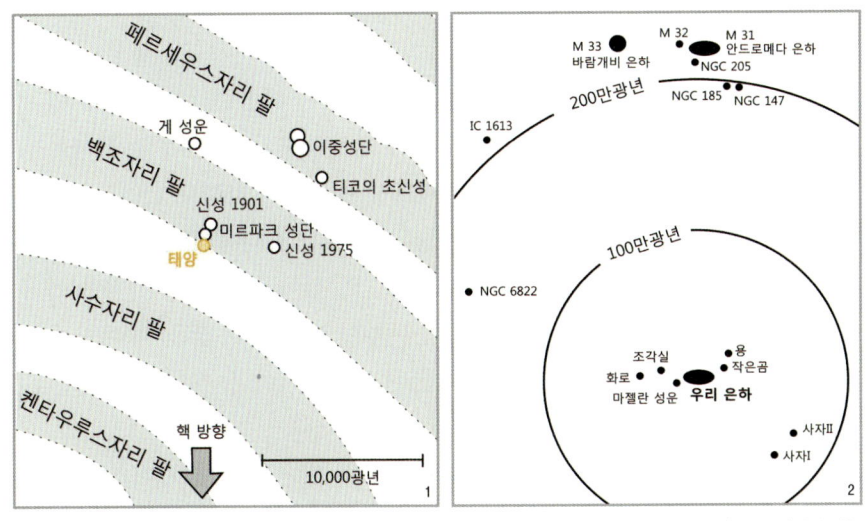

1 지구와 별들의 거리. 2 우리은하와 다른 은하와의 거리. 〈별밤 365〉에서 인용.

성된다. 우주 공간에 희박하게 분포하는 성간 물질들이 외부의 요인에 의해 모여들어 거대한 규모로 성장하면 오리온 대성운처럼 밝게 빛난다. 뿌연 구름처럼 보이나 그 안에는 많은 별이 있으며, 주로 신생별들이 생성되는 공간이기도 하다. 성운은 은하수의 중심에 주로 위치하며, 발광, 반사, 행성상, 암흑 등의 여러 형태가 있다.

이런 성단과 성운의 거대한 집합체가 은하가 된다. 우리은하는 2,000억여 개의 별들로 이루어진 대단위 별들의 집합체이다. 은하수도 우리 은하의 한 부분으로 은하가 회전할 때의 나선팔을 가리킨다. 그 종류는 대체로 나선, 타원, 불규칙은하 등이 있으며, 각 은하는 주위에 있는 몇 십 개 정도의 은하들과 같이 국부은하군을 형성한다. 그리고 그 국부은하군들이 모여서 초은하단을 형성한다. 초은하단이 모이면 우리가 우주라고 일컫는 공간이 된다. 이제 우주의 크기가 짐작되는가?

그런데 이 은하들은 서로 너무나 멀리 떨어져 있어서 육안으로 거의 관측이 되지 않는다. 그래서 근대에 이르러서야 관측기기의 도움으로 겨우 그들을 발견하기 시작했다. 고대의 천문학자들의 주요 일과는 혜성을 관측하는 것이었다. 혜성은 변하지 않는 왕권의 상징인 밤하늘 별자리를 침범하는 존재로 여겼다.

메시아라는 천문학자는 혜성으로 착각하기 쉬운 별도 아니고 혜성도 아닌 천체의 목록을 만들었다. 메시에 목록은 18세기 혜성탐색가인 샤를 메시에가 혜성과 다른 별들을 구별하기 위해 탐색하다가 성운 성단 은하를 발견하고, 이들을 기존의 별들과 구별하고자 이들에게 차례로 110개의 숫자를 붙인 것이다. 메시에의 첫 알파벳인 M에다가 숫자를 붙인 것이므로 M1에서 시작하여 M110에서 끝나는 비교적 간단한 목록이었다. 하지만 이후에도 계속 관측기기의 발달과 관측이 이루어져 상당히 많은 새로운 은하가 발견된다. 그 은하들을 정리한 이는 존드레이서이며, 우리는 현재 그 목록체계를 주로 사용하고 있다.

19세기 메시에 목록보다 더 많은 별들의 집단을 발견하고, 새로이 분류하여 만든 것을 NGC, IC 목록이라 한다. NGC는 7,840개의 별집단을 분류

표시한 것이고, 그 이후 20년 동안 다시 새로 발견된 것 5386개를 정리하였는데 이를 IC목록이라 한다. 이로써 주요한 은하 집단들을 거의 기술할 수 있다. 물론 일반인들은 이들 모두를 알 필요는 없고, 메시에 목록에 나오는 은하 주소를 아는 것만으로도 충분할 것이다.

이제 남반구에서만 보이는 마젤란은하와 유명한 안드로메다은하를 살펴보자.

안드로메다 은하

안드로메다 갤럭시는 6등성 정도 밝기이므로 우리나라에서 육안 관찰이 쉽지가 않다. 하지만 학습탐사 대원 24명은 모두 매일 밤 안드로메다 갤럭시를 보았다. 또 하나의 우주를 직접 본 것이다. 지구에서 230만 광년 거리에 3천억 개의 태양이 빛나고 있는 현장이 바로 안드로메다 갤럭시이다. 3

안드로메다 은하의 멋진 모습.

천억 개의 태양이라도 수백만 광년 거리라서 매우 희미하게 겨우 보일 뿐이다. 태양과 같은 3,000억 개의 별들이 모여 희미하게 일 점으로 보인다는 사실이 우주가 얼마나 넓은가를 확실하게 보여준다.

은하수가 속한 우리 은하 영역 인근에는 30여 개의 갤럭시가 존재한다. 그 중 최대규모는 안드로메다은하이며, 우리 은하는 그 중 두 번째 규모가 된다. 그리고 남반구에서만 볼 수 있는 대마젤란성운, 소마젤란성운도 그 일원이다. 탐사대원들은 모두 안드로메다, 대소 마젤란성운을 매일 동시에 보았는데, 놀라운 체험이었다. 비록 희미하게 다가오는 안드로메다이지만 그곳이 얼마나 광활한 곳인가를 상상하는 것만으로도 가슴이 벅차올랐다. 안드로메다은하(M31, NGC 224)는 우리 은하와 함께 국부 은하군을 이루는 나선은하 Sb형으로 우리은하와 흡사한 점이 많다. 눈으로 보면 희미하게 보이지만, 우리 은하에 1초에 50km 가까워지고 있다. 약 30억 년 뒤에는 안드로메다은하와 우리 은하가 부딪칠 것으로 예상된다. 그리고 안드로메다자리 방향으로 약 780kpc 거리에 떨어져있는 몇몇 은하는 우리 은하와 가장 가까운 은하계이다. 안드로메다은하의 이웃 은하는 2-3개 정도인데, 그 중 하나는 타원 은하 NGC221이고, 다른 하나는 타원 은하 NGC 205이다. NGC 221은 안드로메다 은하 질량의 1/100이고, NGC 205는 안드로메다 은하 질량의 1/40로 측정된다

안드로메다은하에는 우리 은하보다 더 많은 별이 있으며, 광도도 우리 은하보다 높은 것으로 추정된다. 하지만 질량은 우리 은하보다 약간 작다고 한다. 이와 같은 질량의 차이는 보이지 않는 물질인 암흑 물질의 차이에 기인하는 것으로 생각된다. 물론 은하의 질량에 대한 관측은 아직 정확하지 않은 부분도 있다. 그리고 암흑 물질에 대한 우리의 지식도 여전히 분명하지 않다.

안드로메다 은하의 지름은 대략 7~12만 광년으로 생각되었으나 최근의 연구로 22만 광년까지 늘어났다. 우리 은하의 10만 광년보다는 좀 더 크다. 그리고 안드로메다은하는 우리 은하보다 최대 25% 밝은데 이는 우리 은하보다 별들의 밀도가 높기 때문이다. 과학자들은 안드로메다은하에서 새로

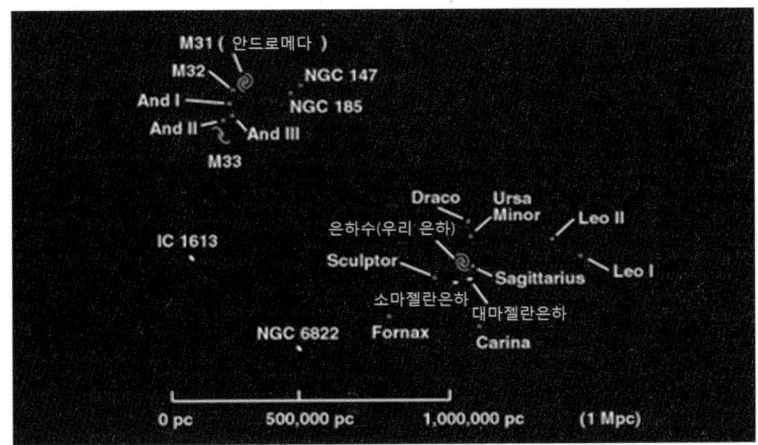

우리 은하(Milky Way)에서 안드로메다 은하(M31)까지의 거리.

운 별이 생기는 속도와 질량을 측정하여 별 생성속도는 일년이고 질량은 태양 정도에 불과하다는 사실을 알았다. 반면 우리 은하는 3~5배 정도 빨리 새로운 별이 생긴다. 또 초신성이 생기는 속도도 안드로메다은하보다 우리 은하가 2배 빠르다는 것을 알았다. 이런 점을 감안할 때 안드로메다은하는 현재 활동을 활발히 하지 않는 휴지기에 있는 은하로 생각되며, 오랜 시간이 흐르면 우리 은하가 안드로메다은하보다 더 밝아질 것으로 예상하고 있다.

마젤란은하(Magellan Galaxies)

별을 좋아하는 사람은 마젤란 성운 하나만으로도 호주에 갈 만한 이유가 된다. 예전에 울룰루바위 부근에서 야영하면서 처음으로 마젤란 성운을 새벽에 보았다. 아직도 그 놀라운 순간이 생생하다. 슬리핑 백에서 얼굴만 내밀고 밤하늘을 올려다보니 하늘 한 편에 조각 구름 두 개가 떠 있었다.

 분명 낮 동안 구름 한 점 없었고, 밤에도 일주일 내내 별 쏟아졌던 맑은 날들이었다. 그런데 밤하늘에 구름이라니 저게 뭔가, 도대체 저게 뭔가? 그 순간 밤하늘에 관한 모든 지식이 무색해진다. 얼마 후에 그래, 그렇구나! 저것이 바로 대 마젤란과 소 마젤란 성운이구나! 경이로움이 바로 손에 잡힐 듯 눈앞에 펼쳐져 있었다. 스스로에게 눈으로 본 것을 확인하려 물어보기를 반복한다. 하얀 구름처럼 아주 일상적 모습으로 우주 하나가 아무 일 없듯이 하늘 한 편에 걸려 있었다. 바라보고 망연해지고 하면서 그 새벽이 하얗게 될 때까지 가슴에 내려앉은 은하가 심장박동으로 옮겨지고 있었다. 그 새벽, 울룰루바위 부근에서 본 마젤란 성운은 내 몸의 일부가 되었다.

아마 지상에서 해 볼만한 것 중에 몇 가지가 있다면, 그 중 하나는 서호주 그 것도 울룰루바위 부근에서 야영하다 새벽에 혼자 우두커니 하얀 손수건 같은 우주 하나를 만나 볼 일이다.

바로 앞의 글은 예전에 탐사대장인 박문호 박사가 호주에서 마젤란은하를 처음 경험하였을 때 맞이했던 경이로운 심정을 토로한 글이다. 마젤란은하를 보다 잘 이해하게 만드는 표현이 살아 있다. 마젤란은하는 환한 별 뭉치들이 구름 같은 모습으로 변하지 않고 걸려있다. 이처럼 남반구의 밤하늘은 북반구와는 다른 모습을 보여준다.

대소 두 마젤란은하는 남반구 밤하늘에 작은 희미한 조각구름처럼 남십자성 부근에서 볼 수 있는데, 우리 은하와 가장 가까운 은하 중의 하나이다. 그 모습이 불규칙하고 중심은 긴 막대 모습을 하고 있으므로 불규칙 막대은하라고도 불린다. 2천억~4천억 개의 별들로 이루어진 은하수와는 달리 겨우 수십 억 개의 별들을 거느리고 있는 왜소은하이다. 우리 은하계의 동반은하 혹은 위성은하인 이들 두 은하의 아름다운 광경을 북위 15° 이남 지역인 남반구에서는 망원경 없이도 즐길 수 있다.

마젤란은하는 미국의 여성 천문학자인 Henrietta Leavitt가 1912년 세페이드(Cepheid) 변광성의 맥동주기와 평균밝기의 관계를 연구한 것을 계기로 우리가 우주를 이해하는 데 있어 중요한 역할을 했다. 천문학자들은 마젤란은하를 대상으로 별들의 진화에 대한 연구를 하고 있는데, 이들 은하에 속한 별들이 지구와 같은 거리에 있으면서도 서로 다른 밝기를 갖고 있기 때문이다. 마젤란은하는 수천만 개의 청백색 항성 외에, 변광성과 산개성단, 그리고 구상성단 등을 포함하고 있어서 별의 형성과 진화에 대해 연구

1 대마젤란 은하와 슈퍼노바 1987A. 마젤란은하의 왼쪽 상단 두 개의 밝은 별 바로 아래에 있는 1987A. 2 일반 칼라 필름 사진과 적외선 칼라 코닥필름 사진.

를 하기에 적합하다.

대마젤란은하는 LMC(Large Magellanic Cloud)로 부르며, 소마젤란은하는 SMC(Small Magellanic Cloud)로 쓰기도 한다. 인류 최초로 지구를 일주 항해한 16C 영국의 탐험가인 마젤란(Ferdinand Magellan)의 이름에서 따온 것이다. LMC는 남반구의 황새치자리와 테이블산자리에 걸쳐 있으며, 겉보기 밝기는 0.9등급이다. 국부은하군에 속해 있으며, 그중에서 네 번째로 큰 은하이다. 대마젤란은하는 우리로부터 50킬로파섹(16만 광년) 떨어져 있다. 반지름은 35,000광년이며 별의 개수는 100억 개로 우리 은하의 1/20 정도이다. 또한 1987년에는 초신성이 이 은하에서 발견 되었는데, 우리는 그것을 초신성 1987A(SN1987A)로 명명하였다.

SMC(NGC 292)는 우리 은하 주위를 도는 난쟁이 은하이다. 우리 은하

허블망원경이 찍은 대마젤란 은하에 속한 성운.

와 함께 국부은하군에 속하며, 대마젤란은하와 가까이 있다. 1억 개의 별이 있으며, 남반구의 큰부리새자리에 있다. 겉보기등급이 2.7등급이므로 맨 눈으로 볼 수 있으며, 우리로부터 20만 광년 정도 떨어져 있다. 일부 학자들은 소마젤란은하가 한때 막대나선은하였으나, 지금은 다소 불규칙하여졌다고 생각한다. 이 은하는 아직 중심에 막대구조로 되어 있다. 이 은하는 총 37개의 성단과 성운이 있다.

하버드 대학의 천문 관측소는 1891년 24inch(6cm)크기의 반사 망원경을 사용하여 소마젤란은하를 관측하였다. 한 천문학자가 소마젤란은하를 관측할 때 이 은하가 별을 생성하는 은하임을 알아내었다. 1908년 소마젤란은하에서 변광성을 가진 성단을 발견하였고, 이 변광성을 세페이드 변광성이라 지칭하였다. 이 변광성의 주기를 이용하여 소마젤란은하와의 거리를 계산하기도 하였다. 외부 은하 중에서 세페이드 변광성을 가진 은하로서는 가장 가까운 은하이기도 하다.

우리의 이웃인 이들 마젤란은하를 한 번 보기만 하더라도 그 아름다움에 그만 할 말을 잊는다. 또한, 허블망원경에 찍힌 마젤란은하에서 별이 생성되는 모습을 볼 때마다 경이롭기만 하다. 멀리서 보면 작은 깃털 같지만, 그 안에서 무수한 별을 만들어내는 아름다움의 정화를 여지없이 보여주는 마젤란은하야말로 바로 우주의 본래 면목을 잘 보여주는 별들의 무리라고 말할 수 있다.

1 소마젤란 은하. 2 허블 망원경으로 촬영한 소마젤란 은하. 내부에 별이 탄생하고 있는 아름다운 모습.

우주의 고독과 아름다움.

도가 사상가 장자(莊子)의 말이 떠오른다. 그는 우주를 일컬어 '지소무내 지대무외(至小無內 至大無外)'라 했다. 지소무내는 '지극히 작아 안이 없음이니 그 크기가 너무도 작아 그 안에 더 이상 아무 것도 없음'을 가리키며, 지대무외는 '지극히 커서 밖이 없음이니 크기가 지극히 넓어 그 바깥이 더 이상 존재하지 않음'을 말한다. 결국 우주를 이보다 잘 표현한 말이 있을까! 우주는 그 안도 무한하여 모든 비어 있음을 포괄하고, 밖도 여전히 무한하여 모든 만물을 포함한다니 말이다.

이들 우주의 아름다움에 대해 어느 한 천문학자가 들려주는 이야기는 우리의 마음을 겸허하게 만든다. "만약 우리의 태양이 한 17만 광년쯤 되는, 그토록 멀리 떨어져 있었다면, 그 존재를 알기란 어려웠을 것입니다. 이와 반면에 아무런 도움 없이 우리가 맨눈으로 헤아릴 수 있는 밤하늘의 별은 고작 천여 개에 이를 뿐이며, 지구와의 거리 또한 겨우 수백 광년에 불과합니다. 늘 그렇듯이 우리의 지구 가까이서 하늘을 물들이고 있는 별빛은 까마득히 먼 옛날 우리의 선조가 살았던 무렵에 떠나온 빛입니다. 하지만 대마젤란은하(LMC)의 별빛은 인류의 역사가 시작되기 훨씬 전부터 떠나온 빛입니다."

별들의 일생에 대하여
별들도 생명체처럼 태어나고 성장하고 소멸한다

이제 별들의 주소도 알 수 있으며, 그 주소에 어떤 별들이 어떻게 있으며, 얼마나 떨어져 있는지도 대략 알 수 있게 되었다. 하지만 여전히 별의 연구는 미진한 듯하다. 관측으로 그 별들이 어디에서 어떻게 있다고 알더라도 저 많은 별이 어디에서 온 것일까 라는 의문에 그만 숨이 막히기 때문이다. 우리가 살고있는 태양계도 그야말로 엄청난 수의 별 중 하나에 불과하다. 그 경이로운 숫자의 무지막지함에 고개를 숙이고 다시 별들의 운명에 대해 묻게 되는 것이다.

도대체 저토록 다채롭고 다양한 별들은 어디에서 온 것일까? 무엇보다도 별들은 어떻게 생성되는 것일까? 태초부터 줄곧 있었던 것일까? 아니면 중간에 생긴 것일까? 별빛을 변함없이 처음부터 그대로 발하고 있던 것일까? 물론 이런 질문들은 이전에 깊이 생각하지 않았던 의문들이다. 별들을 관측하면서 자연스럽게 생긴 의문들이지만, 이는 별을 사랑하는 이들에게 아마도 피할 수 없는 질문일 것으로 생각한다.

초신성의 의미

탐사 도중 야영지에서 밤마다 별 보며 강의를 할 때 탐사대장은 초신성의 물리적 중요성에 대해서 되풀이하여 설명하였다. 1987년에 관측된 놀라운 천체현상을 반드시 기억해야 한다고. 지나고 보니 궁금했던 별들의 탄생과 성장 그리고 소멸에 대한 해답이 바로 그 초신성 폭발이라는 천체현상 속에 담겨 있었다. 여기서 초신성 현상을 보다 자세하게 기술하고자 한다. 아마 이를 통하여 별들의 근원과 본질을 이해한다면, 별들을 관측하는 일은 훨씬 다이나믹한 교감의 과정이 될 것이다.

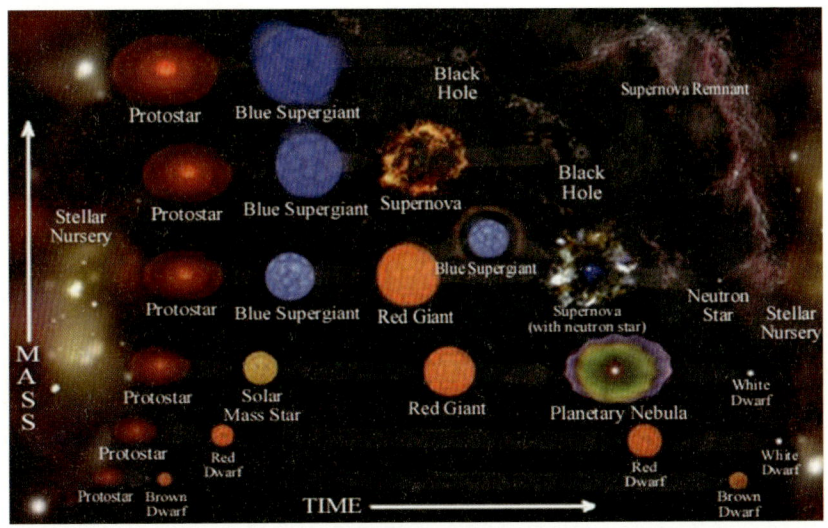

초기 질량에 따른 별의 일생.

별들도 탄생하고 성장하며 소멸하는 과정을 겪는다는 의미에서 별이 진화한다는 말을 사용한다.

별의 일생에 대한 박문호 박사 강의를 들을 때나 별들을 관측할 때마다 초신성의 천문현상과 그 의의는 매우 강한 어조로 거듭 강조되었다. 하지만 처음에 그 이야기를 들었을 때는 우주현상 중 하나로써 초신성이 우주에서 매우 큰 폭발을 일으키는 별이구나 라는 정도로 단순하게 알았다. 그 다음에 별들도 일정한 시간이 지나면 소멸된다는 이야기를 듣고, 아! 별들도 소멸하는구나! 정도로 생각하였다 일반인들이 어떻게 그런 현상을 이해하면서 관심을 집중하겠는가. 그런데 그다음의 말에 그만 기가 턱하고 막히고 말았다. 폭발되고 난 후의 잔여물이 다른 별들의 기원이 되며, 우리 태양계도 그렇게 만들어졌다는 것이다.

태양계가 존재하는 것도 그와 같은 초신성의 폭발이 있었기 때문이라는 말에, 지구 상의 생명과 인간도 그런 과정을 거쳐 왔구나! 라는 깊은 인식의 전환이 비로소 이루어지게 되었다. 생명체가 후손을 남기며 진화해 가듯 우주도 자기 나름의 방식으로 진화하여 갔던 것이다. 우리는 그 동안

이 점을 의식하지 못하였지만, 결국 생명의 진화도 우주진화의 일부였던 것이다.

특히 강의에서만이 아니라 실제 대지 위에 서서 밤하늘을 바라볼 때 품었던 생각은 우주가 진화한다는 깊은 성찰이었다. 지구에서만이 아니라 우주의 그 무엇도 고정되어 있는 것이 아니라 활발하게 약동을 한다. 모든 물질은 생성과 소멸을 반복한다. 저 많은 별도 어떤 방식으로든 생성하고 소멸을 반복할 것이다. 별들의 탄생을 묻는 것은 태양계의 형성과 생명의 출현을 말하는 것이고, 인류의 탄생과 진화와 뇌와 생각의 출현 그리고 문명과 문화의 번성에 대해 그 의미를 되새김질하는 일이다.

인류가 지속적으로 던져온 이 의문에 대한 답은 의외의 관측으로부터 나온다. 1987A이라는 초신성의 출현이 바로 그것이다. 사실 이 초신성의 출현 이전에는 그러한 의문들이 많은 인류에게 하나의 숙제였지만, 그 동안 제대로 밝혀지지는 않았었다. 하지만 1987A의 출현은 많은 학자들에게 별들의 운명에 대해 깊이 연구할 수 있게 하였다.

초신성이란 간단히 말해 별이 폭발하는 것을 말한다. 폭발하여 소멸할 때 에너지가 증가하여 빛을 내게 되는데, 그 빛의 밝기가 태양의 수억 배에

1987A 슈퍼노바 탄생 이전과 이후.

초신성1987A(SN1987A)의 충격으로 형성된 고리.

달하는 것도 있다고 한다. 그리고 그 빛은 아무리 멀어도 지구에 도달하기 때문에 우리는 그것으로 다양하게 별의 정보를 얻는 것이다. 인류역사상 이런 관측은 3번 정도 있었을 정도로 드문 현상이었고 과학적인 관찰도 불가능하였다. 현대는 관측기기와 방법이 대단히 발달하여 초신성을 쉽게 포착할 수 있고, 또 그 의미를 정확히 분석하는 수준에 이르렀다.

우리는 초신성의 연구로 세 가지 사실을 알 수 있게 된다. 하나는 별들도 생성 소멸한다는 사실이고, 두 번째는 우주가 팽창한다는 증거이며, 세 번째는 인간도 바로 초신성의 폭발잔해의 산물이라는 사실이다.

역사상 관측되었던 초신성 슈퍼노바(Supernovae)

1987A 슈퍼노바가 발견되기 전에 인류 역사상 기록된 슈퍼노바는 단 3개뿐이다. 티코브라헤, 케플러, 그리고 게자리성운의 슈퍼노바가 그것이다. 이중 게자리 슈퍼노파는 1054년 15일간 대낮에도 그 별을 보았다고 중국 역사책에 기록되어 있다. 오늘날 갤럭시마다 한 해에 한 개 정도 초신성이 생성되는 모습이 관측된다. 비록 천억 분의 일의 확률이지만 우주에 천억

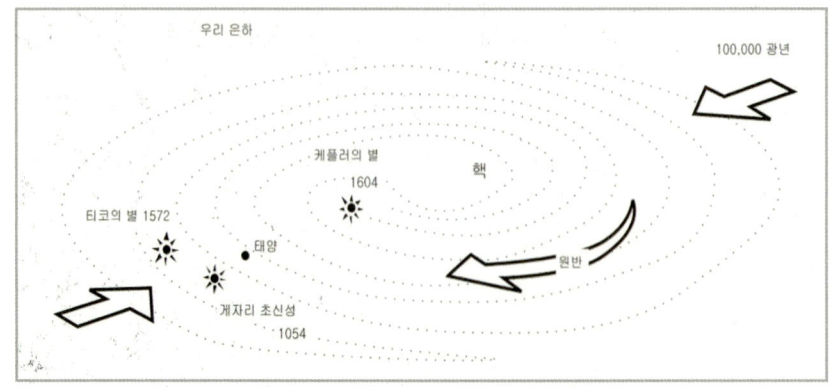

역사에 기록된 세 초신성. 〈별밤 365〉에서 인용.

개 이상의 갤럭시가 있기에, 정교한 기구가 있다면 얼마든지 관측할 수 있을 것이다. 그동안 허블망원경으로 수백 개의 초신성을 관측할 수 있었다. 앞으로 더욱 많은 연구가 이루어질 것이다.

티코의 별

1572년 11월 르네상스 시대의 위대한 천문학자 티코 브라헤(Tycho Brahe)는 여느 때처럼 맑은 저녁 하늘에서 별을 관측하고 있다가, 갑자기 머리 바로 위에서 하늘의 그 어떤 별보다도 밝게 빛나는 새로운 별을 발견했다. 티코는 하늘의 제도자(製圖者)였기 때문에 그 부분의 하늘에는 아주 희미한 별조차도 이전에 없었다는 것을 알고 있었다. 하늘에서 일어나는 그와 같은 변화를 이전에 경험하지 못했던 티코는 자신이 본 것을 잠시 의심하였지만, 곧바로 그것이 '새로운 별' 즉 '신성(Nova)'임을 확인했다.

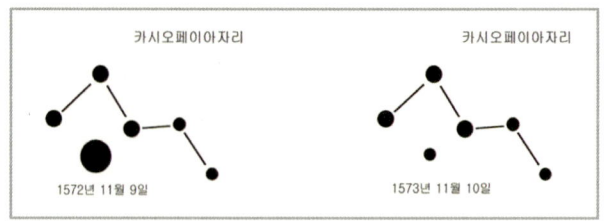

카시오페이아자리의 초신성과 밝기의 변화. 〈별밤 365〉에서 인용.

'티코별'은 가장 밝게 빛날 때는 금성보다도 더 밝았으며 심지어 낮에도 볼 수 있었다. 그러나 이 별은 그 후 천천히 어두워졌으며 흰색에서 노란색 그리고 이어서 붉은색으로 색깔이 변하였다. 대략 18개월이 지난 후에 맨눈으로는 볼 수 없게 되었다. 현대의 정밀한 연구에 의하면, 스스로 파괴된 이 별은 지구에서 대략 1만 광년의 거리에 있었던 것으로 밝혀졌으며, 가장 밝았을 때의 밝기는 태양의 수억 배에 달했었다고 한다.

초신성1987A(SN1987A)

1987년 2월 23일 대마젤란은하에서 다시 초신성이 나타난다. 이날 관측된 초신성은 1604년에 발견된 초신성 이래로 폭발 당시 육안으로 볼 수 있었던 두 번째 초신성으로 기록되었다. 허블 우주망원경의 관측결과에 의하면, 폭발을 일으킨 중심별 주위에는 현재 3개의 아름다운 고리가 형성되어 있다. 이 초신성은 우리 별에 비교적 가까운 거리에 있으며, 폭발 초기부터 정밀한 관측이 가능했기 때문에 다른 초신성들의 경우보다 집중적이고 지속적인 연구가 이루어지고 있다.

폭발을 일으킨 것은 전에는 샌딜릭(Sanduleak)-69°202라는 이름을 가진 별로 태양 질량의 20배에 달하는 B3형의 청색 초거성이라고 알려졌다. 항성진화 모형에 의하면, 적색 초거성이 초신성으로 폭발한다고 알려져 왔기 때문에 이 별의 폭발은 많은 논란을 불러일으켰지만, 현재는 대마젤란은하 내에 있는 별들의 낮은 금속 함량에 그 원인이 있다고 여겨진다. 지금의 모습 가운데 가장 밝고 작은 고리는 중심별을 포함하는 평면에 놓여 있고, 나머지 2개의 큰 고리는 각각 우리의 시선방향 앞과 뒷 쪽으로 펼쳐져 있다고 추측된다. 그러나 이들의 생성원인에 대해서는 아직 자세히 밝혀져 있지 않다. 따라서 초신성 1987A의 잔해의 진화 양상에 대해서는 앞으로도 장기적인 연구가 예상된다.

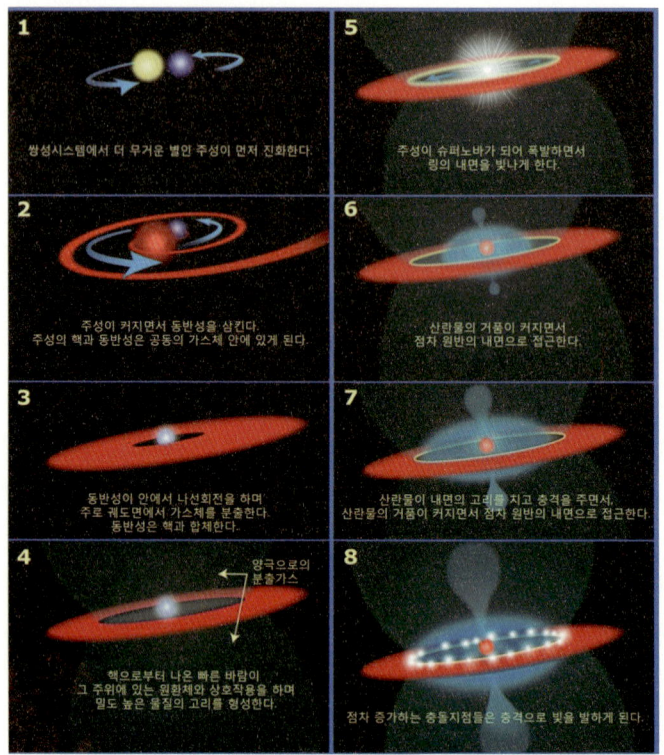

초신성1987A(SN1987A)의 진화과정.

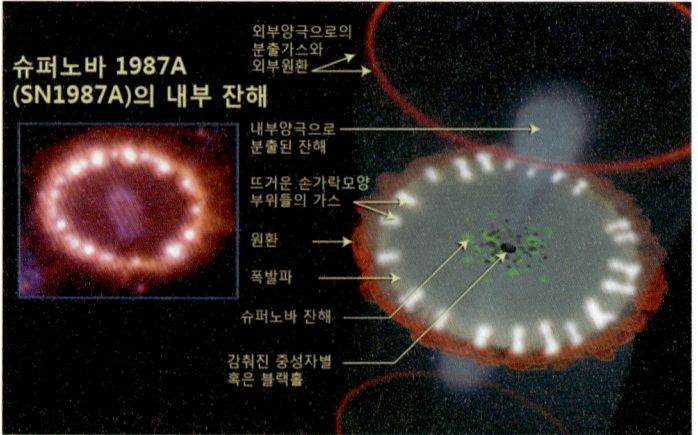

초신성1987A(SN1987A)의 내부잔해.

초신성의 잔해로 본 폭발 후의 과정

호주에서 8월 초에 카시오페아자리는 새벽에 지평선 위에 살짝 걸쳐진다. 카시오페아자리 부근에 티코브라헤가 발견한 초신성이 있다. 1570년대에 폭발했지만 현재도 인공위성 천문대에 의해 그 폭발현장이 관측된다. 초신성의 폭발원인과 폭발과정도 흥미롭지만 더욱 흥미진진한 것은 폭발후의 진행과정이다. 티코의 별은 아직까지 그 잔해들을 맹렬하게 확산하고 있다.

1667년경에 폭발한 신비로운 초신성 잔해가 3차원 이미지로 구현돼 화제를 모으고 있다. 미국 매사추세츠 기술연구소는 최근 "지난 2000년부터 2007년까지 총 8년간 촬영한 초신성 카시오페아 A(Cassiopeia A) 잔해의 모습을 3차원 이미지로 구현했다."고 최근 캘리포니아에서 열린 미국 천문학협의회에서 발표했다. 카시오페아 A는 약 1만 1000광년밖에 위치했으며 약 330년 전 폭발을 일으킨 비교적 '젊은' 초신성으로 알려졌다.

연구팀은 우주를 순회하고 있는 찬드라 위성 X-ray 망원경 저속촬영과 지상에 설치된 거대한 천체 망원경을 통해 지난 8년 동안 관측하여 초신성 폭발 당시 엄청난 속도로 팽창하는 파편의 발자취를 담아낼 수 있었다. 연구에 참여한 트래이시 델러니 연구원은 "중심의 중성자별에서 시작되는 초신성 파편의 모습을 생생하게 엿볼 수 있다."며 "이 이미지에서 카시오페이아 A의 잔여물은 성분에 따라 붉은색, 초록색, 노란색, 파란색으로 다

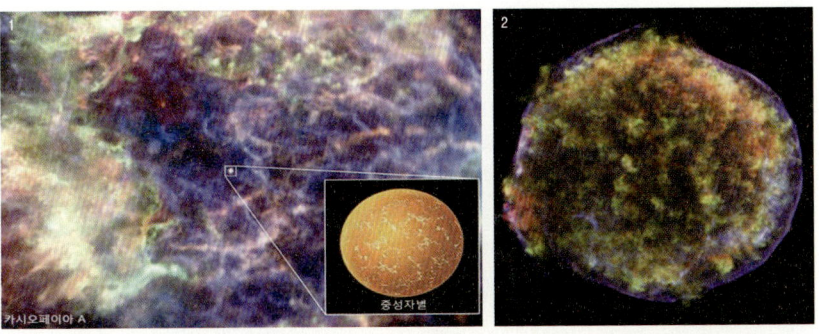

1 카시오페이아 A의 잔해. 2 티코의 별 슈퍼노바 잔해 이미지 – 빛이 메아리되어 4백 년 만에 다시 지구에 도달한 것을 이미지화한 그림.

르게 표현됐다."라고 설명한다

Ia형 초신성

3년 전 하와이 마우나케아 천문대 학습탐사에서도 박문호 탐사대장은 대원들에게 수 차례에 걸쳐 슈퍼노바에 대한 강의를 했었다. 특히 Ia 타입 슈퍼노바에 대해서는 누누이 그 중요성을 강조했다. 이 번 서호주 학습탐사에서도 바오밥 나무아래서 야영하던 날 새벽, 카시오페아자리 부근의 티코브라헤 슈퍼노바를 말하면서 Ia 타입 슈퍼노바에 대한 자세한 설명을 했다.

허블 우주망원경이 가장 큰 기여를 한 부분이 지난 20년 동안 Ia 타입 슈퍼노바 수백 개를 관측한 것이다. 허블망원경과 마우나케아 천문대가 함께 Ia 타입 슈퍼노바를 측정한 결과 우주가 가속 팽창한다는 사실을 밝혀냈다.

천문학은 기본적으로 거리를 측정하는 학문이다. Ia 타입 슈퍼노바는 폭발

해발 4,000m 하와이 마우나케아 천문대 앞에서. 2009년 학습탐사대.

하와이 마우나케아 정상의 천문대들 중 학습탐사로 방문한 스바루 천문대와 켁 천문대. 하와이 마우나케아 천문대는 초기은하 형성과정을 주로 연구하는 곳으로, 2009년 학습탐사에 22명이 일주일간 야영을 하면서 별과 초기은하 형성을 공부를 하였다. 특히 스바루 천문대에서 표태수 박사의 안내로 연구현장을 자세히 견학하였으며, 이런 공부를 바탕으로 2009년과 2011년 두 차례 서호주 별탐사가 진행되었다.

시 방출되는 에너지양이 일정하다.

따라서 측정되는 밝기는 바로 거리와의 역비례함수가 된다. 즉 밝기 측정으로서 거리를 알 수 있게 된다. 백억 광년 떨어진 거리의 슈퍼노파도 관측된다고 한다. 그래서 우주에서 가장 먼 거리를 측정할 때는 슈퍼노파가 절대적인 기준이 되는 것이다. 바로 Ia 타입 슈퍼노파 측정 연구자가 2011년 노벨 물리학상을 받게 된 것도 그 때문이다.

초신성은 플라즈마로 이루어진 극도로 밝은 종류의 항성 폭발을 가리키며, 폭발 뒤 수 주 혹은 수개월에 거쳐 점차로 광도가 떨어진다. 초신성이 생겨나는 과정에는 크게 두 가지가 있다. 하나는 질량이 큰 별이 중심핵에서 더 이상의 핵융합 에너지 생성을 중단하고 자체 중력에 의해 중심으로 붕괴하는 것이다. 다른 하나는 백색왜성이 동반성으로부터 찬드라세카 한계에 이를 때까지 물질을 흡수하고는 마침내 열핵 폭발을 하는 것이다. 이 때 초신성 폭발은 엄청난 양의 항성 물질을 강력한 힘으로 분출한다. 이것이 바로 Ia 타입 슈퍼노파가 된다.

초신성을 스펙트럼으로 구별하는 것이 일반적이다. 스펙트럼에 수소 흡수선이 관측되지 않는 Ⅰ형과 관측되는 Ⅱ형으로 나뉜다. Ⅰ형은 다시 몇 개의 세부 분류로 나뉘는데, 그중에서 거리 측정에 사용되는 초신성은 Ia형 초신성이다. 일반적으로 초신성은 태양 질량의 10배 이상의 별이 진화의 최종 단계에서 중력에 의한 붕괴로 폭발하는 현상이다. 그리고 초신성의 밝기는 별의 질량에 따라 달라진다. 하지만 Ia형 초신성은 다른 초신성과는 달리 거리 측정에 사용될 수 있는 중요한 특징을 가지고 있다.

별은 핵에서 수소핵융합 반응으로 에너지를 만들어낸다. 태양과 유사한 질량을 가진 별은 핵에서 수소가 모두 소진되면 적색거성과 행성상성운 단계를 거쳐 백색왜성으로 일생을 마감하게 된다. 백색왜성은 내부에서 에너지를 발생하지 않고 전자들이 압축된 힘이 중력과 평형을 이루고 있는데, 이런 상태를 '축퇴(degeneration)'라고 한다. 태양도 약 50억 년 후면 백색왜성이 되어 서서히 식어가면서 생을 마감하게 될 것이다

백색왜성은 축퇴 상태의 물질로 이루어져 있기 때문에 특이한 성질을 가지는데, 일반적인 별들은 질량이 커지면 크기도 커지는데 반해서 백색왜성은 질량이 클수록 크기가 더 작아진다. 질량이 커지면 더 큰 중력으로 압축을 하기 때문에 크기가 더 작아지는 것이다. 그러나 압축을 버티는 데에는 한계가 있기 때문에 백색왜성은 특정한 질량 한계를 가지게 된다. 이 질량 한계는 태양 질량의 1.44배이고, 이 사실을 처음으로 밝힌 인도출신의 천문학자 찬드라세카르(1910-1995)의 이름을 따 찬드라세카르 한계라고 불린다. 그는 블랙홀의 존재를 이론적으로 예측하기도 하였으며, 별의 진화 연구에 대한 업적으로 1983년에 노벨 물리학상을 수상한다.

그런데 이런 백색왜성 근처에 적색거성과 같이 많은 물질을 방출하는 별이 존재하고 있다면 상황이 달라진다. 적색거성에서 방출된 물질은 백색왜성으로 끌려 들어가 백색왜성의 질량이 증가하게 되고, 백색왜성의 질량이 찬드라세카르 한계에 이르게 되면 더이상 축퇴압으로 버티지 못하고 붕괴되면서 폭발하는 것이다. 이렇게 폭발하는 별이 바로 Ia형 초신성이

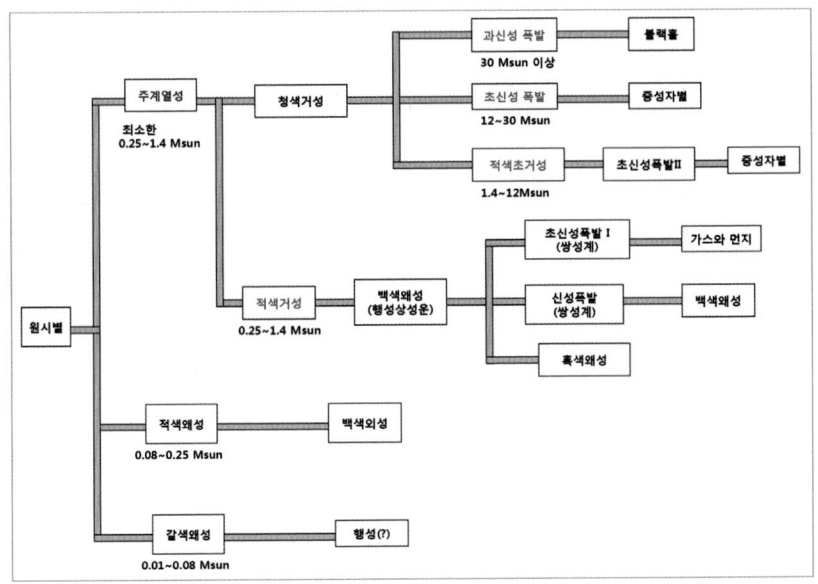

질량에 따른 별의 진화와 운명.

다. Ia형 초신성은 찬드라세카르 한계 근처의 비슷한 질량을 가진 상태에서 폭발하기 때문에 폭발하는 최대 밝기가 거의 일정하게 된다. 따라서 Ia형 초신성은 자신이 속해있는 은하까지의 거리를 측정할 수 있게 해주는 중요한 지표가 되는 것이다.

최근 비교적 가까운 은하인 M101 은하에서 나타난 초신성 PTF11kly도 이와 같은 Ia형 초신성이다. 2011년 8월에 관측된 이 별은 우리나라에서 일반인들도 사진촬영이 가능할 정도로 관측이 용이하였다. 이 초신성은 가까이 있을 뿐만 아니라 밝기가 최고에 이르기 전에 발견되었기 때문에 앞으로 초신성의 특징을 밝히는 연구에 유용하게 사용될 수 있을 것이다.

1929년 허블(Edwin Powell Hubble, 1889~1953)이 우주의 팽창을 처음으로 알아낸 이후, 우주의 팽창속도가 어떻게 변화하고 있는지가 중요한 관심사가 되었다. 먼 은하까지의 거리를 측정하는데 사용될 수 있는 Ia형 초신성은 우주의 팽창속도를 알아낼 수 있는 최적의 도구가 되었다. 과학자들은 멀리 있는 Ia형 초신성 수십 개의 거리와 후퇴속도를 분석하였다. 그런

 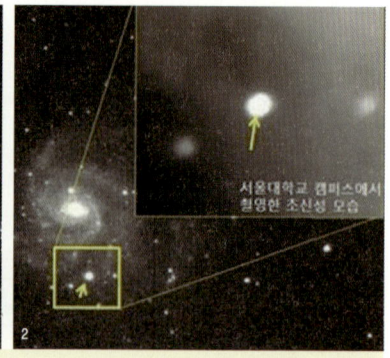

1 M101은하 : 바람개비은하로 일컬어지며, 큰곰자리인 북두칠성의 자루 부위 근처에 있음. 약 2천만 광년 거리의 초신성 PTF11kly 는 이 은하 변두리에 있다.   2 초신성 PTF11kly : 2011.8월 우리나라에서 촬영 서울대-경희대 초기우주천체연구단.

데 초신성들은 우주가 일정한 속도로 팽창하는 경우에 비하여 밝기가 더 어둡다는 사실이 밝혀졌다. 이것은 이 초신성들이 예상보다 더 멀리 있다는 것을 의미한다. 그 원인은 바로 우주의 팽창속도가 점점 빨라지고 있다는 것이다.

이 결과는 1998년 두 팀의 천문학자들에 의해 독립적으로 발표되었고, 최근의 우주론에서 가장 획기적인 발견으로 인정되고 있다. 이전까지는 우주가 팽창하기는 하지만 우주에 있는 물질들의 인력 때문에 팽창속도가 일정하게 유지되거나 줄어들 것으로 생각되었다. 그런데 실제 관측 결과는 이와 정반대로 나타난 것이다. 우주가 이렇게 점점 더 빠른 속도로 팽창하고 있다는 것은 어떤 힘이 계속 작용되고 있다는 것을 의미한다. 지금으로서는 이 힘의 정체가 무엇인지 알 길이 없다. 과학자들은 이 정체불명의 힘에 '암흑에너지(dark energy)'라는 이름을 붙였다. 암흑에너지는 우주가 팽창하면 팽창할수록 점점 더 커진다. 그러므로 우리 우주는 앞으로 영원히 가속 팽창을 계속할 것이다. 이런 놀라운 우주의 비밀을 밝혀준 것이 바로 초신성인 것이다.

초신성의 종류는 Ia 타입 슈퍼노바 이외에도 다양한 초신성이 있다. 특히 초거성인 청색거성이 폭발하고 난 다음에 중성자별이나 블랙홀이 되는 초신성 폭발도 있다. Ia형 이외의 슈퍼노바를 살펴본다.

II형, Ib형, Ic형 슈퍼노바

케임브리지대학교에서 연구하고 있던 천문학자 조설린 벨과 앤소니 휴이시는 전파원의 빠른 변화를 기록하기 위해 특별히 고안된 전파망원경을 이용하여 1967년에 처음으로 펄서를 발견했다. 그 후 300개 이상의 펄서가 관측되었다. 알려진 모든 펄서가 비록 비슷한 양상을 보이고 있지만 각각의 맥동주기(맥동과 맥동 사이의 간격)는 상당한 차이를 보이고 있다. 게펄서의 주기는 33mm/s이다. 즉 1초에 30여 번의 회전을 한다는 말이다. 현재까지 관측된 것 중 가장 느린 펄서의 주기는 약 4s이다. 가장 빠른 펄서의 주기는 0.00155s, 즉 1.55 mm/s이며 이는 1초에 642회 자전을 한다는 말이다.

전파 펄서의 주기를 주의 깊게 측정해보면, 펄서의 주기가 아주 점차적으로 1년에 1/1,000,000s 정도 느려지는 것을 알 수 있다. 펄서의 현재 주기와 느려지는 비율의 평균값과의 비는 펄서의 나이를 나타낸다. 이른바 이 계시(計時)나이는 다른 방법에 의해 탄생시기가 알려진 펄서의 실제 나이와 거의 일치한다. 이런 펄서 중의 하나인 게펄서는 1054년에 관측된 초신성의 폭발로 만들어진 것이다. 물론 게펄서는 가장 젊은 펄서로도 알려져 있다.

게자리 성운 슈퍼노바

게성운 가운데에 게펄서(Crab Pulsar)가 있다. 이 펄서는 천문학적인 수치로는 -지름이 겨우 6mile에 불과한- 작은 천체이지만 태양보다 질량이 크고, 초당 30회의 수치로 회전한다. 펄서가 회전하면서 그 강력한 자기장이 주변에 영향을 미쳐 투석기처럼 움직이면서 아원자 입자를 가속시켜서 그들을 빛에 근접한 속도로 우주공간에 흩뿌린다. 이 작은 펄서와 자기풍은 10광년 크기의 게성운 전체의 발전소 역할을 한다. 마치 1km 지름의 공간에 수소원자 크기의 천체가 빛을 발하는 것과 비교할 수 있는 현상이다.

별이 초당 30회, 혹은 심지어 600회가 넘게 자전한다는 현상을 쉽게 상상할 수는 없을 것이다. 이제 펄서가 무엇인지 살펴보도록 하자. 펄서는 빠르게 자전하는 중성자별로 생각된다. 중성자별은 대부분이 중성자로 구성된 밀도가 아주 높은 별로서 지름은 20km 이하이다. 중성자별은 초신성이라고 하는 격렬하게 폭발하는 별의 중심핵이 안쪽으로 붕괴하여 압축될 때 만들어진다. 이때 별 표면에 있는 전자는 양성자와 중성자로 붕괴된다. 이런 하전 입자들은 표면으로부터 방출되면서 별을 감싸고 있는 강한 자기장으로 들어가 자기장을 따라 회전한다. 이 입자들이 빛에 가까운 속도로 가속되면 싱크로트론 복사에 의해 전자기파가 방출된다. 이 복사는 펄서의 자극(磁極)으로부터 강한 빔의 형태로 방출하는 것이다.

한편 이 자극은 자전축과 일치하지 않기 때문에 펄서가 자전하면 복사된 광선은 자전축 주위를 흔들거리며 회전한다. 이 광선이 1회 회전할 때마다 규칙적으로 지구를 휩쓸고 지나가면 고른 분포의 맥동이 지상의 망원경에 의해 검출된다. 광학사진으로 보면 게펄서는 게성운의 중심에 보통 밝기(16등급)를 가진 별로 나타난다. 1968년 게펄서의 전파맥동이 관측된 이후, 곧 게펄서 가시영역의 빛이 같은 비율로 섬광을 일으키는 것도 발견됐다. 또한 게펄서는 X선과 γ의 규칙적인 맥동도 발생시킨다는 것이 드러났다.

하지만 게펄서는 자전 에너지를 너무 빨리 잃어가기 때문에 시간이 지날

게성운(M1) 적경은 5시 34.5분, 적위는 +22도 01분이고, 거리는 6.5 ± 1.6 광년. 겉보기등급은 +8.4인데, 절대등급은 -3.1 ± 0.50이다. 황소자리에 있고, 반경은 5.5 광년.

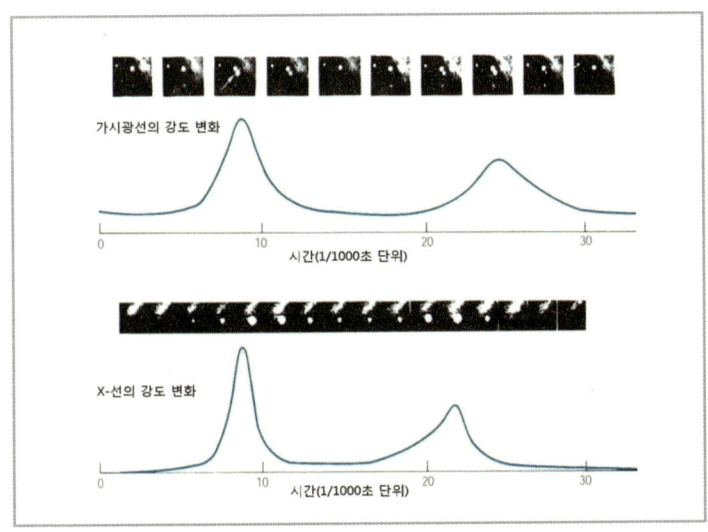

게펄서의 가시광선과 X-선의 규칙적인 맥동현상과 주기.

수록 더 짧은 파장의 복사선을 방출하게 될 것이다. 그리고 나이가 많은 전파방출 펄서는 젊은 펄서보다 자전주기가 길어지게 된다. 1,000만 년이 지난 후 자기장이 아주 약해지면 펄서는 더 이상 복사하지 않는다는 사실도 게시 나이에 기초해 알려졌다.

초신성의 잔해인 중성자별

초신성은 항성진화의 마지막 단계에 이른 별이 폭발하면서 생기는 엄청난 에너지를 순간적으로 방출하면서 갑자기 빛나는 것이다. 그 밝기가 평소의 수억 배에 이르렀다가 서서히 낮아지므로, 마치 새로운 별이 생겼다가 사라지는 것처럼 보이게 된다.

초신성으로부터 나오는 대부분의 에너지는 중성미자(neutrino)의 형태로 나오며, 운동에너지는 주로 20,000km/s 이상의 속도로 우주공간 속으로 흩어지는 폭발 잔해물에 의해서 나온다. 폭발로 인한 충격파와 폭발 후 찌꺼기들은 초신성의 잔해물들을 만든다. 게성운(Crab Nebula)이 그 대표적인 예이다. 그리고 폭발 후 약 105년 이상 그 모습을 유지하게 된다.

초신성의 중심에는 중성자별이나 블랙홀이 형성되는 것으로 알려져 있으며, 우주선의 주요 발생원이 된다. 중성자별(Neutron Star)은 항성 진화에서 종점의 하나이다. 중성자별은 무거운 항성이 항성 진화의 마지막 단계에서 Ⅱ형, Ib형 혹은 Ic형 초신성을 겪은 다음에 남게 되는 핵이 중력 붕괴를 거치면서 만들어진다. 일반적인 중성자별은 태양 질량의 1.35배에서 2.1배에 해당하는 질량을 가지는 반면, 10~20km의 반지름을 가진다.

찬드라세카르 한계, 즉 외부 껍질이 날아간 이후에 남은 핵의 질량이 태양 질량의 1.44배 보다 가벼운 항성은 백색왜성으로 변하게 된다. 하지만 외부 껍질을 제외한 핵의 질량이 1.44배보다 이상이면 별의 자체 중력으로 인하여 원자핵과 전자의 경계가 모호해져, 모든 내부 물질이 중성자로 바뀌는 중력 붕괴과정을 거친 후 블랙홀이나 중성자별로 변하는 것이다. 중성자별은 결국 블랙홀과 마찬가지로 초신성 폭발의 잔해라고 볼 수 있다.

초신성은 그 자신의 죽음으로 모든 의미가 소멸되는 것이 아니고 새로운 별 생성의 중요한 의미를 가지고 있다. 초신성의 생성 비율이 각 은하형성 초기에 어느 정도였는지에 따라 그 은하의 중원소 형성의 비율을 유추해 낼 수도 있다. 단순하게 말한다면 우주의 생성 초기로부터 현재에 이르기까지 우주의 중원소량을 증가시킨 역할을 한 것이 초신성의 폭발이다 말할 수 있다.

우리는 모두 초신성의 잔해

티코의 별이 폭발로 인한 잔해는 여전히 팽창하고 있으며, 결국 은하의 나선 팔을 채우는 가스나 먼지의 희미한 성운 속에 포함될 것이다. 분명한 것은 초신성 현상이 단순히 우주의 불꽃놀이가 아니라는 것이다. 초신성은 천문학적으로 매우 중요한 현상이다. 왜냐하면 초신성은 폭발 순간에 고열로 인해 많은 원소들이 합성되기 때문이다. 특히 중원소들이 이때 만들어진다.

오늘날 은하에 존재하는 무거운 원소들(수소, 산소, 철 그리고 다른 것들)은 별들의 내부에서 가벼운 원소들(수소나 헬륨)로부터 만들어졌다. 이는 많은 천체 물리학자들이 인정하고 있는 사실이다. 열핵융합 반응으로 알려진 이 과정은 긴 주기를 통해 주계열에서 천천히 타면서 일어나는데 심지어 초신성 폭발의 매우 강력한 상태에서도 일어난다. 그리고 새로이 만들어진 무거운 원소들은 폭발에 의하여 분산되는 것이다.

이때 초신성 폭발은 엄청난 양의 항성 물질을 강력한 힘으로 분출한다. 폭발은 초신성 잔해를 형성하며 폭발파를 주변의 우주로 내보낸다. 이 과정에서 수소, 헬륨, 그리고 리튬 등과 같은 가벼운 원소를 바탕으로 무거운 화학 원소가 형성되는 것이다. 따라서 초신성 폭발이야말로 별들이 탄생할 수 있는 내용물들이 이루어지는 주요 공급원이라 하겠다. 아니 오히려 우주의 많은 중요한 원소들의 중요한 생성원이라는 점에서 슈퍼노바에 대한 관심은 점증하고 있다.

이 모든 원소들은 초신성 폭발을 통해서 우주로 퍼져나가 새로운 별과 행성들을 만드는 재료로 쓰였던 것이다. 예를 들어, 사람의 뼈에 있는 모든 칼슘이나, 피 속의 헤모글로빈의 철은 수십억 년 전의 초신성 폭발로부터 만들어진 것이다. 그러므로 초신성 폭발이 없었다면 지구는 물론 우리 인간도 태어나지 못했을 것이다. 우리가 별에 관심을 가지고 끊임없이 호기심을 느끼는 이유는 어쩌면 우리의 근원을 찾고 싶어 하는 어떤 본능적인 감성인지도 모르겠다.

만약 이것이 사실이라면 당신과 나를 구성하는 모든 원소들은 태양계가 생기기 훨씬 이전에 존재하다 죽어간 별들 속에서 '요리'된 것이리라. 우리는 문자 그대로 '성진(星塵, stardust)'으로부터 만들어 진 것이다. 이렇게 초신성을 바라보는 것은 우리 몸을 구성하는 원자 하나하나의 고향을 아는 것이며, 태양과 지구와 생명현상의 뿌리를 이해하는 길인 것이다.

이제 초신성현상이 무엇을 말하는지 분명히 이해할 수 있을 것이다. 사람의 몸부터 지상의 만물은 모두 많은 원소로 이루어졌는데, 그 원소들은 슈퍼노바에서 생성되었다는 사실이다. 뼈와 살 그리고 피도 모두 그러하며, 먹는 것도 모두 그로부터 유래한 것이다. 인간이 생존에 필요한 모든 물질들이 여기에서 한치도 벗어나지 않는다.

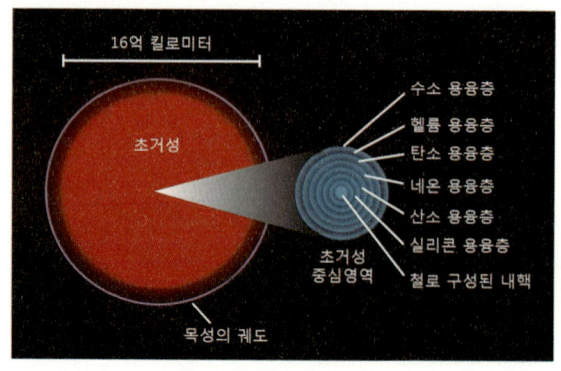
적색거성의 내부원소층: 핵합성으로 만들어진 중원소들.

칼슘과 나트륨, 철과 칼륨 등 모든 생명체의 원소는 수십억 년 전의 초신성 폭발로부터 만들어진 것이며, 초신성은 폭발 때의 고열로 생긴 이러한 무거운 원소들을 성간 매질(星間媒質)에 주입하며 별형성의 근간이 되는 분자운을 만들었던 것이다. 이러한 분자운에서 우리 지구도 탄생되었던 바, 46억 년 전에 태양계를 형성하고 궁극적으로는 지구의 모든 생명을 가능하게 한 것이다.

이제 초신성의 의미가 분명히 정리가 된다. 이를 알고 난 이후 우리가 어디에서 왔고, 어디로 가는지에 대한 오랜 화두의 궁금증을 단박에 해소할 수 있었다. 아래 주기율표는 NASA에서 공개한 자료인데, 주기율표 원자의 반 정도가 그 기원이 초신성에서 생성된 것임을 보여준다. 초신성 폭발 과정에서 생성된 원소가 폭발의 힘으로 별 사이의 공간으로 확산되어 성간 물질이 되며, 우리 태양계의 생성도 초신성 현상과 관련있는 성간 물질에서 유래하는 것이라고 본다.

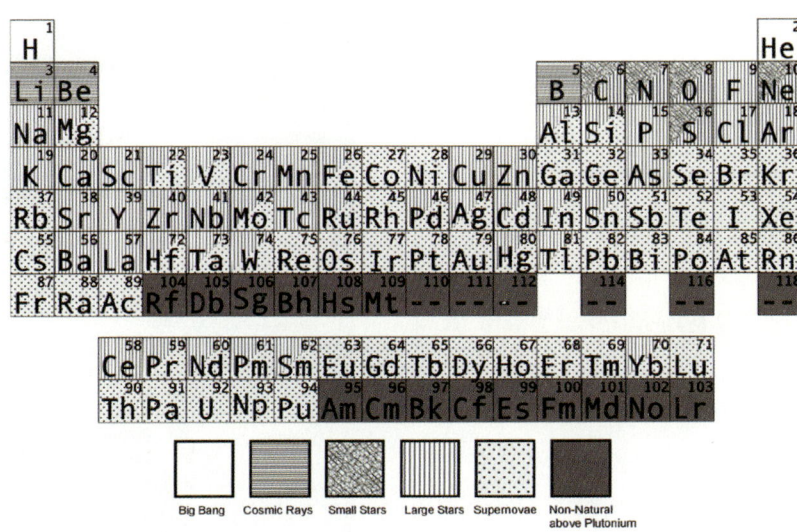

주기율표와 슈퍼노바에서 생성된 원소들.

미러직경이 8m인 마우나케아 스바루 천문대의 망원경.

탐사길 야영지에서 별공부를 하다

호주 탐사에서 밤하늘 별 공부는 중요하다. 그 중요성을 온전히 표현하려면 어떻게 해야 할까. 우리나라에서 밝은 밤하늘을 보고 별자리 공부할 날짜는 일 년 중 한 달이 되지 않는다. 그나마 대도시는 일등성 별 몇 개만 보일 뿐, 별이 쏟아지는 별밤이야기는 이젠 옛 추억일 뿐 가능하지 않다. 그래서 별을 집중적으로 만나려면 몽골 고비사막이나 서호주 사막으로 가야한다. 서호주 필바라 지역은 건기인 7월과 8월, 하늘은 거의 구름 한 점 없는 딥블루의 색깔로 붉은 대지와 절묘한 대비를 이루고, 밤하

하와이 마우나케아 천문대는 해발 4000m로 과자봉지가 부풀어오를 정도로 기압이 낮음. 제3회 학습탐사 사진.

늘은 이쪽 지평선에서부터 저쪽 지평선까지 천구 가득히 별이 쏟아진다. 별이 너무 많아 별자리 찾기가 매우 어려울 때는, 별을 이어서 별자리를 만드는 것보다 별이 없는 부분을 연결하여 별자리를 구성하는 것이 더 쉬울 수 있다. 실제로 남십자성 바로 아래에 석탄주머니라는 깜깜한 곳이 있는데 별이 있는 부분이 적어서 상대적으로 돋보이기도 한다. 천문학에서는 밤하늘에 완전히 검은 영역이야말로 별이 많이 생성되는 영역이다. 새로 탄생한 별의 복사선이 외곽 성간가스에 흡수되어 가시광선 영역에서는 보이지 않지만 적외선 영역에서는 갓 태어난 많은 별이 포착된다. 남십자성 아래 석탄주머니, 오리온자리의 말머리성운이 바로 그런 암흑성운 영역이다.

거대 분자운인 석탄주머니는 별들 탄생의 온상. 가시광선과 적외선으로 촬영. 어둡고 차며 짙은 거대분자운이 그들 뒤에 있는 별빛을 가리나 적외

거대 분자운인 석탄주머니는 별들 탄생의 온상. 가시광선과 적외선으로 촬영. 어둡고 차며 짙은 거대분자운이 그들 뒤에 있는 별빛을 가리나 적외선으로는 보인다. 별들 형성의 시작은 거대분자운의 중심부 붕괴로부터다.

선으로는 보인다. 별들 형성의 시작은 거대분자운의 중심부 붕괴로부터다.

지난 5년사이 두 번의 호주사막 별밤 탐사를 했고 세번째다. 이번 서호주 학습탐사는 박문호 박사가 그간 10년 동안 3번에 걸쳐 탐사한 일정을 바탕으로 세부 계획이 구성된 것으로, 별관측이 주된 일정을 이루었다. 일몰 이후 밤 늦은 시간까지 항상 볼 수 있는 별자리는 전갈자리와 궁수 자리이다. 퍼스에서부터 브룸까지 한반도 3배 거리를 지나가면서 전갈자리의 위치를 매일밤 같은 시간에 관측해 보았다. 위도에 따른 별자리 위치변화를 확실히 체험할 수 있었다. 호주에서는 겨울인 7월에 궁수자리와 전갈자리가 밤하늘의 주인공이 된다.

전갈자리의 안타레스는 적색거성으로 별의 표면적이 매우 크고 표면온도도 낮아 붉게 보인다. 그 붉은 기운이 화성의 붉은색에 대항할만하다하여 화성에 대항하는 별이라는 뜻의 안타레스이며, 밤이 깊어지면 머리 바로 위에서 붉게 빛난다. 궁수자리는 우리 은하의 중심방향이며, 궁수자리의 일부분이 찻주전자 모양이라 별무리는 쉽게 찾을 수 있다. 궁수자리와 전갈자리 부근은 메세아 목록의 천체들이 20여 개 정도 모여있어 우리나라

밤하늘을 보며 별자리공부하기. 오리온 자리가 거꾸로 보인다.

에서는 여름 밤하늘 별관측의 주된 영역이다.

베가는 아름다운 청색 기운 감도는 밤하늘에서 가장 밝은 별이다. 계절의 별자리는 계절마다 밤 9시쯤 정남쪽에 있는 별자리를 말한다. 그래서 여름철 별자리는 전갈자리, 겨울철은 오리온자리가 된다. 여름철에 거문고자리의 일등성인 베가는 바로 직녀성이고, 독수리 자리의 알타이르 별은 견우성이다. 매년 음력 7월 7일이면 은하수가 바로 직녀성과 견우성 사이에 위치하여 여름 별밤의 서정을 수놓는다. 지구에서 20광년 정도 거리여서 무척 밝게 보이는 별이기도 하다.

학습탐사는 예외 없이 야외 캠핑을 기본으로 하였다. 저녁 7시쯤 적당한 야영장소가 정해지면 대원들은 모두 텐트를 치고 식사준비를 한다. 매우 분주한 시간이다. 해가 곧 지고 별이 서너 개 보일 무렵이면 나는 항상 일몰 잔광 부근을 유심히 살핀다. 해가 뜨고 해지는 두 지점은 황도대 영역이며, 그 황도대 부근에 행성이 존재하기 때문이다. 일몰 부근 하늘의 별자리를 살펴보면서 황도 12궁을 생각해보았다. 호주에서는 일몰 부근에서 매일 저녁 해지는 방향 하늘 위에 대략 30도 정도까지 밝은 잔광이 남아있는 경우를 종종 목격했다.

그것이 무슨 현상일까 궁금했는데, 아마도 황도광일 가능성이 높다. 일몰 후 잔광은 흔한 현상인데, 이때 서쪽 하늘 대부분은 어두운 붉은색으로 엷게 물들지만 황도광은 태양이 지는 방향 위로 좁은 영역만 밝은 밴드가 형성된다. 서호주 사막에서 매일 저녁에 본 잔광은 분명 태양 방향으로 일정한 폭의 대역을 형성했다. 태양의 궤도 즉 황도상에 잔류하는 미세 먼지에 태양광이 반사되어 생긴 것으로 황도광이란 생각이 든다. 이것이 황도광이라면 놀라운 체험이리라.

서호주에서 밤하늘을 가장 잘 만날 수 있는 곳은 어떤 장소인가. 캠핑장소에서 야영을 하면서 밤하늘을 보는 것이 가장 흔한 방식이다. 그러나 캠핑사이트는 결정적 단점이 있으니 바로 가로등이 있다는 점이다. 가까운 거리에 조그마한 손전등 빛 하나도 온전한 밤하늘을 방해한다.

지금도 옛 생각이 난다. 미국 뉴멕시코주의 어느 곳이던가 막 도착할 무렵, 그곳은 도로에는 거의 차가 없었으며 사방 백리 안에 마을 하나 없는 적막한 곳이었다. 순간적 고요함이 놀라워 차를 도로변에 세우고, 잠시 잠깨려 도로 위로 서성거렸다. 깊은 밤 한시, 먼 불빛 흔적조차 없는 그 도로 위로 펼쳐진 그 여름 밤하늘, 감탄사도 나오다 막혀버리는 밤이었다. 은하수와 까마득히 몰려오는 별빛에 더 오래 견디기 힘들어 그냥 도로에 망연히 서있었던 그날 밤하늘은 잠시 지상에 펼쳐진 자연의 순간적 드러냄이었다. 그렇다. 호주에서도 별밤 관측을 위해서는 그에 알맞은 장소에서 야영을 해야 한다.

호주에서도 좋은 별밤 관측 사이트는 가로등이 없는 도로여야 한다. 장거리 운송수단인 로드트레인 기사들이 쉬어가는 곳이 도로변에 서너 시간 거리마다 있다. 이곳이 밤하늘을 관찰할 최적의 장소일 수 있다. 5년 전 학습탐사 때도 대부분 캠핑은 로드트레인 주차장에서 야영했다. 3년 전 두 번째 서호주 학습탐사 때는 주로 캠핑사이트를 이용했는데, 가로등 때문에 별빛이 약해져 아쉬웠다. 아래 사진은 이번 학습탐사 때 우리가 야영한

로드트레인 주차장에서.

곳에 정차한 로드 트레인이다. 거대한 화물차를 배경으로 남반구 밤하늘을 바라보는 것은 호주의 정겨운 이국적 취향이기도 하다.

수많은 여행객이 호주를 다녀오지만, 호주의 밤하늘을 이야기하는 사람을 본 적이 드물다. 시드니, 맬버른, 골프, 해양관광 등등을 흔히 언급하지만, 그 놀라운 호주의 밤하늘 별을 그냥 지나치는 경우가 의외로 많았다. 더욱이 마젤란성운을 보았다는 소리는 들은 적이 없다. 별을 좋아하는 사람은 마젤란성운 하나만으로도 호주에 갈 만한 이유가 되는 데도 말이다.

이제 글을 마무리하여야 할 것 같다. 하늘의 별을 보며 느꼈던 벅찬 감정은 그것만으로도 매우 충만스러워진다. 하지만 그 별들을 글로 정리하려니 그 감동의 밑바닥에도 미치지 못하는 듯하여 민망하기 그지없다. 하지만 그 막막함을 일단 정리하고 나서 함께했던 시간을 돌아다보니 뿌듯함이 밀려온다. 감사할 뿐이다.

별들의 주소, 별들의 기본적인 특성과 형태, 남반구 중요한 별자리와 별들, 이방인들인 이웃 은하의 주소를 정리하고, 별들의 일생과 슈퍼노바를 살펴보았다. 그 결과 제법 의미 있는 결론을 간단히 말할 수 있게 되어 기쁘다.

즉, 별들의 소멸과 탄생이야말로 바로 우리가 존재할 수 있었던 과정 그 자체였다. 그러므로 별에대한 관심은 결코 감격의 차원이나 머나먼 세계의 이야기가 아니라 바로 지금 여기 우리의 이야기일 수 밖에 없다는 것이다. 이것이 서호주 밤하늘을 연구 정리한 결과이다.

참고문헌
이태형 〈별밤 365일〉, 현암사, 1990
김상구 〈어린왕자의 별자리〉 여행, 한승, 2009
박문호 〈뇌 생각의 출현〉, 휴머니스트, 2008
닐 디그래스 타이슨외 1인 〈오리진〉, 곽영직 옮김, 지호, 2005
칼 도너외 4인 〈기본천문학〉, 강해성 외6인 옮김, 시그마프레스, 2009

박문호 박사의 〈137억 년 우주의 진화〉 강의

위키 백과
구글 이미지
그 외 다수 사이트

서호주 사막 한가운데 별빛을 배경으로.

제 10 장
에세이와 남은 이야기

탐사에 참여했던 대원들이 털어 논 가슴 속 이야기들과
하나라도 더 들려 주고픈 귓속말들.

필바라 카라자니에서 20억 년 전 지층 위에 앉아있는 탐사대.

붉은 대지와 딥블루의 하늘을 잇는 유칼리의 흰 몸짓.

에세이

137억 년 후 서호주에서   - 노복미

스트로마톨라이트
바오밥나무
개미집
남십자성
대마젤란 성운
소마젤란 성운
붉은 대지
처트
호상철광(banded-iron formation)
로드트레인
애보리진
유대류
유칼립투스나무
황량한 사막의 야생화
Mixed & blended 향초 내음
장기 작업 기억 (long-term working memory)
화두를 던져 준 새벽 별 강의
65만 원짜리(!) 별 관측 텐트 (김승수 선생님 소유)에 누워 바라보던 전갈자리
돌아오는 밤 비행기에서 본 오리온자리
우주와 생명의 기원에 대해 생각하고
행성 지구와 공생을 온 몸으로 실감하고
생물과 무생물의 경계없음을 체감하고
인간과 인간 아닌 것들이 하나임을 절감하고
무심코 쓰던 '인간적'이라는 말에 대해 재고하고
인간이 덧씌운 허울들, 잘못된 유추에서 비롯된 여러 장애물들을 제거하고
모든 것을 있는 그대로, 그리고 그 너머까지 숙고하다

나는 아무래도 서호주로 가야겠다. - 이홍윤

나는 아무래도 서호주로 가야겠다.

그 붉은 대륙과 짙푸른 하늘로 가야겠다.
묵직한 배낭 속에 한 장의 지도와 나침반,
앤드류. H.놀의 "생명 최초 30억 년"과 수필 한 권 있으면 그만이다.
끝없는 지평선에 깔리는 장밋빛 노을과 어둠을 깨고 불타오르는 듯 동트는 여명만 있으면 된다.

나는 아무래도 다시 서호주로 가야겠다.

강하고, 부드럽게, 내가 싫다고는 말 못할 그런 목소리로 바람결에 나를 부른다.
흰 구름 떠도는 바람 부는 날이면 된다.
그리고 황야의 칼바람을 막아줄 아늑한 텐트 한 동과
발 편한 낡은 등산화, 향기로운 스카치 한 잔이면 그만이다.

나는 아무래도 다시 서호주로 가야겠다.

바오밥나무 가지사이로 들새가 날아가고
유칼립투스나무 뒤로 캥거루가 뛰어가던 길을 나도 가야겠다.
모닥불가 젊은이들의 신나는 이야기와
검푸른 서호주 밤하늘의 수 많은 별들 과의 대화가 끝나고
깊은 잠과 달콤한 꿈만 내게 있으면 그만이다.

배낭을 챙기자.
나는 아무래도 다시 서호주로 가야겠다. 떠돌이 신세로..

서부호주 탐사 소감 - 이경

아프리카 남단에 곤드와나 초대륙이 붙어있다. 대륙이동으로 현재의 위치에 놓인 대륙. 땅은 둥글고, 하늘은 그 땅을 덮고 있다. 핏빛을 닮은 원시 광야가 펼쳐진 황량한 곳으로, 나는 모세에 이끌려 가나안 땅을 찾아 나섰던 유대인들처럼, 박문호 대장을 리더로 삼아 7,000km의 대장정에 나섰다. 시원의 잔재를 찾아서, 하늘의 별자리를 찾아서, 지구별에 태어나 일갑자를 살아온 나를 찾아서······

 드넓은 하늘과 인도양의 푸른 물이 어우러져 경계가 사라진 공간을 바라보며, 그 막막함 속에서 원시 인류가 느꼈을 두려움과 고독감을 느껴본다. 태고의 한숨처럼 바람이 분다. 시아노박테리아, 지금도 염도 높은 이 해안에서 살고 있는 지구 초기 생명체를 본다. 군집을 이루어 돌같이 보이는 작은 생명체들, 스트로마톨라이트. 그들이 삼십오억 년간 물분해 광합성을 하면서 뿜어낸 산소! 우리에게는 한 숨에도 없어서는 안 될 생명의 기체······ 살짝 누르자 기체가 뽀글뽀글 올라온다. 이 산소로 만들어진 산화철 광석으로 땅은 붉은 빛을 띠게 되었고, 대기 중 산소 농도가 점점 올라가 오늘 날의 이십 퍼센트 수준을 확보하게 되었고, 인간을 비롯한 콜라겐을 지주로 사용하는 동물의 출현이 가능하게 되었다. 장구한 세월의 지속적인 작업의 결과물, 작고 끊임 없는 것들의 거대함이라고 할까······

 작은 개미들의 왕국이 광야에 건설되어 있다. 사람도 방문할 수 있을 정도의 커다란, 붉은 흙으로 만든 다양한 양식의 개미 집들, 돔 형태가 많고, 고딕식도 있고, 현대 아파트 모양의 사각형 집도 있다. 육만 년 전 개미 대륙에 원주민이 들어와 한 귀퉁이를 차지하고 살기 시작했고 백인들이 들어와 철광석을 캐며 살기 시작한 듯하다. 원주민들은 이 광활한 땅이 자기들 것이라고 주장하고 있지만, 주인의 개념이 모호해진다. 그들은 말한다. 클리어 앤드 오픈 마인드로 오라, 그러면 우리가 그대들을 친구로 대하리니··· 다시, 작은 것들의 작지 않음을 본다.

 무심한 돌덩이를 본다. 그것들을 구성하는 물질 성분들을 들여다본다. 탄산칼슘, 철, 마그네슘, 나트륨, 칼륨, 알루미늄, 탄소, 수소, 산소, 질소…
우리를 구성하고 있는 물질들. '돌이 나'인 것을…

 붉은 황무지에 촛불처럼 피어난 청보라 빛 향기로운 야생화, 그대 이름 테일뮤러. 신선하고 우아한 유칼립투스. 철이 든 것들로 대기에 향기 가득하다. 태양 빛 맑은 겨울 황무지가 우유 빛 야생풀로 덮여 빛난다. 바람의 속삭임 속에서 반짝이는 평원이 평화롭고 온화하다.

 도자기 물병에 꽂혀 있는 듯한 바오밥나무, 어린왕자의 별이 떠오른다. 초저녁부터 새벽까지 현란한 모습으로 밤하늘을 가득 채우는 별들은, 태양이 떠오르면 이슬처럼 사라진다. 하늘의 창에 커튼을 걷어 버린 듯 푸르게 사라지는 별들…… 그들의 이야기. 남십자성, 센타우루스, 안타레스, 오리온, 티팟, 은하수, 베가, 알타이르, 데네브, 알데바란, 시리우스, 카노푸스, 폴리아데스, 목성, 스피카, 아크투루스, 페가수스 사각형, 카시오페아, 안드로메다 은하, 대마젤란, 소마젤란, 헤라클레스 이니셜 에취, 티에라…… 별 외우는 소리, 우리의 이야기들…… 새벽 바람이 인다.

너와 나 마주하기 - 박종환

푸른 바다 같던 하늘이 석양에 걸려 단말마의 비명을 토해내고
고삐 풀린 야생마처럼 어둠이 사위에 잦아들 때
밤하늘 천구의 공중정원 한 켠에 한 송이 별꽃으로 자리한 너는 눈부시다.

137억 년의 숨가쁜 여행 끝에
오늘 푸른 행성 지구에 행복한 생명의 나그네로 서호주 표면에 서서
생각 안에 갇혀 너를 보는 나는 눈물겹다.

미리내 강가의 연인처럼 꿈 같은 해후를 하며
마주하기 위해 너와 나는 137억 년의 시간을 달려왔다.

힘의 균형을 위해 하늘정원에 별 하나를 띄우면
내 마음에는 생명의 꽃이 피어난다.
길이 없어도 너는 빛으로 내게 달려오고,
나는 생각의 길로 너에게 달려간다.

너는 생명을 꿈꾸는 애벌레처럼
하늘에서 지상의 시를 노래하며 애를 태우고
나는 어머니 자궁 속 같은 너를 향해
하늘 닿게 걷고 싶어 땅 위에서 애를 태운다.

애달파 지쳐 고단한 육신을
바람맞은 풀잎처럼 사막에 드러눕이고
밤이 깊어갈수록 나의 눈은 숨쉬는 별빛을 쫓아
쉼 없이 밤하늘을 두리번거린다.

하늘강가에서 바람과 빛과 생각의 길을 따라
적막 속에 오랜 침묵의 대화의 향기가 퍼지고
묵시록의 샘이 가득 차 넘칠 무렵
다가오는 새벽녘이 아쉬운 연인처럼
미완성 연가를 남긴 채 이제는 돌아서야 할 시간

서리꽃 피는 사막의 새벽이 찾아오면
밤사이 화려했던 너는 찬이슬로 마감한다.
나는 너를 만난 시간과 공간의 얼굴을 기억한 채
깊은 침묵의 향기로 마감한다.

137억 년 만에 만난 우리 무엇으로 다시 만날까?

> 네가 내 가슴에 없어지는 날
> 문명에 튜닝 된 삶이 고달프고 힘들다 여겨지는 날
> 소슬한 바람이 불어 그리움이 사무치는 날
> 나는 너에게로 길 없는 길을 찾아 떠날 거다.

수지맞은 호주학습탐사, 잘 갔다 왔다 - 김기영

2010년의 몽골 고비사막 학습탐사를 한 지도 엊그제 같은데, 서부 호주 학습탐사를 다녀온 지가 벌써 한 달 보름이다. 오늘이 에세이 마감이라는 소식을 받고, 자리에 앉았다. 호주라는 친근한 대륙을 아무 거리낌 없이 12일간 달리고 또 달리고, 그 큰 대지를 껴안고 또 껴안고 한 즐거운 기억이 몸 전체로 느껴진다. 7,000km를 달렸다는 것이 힘들게 느껴지기보다는, 더 만나보아야 할 것이 있는 것처럼 여겨져 아직도 아쉬움으로 느껴지는 것은, 나만의 행복한 감정일까? 지금도 호주가 친근하게 느껴진다. 학습탐사를 결산하며, 수지맞은 것 같아 기분이 좋아진다.

그렇다. 잘 갔다 왔다. 성취감을 느끼는 것이 중요하다고 생각해왔는데, 호주에서의 하루 하루가 그랬다. 탐사대장인 박문호박사님으로부터 하루의 목표가 주어지면, 우리는 그 목표를 향해 매진했다. 그렇게 12일이 지났다. 짧은 기간이지만, 목표를 세우고 그것을 달성하고, 또 목표를 정하고 그것을 달성하고 하니, '성취한다는 것'을 알지도 못하는 사이에 경험한 것이다.

이 세상은 만남의 연속인데, 탐사여행에서도 마찬가지였다. 처음 문상호대원과 비행기를 같이 탔는데, 숙소도 같은 곳이었다. 첫날 아침 일어나 둘이 산책을 나섰다. 인근의 공원을 산책하며 많은 얘기를 나누었다. 차를 배정받고 학습하는 것이 즐거웠다. 매번 강의 때마다 예습, 복습을 할여유도 없이 습관적으로 모임에 나갔는데, 이 참에 무엇인가를 외워보자고 했다. 남반구 일등성 별자리를 진광자대원과 함께 스토리를 엮어 외웠다. 식칼이야, 직녀야! (시카리아, 직녀야) 견우야 알았어˙ (알안스) 폴포미 데네브 레 (나를 위해 데네부를 오게해) 등등. 차 안에 멤버가 바뀌면 바뀌는 대로, 이것저것을 외우다 보니, 어려웠던 우주천문도 쉽게 다가왔다.

드디어 만나다, 시아노박테리아

3일차가 되었다. 드디어 35억 년 전의 조상과의 만남이 이루어졌다. 광합성 식물의 원조격인 시아노박테리아가 있는 샤크베이에서의 감동. 인간이 어쩔 수 없이 자기 뿌리를 찾는 종족임을 느꼈다. 우리가 산소 21% 시대를 살수 있는 원천을, 저 박테리아의 오랜 활동으로 만들어냈다고 생각하니 저절로 머리가 숙어진다

긴긴 세월을 느끼며, 생명의 신비에 휩싸여 바라보았다. 1억 년이나 지속된 산소 10%의 공룡시대. 포유류는 낮에는 돌아다닐 엄두도 내지 못한 채, 밤에만 청각에 의존하여 곤충사냥을 하여 생존을 유지했다. 오랫동안 야행성일 수밖에 없었던 인간의 조상 포유류들의 자그만 크기는(약 15cm) 산소가 인간과 어떤 관계에 있는지를 웅변해준다. 지금도 야행성인 사람들은 포유류의 1억 년 생존본능에서 유래했다는 분석에 고개가 끄떡여진다. 산소가 새롭게 다가오는 순간이다. 5분간만 산소가 없어도 인간은 존재할 수 없으니 더더욱 산소가 고마운 존재로 다가온다. 샤크베이의 공간은 너무 많은 것을 느끼게 해주었다.

일찍감치 태양과 지구를 연결하는 식물을 다루는 농업이야말로 우주공간에서 가장 위대한 산업이라고 생각해왔는데, 광합성으로 모든 동물과 인간을 생존하게 한다는 것에 나는 또 한 번 감탄해본다.

호주에서 화성을 만나다

벙글벙글로 가보자. 갈 길이 멀었지만, 모두가 가보자고 했다. 한국에서도 나는 먼 길을 떠날 때면 새벽4시에 출발하곤 했다. 호주에서도 똑같이 제안했다. 거리가 멀면 일찍 출발하면 된다고. 5일차인 7월 26일, 5시 출발. 1,300km의 대장정이 시작되었다.

우리는 우주비행사였다. 화성이라 불리는 서부호주의 광활한 대지를 우주비행선을 몰고 달리는 특별한 운전. 운전을 하는데 아침여명이 동터왔다. 감격의 순간도 잠시. 눈을 뜰 수가 없다. 종이로 앞 유리를 가리고 운전을 계속하였다. 박박사님은 연신 "왼쪽으로, 오른쪽으로" 하면서 운전을 도왔다.

35억 년 된 물에 첨벙

잊지 못할 경험이었다. 카리지니 국립공원 녹스 고지에서 만난, 35억 년 전에서 20억 년 전 사이에 조성된 지층구조. 시간의 파노라마는 내 눈 사이에 존재했다. 35억 년 전과의 조우인 것이다. 기억의 유전자에서 흘끗 느꼈던 수십억 년 과거의 기억을 이제 나의 맨 눈으로 본 것이다. 2시간의 트레킹을 하면서 역사의 길이를 재보았다. 한걸음이 만 년인지 몇 십 만년인지, 단위가 도저히 계산되지 않았다.

한참을 가니 서큘러 풀이 등장했다. 김향수대원이 첨벙 물에 뛰어들었다. 이 사람 저 사람 모두 뛰어든다. 수영을 못하는 나도 뛰어들어 허우적거렸다. 35억 년 된 물과의 만남. 감격스럽다. 시간의 폭을 넓히고 나니 사고방식이 바뀌는 것을 느낀다. 사소한 갈등은 수십억 년의 긴 시간을 분모로 하니 제로가 된다. 긴 시간의 경험은 오히려 짧은 목표를 선명히 해준다. 그 장면들이 눈앞에 어른거린다.

호주여

호주탐사가 끝난 후, 한국에서 세계유기농대회 준비 생활로 돌아왔다. 우주적 경험은 많은 것을 새롭게 하고 있다. 하는 일들에 학습탐사의 기운이 함께함을 느낀다. 함께했던 대원들 모두에게 감사드린다.

서호주 밤하늘 별들에게 길을 묻다 - 이은호

아주 깊은 밤 무언가에 이끌려 슬며시 텐트에서 흘러나와 하늘을 본다. 보석가루를 뿌려 놓은 듯 희뿌연 은하수가 서쪽 하늘에 걸려있다. 애달픈 견우와 직녀의 마음을 아는가 모르는가. 밤새 올페우스의 리라 소리에 취한 백조는 인도양으로 스러져 간다. 남십자성이 지평선 아래로 모습을 감춘 지금 대 마젤란 소 마젤란 성운은 남극을 중심으로 크지 않은 원을 그리며 떠올라 손에 잡힐 듯 선연하다. 북반구에서 그리워하던 남십자성과 마젤란 성운을 이처럼 뚜렷이 보는 것은 아주 특별하다.

지금도 가차 없이 식어가는 저 깊은 공간에서 떠도는 먼지들은 중력의 마법에 걸려 뜨거운 별이 되기 위해 몸부림치고 있는가. 찰나를 살면서 영겁을 꿈꾸며 때때로 당혹해 하고 후회하는가 하면 생명의 경이로운 축복에 환희 하는 영혼들이 별빛 아래 나지막이 잠들어 있다. 생각은 하염없이 꼬리를 물어 가끔 가슴에 머리를 묻고 한숨 짓는다.

지나가는 구름이 슬쩍슬쩍 비를 뿌려 풍요롭게 자란 파란 풀밭과 낮게 자란 관목 숲을 가르며 길게 뻗어 가는 한가로운 아스팔트 길을 달리고 달렸다. 산과 물과 마을이 연출해 내는 아기자기한 인문학적 산하에서 자란 우리는 끝없이 광활한, 조금은 단순한 서호주 대자연의 스펙타클에 환호한다.

산호며 루비며 수많은 보석이 숨겨져 있고 아름다운 인어아가씨가 노니는 인도양의 푸른 바다에서 살포시 올라와 찬란한 햇빛을 받으며 35억 년 전 우리의 고향 이야기를 들려주는 스트로마톨라이트를 정신없이 들여다 보았다. 우리 몸 속에 깃들여 있는 35억 년 전의 기억들을 더듬으며 시초에 대하여 아주 아련한 그리움을 느끼는 것은 서사시처럼 장구한 세월 진화의 산물로 태어난 우리의 본성 때문인가. 우리의 존재는 우주의 한구석에서 지구라는 보석 같은 행성이 자기의 가슴으로 품어낸 생명과 45억 년 동안 손에 손을 잡고 공진화와 화협(和協)으로 마침내 키워낸 걸작품인가.

태양이 좀 더 높은 각도에서 내리쬐는 북쪽으로 전진하면서 대지는 훨씬 말라있고 사방은 온통 붉은색이다. 시아노박테리아가 지구 초기 저 극단적인 바닷속 환경에서 걸러낸 산소와 바닷속에 녹아 있던 철과 결합하여 만들어 낸 드넓은 철광석 대지 위를 달리고 있다. 유카리 나무가 절벽 틈에 뿌리를 내리고 조금은 궁핍하지만 억척스레 살아가는 골짜기와 산마루를 타고 느릿느릿 한쪽 다리씩 번갈아 앞으로 이동시켜 산봉우리에 올랐다. 붉은 대지는 끊임없이 물결치며 멀리멀리 퍼져 나갔다. 35억 년 지구 생명사를 그려낸 위대한 고생물 학자들이 그토록 감격스럽게 수없이 말해 온 엷은 색의 단단한 처트 덩어리들이 철광석과 시루떡처럼 층을 이루며 온통 널브러져 있다.

시작을 알리는 인간의 갈망은 무엇 때문인가. 시작을 앎은 그 끝도 앎인가. 137억 년 전의 시작은 1조 년이라는 세월과 억만 광년의 공간을 돌아서 다다르게 될 끝과 맞닿아 있는 걸까? 우주는 자기의 가슴으로 품어낸 인간으로 하여금 자기의 참모습을 그려내고 마침내 그 마음의 참뜻을 알아주기를 기다리는 건가? 인류는 과연 우주가 부여한 그런 의무와 책임을 감당해 낼 수 있는가? 다만 나는 안다. 시작을 찾아 완전한 앎에 이르려는 욕망은 우리의 숙명이며 그 여정은 우리가 존재하는 날까지 계속된다는 것을.

성인들이 밝힌 고대의 등대는 이제 우리의 여정을 밝혀주지 않는다. 우리는 이미 아주 멀리 달려왔다. 교의라는 질곡의 울타리들과 불가라는 스스로의 한계를 용감히 뛰어넘은 우리의 PROMETHEUS들이 영웅적으로 펼쳐 놓은 징검다리를 건너서 이제는 태양보다 더 밝은 별들에게 길을 물으며 기원을 찾아 우리는 전진한다.

감각에 비춰지는 현상의 저 뒤에 비틀어 지고 어울려 작용하는 공간과 시간의 참모습을 밝혀내는 저 놀라운 지성과 휠체어에 무너져 내려 자지러진 육체의 만류를 뿌리치고 우주의 저쪽 캄캄한 심연 속에서 모든 것을 설명하는 방정식을 찾고 있는 용감한 인간정신과 절대 절명의 삶을 지탱하는 완강한 근육질의 우리들의 노동이 시작을 찾아가는 우리의 여정을 가능케 할 것이다.

저물어 가는 황혼길에서 방황하는 나에게 기원을 찾아가는 용감한 박자세의 학습활동은 행운의 VEHICLE이다. 위대한 MENTOR들이 나를 이끌 것이며 탐구하는 영혼의 동지들은 나를 격려하고 부추겨 줄 것이다. 공생과 화협이 자연과 인류 진화의 한 본질이었다면 우리의 여정에서도 대원들의 격려와 동지애는 전진의 에너지가 될 것이다.

위대한 MENTOR들의 친절하고 자애로운 손에 이끌려 남극의 얼음을 뚫어 흔적을 찾아내고 안데스 산맥 높이 높이에서 별들의 대향연을 응시하며 아프리카의 뜨거운 모래바람 속에서 조상의 영웅적인 이야기를 들을 것이다. 대원 동지들이여 가슴 설레는 긴 여정의 각 단락에서 우리 모두 같이 만나자.

아리아와 함께 감상하는 킴벌리의 일출 - 이원구

未明이다. 밤의 장막은 아직 대지에 잔영을 깊게 드리우고 있다. 도요타 한 대와 카니발 네 대는 스물네 명 사막의 노마드를 싣고 1,300km 벙글벙글 대장정의 길을 나서려고 출정을 기다리며 도열하고 있다. 차는 새벽의 어둠을 가르며 달린다. 사위는 정밀하다.

진군 나팔소리가 들려온다. 우렁차고 당당하다. 라다메스 장군의 출정식이다. 승리를 확신하는 장군의 군인으로서의 결기와 연인 아이다에 대한 숭고한 사랑을 다짐하는 씩씩한 목소리다. 베르디의 오페라 아이다의 1막 「거룩한 아이다」다. 절정기 플라시도 도밍고의 화려하고 힘찬 칸타빌레가 일품이다.

감동을 가득 안겨주었던 안드로메다, 대마젤란, 소마젤란 성운도, 너무도 친숙했던 남십자성도 이제는 보이지 않는다. 아득히 지평선에 희붐하게 빛이 어린다. 하늘이 서서히 열린다. 회색빛이 연미색으로 물든다. 여명이다. 길은 일직선이다. 正東이다. 一望無際 無車之境이다. 적요하다. 질주본능이 꿈틀댄다. 고혹적인 최면이다. 계기판은 엄청난 속도를 가리킨다. 주행의 심리적 마지노선이다. 강렬한 충동이 이성을 마비시킨다. 긴장의 끈이 느슨해진다. 힘껏 액셀러레이터를 밟는다. 속도계는 자꾸만 올라간다. 나는 지금 금지된 장난을 저지른 소년이 되었다.

「사랑은 장밋빛 날개를 타고 탄식의 한숨은 하늘을 달려 희망은 산들바람처럼 방안에 나부끼고 추억은 사랑의 그리움을 일으켜 세우나니.」

감옥에 갇혀 죽음을 기다리는 만리코. 그가 겪을 고통을 노심초사하며 애간장을 태우는 레오노라.

자기 한 몸 희생하여 사랑하는 남자를 살리겠다는 여인의 열정과 절박함이 가슴을 쥐어짜는 심한 비브라토로 여명의 공기를 서늘하게 한다. 이제는 전설이 된 마리아 칼라스의 아직 발랄했던 시절의 「일 트로바토레 4막」〈사랑은 장밋빛 날개를 타고〉. 절창이다. 힘들고 척박한 세상이지만 열정이 있기에 살아간다. 우리는 지금 46억 년 지구 생성, 아니 137억 년 우주 탄생의 시원을 찾아 떠나는 사막의 Il trovatore, 방랑가객이다.

지평선은 타원형이고 하늘과 땅은 끝없이 맞닿아 있다. 색은 코발트 마린 블루다. 투명유리 그릇 안에 파란 물감이 번질 듯이 흩어진다. 하늘 끝자락에 노랑 빛이 물든다. 옅은 주황빛으로 점점 붉어진다. 페퍼민트 옐로가 된다. 버밀리언으로, 로즈레드로 카멜레온처럼 변신한다. 회오리바람이 인다. 꽃구름이 스펙트럼을 이루며 뭉게구름처럼 피어오른다.

스멀스멀 너울거리며 파도가 밀려온다. 금세 바다에 풍덩 빠질 것 같다. 신기루다. 환영이다. 새벽 여명의 산란 현상이다. 서편 하늘에는 하현달이 한 점 조각배처럼 외롭게 떠있다.

「지극한 정성으로 신들의 마음까지도 감복시켜 저승에서 아내를 데리고 나오다 순간의 실수로 다시 아내를 죽게 만든 남편의 절망과 비통을 탄식하며 부르는 노래다.」

노래의 감촉은 냉랭하다. 템포는 느리고 표정은 진한 슬픔이 넘친다. 남편 오르페우스 역을 테너나 바리톤도, 초연 당시의 카스트라토도 아닌 메조소프라노가 부른다. 아그네스 발차의 서늘한 목소리다. 작년에 영화 시라노 연애조작단에서 「우리에게 더 좋은 날이 되었네.」라는 노래로 잔잔한 감동을 불러 일으켰던 바로 그녀다. 억눌린 사람들의 소박한 비애를 애잔하게 가슴 속에 스며들게 부른 것이 "더 좋은 날"이라면, 사랑의 굳은 의지가 힘차게 지상으로 솟구치고 있는 게 이 아리아다.

글루크 「오르페우스와 에우리디체 3막」〈에우리디체 없이 무엇을 할까?〉다. 오르페우스의 애달픈 탄식은 우리가 잊고 있었던 진정한 사랑의 소중함을 다시 일깨워준다. 지금 옆에 있는 사람이 가장 귀중한 사람이다.

차는 경사진 언덕을 달린다. 지평선이 포물선을 그리며 내 눈 아래에 있다. 관목 사이로 태양이 살포시 얼굴을 내민다. 내 눈과 직선으로 마주친다. 강렬하다. 그러나 작열하지는 않는다. 아직은 마주 볼 수 있다. 나를 나직이 올려다보며 수줍게 떠오른다. 빨려 들어갈 것 같다. 비현실적이다. 방사형 털구름이 황색, 분홍색, 회색 띠를 두르고 동녘 하늘을 수놓고 있다. 주황빛 유리구슬에 아우라와 섬광이 푸른 하늘에 물든다. 드디어 Kimberly의 동쪽 하늘에 태양이 선명하게 떠올랐다.

백일홍 빛이다. 이글이글 타오른다. 다홍빛 마블링 물감이다. 홍시가 떨어져 질펀한 색이다. 태양이 나에게 정면으로 뚜벅뚜벅 걸어 나온다. 눈이 부시다. 레이저 광선을 쏜다. 빛의 향연이다.

「아, 즐기자. 술잔과 노래와 웃음이 밤을 아름답게 꾸민다. 이 낙원 속에서 우리에게 새로운 날이 밝아온다」 술잔을 들고 흥청거리는 가운데 시골 청년 알프레도와 고급 창녀 비올레타의 사랑의 불꽃이 타오르기 시작한다. 우리에게는 椿姬로 익히 알려진 베르디의 「라 트라비아타 1막」의 유명한 〈축배의 노래〉 이중창이다. 사랑하지만 주위의 편견 때문에 이루어지지 못하고 비극으로 끝나는 슬픈 얘기다. 원작자 뒤마피스와 작곡가 베르디의 실제 경험이 녹아 있는 작품으로 두 예술가의 슬픈 기억이 절절하게 스며 있다. 단순한 연애물로 해석되나 은연 중 자본주의 성장 과정에서 배태된 가족 이기주의와 소외 계층의 희생이라는 모순된 세태를 고발하는 사회성을 내포하고 있다. 마리아 칼라스와 디 스테파노가 펼치는 호탕하고 변화무쌍한 이중창이다. 줄리니의 절묘한 관현악이 우리를 한 발 더 화려한 환락의 세계로 이끈다.

> 오늘은 내 생애 가장 찬란한 아침이다.
> 정결하다. 아름답다. 황홀감이 온 몸을 휩싼다.
> 감동이 극에 달하면 머릿속은 오히려 단순해진다.
> 대자연의 장엄한 합창이 빛의 쇼와 더불어 끝없이 이어진다.
> 평생 다시 보기 힘든 경이로운 광경이다.
> 오, Kimberly의 태양이여!
> 차는 계속 질주한다. 무한경계의 검붉은 대지를 향하여

원형과의 대화 - 박종환

학습탐사 시작 이후로 모처럼 만에 4시간 정도 자유로운 개인시간이 주어졌다. 탐사대원들 나름대로 황금 같은 시간을 즐기고 있었다. 헬기를 타고 36억 년 생명의 역사를 담은 원시대지를 하늘에서 내려 본 뒤라, 나는 곧바로 벙글벙글 지역으로 혼자 트레킹에 나섰다. 뜨거운 햇빛아래 홀로 나섰던 것은 지구와 생명역사의 원형들과 침묵 속에서 대화를 하기 위함이다. 아무래도 사람과의 동행은 원형들과의 진지한 대화가 불가능할 염려가 있어서였다.

송홧가루처럼 고운 흙먼지가 뒤덮인 비포장길을 따라서 한 시간을 걷다가 길 없는 대지로 무작정 걸어 들어갔다. 인간이 만들어 놓은 텅 빈 길 위에서마저 순수한 원형들과의 대화는 불가능함을 느꼈고, 자꾸만 원시대지 저편의 공간이 나를 불러들여 초대하는 듯 했다.

나는 이곳에서 존재의 원형들과 침묵의 대화를 하기 위하여 자연스럽게 마음상태가 두 개로 분리되었다. 하나는 일상의 지각과 행동을 하는 마음의 상태였고 다른 하나는 일상적인 지각과 행동을 하는 마음을 관찰하는 상위인지작용을 가동하는 상태가 되었다. 이곳은 먼지마저도 없는 대지의 형상이 그대로 드러나 보이고 있었고, 드문드문 유칼립투스 나무가 어우러진 고운 풀밭처럼 보이지만 물의 증발을 막기 위해 밀랍으로 두껍게 무

장한 채 가시로 뒤 덮인 억센 풀들이 그 대지 속에 얕은 뿌리를 박고 살아가고 있었다. 그저 동물이래야 개미와 새와 뱀 정도만 눈에 띄었을 뿐이고 새소리만 유일하게 들을 수 있는 소리였다.

벙글벙글 지역의 잡목 숲 속을 한 시간 정도 걸어 들어갔더니 어느 순간 사방이 똑같아 보이며 방향 감각이 상실되는 느낌이 들었다. 일순 아찔한 기분을 느끼며 드디어 46억 년 역사의 원형의 대지가 제대로 나를 초대했다는 설레는 기분이 들었고, 존재의 원형들과의 근원에 관한 대화를 제대로 할 수 있는 기회가 왔다는 가벼운 흥분마저 일었다. 그래서 더욱 내가 이 곳에서 어떤 행동을 하는지, 어떤 생각과 느낌과 감정을 갖는지 더욱 예민하게 관찰하기 시작하였다. 나의 행동과 생각 하나하나를 세심히 관찰하자 내 스스로도 놀라운 생각이 떠오르기 시작하였다.

인간의 감정과 기억과 생각, 언어에 관한 기원이 놀랍게도 하나의 근원적인 현상의 다른 표현일거라는 생각이 번뜩 떠올랐다. 즉 감정이라는 생존을 위한 본능적이고 근원적인 현상이 다른 뇌 작용의 과정이라고 여겨지는 기억과 생각과 언어라는 현상의 기원이라는 생각이 들었다. 이 모든 현상들은 인간이 본능적인 생존을 위한 도구로서 행동을 하기 위한 뇌의 구조적 기능적 유전자적인 운명에 속박된 과정이라는 생각이 들기 시작하였다.

처음 인간의 발걸음을 받아들인 이 곳의 공간에는 어느 것 하나 특징 지워진 사물이 없었다. 사방을 둘러보아도 차이가 없이 반복되는 나무와 풀과 바위에서 지나온 길을 기억할 수 없음은 물론 어느 사물 하나 존재차체로 기억나는 게 없었다. 인간이 지각을 하기 위해서는 차이가 있는 외부정보가 필수적이고, 그 차이에 관한 정보를 기억에 저장하는 메커니즘이 느껴졌다.

이 곳처럼 차이가 없는 공간에서 무엇을 어떻게 기억하는지, 애써 돌아온 길을 찾으려 할 때 내가 무슨 행동을 하는지 관찰해보았다. 나는 차이가 없는 공간과 시간을 기억하기 위하여 나도 모르게 무의식상태에서 원형의 대지 위의 사물들에게 내면에서 올라오는 본능적인 감정을 뿌리고 다녔고, 지나오며 흩뿌린 감정들을 기억이라는 형태로 무의식적으로 저장하고 있었으며, 이제 다시 그 감정의 파편을 기억 속에 꺼내어 지나온 생존의 길을 찾고 있었다.

차이가 있는 외부정보에 감정이 붙여진 지각만이 기억을 만든다. 단순히 무수히 많은 사물을 있는 그대로 기억하는 것은 애초 불가능하였다. 하지만 감정이라는 이름표를 붙인 사물은 기억 속에 감정이라는 실마리로 기억되었다. 나는 순수하게 사물의 존재 자체를 인지하고 기억하는 게 아니고 사물에 붙여진 감정을 기억해 내어 사물을 기억하였다.

인간이 외부의 사물에 감정을 흩뿌려서 감정에 물든 사물을 생존을 위한 정보로 기억하며, 인간은 단순한 외부의 감각적 자극에 단순한 반응을 하지 않는다는 것을 알았다. 미묘한 감정을 무수히 많은 단계로 구분하여 무한대에 가까운 사물을 기억하는 것이 가능하였고, 소리 주파수의 미묘한 차이에 감정을 붙인 언어를 기억의 도구로 삼아서 생존에 의미 있는 기억을 무한대로 확장하는 게 가능하였으리라고 추측했다. 사회적 소통을 통하여 내면에서 비롯된 본능적이고 근본적인 감정의 무수한 축적이 소리와 결합되어 추상화 개념화 의미화 된 것이 언어고 생각이었다.

인간의 언어 역시 사물에 감정을 붙여 기억하는 것과 동일한 현상으로 생각되었다. 언어도 사물처럼 공간에 존재하는 소리의 주파수의 미묘한 차이에 인간의 내면에서 올라온 감정을 부여하였고, 감정에 물들고 의미에 물든 소리만이 언어라는 형태로 기억될 뿐이었다. 무수히 많고 다양한 주파수의 소리를 만들어내는 정교한 성대라는 조직의 출현이야말로 인간의 운명과 기타 모든 것을 결정지은 유전학적 이벤트임은 틀림없을 것이다. 외부의 무한대에 가까운 사물과 현상의 정보를 인간의 작은 뇌가 다 기억하는 것은 애초 불가능하여서 외부 대상의 차이를 기준으로 불변표상을 만들고 생존에 필요한 감정을 곁들여 기억과 생각을 하여 행동의 도구로 이용하는 게 인간현상이었다.

결론적으로 몸의 감각입력, 감정, 행동의 세 가지 프로세스가 인간현상의 근본적 뼈대였고, 인간이 사회를 구성하면서 감정과 감정에 물든 사물과 현상을 의미화된 소리와 몸짓인 언어와 제스처라는 도구를 이용하여 표현하고 의사소통을 하면서 생존에 유리한 지위를 차지하였을 거라는 생각이 들었다. 이는 인간의 후천적인 노력의 산물이라고 해석하는 것보다 유전자적 물질적 구조적 현상의 산물이라고 해석하는 것이 타당해 보였다. 자연에 차이 없이 반복해 존재하는 무한한 사물들과 현상들을 인간의 뇌 속에 기억하기 위하여 몸에서 비롯된 감정이라는 무한대의 세세한 명찰을 만들어 냈으며 기억된 감정을 사회를 구성하는 인간이 소통하기 위하여 언어라는 무한대의 표현이 가능한 도구를 개발하여 오늘날 인간의 길을 완성하였다고 생각하였다.

오늘날 발달된 무수히 많은 정교한 언어와 개념과 의미들 역시 기원은 인간의 내면에서 올라오는 감정이 기원이며 감정이 물들지 않은 언어는 없다고 해도 과언이 아닐 것이다. 오늘날 감정의 흔적에서 동떨어진 추상적인 단어나 관념적이고 개념적인 언어를 사람들이 기억하기 힘든 원인이 빠른 시간에 추상화된 단어에서 곧바로 감정을 불러내기가 쉽지 않아서일 것이다. 감정에서 멀어진 추상화, 개념화, 의미화된 언어에서 희미하게나마 남아 있는 감정의 흔적을 찾아내어 반복 학습하여 새로운 시냅스가 자라도록 하여야만 장기기억이 될 수 있을 거라고 생각하였다. 감정에서 너무 멀어진 추상적 단어와 언어를 기억하기 어렵고 반복된 훈련만이 필요한 이유가 기억의 근원이 감정이라는 점 때문이리라 생각했다.

에릭켄달과 리스만의 기억에 관한 연구에 따르면 장기 기억을 하는 것은 감동이나 감정적인 충격을 받거나 4회 이상 반복 학습하여 새로운 시냅스가 자라는 것이라고 하였다. 이는 결국 몸으로부터 내면에서 올라온 감정과 제대로 합일된 사물과 현상만이 인간의 장기 기억 속에 저장된다는 사실을 과학적으로 입증한 것이다. 아무리 반복하더라도 감정이 결여된 단순반복은 장기 기억되지 않을 거라고 조심스럽게 예견해 보았다. 학습의 반복은 미세한 감정을 증폭하는 행위라고 정의할 수도 있다고 생각했다.

장기 기억을 하는 것은 새로운 단백질이 만들어지는 것이고 이 단백질이 새로운 뇌 구조의 변화를 가져오고 이런 결과가 유전자로 전해져 오늘날 더욱 세분화되고 발달된 언어를 통한 문명과 문화를 이룬 인간현상이 생겨났다고 유추해 볼 수 있었다. 개체단위의 형질유전보다는 세포단위 혹은 물질단위의 유전현상을 바라보는 게 보다 더 본질적으로 이해하는 것일거라는 생각도 들었다. 생명의 유전현상이 무언지 느낄 수 있었다.

인간이 원래 자연에서 행하던 감정을 뿌리는 습관대로 사회를 구성하며 다른 사람을 만날 때 역시 타인에게 감정을 뿌려서 그걸 통해서 기억한다고 생각되며, 그래서 감정이 이성에 앞선다는 생각이 들었다. 결국 자연의 외부 사물과 물리적 현상은 원래대로 존재하는데 인간이 감각, 지각, 감정과 의미부여, 기억, 생각, 행동하는 뇌의 구조적 기능적 특질로 인하여 인간의 뇌가 인지하고 기억하고 감정과 의미를 부여한 대상으로만 우리의 뇌 속에 기억되고 이 같이 기억된 대상만이 인간의 세계를 구성한다는 것을 알았다.

몸에서 비롯된 내면의 감정이 인간현상의 핵심적인 근원에 속하고 기억과 생각과 언어는 감정의 변화된 현상일 뿐이라는 생각이 들었다. 우리 인간은 살아가면서 각자가 기억 속에 만든 세계를 가지고 살아간다. 각자의 기억을 구성하는 시공의 경험은 누구나 다를 수 밖에 없다. 똑 같은 유전자를 지닌 쌍둥이 일지라도 매 순간 각자의 시공이 다르기 때문에 서로의 세계가 달라질 수 밖에 없을 거다. 인간으로서 너와 내가 다름은 기억된 정보가 달라서이다. 각자가 틀린 세계가 아닌 다른 세계를 가지고 있음을 알았다.

사회생활을 하면서 논쟁과 설득과 협상과 대화를 할 때 나의 추상적, 논리적, 의미적 세계를 주장하는 것보다 상대방에게 내가 경험한 시공과 나에게 감정이 의미화된 세계를 공감하도록 체험의 기회를 마련함이 보다 효과적이고 오해의 소지가 없을 것이라고 생각해 보았다.

병글병글 지역의 공간과 대지에는 46억 년 동안 생명과 그 원형들이 존재해왔지만 내가 발을 디딘 후에야 나의 세계로 편입되었다. 이것이 인간이 인지하는 세계의 매커니즘이다. 참으로 위대한 공간이었다. 그 곳에 서있다는 사실로도 모든 것의 기원이 투명하게 드러나는 곳이었다. 그 곳에 있었기에 실험실의 연구결과가 아니고 책 속의 지식이 아닌 주의와 관찰을 통한 체험에서 여러 가지 사실을 알게 된 것이다.

서호주의 빈 공간이 주는 깨달음이 이 정도인데, 우주의 텅 빈 공간에 서 보면 모든 물질과 현상의 세계가 무언지 알 수 있으리라는 생각이 들자, 이미 나의 마음은 밤하늘 우주공간을 향해 여행을 떠나고 있었다. 그리고 밤이 오는 것이 기다려졌다.

나는 하루하루 박자세라는 무형의 시공 속 존재를 통하여, 나의 뇌가 인지하고 창조하는 세계를 소립자의 세계부터 우주 저 너머까지로 확장하고 편입시키고 있다.

서호주 붉은 대지에 서서 - 홍종연

서호주를 향하여 다시 한번 하늘을 날다

비행기가 뜬다. 생명의 고향. 원초의 대지를 향해서 하늘로 하늘로 날아오른다. 처음 학습탐사를 떠날 때의 설레임이 생각난다.

나는 '학습탐사'라는 생소한 여정을 떠날 때까지 한 번도 해외여행이라는 것을 해 본 적이 없었다. 어딘가를 돌아다니기보다는 가만히 앉아서 동경하기를 더 즐기는 나는 소위 '방콕형' 인간이다. 오래전에는 6개월간 한 번도 현관을 벗어나지 않은 적도 있었다. 집 안에 갇혀서도 별로 불행하지 않았고, 가라앉아 있는 물처럼 정적인 시간 속에 안으로만 침잠해 들어가는 끝도 없는 탐색의 시간도 좋았다. 답답할 만큼 집안을 맴돌던 사람이 어느 날 뜬금없이 서호주를 간단다. 주변에서 난리가 났다. 신변에 심각한 이상이 생긴 거라는 이야기도 떠돌았다. 과감하게 한 발을 내딛은 이후 인생은 급회전을 했다.

그로부터 3년. 우물 안을 벗어나니 하늘은 무한대로 열려진다. 시원을 찾아 지구 반대편의 땅으로 날아가고, 우주의 시작점을 탐구하게 되었다. 오랜 족쇄처럼 자신을 묶고 있던 관념의 틀을 깨고 삶과 인생에 대한 새로운 뷰포인트를 갖게 되었다. 다시 한번 뜨겁게 뛰는 심장과 꿈을 만날 수도 있었다. 인생은 다양한 색채와 빛깔로 나날이 더욱 풍부해져 가고 있다.

길, 길, 길을 달리다.
눈 닿는 곳마다 파아란 둥근 천장을 둘러쓴 지평선이다. 그 중간을 가로질러 길게 이어진 선을 따라 아련히 사라져가는 하나의 점을 향해 끝도 없이 질주해간다. 우주의 저 끝 한 점에서 시작된 근원을 쫓아 호기심 어린 탐구를 시작한 지 넉 달. 마침내 우리는 35억 년 이 원초의 대지에 서 있다. 각자가 지닌 많은 생각들조차 덧없이 사라져버릴 듯한 넓디 넓은 대륙. 내가 살아가는 곳이 행성 지구임을 한 눈에 보여주는 깊고 깊은 다크블루의 하늘. 온 몸에 전해지는 자동차의 진동이 우주 속의 기적 같은 푸른 행성, 지구의 숨죽인 맥박인 듯 느껴진다. 품어 안고 있던 태초의 비밀스러운 이야기들이 알알이 살아나 다시 피어날 것만 같다.
아칸소스테가가 천적을 피해, 먹이를 찾아서, 늪지를 헤치고 조심스레 육지로 첫발을 내디딘 그날로부터 3억6천5백만 년. 그의 후손들이 어슴프레한 여명 속, 길을 떠난다. 경계도 없이 하나인 하늘과 땅 사이에 빛 하나가 틈을 만들더니 서서히 틈새를 벌리고 거대한 불덩어리가 되어 고개를 내민다. 가로베어진 대지는 검붉은 고통의 비명을 내지른다. 모든 아름다운 것들은 저러한 고통을 이겨내고서야 얻어지는 것일까. 일순, 숨이 막힌다. 말을 잊어버리게 된다. 눈을 찔러오는 찬란한 빛무리에 머릿속까지 새하얘진다. 그 빛마저 뚫고 유칼립투스 그림자 길게 드리운 길을 따라 우리는 또다시 달려간다. 빛과 함께 열려진 하루는, 새롭게 창조된 완벽한 세계이다. 태초의 대지를 찾아가는 길, 그 길에서 새로운 세계를 만난다.

별을 베고 잠들다.
바오밥나무 하이얀 몸체에 깃든 황홀한 석양이 지고 온 세상은 파스텔조의 보라색 글라데이션으로 물들었다. 꽃처럼 하나 둘 피어나던 별들이 어느새 새까만 하늘 한복판에 찬란한 길을 만들었다.

아주 어린 날, 엄마 손을 잡고 외갓집엘 간 적이 있다. 덜컹거리는 비포장을 달려서 전기도 들어오지 않는 산골 마을에 내렸을 때는 캄캄한 밤중이었다. 생전 처음 보는 짙은 어둠에 질려서 숨조차 제대로 쉬지 못하던 그 순간. 눈에 가득히 들어와 박히던 무수한 반짝임들. 손 내밀면 자그랑 자그랑 영롱한 구슬로 알알이 들어와 만져질 것만 같았다. 그 경이로움을 오랫동안 잊고 살았는데, 호주의 밤하늘 아래에서 어린 날의 나를 다시 만난다.

별보석 가득 박힌 까만 밤하늘을 이불로 두르고 그 중 큼직한 별 하나를 뽑아서 베개로 삼고 잠을 청한다. 나의 요는 대지이다. 베고 누운 귓가에 밤새도록 이야기들이 흘러 넘친다. 유난히 까만 하늘 한 공간, 우주의 먼 지구름 속에서 푸르른 빛무리들이 태어나고 있음을. 온 우주에 생명의 원소를 가득히 뿌리고 장렬히 산화하는 어느 별의 최후도 전해준다. 저 별에서 출발한 내가 절대고독 무한의 우주로 되돌아가는 날을 떠올려 본다.

아마도 50억 년 후의 일일 것이다. 그 동안 나는 이 지구 속의 생명 시스템 안에서 떠돌고 있겠지. 바닷속에도 있었다가, 바위 안에도 머물다가, 나비의 날개 속에도 숨어 있다가 마침내 최후의 날이 오면 별과 함께 우주로 날아가리라. 단단히 엉겨 붙어 외롭게 우주를 떠다닐 다이아몬드 별이 될까? 그저 한없이 가벼운 먼지가 되어 새로운 시작을 꿈꾸며 우주를 떠다니게 될까? 밤새 별들의 이야기에 귀 기울일 듯 하더니 어느새 꿈이 부드럽게 내려 덮인다.

자연의 품 안에서 무한히 자유로워지는 희한한 잠자리이다.

아, 공생자 지구의 위대한 시아노박테리아!

샤크베이. 기대에 찬 바쁜 걸음이 바다로 나아가다가 우뚝 멈춰선다. 나의 출발지였던 바다. 염도 높은 그 생명의 바다는 흐릿한 경계선 아래 한 폭의 그림처럼 아득하게 펼쳐져 있었다. 2년 전과는 너무나 다른 풍경. 그날은, 하늘과 바다의 파아란 색을 가르는 수평선이 선명했더랬다. 거기에 점점히 늘어선 새까만 스트로마톨라이트. 그 명징한 색감이 아프게 눈을 찌

르던 서양화였다면, 오늘의 샤크베이는 하늘도 바다도 한 색감으로 녹아들어 경계조차 허물어져버린 수묵의 동양화였다. 바람조차 숨죽이고 시간도 공간도 모두 엉크러져 아득한 적막만이 자리하고 있었다. 물결 한 점 일지 않는 바다 속에는 까아만 스트로마톨라이트들이 상징처럼 놓여져 있다.

지금도 쉼 없이 생명의 움직임을 이어가고 있는 저들. 붉게 변해가는 딱딱한 외피 위에 서서, 그들이 만들어 온, 만들고 있는 장구한 시간 속의 대륙을 느끼며 아직도 세상에 푸른 숨결을 내뿜고 있는 보이지 않는 시아노박테리아를 만난다. 저들이 만들어 준 나를 만난다. 내가 바다이면서 이 지구임을 가슴 떨리게 자각한다.

대륙의 검은 주인, 애보리진을 만나다.

길가의 가로수조차 붉은 비포장길을 달려서 우연이 맺어준 운명 같은 끈을 따라 만나게 된 애보리진 마을. 전통적인 부락의 모습이 아니면서도 이제까지 지나왔던 도시들과도 다르다. 이방인의 들뜬 호기심을 밀어내는 조용한 가라앉음. 나무 아래 벤치에는 환담을 나누고 있는 사람들.

그러함에도 여기는 적요하다. 무표정한 얼굴에서 수 만년을 이어온 그들의 전설을 떠올린다. 암벽과 대지에 새겼던 조상들의 지혜와 꿈과 그들이 지키고자 했던 토템들과 노래와 춤을 떠올린다. 척박한 대지 안에 지혜롭게 순응했던 사람들. 밀려오는 시대의 물결을 감내하기에는 무력했던 사람들. 아직도 잃어버린 신화와 전설을 아프게 꿈꾸고 있을 사람들. 그들이 살면서 지켜왔을 땅. 그 땅을 밟고 디디며, 달려오는 동안 살아 남기 위한 무수한 생명들의 분투를 보았다. 환경에 맞추어 적응하고 연합하고 공생하며 진화를 거듭해 온 수 많은 생명체들. 우리들 또한 그렇게 진화해온 결과물이지 않은가.

이제야말로 어슬픈 감상과 관념의 틀을 깨고 온전하게 그들을 만날 수 있을 것 같다. 각자에게 주어진 환경을 최선을 다해 살아내 온 호모사피엔스의 동지로서.

137억 년에 대한 호기심을 갖고 강의실에서 출발한 여정이 서호주 붉은 대지에서 끝을 맺고 있다. 이 땅에서 온 몸의 오감을 열어 만났던 것들이, 내일을 위한 풍부한 바탕이 되어줄 것을 믿으며 떠나왔던 나의 공간 속으로 돌아간다. 분명히 어제와는 다른 내일을 살게 될 것이다.

2011여름 서호주: 사연, 심연, 인연 - 문장렬

사연

거기, 길옆에 서있던 커다란 바오밥나무 아래서 우리 몇 사람은 나그네의 조촐한 점심으로 미심쩍은 허기를 흩어 버렸다. 한낮의 강렬한 햇볕은 구름 한 점 허하지 않고 땅의 붉음과 나무의 푸르름을 보얗게 뒤섞었다. 그럴수록 선명한 먼 하늘의 파란 빛깔에는 눈이 시렸다. 여기저기 햇볕에 헤어지고 바람에 흔들리는 바오밥나무의 그늘은 그리 넉넉하지 않았다. 나는 태양의 반대편에서 두 팔을 한껏 벌려 나무의 몸통을 안아 보았다. 좀 서늘했으면 좋았을 텐데, 그냥 따뜻했다. 다시 달리는 차 안에서 우리는 더 준수해 보이는 바오밥나무들을 수없이 지나쳤다.

그날, 어둠이 내린 뒤 도착한 야영장 한 가운데, 아마 호주 대륙에서 가장 클지도 모를 바오밥나무가 천구를 이고 서서 조용히 우리를 맞아 주었다. 낮 동안 양광에 지친 눈이 행여 별빛에라도 부실까봐 밤하늘 한편을 넉넉히 막아 주었다. 나무 위로 빛나는 별들이 나무속으로 졌다. 맞은편의 총총한 별들과 희미한 황도광은 바오밥나무를 비추고 있었다. 마젤란성운은 하얀 세모시로 성글게 짠 천 조각처럼 아스라이 먼 곳에서 보일락 말락 펄럭이고 있었다. 이튿날 바오밥나무 너머로 동이 터왔다. 수줍게 이지러져 가는 하현달과 새벽별들이 거대한 바오밥나무의 검은 실루엣 위로 그날의 짧은 첫 빛을 발하고 있었다.

심연

계곡이 끝나는 지점에 작은 연못이 있었다. 그곳에 이르는 바윗길엔 갈라진 땅의 모든 역사가 기록되어 있었다. 계곡이 언제 생겨났는지는 사소한 일이었다. 역사책은 항상 같은 말로 시작되었다. "이 책과 이 책에 기록된 것들과 이 책을 보는 자들은 모두 함께 태어났다." 불의 역사와 돌의 역사와 철의 역사와 물의 역사가 어우러져 그날 그곳에서 그 연못이 우리를 불렀다. 몇몇이 물로 뛰어들었다. 나도 물위에 누워 천천히 팔다리를 헤저으며 하늘을 쳐다보았다. 사막의 한낮에 크게 뜬 내 눈은 빈 하늘로 채워졌다.

"모든 인간은 다른 모든 인간에게 저 깊은 비밀과 신비로 이루어진 존재이다. 도시의 어둠 속에 산재해 있는 집집마다 남모르는 비밀을 간직하고 있다. 그 집들의 방방마다 자기들만의 비밀을 간직하고 있다. 그 모든 방 안에서 박동하는 수많은 가슴들은 저마다 가장 가까운 가슴에게도 어떤 비밀을 숨기고 있다!" (Charles Dickens, A Tale of Two Cities)

어찌 인간만이 저 깊은 비밀과 신비로 이루어져 있을까. 만물의 사연들은 시간 자체의 역사만큼 깊다. 하여 우리들의 사연도 태초로 거슬러 올라간다. 장구한 시간은 찰나로 이어져 있고 광대한 공간은 점으로 나뉜다. 찰나와 찰나 사이, 점과 점 사이엔 바닥모를 심연이 놓여있다. 만물은 심연으로 이루어져 있고 인간의 의식도 그 자체가 하나의 심연이요 이 우주적 심연의 표면에 일어나 퍼져가는 파도일 뿐이다.

인연

심연은 어떻게 이어지는가? 태초에 한 몸이 둘로 나뉘었다. 무한히 격렬했던 그 폭발도 무한히 짧은 순간에 이 우주와 저 우주로 나뉘는 그렇게 단순한 이분법의 지배를 받았을 것이다. 끊어진 것들이 아직 좁은 공간에서 끊임없이 충돌하면서 이어지고 이어진 것들은 끊어진다. 사연이 시작되고 인연이 탄생한다. 사연이 멈추고 인연이 끝난다. 그러나 사연은 다시 태어나고 인연은 다시 시작된다. 모든 사연은 태초에까지 이르는 모든 과거를 기억한다. 모든 새로운 만남은 재회일 뿐, 우리는 항상 하나였고 하나일 것이다.

단 한 개의 못이 말발굽의 편자에 잘 못 박혀 한 나라가 무너졌다던가. 그 못도, 그 것을 두드리던 대장장이의 망치와 팔뚝의 혈관에 흐르던 피도, 저 켜켜이 쌓인 호상철광과 바람에 날리는 붉은 먼지도, 언젠가 무수한 개미들이 오랜 조직적인 수고로 쌓아 올렸을 수많은 개미집들도, 인류 문명의 건설과 파괴에 사용된 거의 모든 무거운 물건들도 한 때 바닷물에 충만히 녹아 있다가 단순하고 반복적인 생명현상의 결과 고형화된 철이라 부르는 한 가지 원소를 고리로 이어진다. 그것이 있었기에 우리가 있었고 거기에 갔고, 가서 보고 느끼고 생각하며 철의 인연으로 서로의 사연을 묶었다.

킴벌리의 붉은빛.

남은 이야기

산소와의 만남: 샤크베이로 떠나라

샤크베이에 가면 모든 분자의 어머니 산소(O_2)를 탄생시킨 스트로마톨라이트를 만날 수 있다. 현재 지구 대기 중 산소가 차지하고 있는 양은 21%. 이 21%의 산소가 산하 대지에 연초록과 진초록의 물결을 선사한다. 동물은 동물대로 식물은 식물대로 생명의 맥박에 산소가 흐르고 있고, 심지어 무생물인 암석들 마저도 아주 안정된 결정체 속에 산소가 존재하고 있다. 궁금하지 아니한가? 산소의 기원이!

염도 높은 샤크베이 바다 속의 스트로마톨라이트.

샤크베이 입구에 도착하거든 심호흡을 크게 해 볼 일이다. 그 큰 호흡 속 들숨과 날숨 사이에 무엇이 존재하는지 조용히 떠올리며… 카키색 블루의 몽환적 대서양 물결을 향해 천천히 천천히 발걸음을 떼어 새까만 스트로마톨라이트를 만나 볼 일이다. 스트로마톨라이트 안에서 부지런히 광합성작용을 하고 있는 원시 미생물은 시아노박테리아다. 최초로 광합성을 시작한 시아노박테리아는 지구상에 초록 융단을 제공해 준 주인공이다. 샤크베이 바닷가에 가게 되면, 농도 짙은 염도 속을 타고 대기 중으로 뽀글뽀글 올라오는 산소방울을 감격스럽게 바라볼 수 있다.

태양과의 만남: 포트헤드랜드에서 브룸으로 가려거든 반드시 새벽에 떠나라

새해 새날을 맞이하기 위해서 우리나라 사람들은 지리산 천왕봉이다, 동해 정동진이다, 설악산 대청봉이다 하며, 제일 먼저 선명한 '해맞이'를 할 수 있는 곳을 향해 떠난다. 그만큼 해는 모든 것의 에너지원이기도 하고, 한 해의 다짐을 몽땅 담아내는 매개체이기도 하다.

실제로 태양광 태양열을 이용한 신생에너지 뿐만아니라 석탄, 석유, 목재 등의 일상생활 에너지원은 태양으로부터 온 것이다. 한 해를 맞이하는 '해'의 힘이 이러할진대, 평생에 각인된 '해의 향연'을 예고없이 만난다면 어떻게 될 것인가? 그것은 아마도 기억이 살아 있는 한 영원한 빛이고, 영원한 에너지원이 될 수도 있다. 자연에서 만나는 행운이란 바로 이런 장면을 두고 이야기 할 수 있다.

지구 상에서 가장 가벼운 가스로 수소를 이야기한다. 이 가벼운 존재들이 뭉치고 뭉쳐 수소 핵융합현상을 일으킨다. 단지 햇빛이라 말할 수 없다. 그것은 정말 수소 핵융합현상 그 자체이다. 광활하다. 장엄스럽다. 잠시

길 위에서 만난 장엄한 일출.

숨이 멈추어지기도 한다. 그런 광휘(光輝)의 춤은 일상용어의 개념을 벗어난 세계다.

서호주에 가거든 포트해드랜드(서쪽) 지역에서 브룸(동쪽)으로 갈 때에는 반드시 새벽녘에 떠나라. 새벽 5시경 부지런한 발걸음을 떼면 평생에 한 번 만나 볼 수 있는 빛의 향연을 맞이할 수 있다. 더 이상 새해 첫날 해맞이하러 이곳 저곳 찾아 다닐 필요성이 사라진다.

남십자성과의 만남: 호주의 밤하늘을 향해 고개를 들어라

대한민국은 북반구이다. 북반구 전체의 길라잡이는 북극성(Vesperia)이다. 그러면 남반구 전체의 길라잡이는 무엇일까? 남십자성(Crux)이다. 북반구에서는 볼 수 없는 별이다.

호주의 국기를 자세히 살펴보면 남십자성이 오른쪽에 긴 십자형으로 자리하고 있다. 뉴질랜드 국기도 그렇고 파푸아 뉴기니, 사모아 국기에도 남십자성이 그려져 있다. 바다를 끼고 있는 남반구 여러나라에서는 생사(生死)의 좌표인 것이다.

남반구에서 가장 중심이 되는 남십자성은 별을 좋아하는 북반구 사람들에겐 꿈에 그리는 별이기도 하다. 그리움의 대상이다. 우리나라 옛 노래 가사에도 남십자성 이야기가 담겨 있다.

좌측상단부터 호주, 파푸아뉴기니, 나우에, 미크로네시아, 뉴질랜드, 사모아, 브라질, 토켈라우제도, 투발루
남십자성이 들어간 각국의 국기들.

호주에서는 어둠이 내려앉는 순간 별 바다가 펼쳐진다.
그 별들을 배경 삼아 살아가는 사람들은 남십자성을 기준 삼아 위치와 방향을 찾아 삶의 지표로 삼았던 별자리이다. 호주에 가거든 언제 어디서든 밤이 되면 고개를 들어 투명한 좌표 남십자성을 바라 볼 일이다.

서호주에 갈 때는 상식과 어떤 상황에도 흔들리지 않는 대범한 마음을 준비해 가라

학습탐사 넷째 날 서 호주 중부 항구도시 Port Headland에서 Broome으로 가는 도중에 우리 일행은 출발한 야영지로부터 약 200km 떨어진 Sand fire 로드하우스에서 기름을 주유하고 가기로 하였다. 다음 목적지까지는 추가로 약 290km를 더 가야 하니까 연비가 안 좋은 차들은 중간에 오도 가도 못하는 상황이 발생할 수 있어서였다.

하지만 새벽에 출발하여 길 위에서 생애 잊을 수 없는 일출을 만났고, 잠깐의 환희로움 후에는 일직선으로 찔러오는 햇빛을 피해 운전을 해야 하는 상황이 되자, 운전에만 집중하느라고 세 대의 차량이 약속한 로드하우스를 지나쳐 버렸다.

이미 차량 한 대의 연료 지시등에 빨간 불이 들어오고 나머지도 다음 목적지까지 가기에는 무리라는 판단이 섰을 때는 약속했던 Sand fire 로드하우스에서도 한참 지나친 지점에서였다. 당황한 대원들은 길가의 야영지에 들어가 현지인들에게 조언을 구하기 시작했다. 그들의 조언은, 지나친 Sand fire까지 되돌아가 연비가 좋은 한 대의 차량이 기름을 주요하고 와야 된다는 것이었다. 목적지로 전진하는 것은 270km 이상 가야만 하니 불가능하다면서 그들 차량이 디젤이어서 도움을 줄 수 없음을 안타까워했다.

우리는 가지고 있던 서호주 관광청에서 발행한 지도를 보여주며 인근의 가까운 70km 전방에 주유소가 있는데 거기서 주유가 가능한지 되풀이 해 물어보았다. 하지만 현지인들은 거기는 에보리진 마을이고 그 근처의 또 다른 한 곳은 자그만 항구도시라서 디젤연료만 주유 가능하지 가솔린은 판매하지 않는다는 것이었다. 하지만 분명히 지도에는 두 가지 다 판매하는 파란색 주유표시가 되어있었다. 전진에 다들 회의적인 분위기였지만 일단 몇 가지 확실한 근거를 바탕으로 해서 전진하기로 설득을 했다.
하나는 호주 정부가 발행한 지도의 공신력을 믿은 것이다. 호주는 선진국이다 그리고 서호주 중부와 북부의 지역은 광활하여 지도상에 잘못된 표시를 하면 지도를 나침반 삼은 많은 사람들이 조난을 당할 우려가 있어서 절대로 잘못된 표기가 있을 수 없다는 점과 설령 오기가 있다손 치더라도 하필이면 우리가 어려움에 처한 이곳이 잘못 표기되어 있다는 것은 너무 낮은 확률이라고 생각되었다. 지도에는 분명히 파란색의 두 가지 기름을 판다고 되어 있었다.
또 한가지는 우리가 달리고 있는 도로에서는 온갖 종류의 운반차량이 적어도 1시간에 한 대 정도는 지나가고 있었다. 아예 차가 지나가지 않는 오지는 아니니 최악의 상황이 벌어지지는 않으리라는 확신이 있었다. 최악에는 차를 버리고 커다란 운반차량을 빌려 타면 될 것 아닌가? 어떤 경우던지 상황에서의 문제 해결 과정도 학습으로 즐기면 된다고 생각했다. 뿐만 아니라 특수한 산업지역이 아니고서는 두 가지의 기름을 함께 팔지 않을 이유가 없다는 상거래상의 상식적인 판단도 들었다. 더군다나 뒤에 기름을 가득 채우고 오는 우리 일행차량이 두 대나 있다는 사실이 편한 마음을 갖도록 만들었다. 아무리 생각해도 전방 70km에 있는 에보리진 마을까지는 무사히 갈 수 있을 거라는 판단 하에 전진하기로 결정하였다.

서호주 애보리진 마을에서 주유를 하다.

우리는 드디어 에버리진 마을에 무사히 도착했고, 물론 지도에 표시된 대로 주유가 가능했다. 그리고 뜻하지 않게 한달 전에 예약해야 방문 가능한 Kimberley지역 최대의 에버리진 마을을 방문하여 그들이 현재 살아가고 있는 모습을 잠깐이나마 체험할 수 있는 행운까지 누리게 되었다.

낯설고 새로운 환경에서 일상에서 벗어난 일이 발생할 때 당황하지 않을 수는 없을 것이다.

하지만 지구촌에 사람이 거주하고 문명의 발길이 닿는 곳이라면 얼마든지 상황을 벗어날 수 있다는 유연한 마음을 유지하는 것이 위기의 상황에서 상식적인 판단과 합리적인 지식을 활용할 수 있게 한다. 낯선 곳으로 여행을 떠났을 때 이런 일상적이지 않은 환경과 사건들과의 만남이 진짜 묘미라는 대범하고 긍정적인 마음을 유지하면 어떤 상황에서든 여행이 즐겁고 재미있어진다.

서 호주가 아웃 백 여행지로 각광을 받고 오지의 험한 곳이라 소개 되지만, 안심해도 좋다. 날씨가 좋은 계절의 호주의 북서부는 모든 체계가 선진화된 문명국가의 일부임을 기억하고 항상 마음 편하게 여행을 즐기면 된다.

서호주에서 모차르트를 즐겨보자

아침은 모차르트와 상큼한 사과를 먹자.

호주 사과는 앙증스럽다. 우리의 자두만 하다. 한 손에 쏙 들어오는 것이 촉감이 좋다. 척 보면 풋사과 같아 맛에 신뢰가 덜 간다. 아침 메뉴는 시리얼과 토스트다. 입 맛은 텁텁하다. 후식은 사과 한 개다. 한 입 깨물었다. 쏴하고 단 맛이 입천장에 쏟아진다. 상큼하다.

모차르트는 35세 짧은 생애에 626곡을 작곡했다. 엄청나다. 장르도 오페라, 교향곡, 관현악, 실내악, 종교음악등 전 분야를 섭렵하고 포용했다. 가히 음악의 정부라고 해도 과언이 아니다.

그의 음악을 감상하는 데는 시간과 노력이 많이 요구된다. 오늘 서호주의 새 아침을 맞이하여 그의 음악 중에서 우리에게 가장 친근하고 서정적인 곡으로 상큼한 출발의 레시피로 삼아보자. 아침은 희망이다. 어제와는 다른 눈부신 태양이 떠오른다.

오페라 피가로의 결혼 서곡 ; k492

아; 천상의 소리가 들린다. 슈베르트가 이 곡을 처음 들었을 때 내뱉었던 탄성이다. 그 만큼 이 음악에는 티 없이 맑은 선율이 넘쳐 흐른다. 천상의 소리를 들으며 새 아침을 맞이 할 수 있다는 것은 행복이다.

세레나데 제 13 번 G장조 K 525

아이네 클라이네 나흐트 무지크
모차르트의 대중적인 명곡으로 어떤 상황에 들어도 가슴 뿌듯하다. 악상은 지극히 순수하고 감미롭다. 상쾌한 현악기 선율은 꿈 많던 어린 시절에 경험했던 한 편의 추억을 연상시킨다.

피아노 협주곡 제 21 번 C장조 제2악장 ; K 467

비련의 스웨덴 영화 〈엘비라 마디간〉의 주제곡으로 사용되어 일약 세계적 대중 레퍼토리가 되었다. 현악기가 정감 가득한 동경을 풀어 놓으면 그 위에 피아노가 우아하고 아련한 꿈을 수 놓는다.

클라리넷 협주곡 A장조 2악장 아다지오 ; K 622

유일한 클라리넷 협주곡이다. 죽음을 불과 2달 정도 남겨두고 쓴 곡이다. 일체의 군더더기도 배제하고 간결하면서 깊이 있게 다듬은 선율이 매우 탁월하다.

오페라 피가로의 결혼 3막 편지 이중창 ; K 492

백작 부인과 하녀 수잔나의 이중창이다. 영화 〈쇼생크 탈출〉에 삽입되어 일약 자유의 송가가 된 곡이다. [그 노래 소리는 회색빛 담장을 넘어 이 곳에 있는 우리들로서는 꿈 꿀 수도 없는 하늘 저 높이 솟아 올랐다. 그것은 마치 어떤 아름다운 새가 우리의 작은 새장으로 날아와 우리를 둘러싼 담벽을 허물어 버린 것 같았다. 그리고 그 짧은 시간 동안 쇼생크의 모두는 자유를 느꼈다.]

교향곡 25번 G단조 1악장 알레그로 콘 브리오 ; K183

정열적이면서 한편 염세적 기분이 격하게 표현되었으며, 모차르트 음악 발전사에서 중요한 작품이다.

피아노 소나타 11번 A장조 3악장 론도 알라 투르카 ; K 331

일명 〈터키 행진곡〉으로 모차르트의 피아노 소나타 중 가장 많은 사랑을 받는 작품이다. 경쾌한 테마가 2개 부분으로 나뉘어 반복된다. 동양적인 선율로 두 개의 테마가 아기자기하게 서로 화답하듯 즐겁게 진행된다.

피아노 협주곡 20번 D단조 2악장 로망스 ; K466

부드러운 오케스트라의 선율 속에 피아노의 영롱한 울림이 속된 세상을 떠나 영원의 세계에 도달하려는 간절함으로 다가온다. 서정적 아름다움과 느림의 미학이 맑은 정신 세계를 느끼게 한다. 하이든의 [나는 성실한 인간으로서 맹세코 말하지만, 당신의 아들은 내가 개인적으로 혹은 이름만으로 아는 작곡가들 중에서 가장 위대한 인물입니다.] 라는 유명한 말이 이 연주회 다음날 모차르트 집에서 했다고 한다.

플루트, 하프와 오케스트라를 위한 협주곡 C장조 2악장 안단티노 ; K299

당시 유행했으나 아직은 불완전한 악기였던 플루트와 하프를 독주 악기로 내세워 오케스트라와 어울리게 하는 특별한 작업을 하여 우아한 프랑스풍의 살롱 음악으로 완성시킨 작품이다. 귀족적 품위와 고상한 아름다움이 가득하다.

오페라 〈마술피리〉 1막 아리아 " 나는야 새잡이꾼 " ; K 620

오페라 〈마술피리〉에서 익살스러운 새잡이 파파게노가 등장하며 부르는 유명한 아리아다. 천성이 착한 파파게노가 잡은 새를 밤의 여왕 세 시녀와 음식물로 바꾸며 살아가는 생활을 소개하는 노래다.

학습탐사에서는 무엇을 먹을까?
일반적인 식단
아침 : 식빵 (잡곡식빵, 바게트등 빵 종류가 아주 다양함)
치즈, 햄, 삶은 계란, 피클, 스프, 시리얼, 우유, 따뜻한 누룽지국
점심 : 라면과 햇반 혹은 빵과 햄, 우유
저녁 : 밥이나 햇반, 각종 찌개류-참치,김치 등, 김, 인스턴트 카레, 짜장, 국, 각종 밑반찬류
간식 : 견과류와 과일

식사와 관련한 유용한 Tip
- 서호주는 세관 검역이 까다롭기로 유명한 곳이어서 식품류 반입이 금지되어 있다. 퍼스 시내에는 대형 마켓들이 몇 군데 있고 제품의 다양성이나 비용도 한국과 비슷한 수준이어서 필요한 물품은 현지에서 조달하면 된다. 인스턴트 식품 등은 가능하면 퍼스에서 구매하는 것이 좋다. 위쪽으로 갈수록 가격이 비싸진다. 특히 로드하우스는 많이 비싸다. 그 외 유효기간이 짧은 식품들은 지나가는 도시의 마켓을 활용하면 된다.

퍼스 시내 마켓에서 장을 보다.

- 김치는 가능하면 많이 준비하는 것이 좋다. 활용도가 무척이나 다양하다. 김치와 햄, 치즈 등의 보관을 위해서는 아이스박스도 필수이다. 중간에 들르는 로드하우스나 마켓에서 얼음을 보충하면 된다. 각종 과일과 견과류는 학습탐사에서는 부족해지기 쉬운 무기질과 비타민

공급에 최적이므로 꼭 준비하도록 한다.

• 한국에서 김치통이나 찜통 등을 가져가면 꽤 유용하게 사용할 수 있다. 전체 식사에서는 일반 코펠보다 시간을 절약할 수 있다. 또한 현지에서 피클 등을 직접 담아서 먹을 경우에는 반드시 필요하다.

• 야영취사 도구 중 꼭 필요한 버너의 경우, 가스버너가 편리하지만 현지에서의 가스통 규격이 한국과 다르므로 현지에서 구입하거나 임대하는 것이 좋다. 가스통은 8리터 통을 구매하여 필요할 경우 로드하우스에서 충전을 하면 된다. 8리터의 경우 주유소에서 구입이 가능하고 오래 쓸 수 있을 뿐 아니라 화력이 좋아서 단체 취사에는 상당히 편리하다.

• 현지에서도 쉽게 만들어 먹을 수 있는 피클 : 오이, 양파, 풋고추 등의 재료를 준비하고 물과 간장을 1 : 1의 비율로 넣고 끓인 다음 준비한 재료를 넣기만 하면 된다. 직접 만든 피클은 시간이 지날수록 숙성이 되어서 탐사가 끝날 때까지 훌륭한 밑반찬이 되어준다.

서호주 학습탐사를 위한 조언

• 서호주에 갈 때는 반드시 사전학습이 필요하다. 왜 서호주 탐사를 가야 하는가, 가서 무엇을 보고 느낄 것인가에 대한 철저한 사전학습은 현장을 훨씬 더 풍부하게 만들어 줄 것이다. 거기에 탐사를 이끄는 최고의 리더와 함께 갈 수 있는 행운이 있다면 더할 나위 없을 것이다.

• 팀플레이를 유쾌하게 활용하자. 혼자 떠나는 탐사가 아니라면 함께 하는 사람과의 공감대와 협력이 탐사 전체의 승패를 좌우한다고 해도 과언이 아니다. 사전 분담된 각자의 역할에 플러스 원을 한다는 마인드로 상승 팀플레이를 펼친다면 기대보다 훨씬 많은 것을 얻어 올 수 있다.

• 서호주에 가거든 반드시 퍼스 자연사 박물관을 방문하라. 하루 일정을 할애해서라도 반드시 찾아가 보아야 하는 곳이다. 137억 년 우주의 시공, 지구, 생명의 진화, 서호주의 모든 것들이 체계적으로 잘 설명이 되어 있다. 사전 학습과 현장에서 익힌 것들을 질서정연하게 정리할 수 있는 곳이다. 학습을 위해서 질 좋은 필기구를 준비하고 상시로 메모하는 습관을 들이는 것도 필요하다. 내가 기록한 모든 것이 결국은 자료로서 남아 있게 된다.

퍼스 자연사박물관에서.

• 서호주에서는 한 번이라도 철저하게 혼자인 시간을 가져보자. 태초의 시간 안에 혼자서 노출될 수 있는 순간이 있다면 제대로 서호주를 만나고 올 수 있다. 가능하면 열심히 밤하늘을 보자.

부록

1. 서호주 현황 및 상세지도
2. 호주 개관 및 일반 정보
3. 근대 호주의 역사

1. 서호주 현황 및 상세지도

서호주 개요

개인소득	$81,795
인구	2,296,411
인구밀도	0.91/km²
면적	2,645,615km²

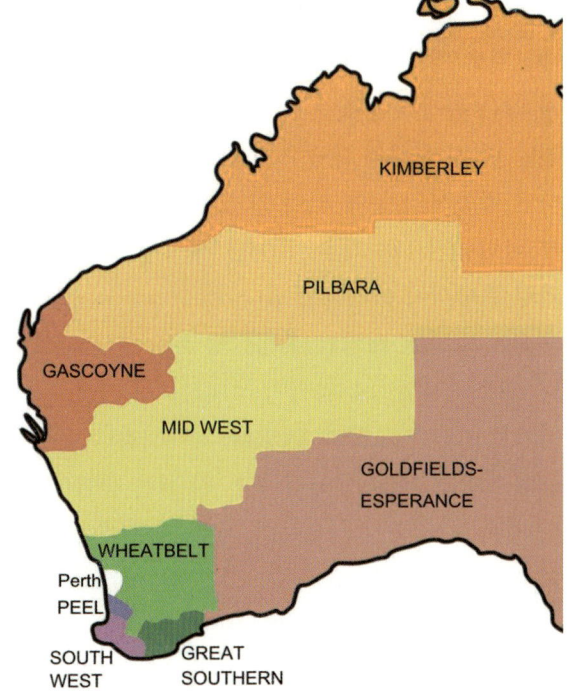

위치 및 개관

서호주는 호주 대륙의 3분의 1이 넘는 면적으로 호주에서도 가장 다채로운 지리적 특징을 보여주는 곳이다. 인도양, 남극해, 티모르해 그리고 레드 센터와 경계를 이루고 있으며, 남한의 약 33배이고 총 해안선 길이는 약 12,500km 이다. 서호주는 크게 5개 지역으로 나뉘는데 주도 퍼스와 퍼스 주변 지역을 포함한 익스피리언스 퍼스(Experience Perth), 마가렛 리버 등이 포함된 서호주 남서부(Australia's South West), 중부 사막 지역인 서호주 골든 아웃 백(Australia's Golden Outback), 인도양을 마주하고 있는 퍼스 북쪽 해변 지역인 서호주 코랄 코스트(Australia's Coral Coast), 아직도 미개척 된 서호주 북서부(Australia's North West)이다.

2011년 현재 서호주의 인구는 약 230만 명으로 수도 퍼스(Perth)에만 180

만 명의 사람들이 살고 있으며, 이것은 곧 퍼스를 제외한 지역은 인구밀도가 매우 낮다는 것을 의미한다. 북쪽 킴벌리(Kimberley) 지역은 아웃백의 대표지로 영화 'Australia' 의 촬영지기도 하다. 벙글벙글은 킴벌리 지역에서 많은 관광객이 찾는 곳, 원래는 바다였으나 해수면이 낮아지면서 약 2천만 년 전 지금의 모습으로 변했다고 한다. 1980년대 우연히 인근을 촬영하던 방송사의 눈에 띄어 그 모습이 최초로 공개되었고 1987년에 푸눌룰루 국립공원으로 지정, 2003년 세계자연유산에 등록된 후 수많은 사진작가와 관광객이 몰려들고 있다.

근래에 발견된 지역답게 벙글벙글은 자신의 성역을 쉽게 허락하지 않는다. 퍼스에서 쿠누누라까지 국내선으로 가서, 다시 육로로 가거나 소형 비행기로 가야만 도착할 수 있다. 까다로운 접근성이 가벼운 투정이라면, 이곳의 기후는 가히 살인적이다. 일 년을 통틀어 여덟 달은 비가 오지 않으며 기온은 54°까지 치솟는다. 비가 잦은 우기는 하드코어와 익스트림이란 표현밖에 할 수 없는데, 습도가 무려 100%까지 올라간다. 여유 있는 호주인들 조차 킴벌리의 우기를 '자살의 계절' 이라고 부른다니. 하드코어 캠퍼나 모험가들이 이곳을 사랑하는 이유가 절절하게 묻어 나오는 부분이기도 하다.

서호주의 자원

서호주의 주요 생산 자원의 구성을 보면 2009년 현재 철광석이 약 50%의 비중을 차지하고 그 다음 석유 31%, 금 8%, 알루미늄 7% 니켈 4% 순으로 지하자원 의존도가 높다.

서호주 주요 자원을 생산가치로 살펴보면 2007년 기준 총 536억$ 규모로서 석유가 약 167억$, 철광석이 155억$, 니켈 80억$의 순으로 구성되고 있다.

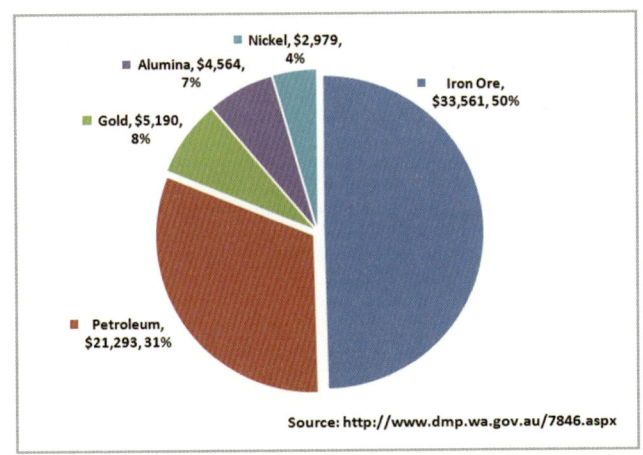

2008/2009 서호주의 주요 생산품(백만$).

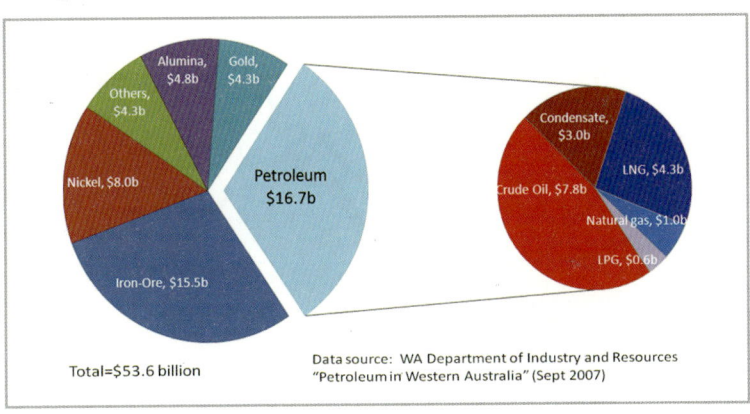

2007 서호주 주요 자원의 생산가치(백만$).

무선 통신망

남한의 약 33배에 해당하는 광활한 면적에 인구는 238만 명 정도로 인구밀도가 매우 낮기 때문에 무선통신망 사정이 좋지 않은 편이다. 180만여 명이 거주하고 있는 주도인 퍼스지역에만 3G 무선통신 서비스가 제공되며, 나머지 도시에서는 2G 무선통신인데 그나마 인구가 밀집되어 있는 남서부의 주요도시를 제외한 북서부와 북부의 지역에서는 일부 도시를 제외하고는 무선통신을 사용하기 어렵다고 생각하여야 한다.

현지에서의 무선통신을 위해서 각 통신사의 해외 로밍을 신청하지 말고, 국내에서 호주 SIM카드를 구입한 후 개통하여 가져가면 좋다. 갤럭시, 아이폰 등 최근의 모바일 폰은 대부분 SIM의 Country Lock 해제가 가능하므로 약 2~3만원의 SIM카드를 구입해 기존 모바일 폰에 갈아 끼우기만 해도 현지의 대도시에서 1개월 내 200분 정도 통화 및 하루 1MB 이하의 데이터 통신을 할 수 있다.

서호주 무선통신망 지도.

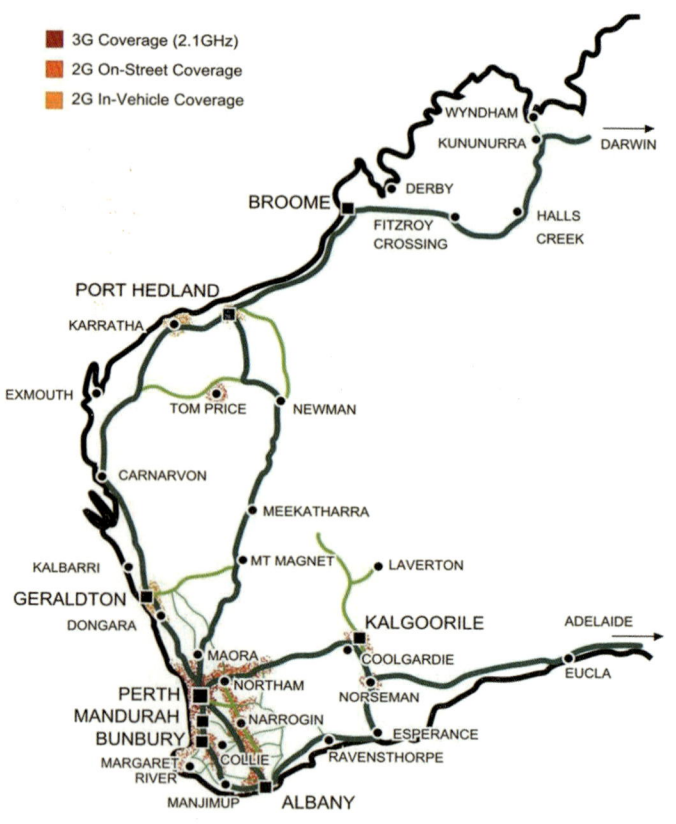

서호주로 가는 방법

서울에서 서호주까지 현재 직항 노선은 없다. 싱가포르 항공이나 캐세이 패시픽 항공을 이용해 각각 싱가포르와 홍콩을 경유해야 한다. 퍼스까지는 중간 연결 편 시간을 포함해 약 13시간이 소요된다. 이 밖에 콴타스 호주항공, 아시아나 및 대한항공은 시드니-서울 구간을 매일 운항하며, 시드니에서 퍼스까지는 국내선으로 편리하게 이동할 수 있다.

> 서울-퍼스 운항 캐세이패시픽: 주 10회 홍콩을 경유해 퍼스로 운항.

서호주는 동부 해안만큼 취항하는 도시들이 많지 않다. 서호주의 주도인 퍼스에서만 다른 도시로 연결해주는 몇 개의 항공 노선이 있을 뿐이다. 젯스타는 멜번의 아발론 공항에서만, 버진블루는 애들레이드/멜번/시드니/브리즈번에서 퍼스로 연결되는 항공편이 있으며 콴타스에서 다양한 노선을 연결하고 있기는 하지만 워낙 금액이 높아 여행자가 이용하기는 쉽지 않다.

출발도시	소요시간	콴타스 예상 요금	버진블루 예상 요금	젯스타 예상요금
시드니	4시간 정도	220~400	170~260	
멜번	4시간 정도	230~400	200~240	190~200
브리즈번	5시간 정도	340~470	250~300	
애들레이드	3시간 30분 정도	290~350	290~300	

퍼스로 가는 항공편.

그리고 브룸 - 퍼스 구간은 버진블루와 스카이웨스트를 이용할 수 있다. (스카이웨스트는 호주 서부 구간만을 운행하는 또 하나의 저가 항공이다. 버스를 통해 퍼스까지 가기는 쉽지 않다. 애들레이드-퍼스로 가는 구간이 없기 때문에 다윈에서 그레이하운드 버스를 이용해 퍼스까지 가거나(57시간 소요), 일단 브룸으로 간 후 브룸에서 퍼스까지 항공을 이용하는 방법이 있다.

> 다윈-퍼스: $ 872(57시간 소요) / 다윈-브룸: $ 428(24시간 소요)

기차를 이용한다면 시드니-애들레이드- 퍼스를 이어주는 Indian Percific을 이용해 시드니/ 애들레이드에서 기차를 타고 오는 방법이 있다.

> 시드니-퍼스: 슬리퍼 캐빈석 $ 1,362, 데이나이트석 $ 716
> (67시간, 2일 19시간 소요)
> 애들레이드-퍼스: 슬리퍼 캐빈석 $ 1,036, 데이나이트석 $ 458
> (39시간, 1일 15시간 소요)

시간대

호주에서는 세 가지 시간대가 있다. 서호주의 서부표준시간(AWST - GMT + 8:00), 남호주와 노던테리토리의 중부표준시간(ACST - GMT + 8:30) 그리고 뉴사우스웨일즈, 빅토리아, 태즈마니아, 퀸즐랜드의 동부표준시간(AEST - GMT + 10:00)이다. 중부 표준시(ACST)는 동부 표준시(AEST)보다 1시간 30분 늦으며 서부 표준시(AWST)는 동부 표준시(AEST)보다 2시간 늦다. 노던테리토리와 퀸즐랜드를 제외한 호주 전역에서는 일광절약 시간제(서머타임 제)를 실시한다.

일광절약 시간제

서머타임이라고도 알려져 있는 일광절약 시간제는 여름철인 12월, 1월과 2월 동안 실시하며, 시작할 때는 현지 시간을 1시간 앞당기며 종료 시에는 1시간 늦게 설정하게 된다. 정확한 시작 일자는 해당 호주 주정부에서 발표하는데, 퀸즐랜드와 노던테리토리에서는 일광절약 시간제 (서머타임)를 실시하지 않는다.

입국 절차

호주 및 뉴질랜드 국적 이외의 모든 해외 방문객은 호주 입국 전에 반드시 비자를 받아야 한다. 관광 목적으로 호주를 방문하는 경우 가까운 여행사 및 항공사를 통해 전자입국비자(ETA)를 간편하게 발급받을 수 있다. 기타 비자에 관한 사항은 주한 호주 대사관(전화: 2003-0100)을 방문하여 문의하면 된다.

면세품 및 관세

면세품 구입 및 관세 대상 물품 신고에 있어 일부 나이제한 품목이 있으니, 미리 확인하여야 한다. 해외 여행자들을 위한 관광객 반환금 제도 (Tourist Refund Scheme)에 관련된 안내서를 참조하면, 더 많은 세금 혜택을 받을 수 있다.

검역 및 세관

서호주는 지형적으로 다른 지역과 떨어져 있어 각종 질병으로부터 비교적 안전하며, 호주 내 세관과 검역 담당자들은 서호주의 독특한 환경 조건을 보존하기 위해 노력한다. 특히, 농산물의 수입이나, 이동에 있어 철저한 검역 절차를 거치게 된다.

특히, 신혼 여행객들이 많이 가지고 들어오는 견과류, 과일을 비롯하여 식물 종자나 야채, 꽃을 비롯하여 꿀, 동물, 조류 등은 서호주 환경에 영향을 미칠 수 있으므로 철저한 검역 대상이 된다.

입국할 때 의문 나는 소지품이 있으면 공항 검역(AQIS) 담당 직원에게 미리 신고하여야 하는데, 신고된 물품의 90%는 안전하게 돌려받을 수 있다. 신고하지 않은 물품의 경우 과세 대상이 될 수 있으니 주의하여야 한다.

도로체계

호주의 도로번호 부여체계는 1955년에 도입되었는데, 국가도로와 주도로가 있다. 국가도로는 방패 모양의 바탕으로 표시가 되는데 바탕이 흰색은 일반국도, 초록색은 국가고속도로이다. 국도의 일반적 도로번호 규칙은 남북방향은 홀수로, 동서방향은 짝수로 번호가 부여되고 있다. 또한 빅토리아주와 남호주주는 도로번호를 등급에 따라 M/A/B/C/D+숫자를 부여하는 체계를 가지고 있다. 그 외에 각 주 별로 주 도로와 도시간, 지역간 도로가 있다.

National highway

초록바탕에 노란색 글씨로 되어 있는 도로표시는 국가고속도로 체계이다. 퍼스-애들레이드, 퍼스-다윈과 같은 대도시를 연결한다.

State route

푸른색 방패모양의 바탕에 흰색글씨의 도로표지는 주요 지방 도시를 연결하는 주 도로체계이다.

National route

흰 바탕에 검은색 글씨로 되어있는 도로표지는 국가고속도로가 아니지만 호주 전체를 연결하는 국가도로.

State tourist drive

브라운 색 오각형모양의 바탕에 흰색글씨의도로표지는 주 관광도로이다. 아름다운 경관이나 역사적 관광명소 지역을 통과하는 도로.

주요 National Highway

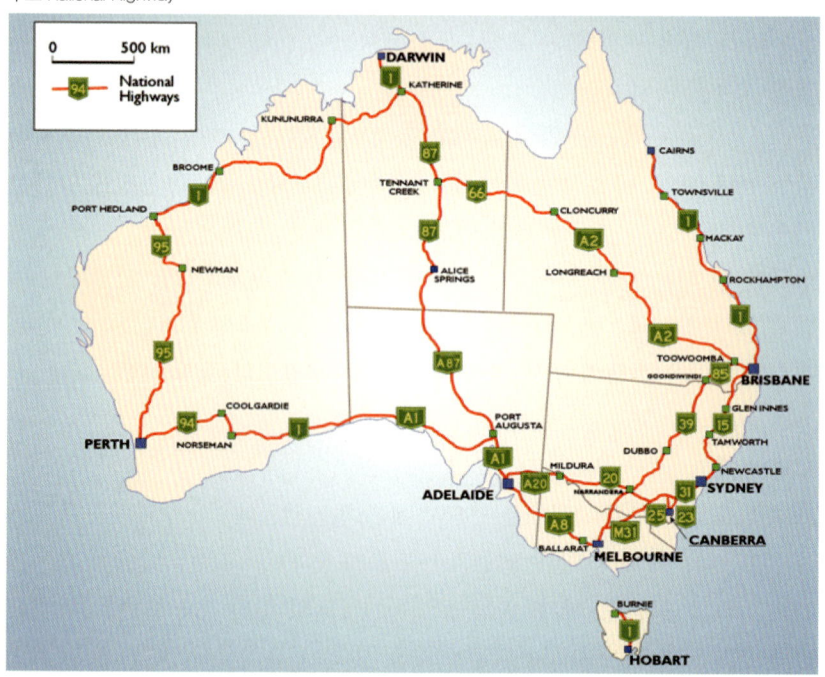

고속도로, 지방도로

호주에서는 주요 도시를 벗어나면 고속도로나 일반 국도에서 운전하기에 어려운 점은 없다. 오히려 한국보다 도로가 매우 한적하기 때문에 쾌적한 운전을 즐길 수 있다. 대부분의 차들이 주행차선 위주로 다니지만 간혹 주행차선의 차가 추월차선보다 더 빠른 속도로 지나가기도 하는 것을 보면 주행선으로 추월하는 것이 크게 문제되는 것 같지는 않다.

호주의 일반적인 고속도로

왕복 4차선이었다가 3차선으로 줄어들기도 하고, 속도규제도 100km였다가 80km로 줄어들기도 하면서 수시로 변한다. 우리나라에서와 같이 제한 속도를 넘겨 과속으로 달리는 차는 많이 볼 수 없고, 시속 100km의 고속도로에서 앞차를 추월할 때에도 잘 해야 시속 105km 정도로 천천히 가속을 하여 차 한 대를 추월하는 식으로 매우 여유롭게 운행을 한다.

2차선 지방도로

호주에서는 한적한 산길 정도 되어 보이는 2차선 국도에서도 제한 속도가 100km인 곳이 많다. 그만큼 도로 주변에서 사람, 집, 갑자기 튀어나오는 차량 등을 보기가 힘들다는 말도 된다. 가장 주의해야 할 사항은 동물과의 추돌사고이다.

과속 단속 카메라는 별로 없다

가끔 마을주변이나 특별한 위험 지역에 단속 카메라가 설치되어 있기도 하지만, 그렇게 많지는 않다. 카메라 설치의 목적이 단속보다는 속도를 줄이도록 하자는 것이기 때문에, 만일 카메라가 있더라도 미리 설치된 과속 카메라 안내판은 아주 커서 이것을 못 볼 수는 없을 것이다. 안내판과 단속 카메라의 모습은 아래 사진과 같으며, 주로 뒤에서 찍는다.

도로 규칙

일반적 도로 규칙

차량은 도로 좌측 통행이며, 안전벨트 착용은 탑승자 전원 의무 규정 사항이다. 운전자는 탑승자 전원의 안전벨트 착용 여부를 확인해야 한다. 로터리에서는 먼저 진입한 차량에게 반드시 양보를 해야 한다. 빠져나갈 때에는 언제나 좌측 방향 지시등을 켜야 하며, 신호등에 'U-턴 허용' 표시가 없으면 유턴을 할 수 없다. 대중 버스에게는 길을 양보해야 하며, 시골 열차의 경우 항상 예정대로만 운행되는 것은 아니므로 철도 건널목에서는 늘 주의해야 한다. 서호주 에서는 호주 내 다른 주 또는 국제 운전 면허증으로도 1년간 운전할 수 있는데, 면허증을 언제나 소지하여 경찰관이 요구하는 경우 제시해야 한다. 운전 중 휴대전화의 사용은 우리나라와 같이 불법이다.

제한 속도

제한 속도는 도로에 따라 다르지만 최고 속도는 시속 110km이다. 이 속도를 초과하여 운전하는 것은 위법이다. 주요 대도시 간선 도로의 경우, 제한속도가 대부분 시속 60km이며, 외곽도로는 대부분 일률적으로 시속 50km로 제한된다. 학교 구간은 확실하게 표시되어 있으며, 등 하교 시간대 각각 한 시간씩 하루 총 두 시간 동안 시속 40km로 제한된다. 프리웨이와 하이웨이에서의 제한속도는 대개 시속 80km에서 110km에 이른다. 서호주 경찰청은 차량용 레이더와 속도 감응 장치를 운용하고 있으며, 제한속도 위반 시 방문객들에게도 벌금이 부과된다.

세 계 최 장 트 럭
서호주의 동부(East)와 북부(North)로 여행하다 보면, 광산지대가 매우 많고, 로드트레인 이라고 불리는 지구상 가장 긴 트럭을 볼 수 있다. 도로 위의 기차라고 일컬어지는 이 초대형 차량의 길이는 보통 50m에 달한다. 총 60여 개의 바퀴 위에 대형 트레일러 3개까지 연결된 운송 트럭은 그야말로 장관이다. 로드 트레인의 최대 속도는 100km이며, 멈추려면 1km이상이 필요하다. 일반 차량을 운전하면서 짐을 가득 실은 이 로드 트레인을 안전하게 추월하려면, 수 km 혹은 30~40초가 필요하므로 전방에 충분한 여유가 있는지 주의해야 한다.

차량을 이용하여 서호주를 여행할 때 유의할 사항
안내지도를 활용하여 세심하게 여행계획을 수립할 것
차량을 직접 운전하여 서호주 현지를 돌아보는 캠핑여행의 경우에는 사전의 지도 준비 및 경로 파악이 매우 중요하다. 현지 도로안내도를 잘 준비하면 지도상에 로드하우스는 물론 캠핑사이트의 위치, 도로구간별 거리, 주유소 및 정비소의 위치 등이 자세히 표시되어 있으므로 이를 사전에 좀 더 치밀하게 파악하여 여행계획을 세우게 되면 Risk가 그만큼 줄어 든다. 예를 들면 지도상에 각 캠핑 사이트가 24시간 Open이 되는 곳인지, 급수가 되는 곳인지, 화장실이 있는 곳인지 또는 로드하우스에서 무료로 커피가 제공되는 곳인지, 가솔린과 경유 등 주유 가능한 유종 등 모든 것이 표시되고 있으므로 이러한 도상 범례를 잘 숙지하여 사전에 중간 휴게장소와 숙영지 목표를 미리 설정하고 운행을 하게 되면 매우 효율적이다.
이번 탐사의 경험에 비춰보면 지도 구입시에는 HEMA에서 발행된 지도가 매우 자세하게 표기되어 있으므로 추천을 하며, 인터넷으로 지도를 무료로 받을 수 있는 곳은 서호주 도로를 관리하는 Mainroads(http://www.

mainroads.wa.gov.au)사이트에 가면 무료로 65Page에 이르는 자세한 권역별 지도를 다운로드 받을 수 있다. Mainroads에서는 또한 서호주의 각 도로의 통행 제한 및 도로작업 등에 대해 수시로 업데이트 되는 공시 내용도 확인할 수 있다.

모바일폰(GPS) 및 구글어스를 활용하는 것도 좋은 방법이다. 구글어스는 호주의 거의 모든 지역을 상세 촬영하여 제공하고 있으므로, 구글어스로 현지의 도로 또는 방문 예정인 주요 도시의 세부 지도를 확대하면 구글어스 캐시에 해당 지역의 상세 화면이미지가 파일로 저장되므로 유용하게 사용할 수 있다. 사전에 인터넷이 연결된 상태에서 주요 장소를 확대하여 캐시에 축적된 파일을 PC에 저장해 가져가면 (2 GB까지 가능) 현지에서 인터넷 연결이 안 되는 상황에서도 구글어스를 활용할 수 있다. 또한 모바일폰의 GPS 기능을 활용하면 인터넷 연결이 안된 상태에서도 호주 어느 곳이든지 정확한 위도 & 경도 좌표를 확인할 수 있다. 경우에 따라 GPS를 활용하여 위치를 추적해 주는 어플리케이션을 미리 받아가면 현지에서 위, 경도가 표시된 지도 또는 구글어스와 함께 활용하여 항상 차량의 현재 위치의 파악이 가능하므로 절대 길을 잃을 염려가 없게 된다. 이번 호주 탐사에서도 유용하게 활용한 사례가 많다. 다만 모바일폰의 배터리 소모가 많이 되는 단점이 있는데, 차량 시가잭에 인버터를 꽂아 충전을 하면 문제는 간단히 해결된다.

렌터카 이용 시에는 반드시 보험에 가입하고 매뉴얼을 숙지할 것

렌터카를 빌릴 경우 가격이 조금 비싸더라도 가급적 새 차를 선택하고 보험가입 여부를 철저히 확인해야 하며, 조건에 명시된 운행구역을 벗어나지 않아야 한다. 이를 어길 경우 발생하는 모든 문제에 대하여 배상책임이 따르며, 사고시 보상도 받을 수 없다.

차량 렌트 후에는 반드시 주요 사양과 매뉴얼을 숙지해 두어야 한다. 가솔린을 넣는 차량인지 경유차량인지의 여부, 스페어 타이어 장착 여부와 사용법, 공구 비치 여부 등을 꼼꼼하게 미리 챙겨 두어야 비상시에 원활하게 대처할 수가 있다. 그와 더불어 차량고장 등 사고에 대비하여 각 중간 소도시의 정비업소, 비상연락처 등을 사전에 파악해 두는 것이 좋다. 서호주 현지에서는 도시간 거리가 굉장히 멀고, 또 고장 발생시 자동차를 수리할 정비업소를 찾기 힘들기 때문에 사전에 주요 포스트별 정비업체를 수배해 두는 것이 필요하다. 인터넷의 지역 정보나 관광안내서를 찾으면 주요 소도시의 정비업소 전화번호나 주소가 나와 있으므로 이를 사전에 정리해 두는 것이 좋다.

도로의 좌측 통행에 대해 미리 숙지할 것
호주의 도로는 좌측통행으로 우리나라와 반대로 되어있어서 매우 헷갈린다. 오랜 기간을 우측 도로주행에 익숙한 운전습관 때문에 순간적인 착각으로 사고가 유발될 수도 있다. 예를 들어 교차로에서 좌회전, 우회전을 할 때 무의식적으로 반대쪽 차선으로 진입하는 경우가 간혹 생긴다. 이럴 때를 대비해서 '좌회전은 짧게, 우회전을 길게'를 매뉴얼처럼 암기해 두면 유용하다. 오른쪽 방향에서 진행하는 차량이 있는지도 반드시 염두에 두어야 한다.

우선 차량에 대한 양보(Give Way)를 철저히 지킬 것
도로 주행 시 반드시 우측차선 차량, T형 도로상(T Junction)에서 진입하는 차량, 좌회전 차량, 직진 차량, 원형교차로(Round About)에서 우측에서 진입하는 차량 등 도로교통법에 규정된 우선순위 차량이나 자전거에게 반드시 양보해야 한다. 호주에서는 자전거 운전자도 차량운전자와 같은 권리와 의무가 있으므로 우측의 자전거에게 양보를 해야 한다. 자전거는 정차된 차량의 왼편으로 추월하게 되어 있으므로 교차로나 갈림길에서 정지 또는 출발하는 경우 특별히 주의해서 살펴보아야 한다. 자전거 차선 표시선은 전용차선이므로 절대로 들어가서는 안된다.

안전 대책 없이 비포장도로 운전을 삼가할 것

호주 내 대부분의 비포장 도로와 포장도로변의 비포장 부분 그리고 포장도로상에 깔려 있는 흙이나 모래는 매우 위험하다. 호주의 비포장 도로 표면의 흙이나 모래는 작은 구슬과 같다고 보면 된다. 주행 중 약간만 핸들을 돌려도 미끄러지며 시속 30km 이상인 경우 자동차 통제가 어려워지며 브레이크 사용시 차체가 전복될 가능성이 높다. 경사진 도로는 평지보다 위험율이 높아지므로 특별히 주의해야 한다. 내륙의 사막지대(Outback)를 여행할 경우에는 지도상의 포장도로를 주로 이용하고 비포장도로의 샛길로 가지 않도록 유념해야 한다. 비포장도로에서의 주의사항은 뒤쪽에 다시 정리해 두었다.

야생동물과의 충돌 가능성에 대비할 것

경찰에 보고된 서호주 내 아웃백에서 발생한 차량 사고 가운데 거의 50%는 차량과 동물의 추돌사고이다. 캥거루와 같은 호주의 동물들은 석양과 새벽에 움직임이 활발해 지는데, 야생동물의 그림이 인쇄된 노란색의 표지판이 있는 도로구간을 운행할 경우 야간은 물론 주간에도 최대한 주의하도록 하며 차량의 속도를 낮추어 여행하는 것이 최선이다. 도로 전방에서 동물과 조우하게 된다면 일직선상으로 브레이크를 확실하게 잡고 경적을 울린다. 도로상에 있는 것이 보다 안전하므로 도로를 이탈하지 않는 것이 좋다. 운전 중 동물을 치었을 경우 야생동물보호소에 신고 또는 이송해야 한다.

비포장도로(오프로드)에서 유념할 사항

호주의 도로 전체 중 약 60% 정도가 비포장 도로이다. 또한 동일한 오프로드 일지라도 지역의 기후, 도로의 상태, 통행량 등 여러 조건에 따라 다양하고 수 많은 위험이 도사리고 있으므로 오프로드로 들어가야 하는 경우에는 철저한 사전 준비가 필요하다. 대표적인 위험요소는 다음과 같다.

타이어 펑크

오프로드에서는 노반이 불규칙하고 굴곡이 심하며, 날카로운 자갈이나 나무 등 장애물로 인해 일반적인 타이어의 경우 펑크가 많이 발생한다. 따라서 일반 포장도로용 타이어를 장착한 2WD차량은 절대 오프로드 깊숙이 들어가서는 안되며, 불가피하게 통과해야 할 경우에는 예비 타이어와 수리장비 등 만반의 준비를 하여야 한다. 호주의 도로관리 담당 기관에서는 오프로드의 상태에 따라 2WD 차량의 통행을 금지시키는 경우가 많으므로 이를 유의 하여야 한다.

진흙 구덩이와 하천 통과

호주의 오프로드를 주행하는 경우 지형에 따라 크고 작은 하천을 만나게 된다. 특히 우기에는 많은 비로 인해 하천의 물이 불어나고, 흙으로 된 비포장 노반에 비가 스며들어 진흙구덩이가 생기게 되는데, 이러한 도로를 통과하다가 바퀴가 빠지거나 시동이 꺼져 오도가도 못하는 경우가 발생한다. 이 경우 4WD 차량은 네 바퀴에 굴림 동력이 공급되고 차상의 높이가 높으므로 비교적 사고 확률이 줄어들고, 혹시 빠진다 해도 빠져 나오기가 용이하지만 2WD 차량은 속수무책이 되기 쉽다. 따라서 도로청의 통행 제한 규칙을 철저히 준수하여 2WD 차량은 절대 허가되지 않은 오프로드 구간으로 진입해서는 안되며, 4WD 차량이라 할 지라도 오프로드의 상태에 따라 해당 도로조건에 견딜 수 있는 타이어의 장착, 만일의 사고에 대비한 견인로프의 준비, 비상 식량 및 통신 수단의 확보 등 철저한 준비를 해야 한다.

사고발생시 고립의 위험성

National Highway와 포장된 Regional Road등 주요 도로는 오프로드에 비해 차량통행이 상대적으로 많으므로 사고가 발생해도 구호가 가능하다. 그러나 작은 오프로드로 들어가게 되면 사람 또는 차량의 왕래가 거의 없다. 특히 더비를 중심으로 한 서부 킴벌리 지역 등은 우리나라보다 넓은 면적에 인구가 9,000여명 밖에 안 되는 저 인구밀도 지역이므로, 외딴 오프로드에서의 사고는 생명과 직결된다. 만일 뜨거운 여름날씨에 사막지역 깊숙이 들어가서 타이어가 펑크 나거나 차량이 구덩이에 빠져서 움직일 수 없는 상황이 발생했다고 가정해 보라, 이는 곧 죽음으로 직결될 수 있는 상황이다. 어떠한 경우에도 구호의 조치가 준비되지 않은 상태에서 오프로드 샛길로 빠지거나 외딴 도로로 들어가서는 안 된다.

도로 침수 및 유실 (우기의 범람, 사이클론)

서호주의 도로를 달리다 보면 곳곳에 침수지역(FLOODWAY)이라는 노란색 표지판을 볼 수 있다. 이는 우기 강우로 도로가 침수되는 경우에 대비한 주의 표지이다. 호주는 대부분 평지이고 우기의 강우 또는 사이클론 등으로 인해 갑작스런 폭우가 쏟아지는 경우가 많은데, 불어난 물이 흡수되거나 흘러 내려가지 못하고 도로 위를 덮쳐 침수가 되거나 도로가 유실되는 경우가 있다. 만일 운행 중 물이 불어난 침수지역을 만나게 되면 우회도로를 찾아 돌아가야 한다. 불가피하게 물에 침수된 도로를 건널 수 밖에 없는 상황이라면 다음과 같이 상황을 판단하여 최대한 안전하게 지나치도록 노력한다. 첫째, 물의 깊이가 차량의 문 아랫부분(물이 차 안으로 들어올 수 있는 높이)의 높이라면 가급적 주행하지 않기를 바란다. 둘째, 정말 불가피 하다면 타이어가 완전히 잠기지 않을 만큼의 수위까지만 용납할 것. 하지만 정말 위험한 수위다. 이 경우 전자기기가 망가질 수도 있으며 보다 더 심각한 것은 엔진이나 변속기 등으로 물이 들어갈 확률이 엄청 높다는 것이다. 정말 어쩔 수 없이 운전을 해야 한다면 저속기어로 최대한 빨리 벗어나야 한다.

야영장(Camp Site)과 카라반 파크(Caravan park)

호주의 야영장은 캠프사이트와 카라반 파크로 나누어 볼 수 있다. 기본적으로 캠프사이트는 캠핑만 가능한 곳을 말하고 카라반 파크는 텐트사이트와 대여용 카라반(끌로 다니는 캠핑카)이 있는 곳을 말한다. 시설은 카라반 파크 쪽이 더 잘 되어 있고 규모도 크다.

캠핑만 가능한 곳은 대부분 최소한의 시설 - 화장실과 수도만 있는 넓은 공터이거나 아무런 시설도 없이 넓은 공터만 있는 곳도 있다. 시설이 없으므로 관리인도 없고 찾아오는 사람도 없고. 매우 쓸쓸한 곳이 많다. 그렇지만 대 자연 속에서 호젓한 캠핑을 즐기기 위해 일부러 이런 곳을 찾아다니는 사람들도 있다. 이들은 대부분 캠핑카를 끌고 온다. 수도도 화장실도 없는 곳에서 며칠을 지내려면 텐트만 가지고는 어렵기 때문이다. 캠핑카가 있지 않다면 이런 캠프사이트는 피하는 게 좋다. 경치는 좋지만 너무 한적하고 기본적인 시설도 없이 황량한 곳일 가능성이 많기 때문이다.

카라반 파크에는 캐빈도 있고 텐트 사이트도 있고 여러 편의시설이 확실히 구비되어 있다. 네비게이션이나 자동차 여행자용 지도 책에는 캠프사이트와 카라반 파크가 구별돼 표시되어 있다. Caravan Park에는 캠프사이트 외에도 대여용 카라반이 많이 있다. 실제로는 텐트 치는 자리보다 카라반들이 차지하고 있는 면적이 더 넓다. 그렇지만 거의 모든 카라반들이 장기 투숙 자들(워킹홀리데이로 호주에 들어와 장기간 머무는 사람이거나 아예 이곳에 살림을 차리고서 도시로 출퇴근하며 살거나 하는 사람 등)에게만 대여를 하고 단기 여행자들에게는 대부분 빌려주지 않는다.

캐 빈

카라반 파크 중에는 단기 여행자들을 위해 조립식 건물 또는 통나무집 같은 '유닛'을 갖춘 곳들도 있다. 어느 카라반 파크에서 단기여행자를 위한 캐빈을 대여하는지는 현장에 가보기 전에는 알 수가 없다. 보통의 경우, 대도시 주변의 카라반 파크에서는 장기투숙자들에게만 월세로 숙소를 빌려주고, 대도시권이 아닌 관광지 쪽에 있는 곳에서는 단기여행자들을 위한 숙소도 마련되어 있다고 생각하면 된다. 따라서 호주의 야영장을 이용하려면 캠핑은 기본으로 생각하고 장비를 준비해 다녀야 한다. 카라반이나 캐빈에서 묵을 생각으로 텐트 없이 갔다가 빌려줄 방이 없다고 하면 낭패가 되고, 그럴 확률이 매우 높기 때문이다.

캐빈은 2인용도 있고 4인용도 있고 6인용도 있는데 요금은 6인용이 더 싸다. 6인용은 침대만 많을 뿐 내부 시설이 단순하기 때문이다. 실내에 화장실도 있고 샤워 실도 있는 2인실 요금은 일반 호텔 못지 않게 비싸지만, 화장실이 없는 4인실이나 6인실은 2인 기준 60불 내외고 사람이 많아지면 조금 더 내면 된다. 캐빈 안에는 냉장고와 싱크대, 가스 스토브가 있고 취사도구도 있지만 침구는 없다. 침구를 매일 세탁하는 것이 큰 일거리이기 때문에 침구는 각자 알아서 준비해와야 한다. 주방에는 전자레인지와 가스레인지, 냉장고를 갖추고 있을 수도 있고 없을 수도 있지만 수도는 없기 때문에 물은 길어와야 한다. 수도시설까지 다 갖춰진 캐빈은 없는 캐빈에 비해 20달러쯤 더 받는다.

출처: http://blog.naver.com/leehaduk

서호주 학습탐사 시에 유용한 몇가지 Tip

현지에서 카메라, 노트북, 핸드폰 충전기, 야간 교육을 위한 빔 프로젝터의 사용 등을 위해 AC 전기를 사용해야 할 필요성이 많다. 이 경우 차량 배터리에 연결해서 사용할 수 있는 인버터를 준비해 가면 유용하게 사용할 수 있다. 200W 정도 용량 제품이라면 3만원 내외면 구입이 가능하다. 다만 시가잭에는 100W 이상의 용량을 초과하면 휴즈가 끊어질 수 있으므로 유의해야 하며, 그 이상의 전력이 필요한 경우에는 인버터를 직접 차량용 배터리에 연결해야 한다.

호주의 겨울은 해가 짧다. 저녁 5시가 넘어 석양이 오는가 싶으면 순식간에 어둠이 내려 버린다. 특히 호주의 지형이 산이 거의 없는 평지이므로 더욱 그렇다. 때문에 미리 미리 캠핑장소를 사전에 물색하여 날이 어두워지기 전에 도착을 하는 것이 좋다. 또한 서호주는 일교차가 심한 편이므로 주의 깊게 옷을 선택해야 한다. 얇은 옷을 여러 벌 껴입은 후 날씨에 따라 하나씩 벗는 것도 방법일 수 있다. 침낭은 가급적이면 겨울용으로 준비하고 매트는 반드시 챙겨야 한다.

로드하우스에서 주유할 경우 : 여러 대의 차량을 렌트한 경우 시간 절약을 위해서는 가능하면 한꺼번에 주유를 하는 것이 좋다. 호주에서는 미국과 달리 대부분이 후불제이므로 주유기 넘버 등록을 하고 1호차 주유가 끝난 뒤에는 주유호스를 거치하지 말고 이어서 2호차에 주유를 해야 통산이 되어 결재가 한번에 끝나게 된다. 주유호스를 거치하면 종료가 되어 카운터에 다시 등록하기 전에는 기름이 나오지를 않는다.

샤워시설이 없는 서호주 학습탐사에서는 물휴지가 여러 가지 측면에서 꽤 유용하게 활용되므로 넉넉하게 준비한다. 물휴지로 세수도 하고 머리도 닦고 설거지도 할 수 있다. 시중에 얼굴 전용 물휴지도 나와 있으므로 자극에 약한 경우에는 신경 써서 미리 준비한다면 좋을 것이다.

Kimberley 지역의 도로 상황

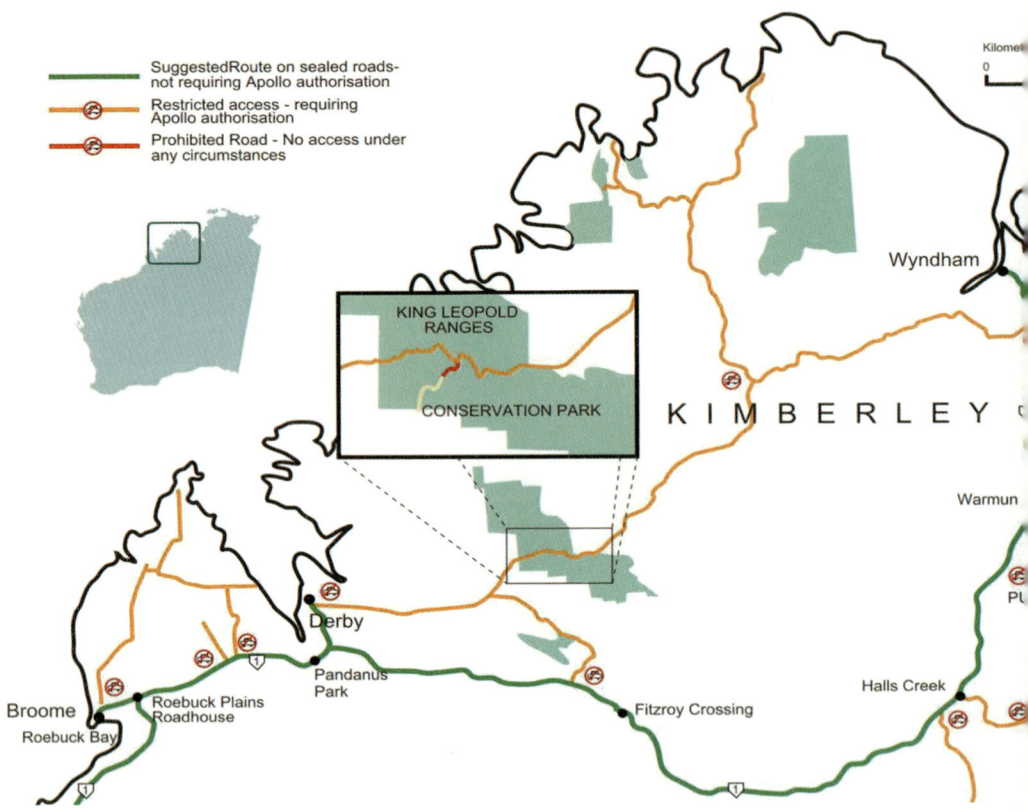

킴벌리지역은 1번 Great Northern Highway를 제외한 대부분의 도로가 비포장으로 되어있다. 비포장 도로는 굉장히 험하기 때문에 4WD와 적합한 타이어 등 장비를 갖추지 않고 진입하는 것은 매우 위험하다. 더구나 인적이 거의 없는 지역 특성상 자칫 큰 사고를 당할 수 있으므로 운행에 유의를 하여야 한다.

서호주 도로의 로드 하우스

모든 도로사고의 30 % 이상이 운전자의 피로에 그 원인에 있다. 안전하게 긴 여행을 계획할 때 운전자의 피로가 쌓이지 않도록 하기 위해서는 적정한 장소에서 중간중간 휴식을 취하는 것이 필요하다. 서호주의 주요 도로에 있는 수많은 로드하우스는 운전중의 짧은 휴식과 피로를 풀 수 있도록 마련된 휴게시설이다. 장거리 운전 중에는 최소한 4시간마다 약 10분 이상의 휴식이 필요하다. 아래의 'FREE COFFEE FOR DRIVER'표지가 있는 로드 하우스에서는 운전자의 휴식을 위해 무료로 커피를 제공한다.

서호주의 도로와 로드하우스를 관리하는 곳은 Main Roads라는 기관이며 연락처는 138 138 이다. 인터넷에서 http://www.mainroads.wa.gov.au 을 방문하면 서호주의 도로에 관한 지도, 상황, 통제구역, 날씨 등 여러 가지 정보를 얻을 수 있다.

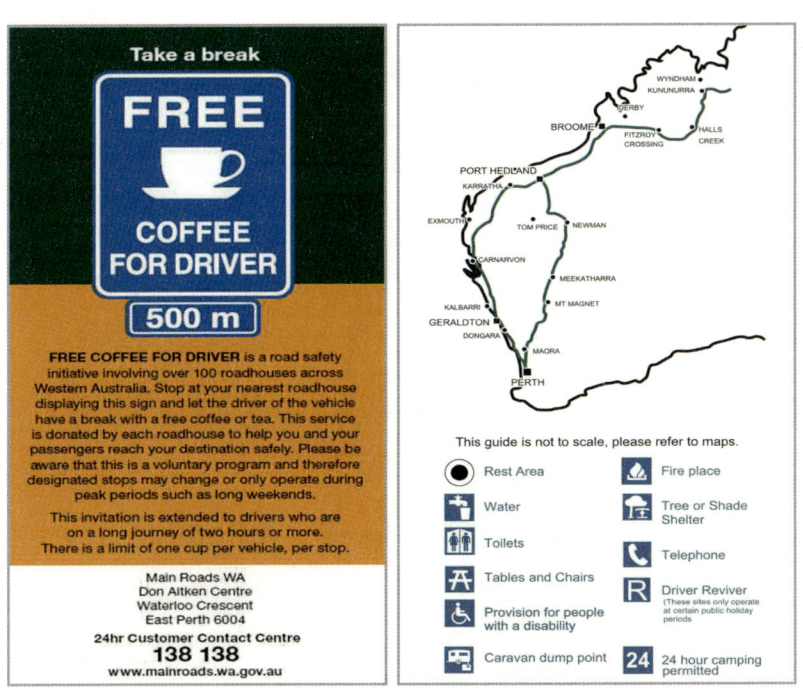

Main roads 에서 발간한 로드하우스 안내 책자에서 발췌.

서호주 주요도로 구간별 이정표 및 로드하우스 & 캠핑사이트 현황

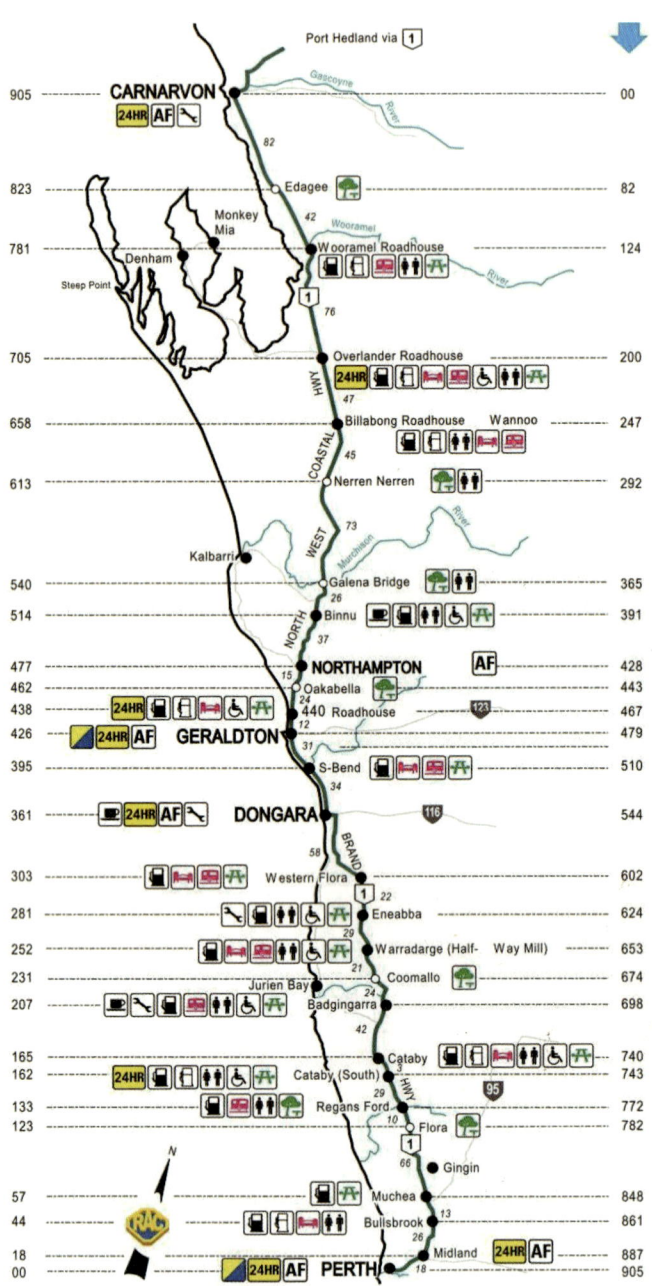

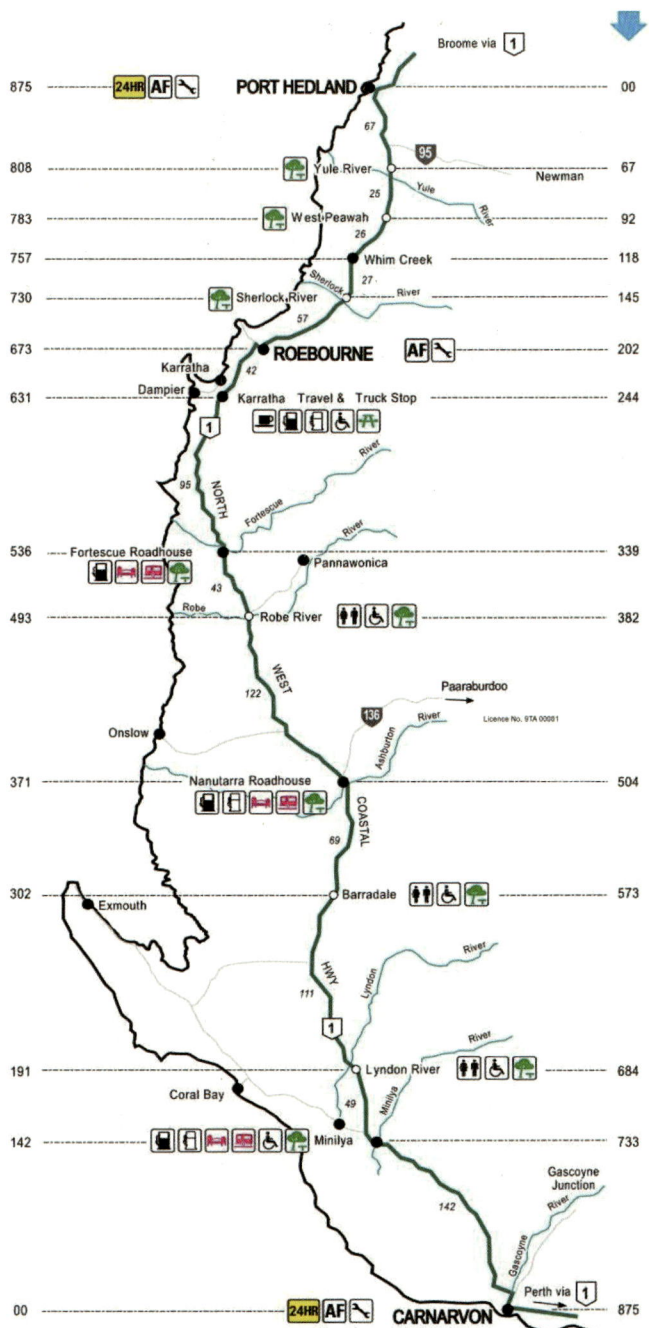

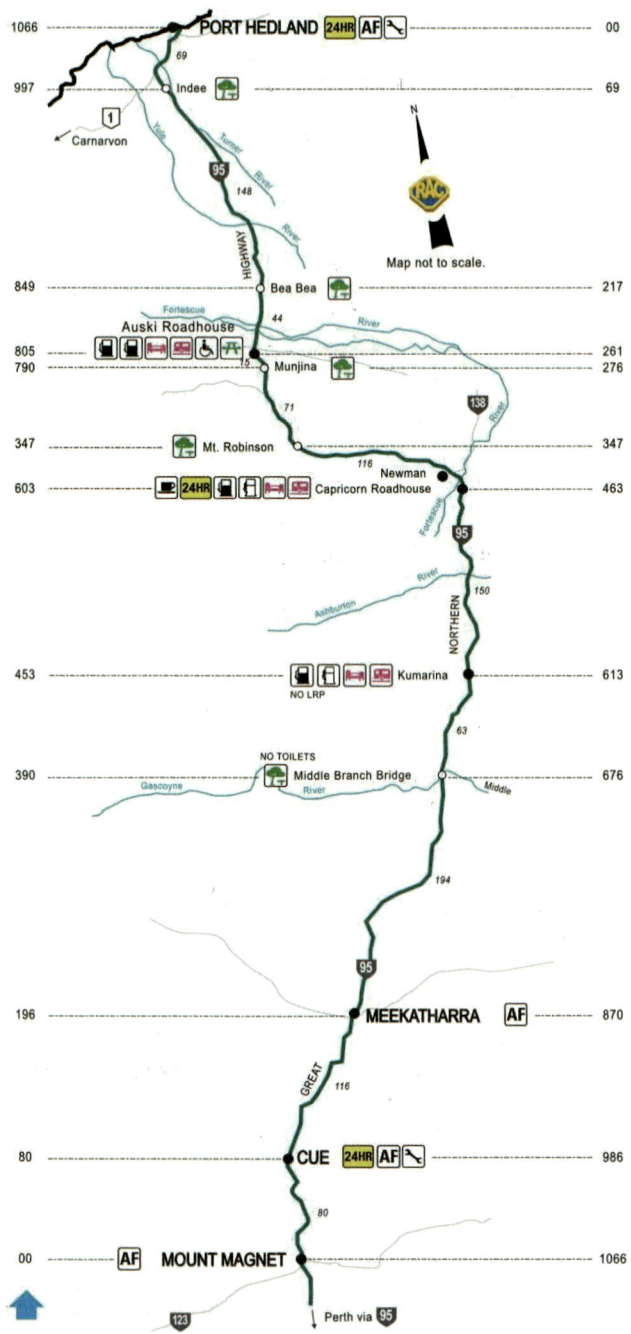

엑스마우스 및 닝갈루 리프지역 상세지도

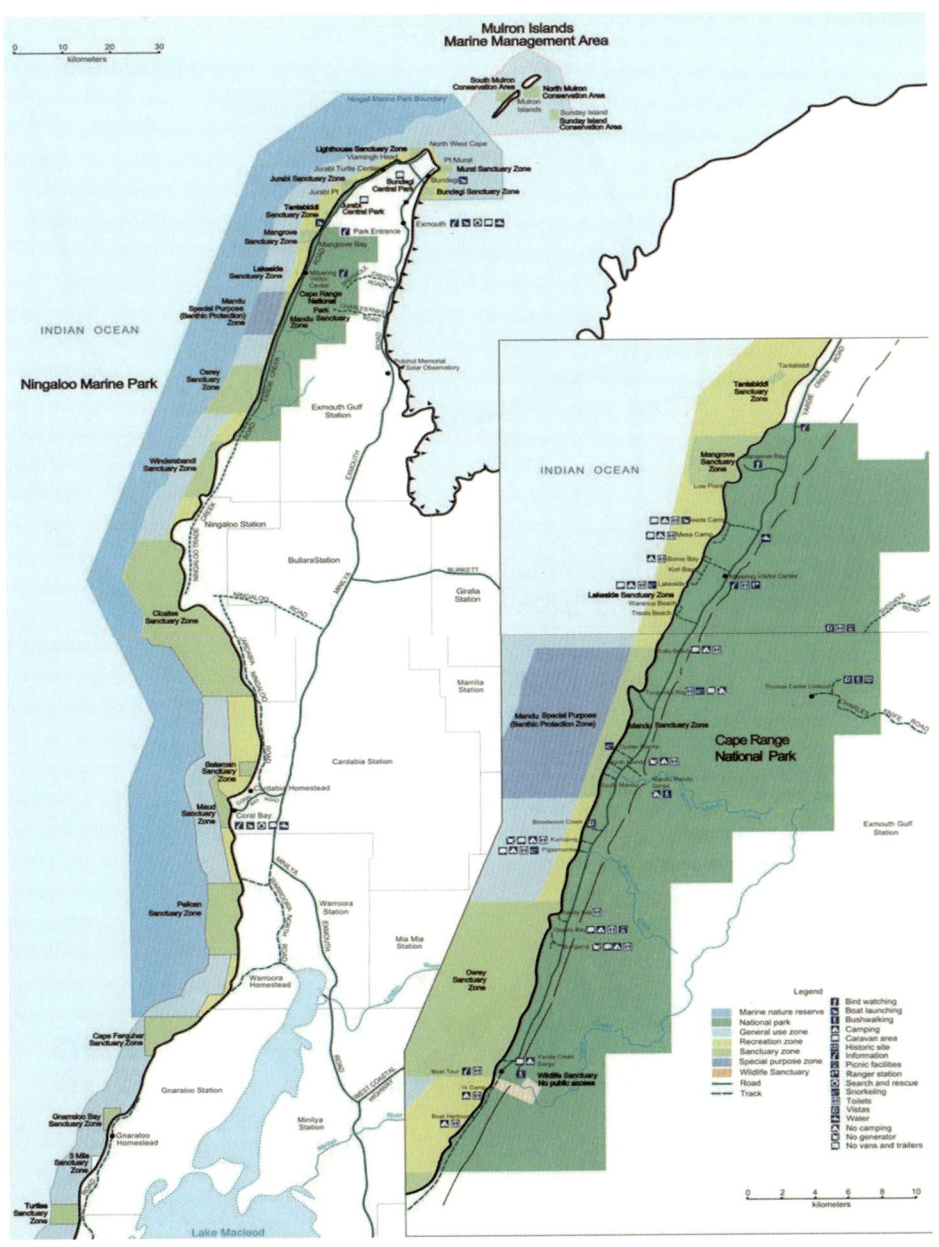

피츠로이 크로싱(Fitzroy Crossing) 상세 지도

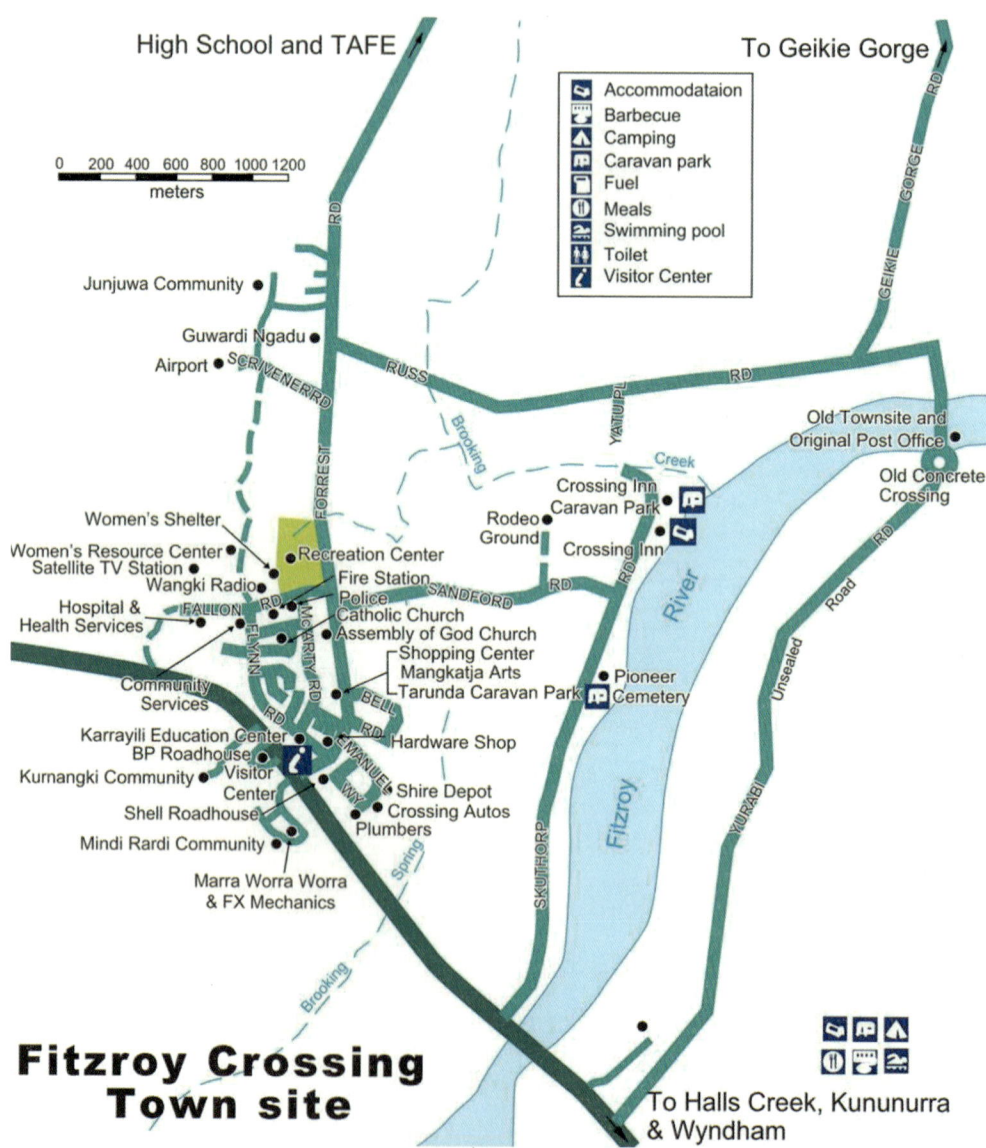

피츠로이 크로싱의 시내 지도, 약 1,000명 남짓한 인구가 살고 있는 작은 도시이지만 병원과 쇼핑센터, 우체국, 호텔 등이 있어 이 지역에서는 매우 중요한 거점이 된다. 가까이에 Geikie Gorge National Park 가 위치하고 있다.

톰프라이스(Tom Price) 시가 지도

톰프라이스 시가 지도. 탐사대 차량의 타이어가 펑크 났을 때, 정비소를 찾는데 결정적인 도움을 준 지도이다.

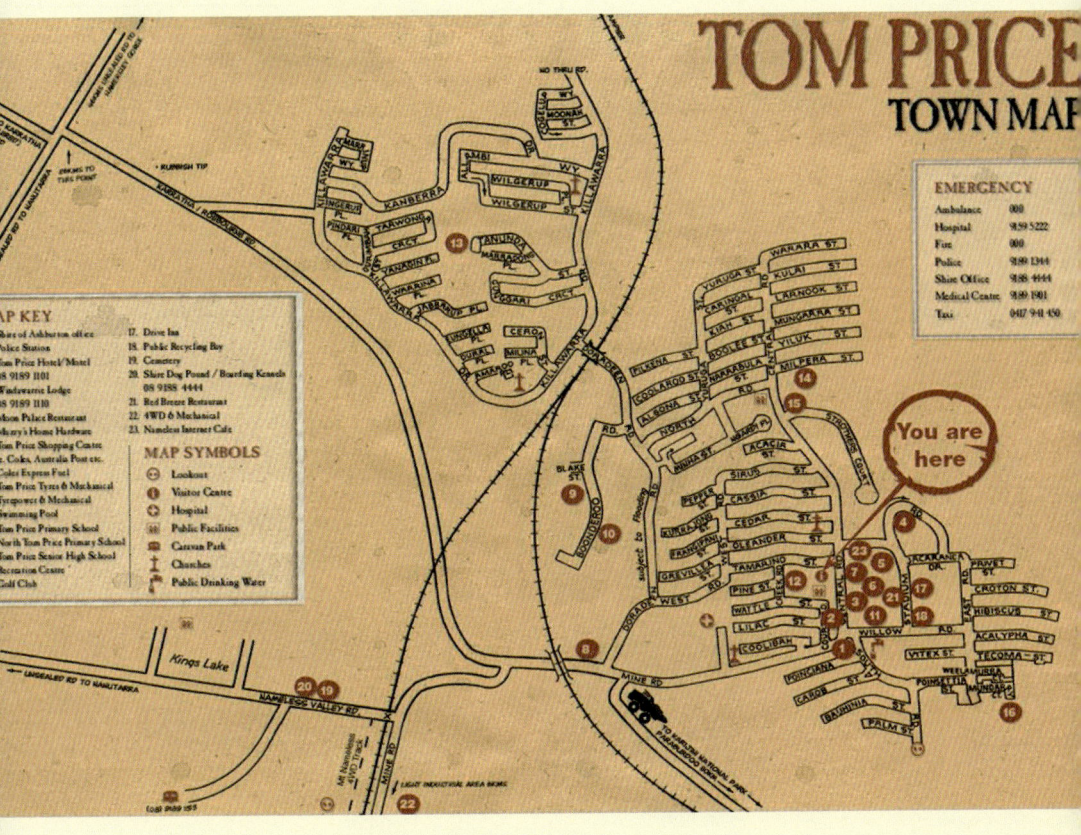

Karijini 국립공원 지역 세부 안내도

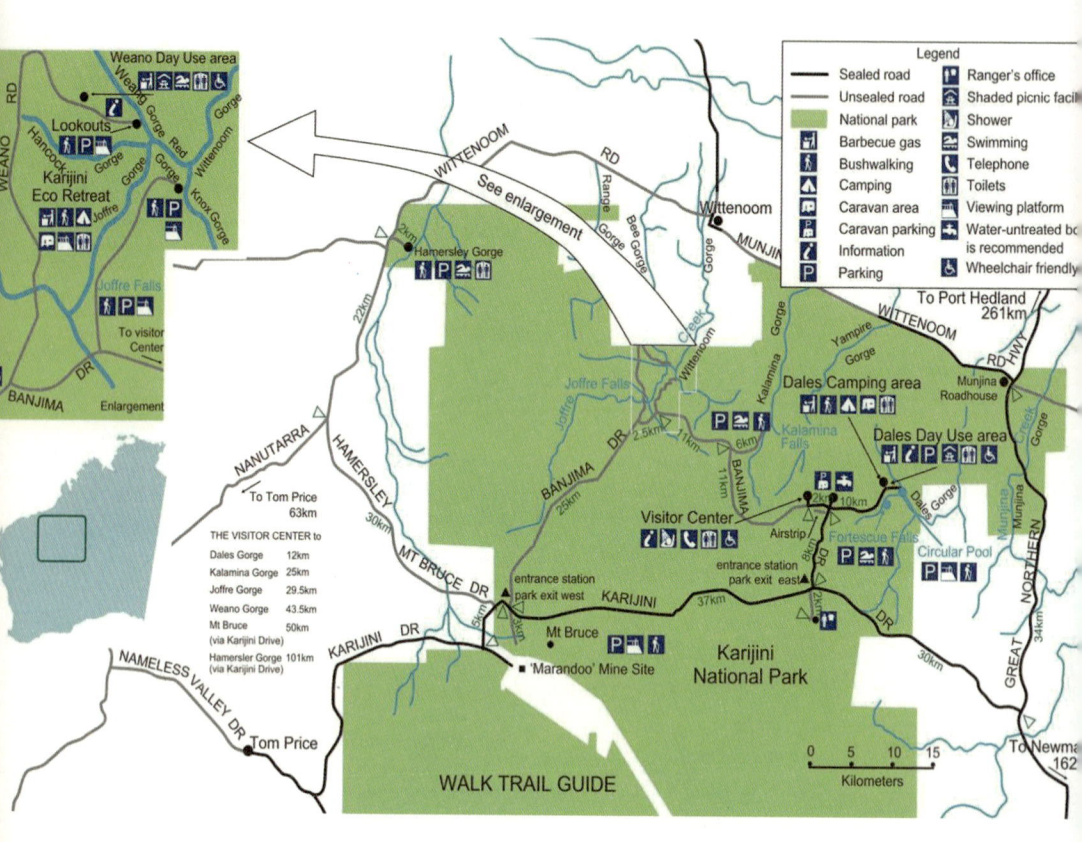

Karijini 국립공원 관광안내 팜플렛(발췌)

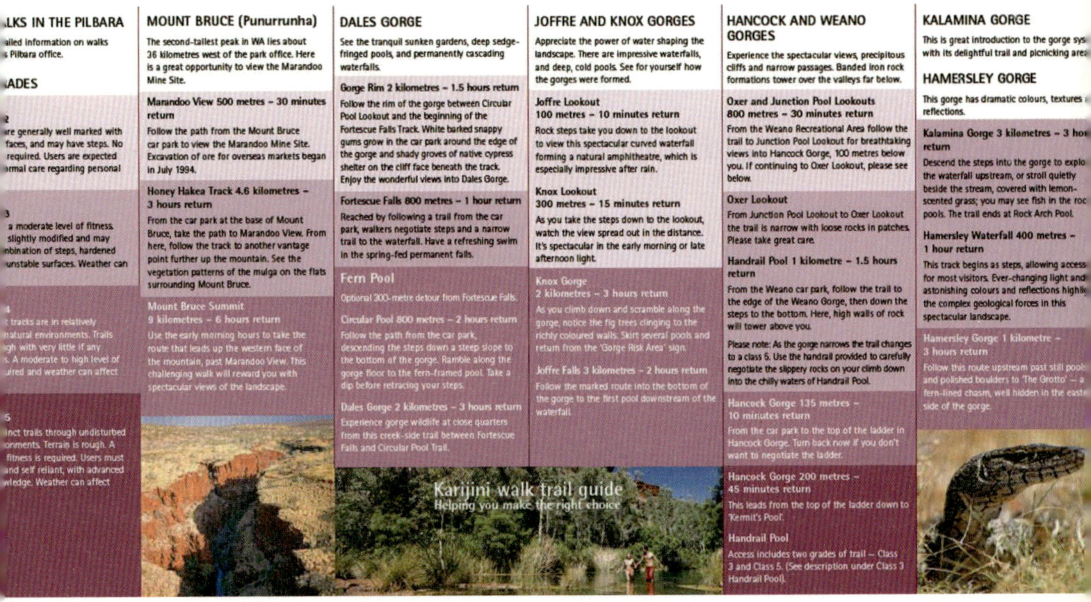

ALKS IN THE PILBARA
ailed information on walks
s Pilbara office.

ADES

are generally well marked with
faces, and may have steps. No
required. Users are expected
rmal care regarding personal

a moderate level of fitness,
slightly modified and may
ombination of steps, hardened
unstable surfaces. Weather can

t tracks are in relatively
natural environments. Trails
igh with very little if any
. A moderate to high level of
uired and weather can affect

inct trails through undisturbed
onments. Terrain is rough. A
fitness is required. Users must
and self reliant, with advanced
wledge. Weather can affect

MOUNT BRUCE (Punurrunha)
The second-tallest peak in WA lies about
36 kilometres west of the park office. Here
is a great opportunity to view the Marandoo
Mine Site.

Marandoo View 500 metres – 30 minutes return
Follow the path from the Mount Bruce
car park to view the Marandoo Mine Site.
Excavation of ore for overseas markets began
in July 1994.

*Honey Hakea Track 4.6 kilometres –
3 hours return*
From the car park at the base of Mount
Bruce, take the path to Marandoo View. From
here, follow the track to another vantage
point further up the mountain. See the
vegetation patterns of the mulga on the flats
surrounding Mount Bruce.

Mount Bruce Summit
9 kilometres – 6 hours return
Use the early morning hours to take the
route that leads up the western face of
the mountain, past Marandoo View. This
challenging walk will reward you with
spectacular views of the landscape.

DALES GORGE
See the tranquil sunken gardens, deep sedge-
fringed pools, and permanently cascading
waterfalls.

Gorge Rim 2 kilometres – 1.5 hours return
Follow the rim of the gorge between Circular
Pool Lookout and the beginning of the
Fortescue Falls Track. White barked snappy
gums grow in the car park around the edge
of the gorge and shady groves of native cypress
shelter on the cliff face beneath the track.
Enjoy the wonderful views into Dales Gorge.

Fortescue Falls 800 metres – 1 hour return
Reached by following a trail from the car
park, walkers negotiate steps and a narrow
trail to the waterfall. Have a refreshing swim
in the spring-fed permanent falls.

Fern Pool
Optional 300-metre detour from Fortescue Falls.

Circular Pool 800 metres – 2 hours return
Follow the path from the car park,
descending the steps down a steep slope to
the bottom of the gorge. Ramble along the
gorge floor to the fern-framed pool. Take a
dip before retracing your steps.

Dales Gorge 2 kilometres – 3 hours return
Experience gorge wildlife at close quarters
from this creek-side trail between Fortescue
Falls and Circular Pool Trail.

JOFFRE AND KNOX GORGES
Appreciate the power of water shaping the
landscape. There are impressive waterfalls,
and deep, cold pools. See for yourself how
the gorges were formed.

Joffre Lookout
100 metres – 10 minutes return
Rock steps take you down to the lookout
to view this spectacular curved waterfall
forming a natural amphitheatre, which is
especially impressive after rain.

Knox Lookout
300 metres – 15 minutes return
As you take the steps down to the lookout,
watch the view spread out in the distance.
It's spectacular in the early morning or late
afternoon light.

Knox Gorge
2 kilometres – 3 hours return
As you climb down and scramble along the
gorge, notice the fig trees clinging to the
richly coloured walls. Skirt several pools and
return from the 'Gorge Risk Area' sign.

Joffre Falls 3 kilometres – 2 hours return
Follow the marked route into the bottom of
the gorge to the first pool downstream of the
waterfall.

HANCOCK AND WEANO GORGES
Experience the spectacular views, precipitous
cliffs and narrow passages. Banded iron rock
formations tower above the valleys far below.

Oxer and Junction Pool Lookouts
800 metres – 30 minutes return
From the Weano Recreational Area follow the
trail to Junction Pool Lookout for breathtaking
views into Hancock Gorge, 100 metres below
you. If continuing to Oxer Lookout, please see
below.

Oxer Lookout
From Junction Pool Lookout to Oxer Lookout
the trail is narrow with loose rocks in patches.
Please take great care.

Handrail Pool 1 kilometre – 1.5 hours return
From the Weano car park, follow the trail to
the edge of the Weano Gorge, then down the
steps to the bottom. Here, high walls of rock
will tower above you.

Please note: As the gorge narrows the trail changes
to a class 5. Use the handrail provided to carefully
negotiate the slippery rocks on your climb down
into the chilly waters of Handrail Pool.

*Hancock Gorge 135 metres –
10 minutes return*
From the car park to the top of the ladder in
Hancock Gorge. Turn back now if you don't
want to negotiate the ladder.

*Hancock Gorge 200 metres –
45 minutes return*
This leads from the top of the ladder down to
'Kermit's Pool'.

Handrail Pool
Access includes two grades of trail – Class
3 and Class 5. (See description under Class 3
Handrail Pool).

KALAMINA GORGE
This is great introduction to the gorge syst
with its delightful trail and picnicking area

HAMERSLEY GORGE
This gorge has dramatic colours, textures
reflections.

Kalamina Gorge 3 kilometres – 3 hou return
Descend the steps into the gorge to explo
the waterfall upstream, or stroll quietly
beside the stream, covered with lemon-
scented grass; you may see fish in the roc
pools. The trail ends at Rock Arch Pool.

*Hamersley Waterfall 400 metres –
1 hour return*
This track begins at steps, allowing access
for most visitors. Ever-changing light and
astonishing colours and reflections highli
the complex geological forces in this
spectacular landscape.

*Hamersley Gorge 1 kilometre –
3 hours return*
Follow this route upstream past still pools
and polished boulders to 'The Grotto' – a
fern-lined chasm, well hidden in the easte
side of the gorge.

Karijini walk trail guide
Helping you make the right choice

필바라(Pilbara) 지역의 주요 철광산 현황

부록 485

서호주의 지역별 도로지도

Main roads 발간 지도에서 발췌.

Perth - Geraldton | via Gingin, Dongara and Greenough on Brand Hwy

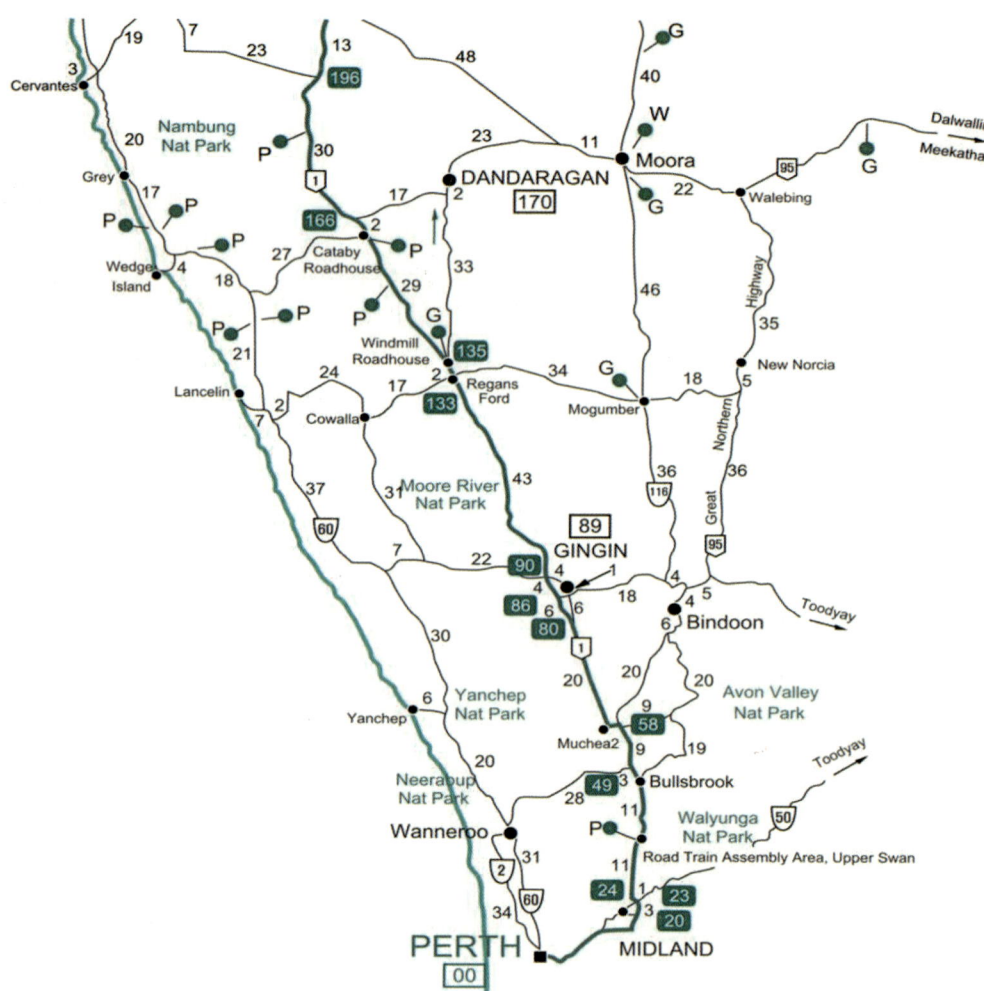

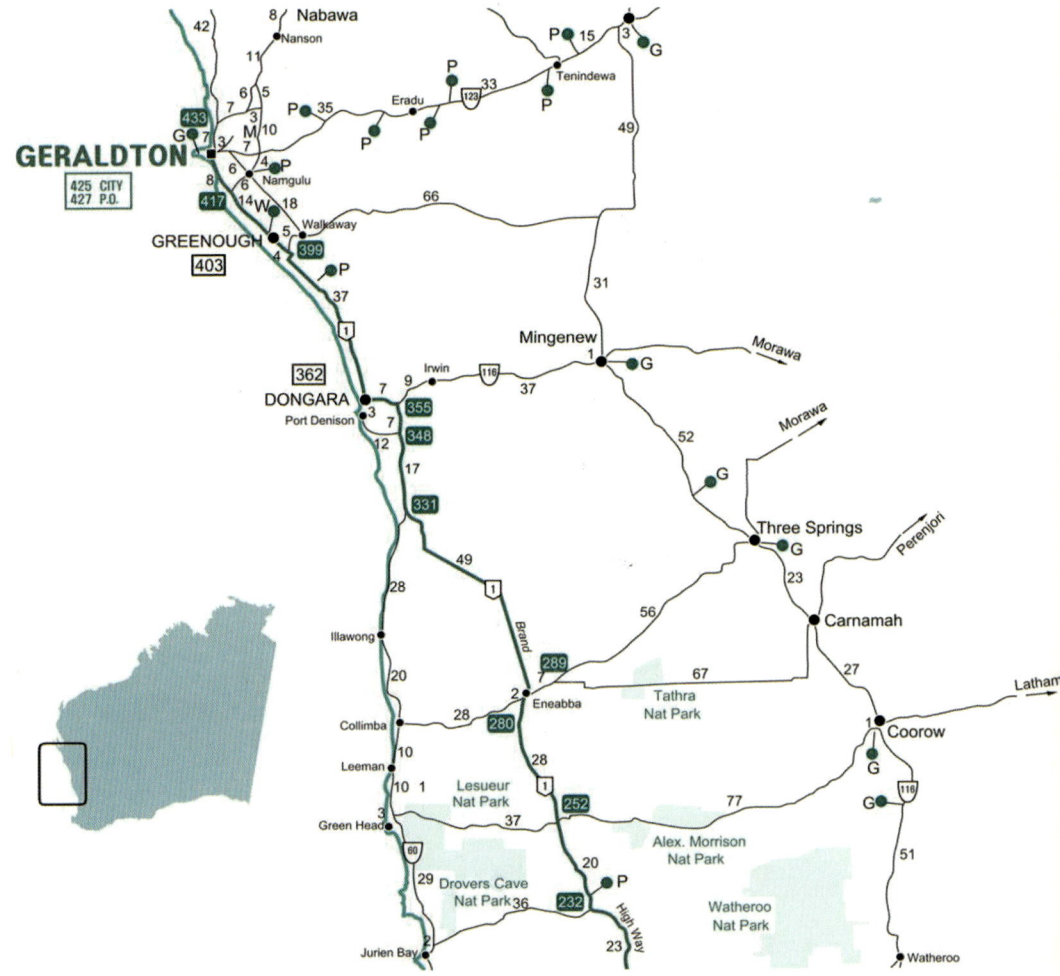

Geraldton - Port Hedland | via Northampton, Carnarvon and Karratha

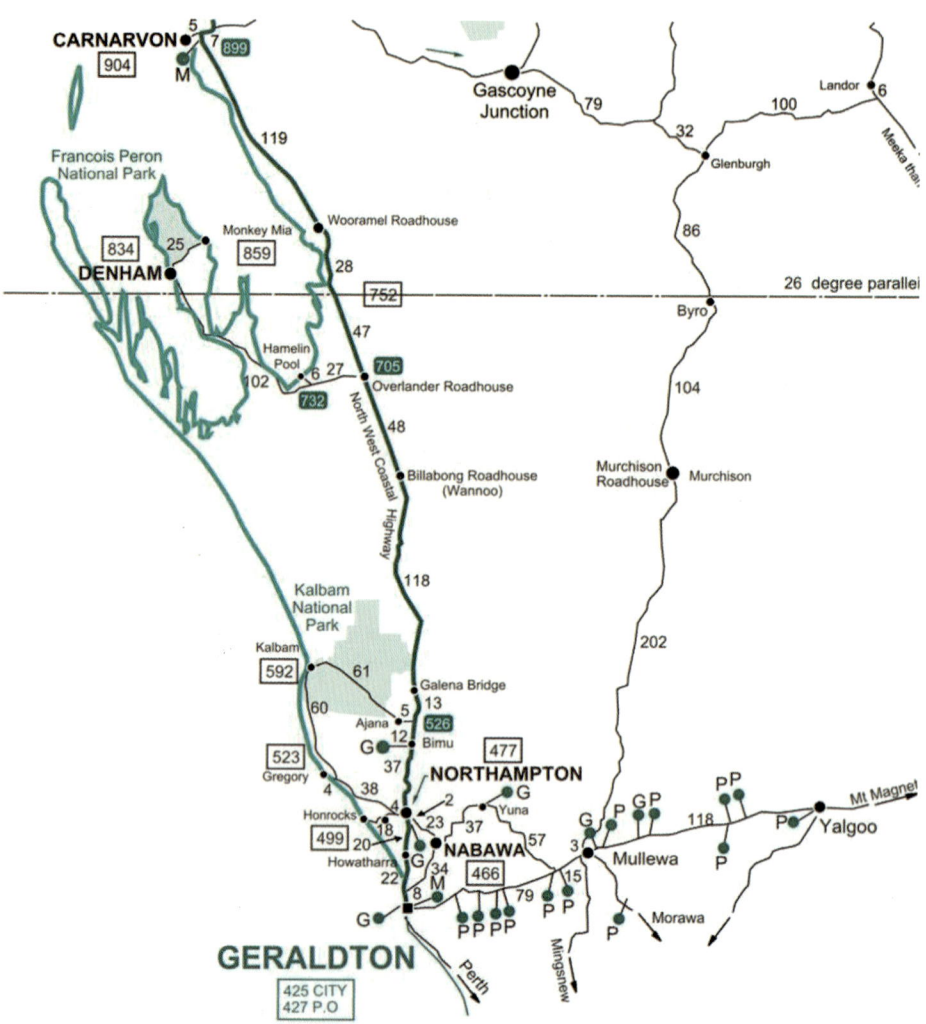

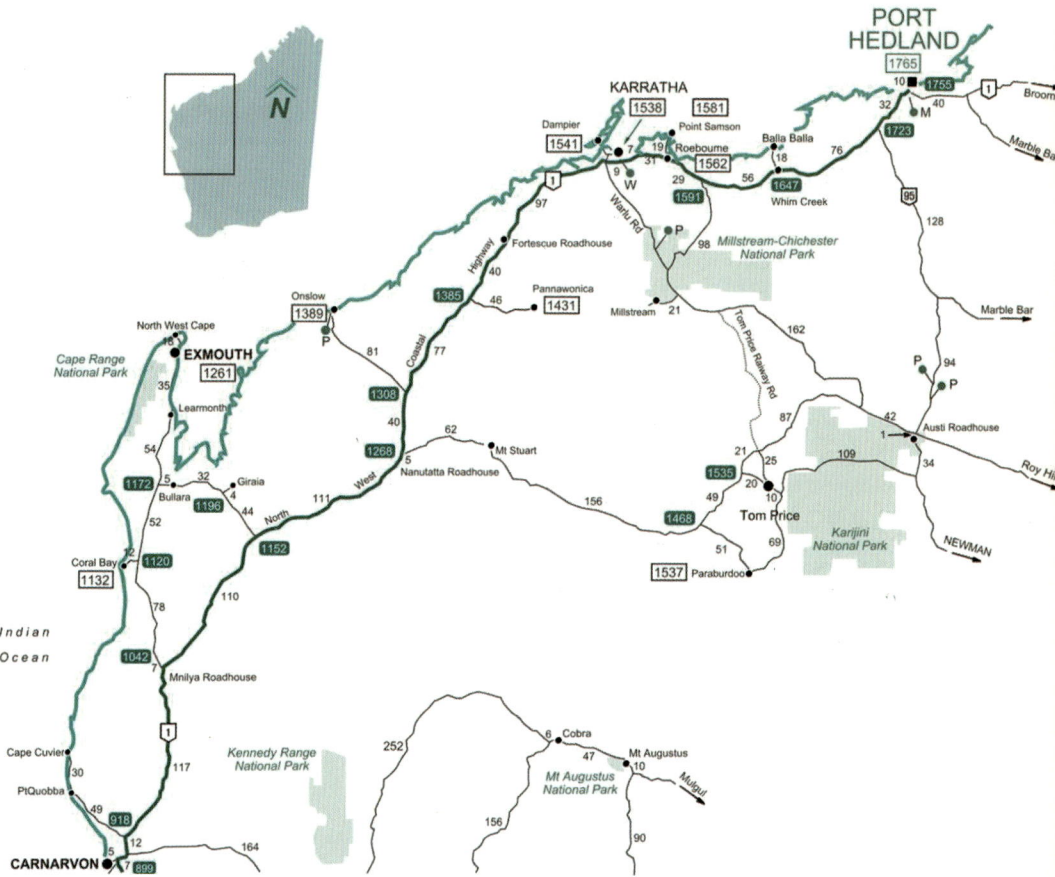

부록 489

Port Hedland - Purnululu | via Halls Creek

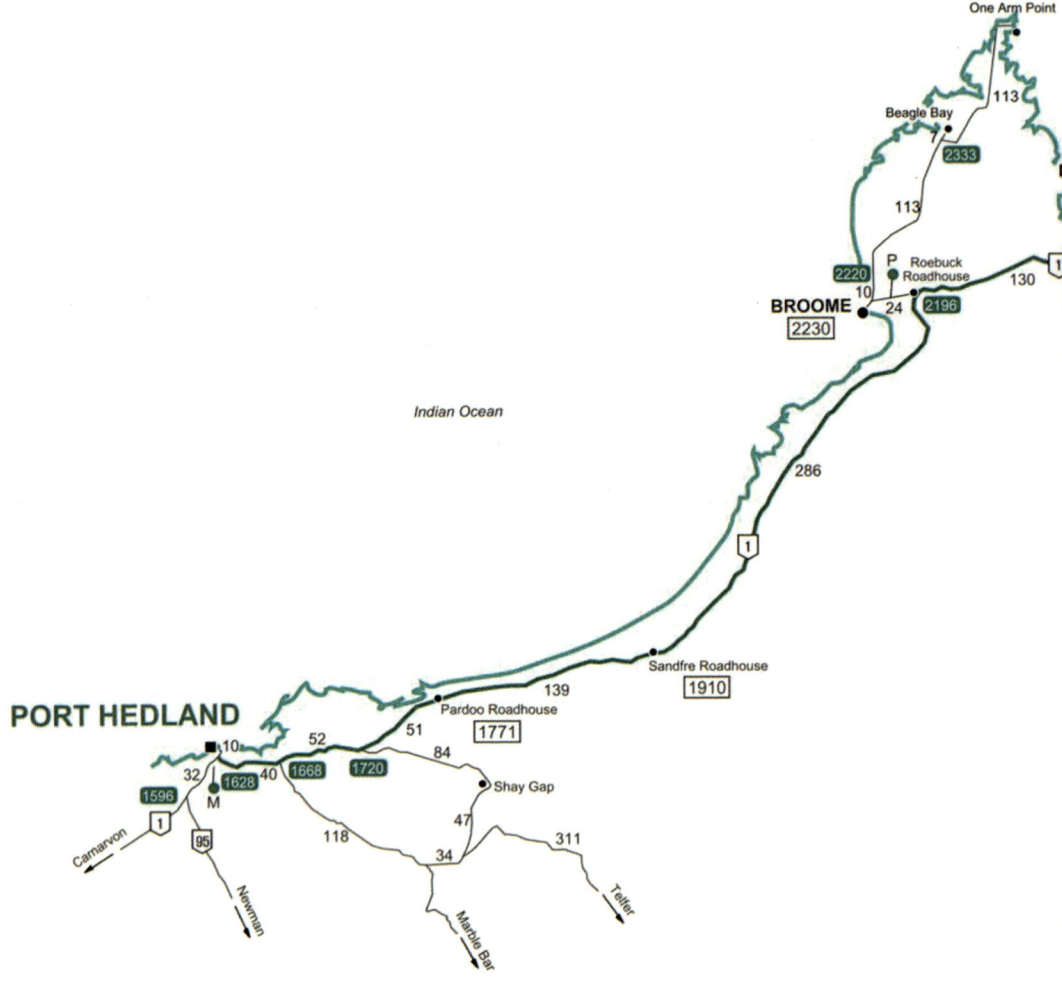

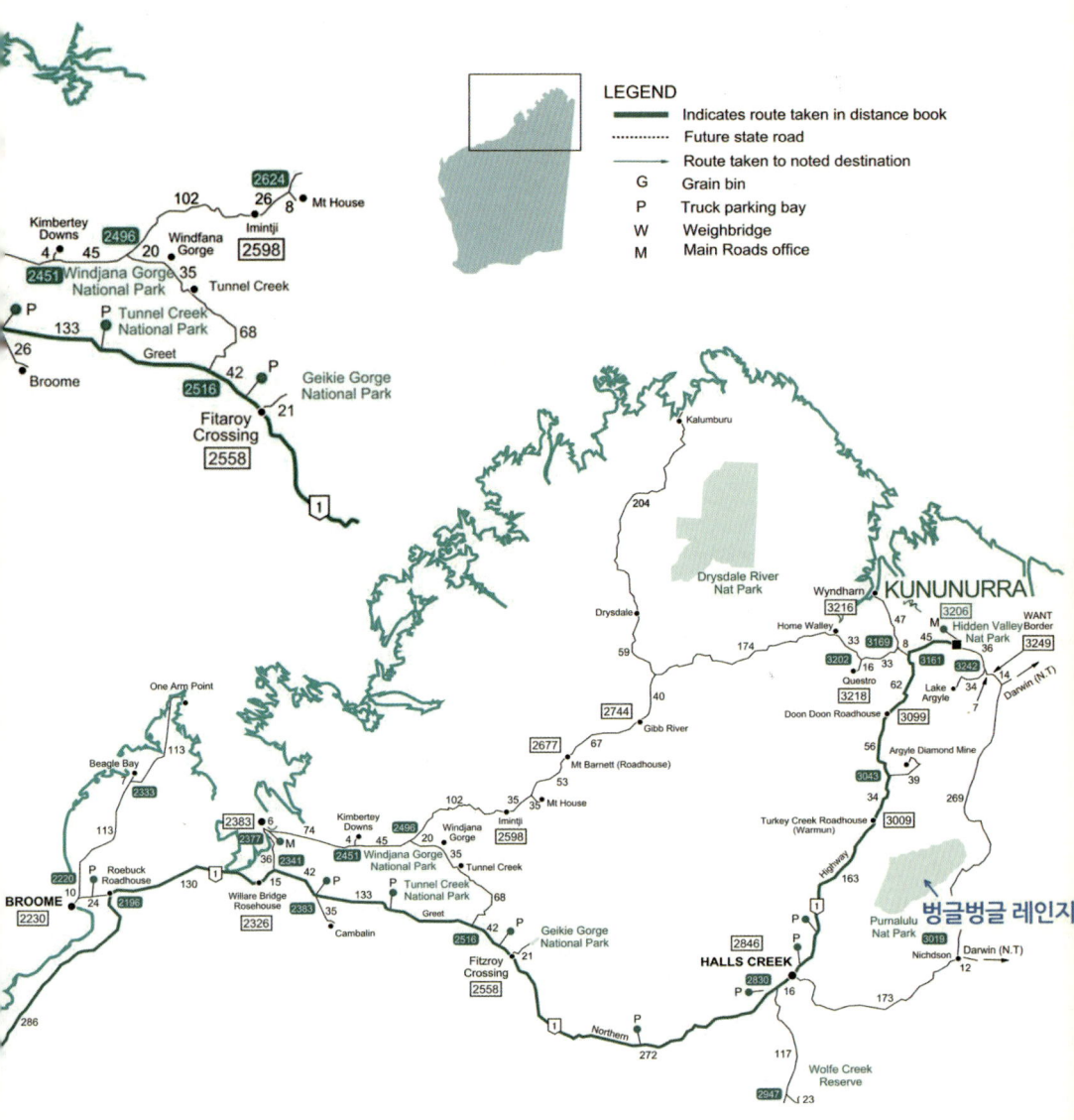

Port Hedland - Mt Magnet | via Cue, Meekatharra and Newman

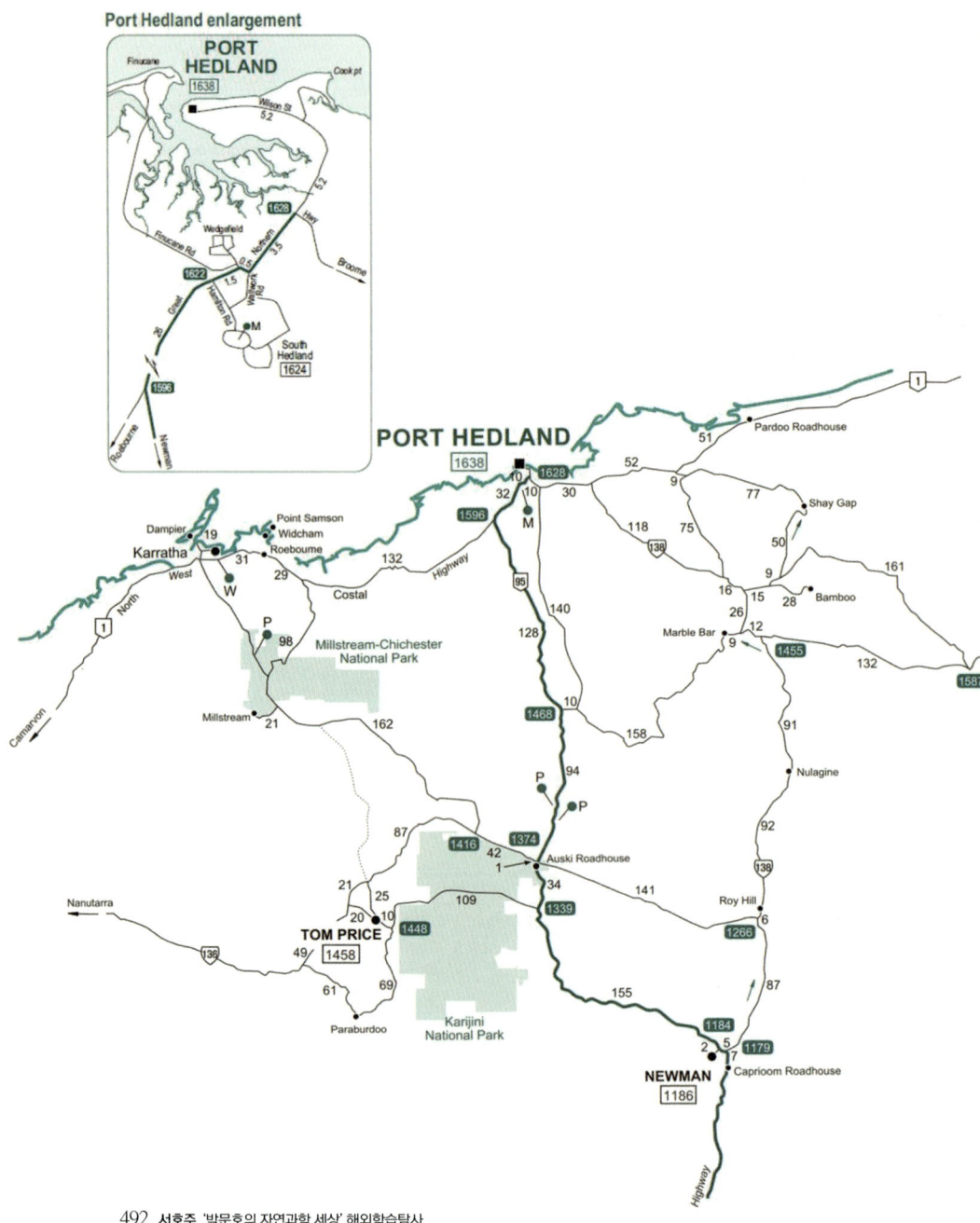

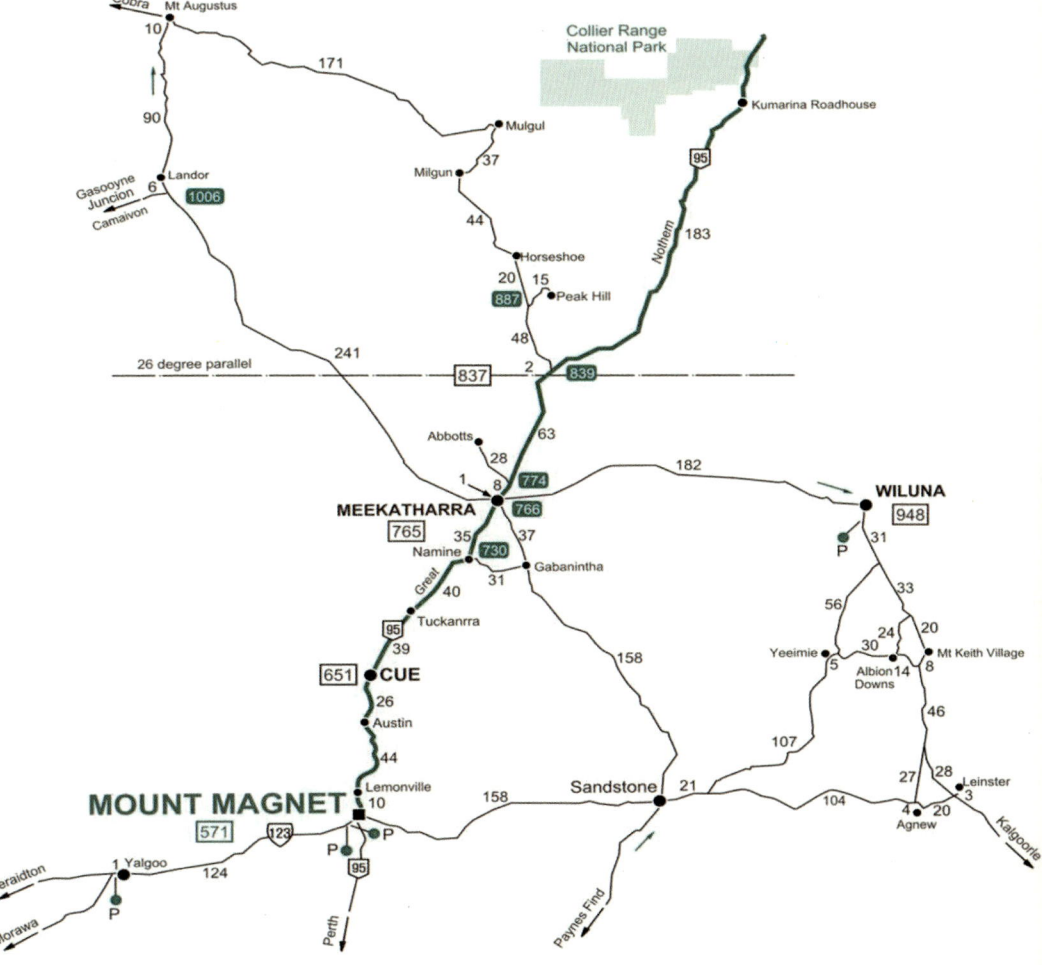

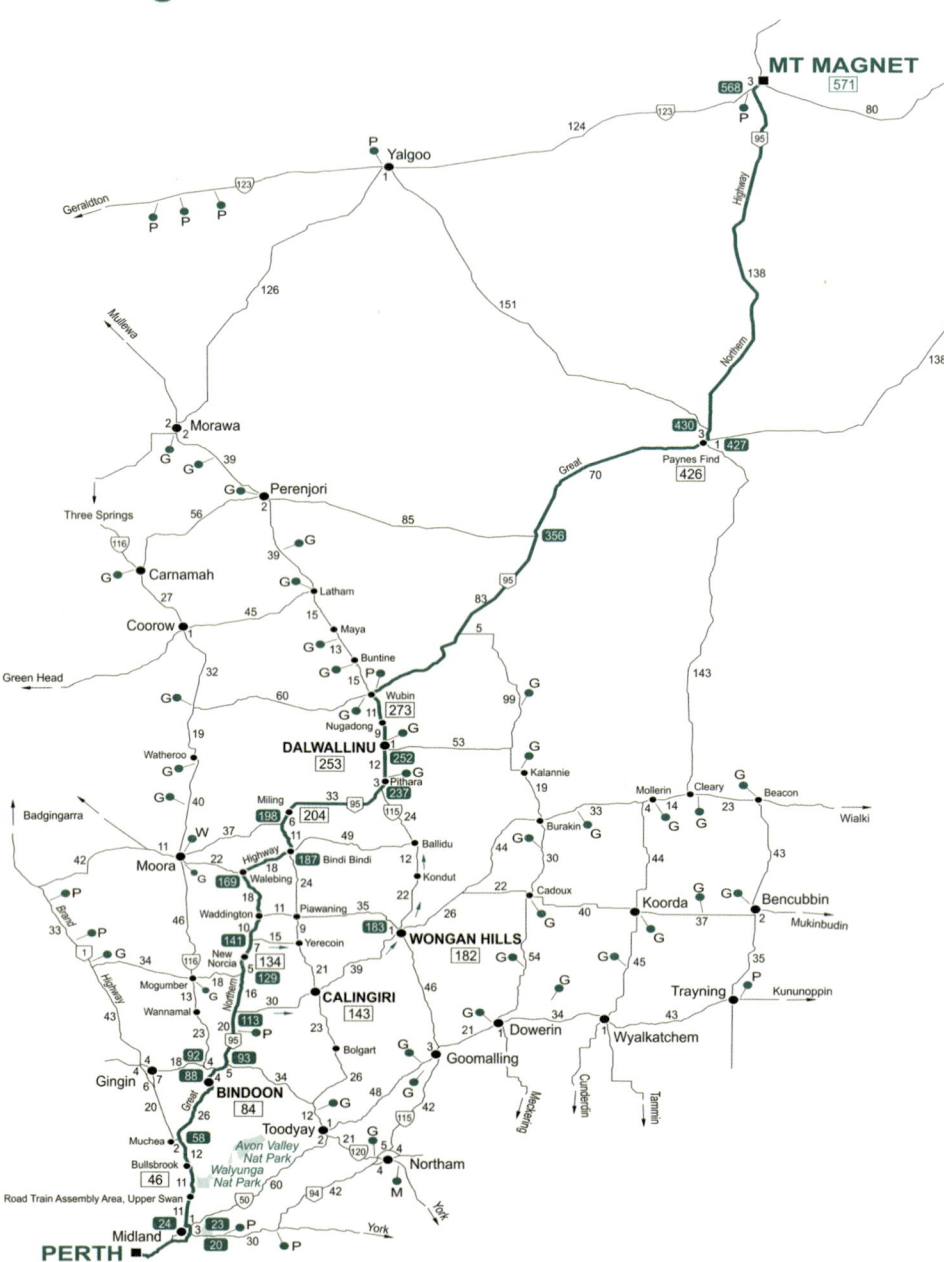

2. 호주 개관 및 일반 정보

호주(Australia)

공식 명칭은 오스트레일리아 연방(Commonwealth of Australia)이며 6개 주와 2개의 자치령으로 구성된 연방 국가이다. 호주는 남북으로 3,180km, 동서로는 4,000km로 지구 상 가장 작은 대륙이자 6번째로 큰 나라이다.

호주 대륙은 오랫동안 다른 대륙과 분리되어 있어 여타 대륙에서는 볼 수 없는 특이한 동, 식물군을 볼 수 있으며 오염되지 않은 나라로서 캥거루, 코알라, 개미핥기 등 많은 동물이 살고 있어 동물과 자연, 인간이 함께 삶을 영위한다고도 말할 수 있겠다. 우리나라와 비교하여 호주가 특이한 점은 적도 아래 남반구에 위치하고 있어 우리와 기후가 반대로 진행된다는 점이다. 덕분에 우리의 겨울엔 여름여행이, 여름엔 겨울여행이 가능해 먼 거리임에도 불구하고 많은 관광객이 찾고 있다.

호주는 지하 자원이 풍부하여 광물, 금속 생산이 세계적으로 유명하며, 보크사이트, 갈탄, 석탄, 광물질 모래, 금, 납, 아연, 철, 구리, 니켈 등이 있다. 세계 제2의 철광석 수출국으로 연간 약 1억 t의 철광석을 생산하여 각국에 수출하고 있다. 호주는 자체적으로 전력개발 기반을 가지고 있어 전기는 주로 석탄을 이용한 화력발전에 의존하고 있으나 천연가스를 이용한 전기 생산도 하고 있다.

국가 개요

면적: 774만㎢(러시아, 캐나다, 중국, 미국, 브라질 다음으로 가장 크다)
인구: 약 2,300만 명(2011년 기준)

정치형태: 형식상으로는 영국 여왕을 최고 통치권자로 인정하지만 말 그대로 형식에 불과하다. 선거로 구성된 호주 정부의 권고에 따라 영국 여왕이 총독(Governor General)을 임명하고 대리자로서 총독은 하원의 다수를 차지하는 정당이나 연립 정당을 대표하는 수상의 권고로 각료들을 임명한

다. 총독은 광범위한 권한을 가지고 있지만 관행에 따라 모든 분야에서 각 료들의 조언에 따른다.

종교: 국민의 73%가 그리스도교로 가톨릭 26%, 영국성공회 23.9%, 장로교 3.6%, 정교회 2.7%, 침례교 1.3%, 루터교 1.3%로 세분되어 있다. 하지만 12.7%는 무교이며, 12.3%가 자신의 종교를 밝히지 않고 있다. 이밖에 이슬람교도가 15만 명이고, 유대교도와 불교도도 있다.

주요민족: 백인 95.2%, 토착민 2.0%, 아시아인 1.3%, 기타 1.5%로 구성되어 있다. 호주 원주민은 4-7만 년 전 아시아에서 이주하였으며 고(古)코카소이드의 신체적 특징과 일본의 아이누족과 같은 어두운색 피부를 가지고 있었다. 1770년 영국의 제임스 쿡의 탐험으로 유럽인에게 소개되었고, 아서 필립이 이끈 선단이 1788년 호주의 보터니 만에 입항하면서 현재의 영국인과 아일랜드인으로 구성되었다. 제2차 세계대전 이후 1950년대 후 아시아계 이민이 꾸준하게 늘어났다.

주요언어: 공식 언어는 영어이다. 영국의 식민지배로 인하여 잉글랜드 계 영어가 중심을 이룬다.

경제: 금광의 발견과 함께 시작되었다고 볼 수 있는 호주 경제의 밑 바탕은 중금속 등의 천연 매장자원이다. 호주는 일찌감치 1인당 국민소득 2만 $을 넘어선 선진국으로, 주요 생산 수출품목은 천연자원을 위주로 한 1차 산업에 치중되어 있다. 여행인구가 늘고 호주의 자연경관이 알려지기 시작하면서부터는 관광을 비롯한 서비스 산업이 국민소득의 대부분을 차지하게 되었다.

기후: 호주는 우리나라와 정반대인 남반구에 위치해 있다. 또한 북쪽으로 갈수록 적도와 가까워 더워지며 아열대 기후에 가깝고, 남쪽으로 갈수

록 추워진다. 그리고 북부와 내륙 지방은 기후조건이 판이하게 다르기 때문에 옷차림에 신경 써야 한다. 시드니, 캔버라, 멜버른, 애들레이드, 퍼스는 온대에 속하여 사계절이 뚜렷하며, 우리와 반대로 봄은 9~11월, 여름은 12~2월, 가을 3~5월, 겨울 6~8월이다.

국가수도	캔버라	시간 - (3개표준시간대)	동부: 그리니치표준시+10 중부: 그리니치표준시+9.5 서부: 그리니치표준시+8
면적	774만km²		
본토해안선	35,877km		
도서지역포함해안선	59,736km	일광절약시간 (Daylight saving time) (기준시 +1)	뉴사우스웨일즈주, 남호주주, 태즈매니아주, 빅토리아주, 서호주주에서 10월 초나 말부터 이듬해 3월 말까지 실시됨.
경작지비율	6 %		
인구	2,300백만 명		
해외출생인구	약 22%		
언어	영어		
제2국어사용인구비율	약 15%	주요 기념일	건국일(호주의 날): 1월 26일 부활절: 매년 3월 말~4월 말 안작데이: 4월 25일 현충일: 11월 11일 성탄절: 12월 25일
화폐	호주 달러(A$)		
주요교역대상국	일본, 중국, 미국, 싱가포르, 영국, 한국		
경제인구	1,028만 명		

항공 소요 시간
인천-시드니: 약 10시간
인천-브리즈번: 약 9시간 40분
인천-멜버른: 약 11시간
인천-케언즈: 약 7시간 30분

호주의 면적 비교 - 북미, 영국.

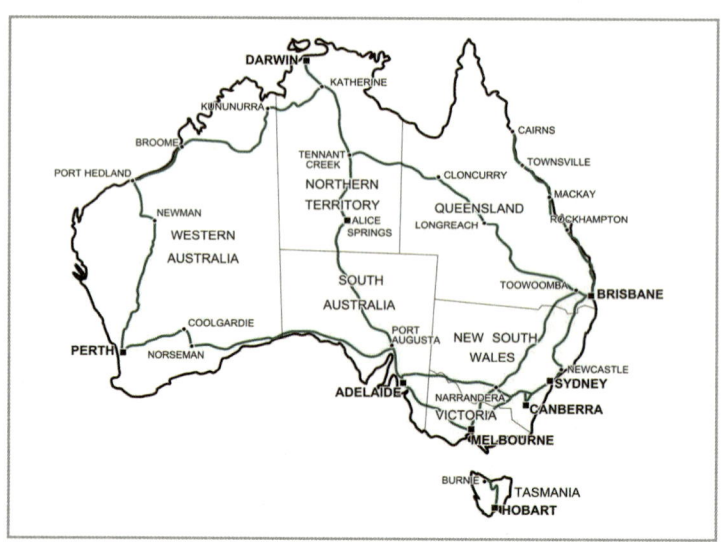

호주 전도.

일반개요

국제전화

텔스트라 시내 공중전화를 사용하려면 호주 달러 동전이나 상점에서 구입할 수 있는 텔스트라 스마트 폰카드(Telstra Smart Phonecard)를 이용하면 된다. 신용카드 전화는 대부분의 신용카드로 이용할 수 있으며, 국제선과 국내선 공항, 주요 도시 중심가 및 호텔에 설치되어 있다.

유용한 전화번호

주 호주 한국 대사관
- 주소: 113 Empire Circuit, Yarralumla, ACT 2600, Australia
- 전화: 61-2-6270-4100

주 시드니 한국 총영사관
- 주소: Level 8, United Overseas Bank Bldg., 32-36 Martin Place Sydney N.S.W. 2000, Australia
- 전화: (61-2)9221-3866

긴급연락처
- 생명이 위험한 응급 상황(화재, 경찰, 구급차): 000, 경찰보호(캔버라)
  11 444, 경찰(캔버라) 02 6256 7777, 범죄 방지 1800 333 000
- 전국 통 번역서비스(TIS National): 131 450

호주는 주5일 근무제로 은행이나 우체국은 토, 일요일은 쉰다.

전압 및 주파수

호주는 240V, 50hz를 사용하며 3개의 핀이 있는 플러그를 사용한다. 우리 나라에서 사용하던 220V의 전기제품은 호주에서 사용할 수 있지만 플러그 모양이 맞지 않으므로 미리 준비하거나 호텔에서 빌릴 수 있는지 확인하도록 한다.

치안

치안사정은 양호한 편이나 범죄 없는 나라는 없을 것이다. 고급 호텔 근처에서 소매치기를 당한 다거나 차 안의 물건을 훔쳐 가는 일도 많다. 호텔에서는 귀중품은 안전한 세이프티 박스에 넣어 두도록 하며, 처음 보는 사람을 객실에 들이는 등의 일을 하지 않도록 하자. 또한 외출 시에는 문이 잘 잠겨있는지 확인하는 것이 바람직하다. 밤에 혼자서 길을 걷는 등의 일은 삼가도록 하자.

통화

통화단위는 호주 달러(Australian Dollar=A$)와 센트(Cent=A¢)이다. 미국 달러와 구분하기 위하여 A$로 표기하며 A$1=100¢ 이다. 2004년 1월 현재 A$1은 930원(현찰 살 때).

지폐는 A$5, A$10, A$20, A$50, A$100의 5종류가 있고, 동전은 A¢5, A¢10, A¢20, A¢50, A¢100와 A$1, A$2(금색 동전)로 6종류가 있다.

한국으로 전화

붉은색, 파란색, 오렌지색 전화와 카드전화 등 여러 가지 공중전화가 있어 시내전화는 물론 국제전화도 쉽게 이용할 수 있다. 붉은색은 시내전용으로 10￠와 20￠ 동전을 이용하여 통화를 할 수 있고, 파란색 전화는 시내와 장거리 통화가 가능하며, ISD로 표시되어 있는 국제전화도 가능하다. 오렌지색은 시내, 장거리, 국제전화 모두 사용이 가능하며, 전화카드와 동전 모두 사용이 가능하다. 은색 전화는 신용카드 전용 전화기로 시내, 장거리, 국제전화 모두 가능하다. 0011(호주 국제전화 식별번호)+82(국가번호)+0을 뺀 지역번호+상대방 전화번호 순으로 입력한다. 수신자 요금 부담으로 전화를 이용할 시에는 1-800-881-002을 이용한다.

현지로 전화

001(국제자동전화식별번호)+61(국가번호)+지역번호+상대방 전화번호 순으로 입력한다.

호주의 행정구역

호주는 지역상 6개 주와 2개의 특별구로 나뉘어져 있고, 외부 구역으로 6

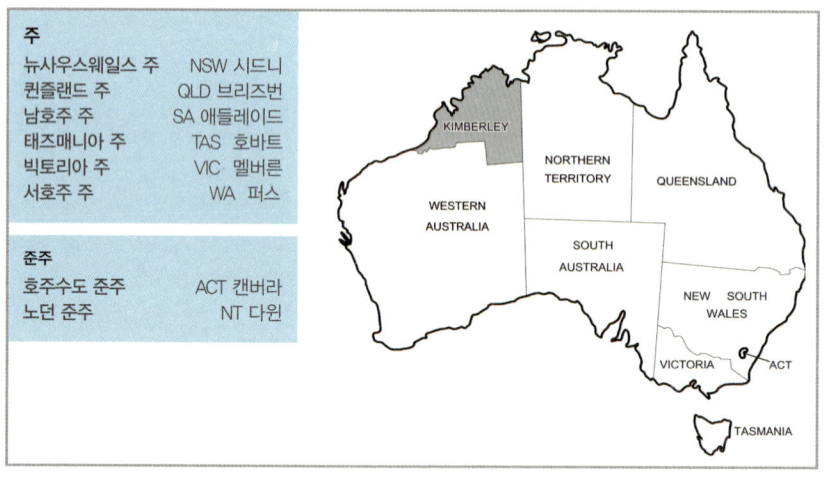

호주의 행정구역.

개의 호주영토가 있다.

뉴사우스웨일즈 주(1788) New South Wales(NSW)

인구: 723만 명
면적: 80만㎢
수도: 시드니
기온: 겨울 12℃, 여름24℃

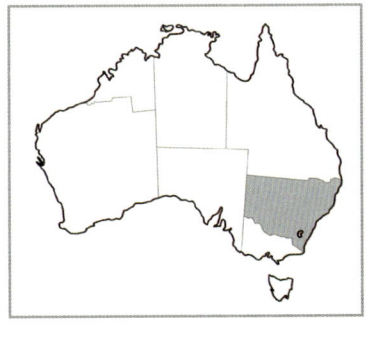

뉴사우스웨일즈는 해변과 열대림, 화려한 도시로부터 조용한 전원마을 및 농가, 오지의 술집에 이르기까지 호주만의 고유한 환경을 두루 만끽할 수 있는 곳이다. 또한 유럽인이 최초로 정착한 주이니만큼, 여기 저기서 초기 유럽 정착민의 유산을 발견할 수 있다.

뉴사우스웨일즈의 면적은 전체 호주 대륙의 10%에 불과하지만 호주 인구의 34%가 이 지역에 밀집되어 있다. 뉴사우스웨일즈는 해변, 산지, 거친 황야 등 각양각색의 지형으로 구성되어 있는데 산지와 해안의 경관이 수려하며 특히 뉴사우스웨일즈 해변은 전 세계적으로 아름답기로 유명하다. 시드니 근교 해변은 도시적이고 세련된 느낌이며 북부 중부 해안은 관광명소로 잘 알려진 반면 남부 해안은 자연 그대로의 모습을 고스란히 간직하고 있다.

호주로 취항하는 대부분의 국제 여객기는 시드니 킹스포드 스미스 국제공항(시내 중심에서 10km)에 착륙한다. 시드니에서는 호주 모든 주로 운항하는 국내 항공편을 이용할 수 있으며 버스나 기차도 가능하다. 버스는 최소의 비용으로 다양한 노선을 이용 할 수 있고, 기차는 버스만큼 저렴하거나 노선이 다양하지는 않지만 안전하고 믿을 만하여 역시 널리 이용된다.

• 기후: 연중 따뜻하고 맑은 날씨가 이어지는 온화한 날씨이다.

- 평균기온: 여름 - 최고 26℃ 최저 19℃, 겨울 - 최고 18℃ 최저 9℃
- 관련 사이트: www.australia.com/nsw www.tourism.nsw.gov.au

퀸즐랜드 주(1859) Queensland(QLD)

인구: 451만 명
면적: 173만km²
주도: 브리즈번(Brisbane)
기온: 겨울 12℃ 여름 28℃

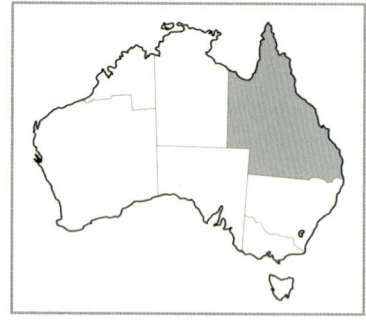

퀸즐랜드는 맑고 깨끗한 해변과 기온이 높은 최북단 지역을 제외하고는 연중기후가 온화해서 호주에서 가장 인기 있는 관광지이다. 기후가 따뜻하기 때문에, 사람들의 생활 리듬도 다소 느리며, 느긋하고 여유롭게 야외 생활을 즐기는 전형적인 호주 인을 흔히 볼 수 있다.

퀸즐랜드는 그레이트 베리어 리프 뿐 아니라 방대한 사탕수수 농장, 해바라기, 바나나 농장으로도 유명하다. 특히 해질 무렵 드라이브를 하면 드넓게 펼쳐진 농장의 장관을 감상 할 수 있다. 또한 퀸즐랜드주 골드 코스트 (Gold Coast)에는 호주에서 가장 규모가 큰 놀이공원들이 밀집되어 있다. 퀸즐랜드 북부는 북부 자치구의 열대 기후와 비슷하여, 여름엔 무덥고 습하며 겨울은 비교적 따뜻하다. 남동부 지방은 아열대 기후에 속하여 적당한 강수량에 매우 쾌적한 날씨를 가지고 있다. 반면 남서부 지방은 건조한 기후를 나타낸다.

호주의 대표 항공사인 안셋(Ansett)과 콴타스(Qantas) 모두 퀸즐랜드의 주요 도시를 수시로 오가며 운항하고 있다. 그 외 수 많은 소규모 항공기들이 퀸즐랜드 내 여러 지역과 아웃 백, 케이프 요크 반도까지 운항하고 있다. 국제 터미널은 브리즈번 시내 중심에서 15km 정도 거리에 위치하고 있다. 퀸즐랜드는 다양한 버스 노선을 제공하고 있는데, 브리즈번에서 케인즈로 해안선을 따라 운행되는 구간은 매우 인기가 높다.

- **기후**: 아열대성 기후로 따뜻하고 일조량이 많으며 겨울에도 온화하다. 열대 북부 퀸즐랜드지역은 1년 내내 기후가 온화하다. 1월~4월까지는 비가 많이 내리고 폭풍이 오는 우기이고, 5월~8월은 방문하기 이상적인 최적기이다.
- **평균기온**: 여름 - 최고 29℃ 최저 21℃, 겨울 - 최고 22℃ 최저 10℃
- **관련 사이트**: www.tq.com.au

빅토리아 주(1851) Victoria(VIC)

인구: 554만 명
면적: 23만㎢
주도: 멜버른
기온: 겨울 8℃ 여름 26℃

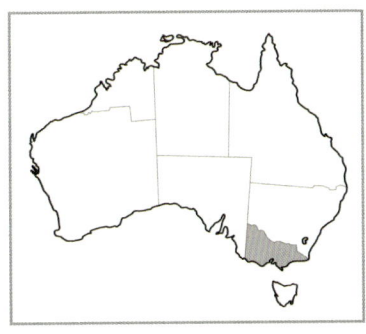

빅토리아는 호주에서 가장 인구 밀도가 높은 지역으로 다양한 인종과 문화가 공존하고 있는 곳이다. 빅토리아는 설원에서 사막, 거대한 암석, 호주에서 가장 큰 강 등 호주에서 가장 다양한 자연 환경을 가지고 있다. 주도인 멜버른은 호주에서 문화의 중심지로 불리는 도시로서, 예술 공연, 연극 등 다양한 문화행사와 볼거리가 풍부한 곳이다.

빅토리아를 동서로 가로지르는 거대한 산맥은 뉴사우스웨일즈 남부의 고산지대와 연결되어 있다. 비록 고산지대에 속하긴 하지만 겨울 추위는 견딜 만 하며 눈은 산 정상 부근에서만 볼 수 있다.

산맥 남부 지방은 일정한 강수량을 지닌 온화한 기후를 나타내는 반면 산맥 북부지방은 남부에 비해 적은 강우량과 높은 기온을 가지고 있다. 빅토리아의 날씨는 예측 할 수 없을 정도로 변화가 심해서 하루에 사계절을 모두 경험 할 수 있다 해도 과언이 아니다.

멜버른에는 국제선 및 다른 주도로의 국내선이 취항하고 있으며, 빅토리아, 뉴사우스웨일즈, 남호주의 중소 도시를 오가는 소형 비행기 노선도 있다. 버스는 빅토리아 지역뿐 아니라 다른 주의 도까지 다양한 노선 망을 제공하고 있는데 멜버른에서 시드니까지 고속버스를 이용하면 10시간 정도 걸린다. 멜버른은 또한 대륙에서 태즈매니아로 가는 기착지인데 선박 편으로는 The Spirit of Tasmania와 the Devil Cat호가 운항하고 있다.

- 기후: 온화하고 사계절이 뚜렷하다.
- 평균기온: 여름 - 최고 25℃ 최저 14℃, 겨울 - 초고 15℃ 최저 6℃
- 관련 사이트: www.australia.com/vic www.visitvictoria.com

남호주 주(1836) South Australia(SA)

인구: 164만 명
면적: 98만㎢
주도: 애들레이드(Adelaide)
기온: 겨울 10℃ 여름 26℃

남호주는 호주에서 유일하게 유배인이 아닌 농민과 이민자들에 의해 건립된 주로서, 원래 뉴사우스웨일즈에 속해 있었으나 후에 하나의 주로 독립하였다. 남호주의 건축물과 세련된 레스토랑에는 여전히 초기 이민자들의 자취가 남아 있다. 스포츠보다 예술과 문화가 더욱 사랑받고 있는 남 호주에는 또한 호주에서 가장 아름다운 교회들과 최고의 포도주 양조장 바로사 밸리(The Barossa Valley), 클래어 밸리(Clare Valley), 쿠나와라(Coonawarra), 맥라렌 베일(McLaren Vale) 등이 소재하고 있다.

남동해안 부근은 겨울철에 비가 오는 온화한 기후를 가지고 있어 대부분의 인구가 밀집된 지역이다. 그러나 여름철 기온은 비슷한 기후대의 다른 도시들보다 훨씬 높으며, 호주에서 가장 건조한 주로 여겨진다. 해안에서 북쪽으로 그다지 멀지 않은 곳에서부터 건조한 아열대 기후를 보이며, 남호주의 가장 북쪽 지역은 호주 사막 지대가 시작된 곳이다.

공항은 애들레이드 시내에서 7km 정도에 있는데. 국내선은 애들레이드를 출발하여 호주 전역의 주도 간을 정기적으로 운항하며 그 밖에 멜버른/시드니 발 북부 자치구 행 비행기도 애들레이드를 경유하고 있다. 자체적인 기차 노선은 아니지만, 인디안 퍼시픽 (시드니 - 퍼스 간 운행)이나 Ghan(앨리스 스프링스 - 애들레이드), Overlander(애들레이드 - 멜버른) 등의 기차편도 이용할 수 있다. 다른 주로 여행하고자 할 때 가장 많이 이용되는 교통수단은 버스인데, 프랭클린 스트리트의 버스 터미널을 이용하면 된다.

서호주 주(1829) Western Australia(WA)

인구: 229만 명
면적: 253만㎢
주도: 퍼스(Perth)
기온: 겨울 8℃ 여름 26℃

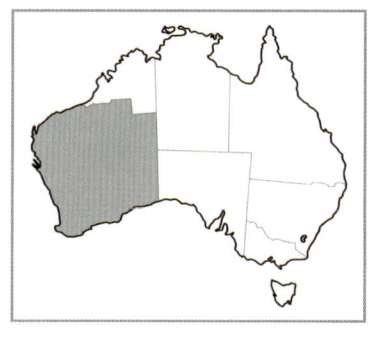

서호주는 호주의 여타 지역과 수천 킬로미터나 되는 사막을 사이에 두고 있어 지형적으로 많이 고립되어 있는데, 이러한 고립성은 서호주에서만 식생하는 12,000종의 식물을 보면 실감할 수 있다. 면적이 방대한 만큼 서호주는 다양한 자연환경과 기후를 가지고 있다.

남부와 동부 해안 지대는 비옥한 농토에 인구 밀도가 가장 높은 지역이다.

남부 섬 지역에는 염호(salt lakes)와 금광지(goldfields), 널라버(Nullarbor) 평야가 펼쳐져 있는데 기후가 매우 건조해서 강도 흐르지 않는다. 서호주의 중부 지방에는 3개의 사막이 있다. 북부 지역은 킴벌리 지역(Kimberley region)으로 산지와 계곡 사이를 흐르는 강이 장관을 이루고 있다. 서호주의 최북단 지역은 북부 자치구와 같은 열대 기후대로서 우기(11월에서 3월)와 건기(4월에서 10월)로 나누어져 있다. 11월은 북부 지방에서 가장 기온이 높은 시기이다. 중부지방은 건조한 아열대 기후를 보이며, 남부 지방은 겨울철에 비가 내리는 온화한 기후를 가지고 있다. 남부 지방에서는 2월에 가장 기온이 높다. 서호주의 동부지대(호주 내륙지방)는 대부분이 불모의 사막지대로 이루어져 있고 비는 거의 오지 않는다.

서호주는 비행기와 철도로 다른 주와 왕래하고 있으며, 국제선도 운항하고 있다. 기차는 다른 주도로 다양한 노선을 제공하고 있지만 상당히 장시간이 소요되는데, 예를 들어 퍼스에서 시드니까지 기차를 이용하면 20시간 정도 걸린다.

태즈매니아 주(1803) Tasmania(TAS)

인구: 51만 명
면적: 6만8천㎢
주도: 호바트(Hobart)
평균기온: 여름 최고 22℃, 겨울 최고 13℃, 최저 4℃

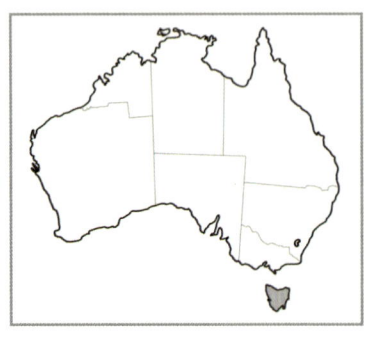

배스 해협을 가운데 두고 대륙으로부터 떨어져 나온 태즈매니아와 주변의 섬들은 가장 작은 호주의 주이다. 멜버른과 로체스톤의 북항 사이를 부지런히 왕복하는 블루 워터 페리가 이 지역의 주요 운송 수단이다. 태즈매니아주는 다른 나라로 가장 빠른 페리선을 수출하는 곳이기도 하다.

어떤 산들은 1,500m가 넘는 곳도 있지만 태즈매니아의 산들은 높지 않다. 그래도 이 산들이 태즈매니아 주의 대부분을 차지한다. '로링 포티스'(Roaring Forties)라고 하는 빠른 바람이 년간 3.6m의 강우량을 서부 해안 지역에 가져다준다.

더웬트 강가에 있는 조용한 수도 호바트는 1803년에 건립되었다. 호바트는 호주의 두 번째의 유럽인들 정착지였다. 그래서 주 정부는 대부분 식민지 시기의 건물을 사용하고 있다. 씨어터 로얄(Theatre Royal, 1837년)은 호주의 가장 오래되고 현재까지 사용되는 오페라 극장이다. 살라만카에 있는 해안 창고의 테라스는 포경업이 한창일 때 만든 것이다. 시드니와 멜버른 사이를 오가는 요트경기는 더웬트 강으로 많은 요트 애호가들을 몰려 들게 만든다.

태즈매니아 주는 농업과 임업, 수력발전, 광업, 그리고 수산업의 성행과 독특한 자연환경이 함께 많은 관광객들을 끌어 들이는 요소이다. 환경문제는 종종 가장 중요한 정치적 문제로 부각되기도 한다. 이곳의 자연경관과 식민지 시절의 건축물들이 관광객들의 주요 관광 포인트이기도 하다.

태즈매니아 주는 네덜란드 항해사인 아벨 얀스존 타즈만(Abel Janszoon Tasman)의 이름을 따서 명명한 것이다. 그는 1642년 이 섬을 발견하였다. 보통 TAS라는 약어를 사용한다. 태즈매니아의 블루 검(Blue Gum, 고무나무의 일종)만이 이 주의 상징 식물이며, 이 주는 다른 주와 달리 상징 동물이나 상징 조류는 가지고 있지 않다.

- **기후**: 온화하고 사계절이 뚜렷하다. 여름에는 화창하고 따뜻하며 겨울에는 건조하고 쌀쌀하다. 산정상에는 눈이 쌓이기도 한다.
- **평균기운**: 여름 – 최고 22℃, 최저 12℃, 겨울 – 최고 13℃, 최저 4℃
- **관련 사이트**: www.australia.com/tas www.tourism.tas.gov.au

북부 특별지구(1863) Northern Territory(NT)

인구: 23만 명
면적: 135만㎢
수도: 다윈(Darwin)
기온: 겨울 22℃, 여름 31℃

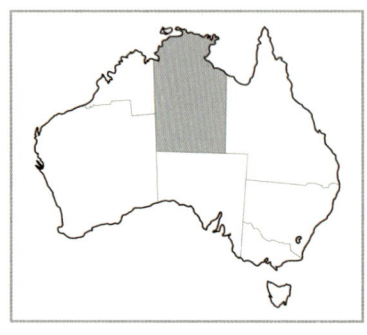

북부 자치구는 울룰루, 카타 추타, 캐서린 계곡 등과 같은 호주에서 가장 독특한 지형을 가지고 있는 주이다. 기후도 다른 주와는 확연히 구분되며, 사람들의 생활 리듬에도 많은 영향을 미치는데, 습기가 높고 무더운 우기에는 사람들의 생활 리듬이 느려질 뿐 아니라 호주 다른 어느 지역보다 캐주얼 해진다. 북부 자치구는 또한 원주민들에게 지역의 자치권이 반환된 지역이 많은데, 이곳들은 그림같이 아름다운 경치를 가지고 있기로 유명하다.

북부 지방의 기후는 우기(11월~4월)와 건기(5월~10월), 두 계절로 구성된 열대 기후로서, 연중 기온이 거의 일정하고 일일 최고 기온은 섭씨 31℃ 정도이다. 남부 지방은 강수량이 적고 겨울이 좀 더 서늘한 아열대 기후에 속한다.

북부 자치구는 다른 지역과는 많이 떨어져 있기 때문에 여행하기에는 항공편이 가장 적당하다. 다윈에 착륙하는 대부분의 국제선은 인도네시아 발 항공기이지만. 국내 비행기는 호주 모든 주도로 매일 운항하며 안셋 항공은 앨리스 스프링스나 캐서린 같은 북부 자치구 내 주요 소도시로도 운항하고 있다. 공항에서 시내 중심까지는 6km 정도로 셔틀 버스가 정기적으로 운행한다. 퍼스나 브룸, 타운즈빌 등의 도시로는 시외 버스가 운행되고 있다.

• 기후: 열대기후, 5~6월까지는 건기이며 낮에는 덥고 저녁에는 쌀쌀하다.
  11월~4월까지는 열대성 소나기가 내린다. 레드센터(Red Centre)는 전형적인 사막기후로서 강수량이 적고 더운 여름이 지속된다.
- **평균기온**: 여름 - 최고 35℃, 최저 21℃, 겨울 - 최고 20℃, 최저 5℃
- **관련 사이트**: www.australia.com/nt www.nttc.com.au

호주수도특별자치구 - ACT(1911) Australian Capital Territory

인구: 36만 명
면적: 2,430km²
수도: 캔버라
기온: 겨울 4℃, 여름 28℃

호주수도특별자치구(Australian Capital Territory: ACT)는 호주의 수도 캔버라가 위치한 곳이다. ACT는 호주의 수도가 위치한 전원적인 분위기의 도시이다. ACT는 노동인력의 대부분이 공공기관에 근무하는 특징을 가지고 있다. 캔버라가 호주의 수도이지만 국내 기업이나 다국적 기업들의 본부는 대게 시드니와 멜버른에 집중되어 있다. 캔버라의 60%정도는 산과 언덕이며 많은 지역이 공원과 공공기관 부지로 할애되어 있다.

호주의 수도 캔버라는 전원적인 수도로 알려져 있고 큰 시골 마을 같은 분위기를 많이 풍기고 있지만 대도시적 편의 시설 또한 잘 갖추고 있는 지역이다. 캔버라는 전형적인 계획도시로 여느 다른 국가의 수도와 같은 분주하고 혼란스런 모습은 찾아볼 수 없다. 캔버라는 역사가 짧은 계획도시로 청량하고 깨끗한 분위기를 느낄 수 있는 곳이다.

호주수도특별자치구에는 185개의 공립학교와 46개의 사립학교가 있고 약 65,000여 명(1997년 통계)의 학생이 교육을 받고 있다. 중고교 과정은 두 단계로 구성되어 있다. High School은 7학년에서 10학년까지 이며 11학년과 12학년은 Secondary College에 해당된다. 대학입학은 입학시험과 내신성적을 바탕으로 결정된다. 직업 교육 및 훈련은 캔버라 주립 전문학교(Canberra Institute of Technology-CIT)와 ACT 학교 당국(ACT Schools Authority)을 통해 약 19,000여 명의 학생이 교육을 받고 있다.

- 기후: 온화하고 화창하다.
- 평균기온: 여름 - 최고 27℃ 최저 12℃, 겨울 - 최고 12℃ 최저 3℃
- 관련사이트: www.australia.com/act www.canberratourism.com.au
- 6개의 외부구역 - External Territories

  - Australian Antarctic Territory
  - Cocas Islands
  - Heard and McDonald Islands
  - Christmas Island
  - Coral Sea Islands
  - Norfolk Island

호주의 세계유산 지정 현황

세계유산의 정의

세계유산이란 세계유산협약이 규정한 탁월한 보편적 가치를 지닌 유산으로서 그 특성에 따라 자연유산, 문화유산, 복합유산으로 분류한다. 유네스코는 이러한 인류 보편적 가치를 지닌 자연유산 및 문화유산들을 발굴 및 보호, 보존하고자 1972년 세계 문화 및 자연 유산 보호 협약(Convention concerning the Protection of the World Cultural and Natural Heritage; 약칭 '세계유산협약')을 채택하였다.

구분	정의
문화유산	기념물: 기념물, 건축물, 기념조각 및 회화, 고고 유물 및 구조물, 금석문, 혈거 유적지 및 혼합유적지 가운데 역사, 예술, 학문적으로 탁월한 보편적 가치가 있는 유산
	건조물 군: 독립되었거나 이어져 있는 구조물들로서 역사상, 미술상 탁월한 보편적 가치가 있는 유산
	유적지: 인공의 소산 또는 인공과 자연의 결합 소산 및 고고 유적을 포함한 구역에서 역사상, 관광상, 민족학상 또는 인류학상 탁월한 보편적 가치가 있는 유산
자연유산	무기적 또는 생물학적 생성물들로부터 이룩된 자연의 기념물로서 관광상 또는 과학상 탁월한 보편적 가치가 있는 것
	지질학적 및 지문학(地文學)적 생성물과 이와 함께 위협에 처해 있는 동물 및 생물 종의 생식지 및 자생지로서 특히 일정구역에서 과학상, 보존상, 미관상 탁월한 보편적 가치가 있는 것
	과학, 보존, 자연미의 시각에서 볼 때 탁월한 보편적 가치를 주는 정확히 드러난 자연지역이나 자연 유적지
복합유산	문화유산과 자연유산의 특징을 동시에 충족하는 유산

세계유산 상징 도안

세계유산 상징 도안은 세계유산협약에 의해 보호를 받고 있는 유산이나 세계유산목록에 등재된 유산, 세계유산협약이 지향하는 보편적 가치를 표현하기 위해 사용된다. 가운데 사각형은 인간의 기술 및 영감의 결과물을 상징하며, 바깥의 원은 자연을 나타낸다. 사각형과 원은 이어져 있어, 인간이 자연이 서로 연결된 존재라는 것을 표시한다. 도안의 둥근 형태는 세계를 나타내며, 인류가 함께 세계유산을 보호하자는 뜻이 담겨있다.

호주(AUSTRALIA): 총 18건 / 협약가입일: 1974년 8월 22일

호주는 총 18건의 세계유산을 보유하고 있지만 우리나라와는 정반대로 한 가지를 제외하고서는 대부분이 자연유산이거나 복합유산이다. 특히 복합유산 대부분은 호주 원주민인 애보리진(Aborigin)의 역사와 관련이 있는 장소들이면서 자연경관이 뛰어난 곳들이다.

1. 대보초 / Great Barrier Reef(자연(vii)(viii)(ix)(x), 1981)
2. 윌랜드라 호수지역 / Willandra Lakes Region(복합(iii)(viii), 1981)
3. 카카두 국립공원 / Kakadu National Park(복합(i)(vi)(vii)(ix)(x), 1981(1987, 1992 확장))
4. 로드하우 군도 / Lord Howe Island Group(자연(vii)(x), 1982)
5. 태즈매니안 야생지대 / Tasmanian Wilderness(복합(iii)(iv)(vi)(vii)(viii)(ix)(x), 1982 (1989 확장))
6. 곤드와나 우림지대 / Gondwana Rainforests of Australia(자연(viii)(ix)(x), 1986(1994 확장))
7. 울룰루 카타추타 국립공원 / Uluru-Kata Tjuta National Park(복합(v)(vi)(vii)(viii), 1987(1994 확장))
8. 퀸즐랜드 열대습윤지역 / Wet Tropics of Queensland(자연(vii)(viii)(ix)

(x), 1988)
9. 샤크 만 / Shark Bay, Western Australia (자연(vii)(viii)(ix)(x), 1991)
10. 프래이저 섬 / Fraser Island (자연(vii)(viii)(ix), 1992)
11. 포유류화석보존지구/ Australian Fossil Mammal Sites(Riversleigh/ Naracoorte) (자연(viii)(ix), 1994)
12. 맥커리 섬 / Macquarie Island(자연(vii)(viii), 1997)
13. 허드와 맥도날드 제도 / Heard and McDonald Islands(자연(viii)(ix), 1997)
14. 블루마운틴 산악지대 / Greater Blue Mountains Area(자연(ix)(x)),2000)
15. 푸눌룰루 국립공원 / Purnululu National Park(자연(i), (iii), 2003)
16. 왕립전시관과 칼튼정원 / Royal Exhibition Building and Carlton Gardens(문화(ii)), 2004)
17. 시드니 오페라 하우스 / Sydney Opera House(문화(i), 2007)
18. 호주 교도소 유적 / Australian Convict Sites(문화(iv)(vi), 2010)

주요 세계유산의 개략적인 내용을 살펴보면 다음과 같다.

대보초(Great Barrier Reef)

호주 북동 연안에 있는 아름답고 다양한 산호초 유적이다. 4백 종의 산호, 1천5백 종의 어류, 4천 종의 연체동물 등이 있는 세계 최대 규모를 이룬다. 멸종위기에 있는 초록거북, 듀공(海牛類) 같은 종이 서식하고 있어 과학적 관심의 대상이 되고 있다.

로드하우 군도(Lord Howe Island)

바다 가운데 있는 대표적 섬으로 해저 2,000m 이상의 화산활동으로 생겨났다. 수많은 토종생물이 살고 있다.

맥커리 섬(Macquarie Island)
해저산맥인 맥과이어 산맥의 노출로 만들어진 길이 34km, 너비 5km의 섬이다. 인도-호주 지각과 태평양 지각이 만나는 곳에 자리 잡고 있다. 맨틀로부터 생성된 바위들이 해수면 위로 솟아오르는 세계 유일의 지형이다.

블루마운틴 산악지대(Greater Blue Mountains Area)
유칼리투스의 대표적인 산지이며 협곡, 폭포, 기암 등 경관이 변화무쌍하다.

샤크 만(Shark Bay)
서부 호주 연안에 있는 샤크만(灣)은 섬과 육지로 둘러싸여 있으며 세 가지 자연적 특성을 띈다. 4,800km²에 달하는 세계에서 제일 큰 해저 석엽집, 해조류 지대, 위험에 처한 다섯 종의 포유류 은신처가 그것이다. 해조류 지대에는 듀공이라 불리는 해우류(Sea Cow)의 집단과 녹조류 화석을 포함하고 있는 층상(層狀) 석회석 등이 단구를 따라 서식하고 있다.

울룰루 카타 추타 국립공원(Uluru-Kata Tjuta National Park)
호주 중앙에 자리 잡고 있는 광대한 모래 평원으로 2개의 특이한 지형을 이루고 있다.

윌랜드라 호수지역(Willandra Lakes Region)
홍적세기에 형성된 오아시스와 호수들이 많은 화석 유적지로 4만 년 전부터 인류가 살았던 지역이다. 이곳은 호주 대륙의 인류진화 연구에 중요한 유적이다. 거대한 유대류(캥거루 등 주머니동물) 화석이 발견된다.

중동부 열대우림지대(Central Eastern Rainforest Reserves)
이 유적은 호주 동부연안의 대해저애(大海底崖)를 따라 넓게 자리 잡고 있다. 화산분화구 주위를 둘러싼 우림지대에는 멸종위기에 놓인 생물이 살고 있다.

카카두 국립공원(Kakadu National Park)

독특한 고고학적, 민족학적 보호지역으로 이곳에서 4만 년 동안 인류가 생활해 왔음을 알려준다. 동굴벽화, 암각화 등은 신석기시대의 사냥꾼과 어부로부터 오늘날 그곳에 살고 있는 원주민에 이르기까지 거주민의 행동양식을 잘 나타내주는 기록들이다. 이곳은 조수, 범람원, 고원, 평원을 포함한 생태계의 모범지역이며 희귀한 동식물의 광범위한 서식처이다. 최근 국립공원 내의 우라늄광산 개발로 인해 환경파괴의 논란이 제기되고 있다.

퀸즐랜드 열대습윤지역(Wet Tropics of QueensLand)

호주 북동연안을 따라 450km에 걸쳐있는 거대한 열대습윤 삼림지대이다. 다양한 식물권이 형성돼 있다. 또한, 희귀한 동식물과 유대류 및 조류 등이 서식하고 있다.

태즈매니안 야생지대(Tasmanian Wilderness)

빙하 지형으로 가파른 골짜기를 이루며 1백만ha에 달하는 면적이 아직도 빙하에 덮여 있다. 석회암 동굴은 2만 년 이상 원주민이 생활해 왔음을 나타낸다.

푸눌룰루 국립공원(Purnululu National Park)

내(Creek), 작은 연못(Water-hole) 등이 많다. 원주민의 세계관, 언어, 토지 이용 등 무형문화와 고고학적 증거나 Rock Art가 분포돼 있다.

프래이저 섬(Fraser Island)

호주 동부연안을 따라 122km 가량 형성된 세계 최대의 모래섬이다. 큰 열대 우림이 모래 위에 자리 잡고 있고 모래언덕에 고인 호수가 해안에서 대륙으로 흘러 장관을 이룬다.

허드와 맥도날드 제도(Heard and McDonald Islands)

호주 남부해안에 있으며 남극대륙으로부터 약 1,700km 떨어져 있다. 남극 주변 섬들 중 유일하게 화산활동이 일어나고 있다. 인간과 완벽하게 차단돼 있어 세계적으로 보기 드문 초기 원시생태계를 유지하고 있는 게 특징이다.

호주 포유류 화석 보존지구(Australian Fossil Mammal Sites)

리버슬레이(Riversleigh)와 나라코르(Naracoorte)는 호주 동부의 북남쪽에 각각 위치해 있는 세계 10대 화석유적지 중의 하나이다. 호주 지역 동물의 주요 진화단계를 짐작하게 한다.

호주의 인구

호주의 인구는 2천만 명이 넘은 지 얼마 되지 않았지만 계속되는 이민정책의 지향으로 증가추세를 보이고 있다. 적은 인구에도 호주는 서구 국가 중 가장 도시화 되어 인구의 70%가 10대 도시에 그리고 대부분 대륙의 동쪽과 동남쪽 해안선을 따라 집중 분포 되어 있다. 여러 민족이 함께 어울려 사는 다민족 사회로 인구의 1/4 은 해외출생 자이며 이들 대부분이 아시아

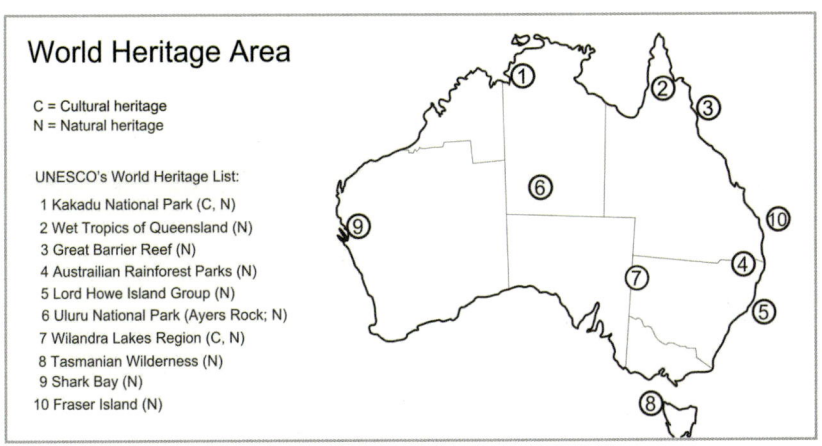

호주의 유네스코 세계문화유산 지정 현황.

와 유럽지역 출신이다. 호주의 다문화 주의는 호주의 음식 문화에도 많은 영향을 주었다. 신선하고 깨끗하며 독특한 맛을 가미한 다양한 요리, 동서양이 잘 배합된 맛의 향연을 호주에서 경험할 수 있다.

호주의 지리 및 지형

호주는 우리나라와 정반대인 남반구에 속한다. 5대륙 가운데 가장 작은 규모이지만 대륙 전체가 단일국가로 이루어진 세계 유일한 나라이다. 총 면적이 7,682,300㎢ 에 달한다. 이는 러시아와 캐나다, 중국, 미국, 브라질에 이어 세계에서 여섯 번째로 넓은 면적이다.

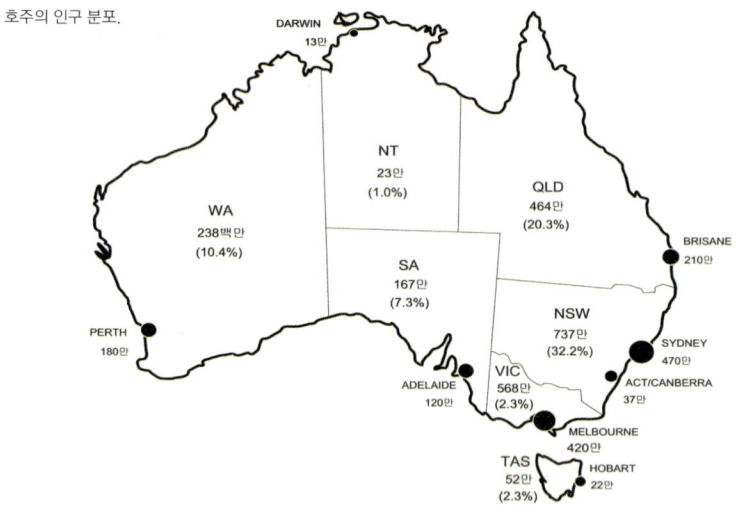

호주의 인구 분포.

주요 도시별 인구는 다음과 같다.(2010)

순위	도시명	주	인구	순위	도시명	주	인구
1	시드니	NSW	4,504,469	11	호바트	TAS	212,019
2	멜버른	VIC	3,995,537	12	질롱	VIC	175,803
3	브리스번	QLD	2,004,262	13	타운즈빌	QLD	168,402
4	퍼스	WA	1,658,992	14	케언스	QLD	147,118
5	애들레이드	SA	1,187,466	15	터움바	QLD	128,600
6	골드코스트-트위드	QLD/NSW	577,977	16	다윈	NT	124,760
7	뉴캐슬	NSW	540,796	17	론서스턴	TAS	105,445
8	캔버라-퀸비언	ACT/NSW	403,118	18	앨버리-워동가	NSW/VIC	104,609
9	울런공	NSW	288,984	19	발라랫	VIC	94,088
10	선샤인코스트	QLD	245,309	20	벤디고	VIC	89,995

2010.6월을 기준으로 호주의 인구밀도 지도는 다음과 같다.

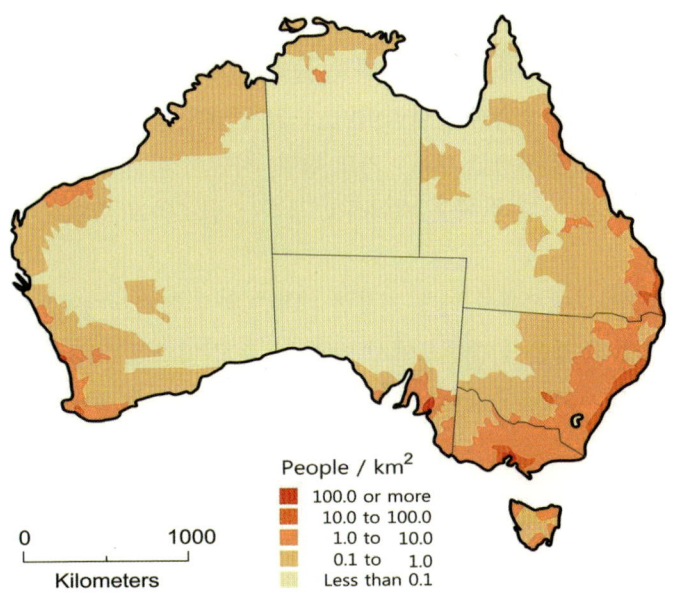

호주의 도시와 농촌의 인구 분포.

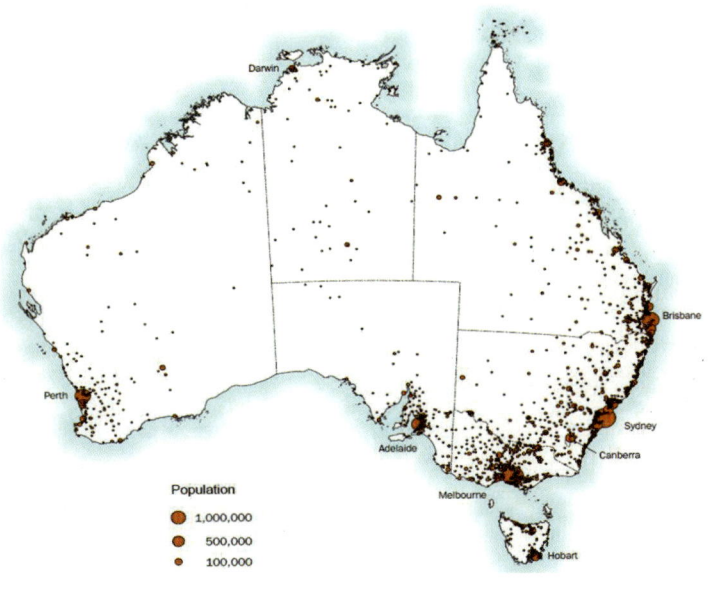

대륙중앙으로 남회귀선이 지나며, 총 36,735km에 이르는 해안선은 해변, 깎아지른듯한 절벽으로 이루어져 있다. 호주 대륙은 동쪽의 태평양과 서쪽의 인도양을 비롯해 사면이 바다로 둘러싸인 해양국가다. 지구 상에서 가장 오래된 지형에 속하는 나라이며, 표고가 낮은 지형적 특색으로 인해 지구 상에서 가장 평평한 대륙이기도 하다. 사면이 바다로 둘러싸인 환경에도 중앙 내륙은 흔히 아웃 백이라고 불리는 건조하고 황폐한 사막지역이다.

따라서 호주는 세계에서 가장 건조한 대륙으로 손꼽히는 곳이기도 하다. 호주의 최장의 강은 퀸즐랜드에서 발원한, 총 길이가 2,736km의 달링 강이다. Great Dividing Ranges 산맥 동쪽으로 호주 인구의 80%가 거주하고 있다.

호주의 기후

기후의 특색은 그 건조성에 있다. 내륙부는 물론 서쪽 가장자리에서 남쪽 가장자리의 바다에 접한 부분까지 반 사막의 식생이다. 한편, 남회귀선이 국토의 중앙을 동서로 종단하고 있어, 위도상으로는 국토의 39%가 열대권에 속해 있기 때문에 일반적으로 기온이 높은 지역이 많다. 대륙의 동

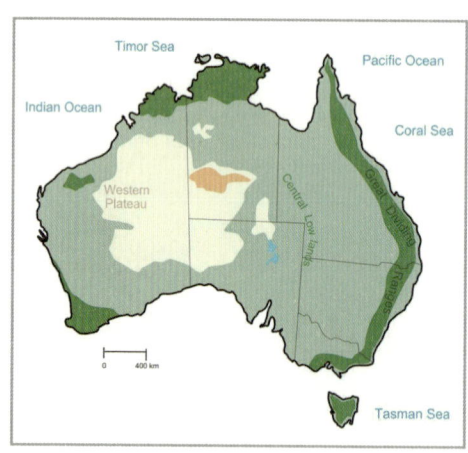 

호주의 지형.

북 연안 부는 무역풍의 영향으로 강우량이 많고 열대 우림을 이룬다. 동남부는 온대 해양성 기후 하에 있어 인류에게 쾌적한 기후환경을 보이며, 이 대륙에서의 인구분포의 중심지대를 이룬다. 대륙 남쪽 가장자리의 애들레이드를 중심으로 하는 지역과 대륙의 서남지역은 온대 겨울 비의 지중해성 기후이다. 열대에 속하는 대륙의 북쪽 지역에는 우계와 건계의 교체가 뚜렷한 사바나 기후가 탁월하며, 내륙으로 감에 따라 사막을 둘러싸는 스텝기후(초원기후) 지역으로 변해 간다.

호주는 세계에서 가장 건조한 국가 중 하나로, 내륙 지역 대부분은 황폐하고 인구가 희박한 평지이다. 그러나 호주 북부 대부분은 열대 기후 지역이고, 퀸즐랜드 일부 지역과 서 호주의 북부, 노던 테리토리에는 1월부터 3월까지의 우기에 계절풍의 영향으로 호우가 내린다. 사실 호주는 그 면적이 너무 큰 관계로 눈과 서리가 내리는 지역부터 열풍이 부는 지역에 이르기까지 다양한 기후대가 공존하는 국가이다. 가장 기온이 낮은 지역은 태즈매니아주와 호주 본토의 동남 고원 지대이며 가장 기온이 높은 지역은 대륙의 중서부 지대이다.

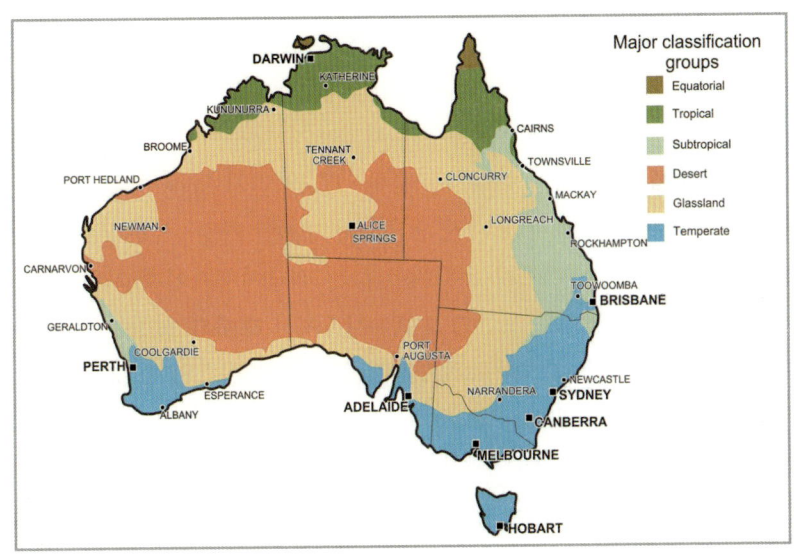

호주의 다양한 기후대.

호주의 계절은 북반구와 정반대이다. 여름은 12월부터 2월까지, 가을은 3월부터 5월까지, 겨울은 6월부터 8월까지이며, 봄이 9월부터 11월까지이다. 평균 기온은 7월이 가장 낮다. 호주 남부 지역 대부분에서는 평균 주간 기온이 10℃에서 20℃(0°F에서 69°F) 사이에 분포하며 북부 열대 지역에서는 20℃ 후반 대나 30℃ 초반 대(70°F에서 80°F 대)를 기록한다. 해안 지역에서는 기온이 영하로 떨어지는 경우가 드문 일이나 많은 내륙 지방에서는 밤새 가벼운 서리가 내리기도 한다. 고원 지대에서는 기온이 0℃ 이하로 떨어지는 일이 보통이며 해발 1,500m 이상 지역에서는 몇 개월 동안 눈이 남아 있기도 하다.

호주 남부 지역에서는 1월과 2월이 가장 더운 시기인 반면 열대 지역에서는 11월과 12월이 가장 더운 때이다. 대부분의 내륙 지역에서는 평균 주간 기온이 30℃(80°F 대나 90°F 대)를 웃돌며, 서호주 주의 일부 지역에서는 40℃(104°F)까지도 올라간다. 남부 해안 지역, 고원 지역과 태즈매니아 지역으로 가면 기온이 내려간다(20℃ 대/70°F 대나 80°F 대).

호주의 철도여행

호주 기차 여행에서는 인내의 고통과 경이로운 자연이 주는 즐거움이 교차한다. 길고 긴 장거리 여행의 지루함과 창 밖으로 광활한 호주 대륙의 아름다움에서 오는 즐거움이 동시에 다가오기 때문이다. 그러나 기차는 버스와 항공에 밀려 젊은 여행자들에게는 그리 인기 있는 이동수단은 아니다. 버스나 비행기에 비해 비싼 요금도 문제지만 가장 큰 문제는 운행횟수가 적다는 것이다. 바쁘게 움직여야 하는 배낭여행자에게 기차는 어쩌면 엄청난 사치가 될지도 모른다. 이런 이유에서 호주의 열차는 운송보다는 관광용인 경우가 많다. 주로 노년층을 겨냥해 서비스의 질을 높이고 안락함을 강조하는 마케팅을 펴고 있다.

호주는 2004년에 애들레이드에서 다윈까지 연결되는 "The Ghan"을 완공함으로써 대륙 종단의 꿈을 이루었다. 이로써 퍼스에서 시드니에 이르는 인디언 퍼시픽과 함께 열 십자로 기찻길을 내는데 성공했다. 더 간과 인디

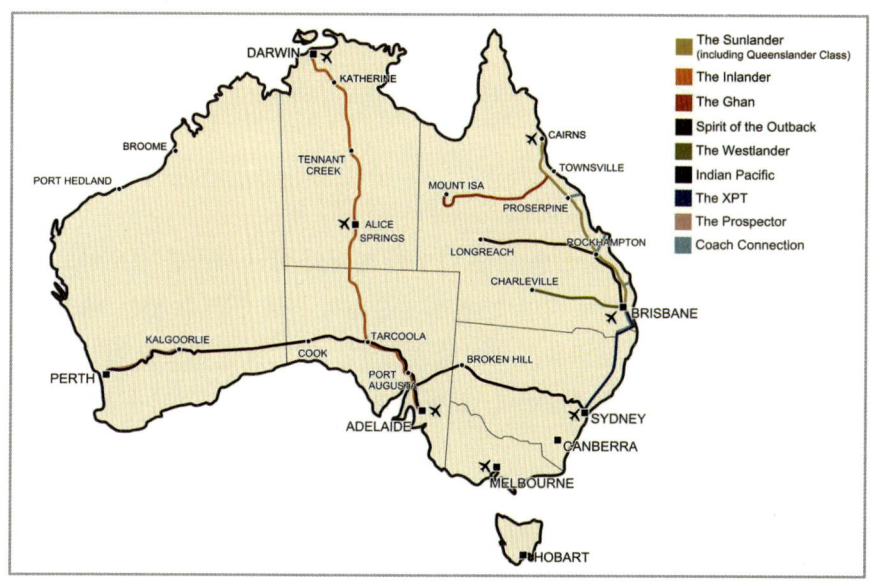

호주의 주요 철도 노선.

언 퍼시픽이 대륙을 가르는 양대 동맥이라면 선랜더와 퀸스랜더, XPT는 동부 해안노선을 달리는 정맥과 같다. 최근에는 케언즈에서 브리즈번에 이르는 고속열차 틸트 트레인까지 가세해서 퀸즐랜드와 뉴사우스웨일스 주를 관통하는 기차 노선의 수가 늘어가고 있다. 이 밖에도 시드니와 캔버라를 포함한 호주 남동부의 익스플로러, 애들레이드와 멜번을 잇는 오버랜드, 퀸즐랜드 내륙을 관통하는 스피리트 오브 아웃백과 인랜드, 웨스트랜드 등은 대륙 곳곳에 물자와 관광객을 실어 나르는 모세혈관이 되고 있다.

- Great Southern Railway: 호주의 대표적인 철도 노선, 국토 종단선과 횡단선 Indian Pacific, The Ghan, The Overland
- Travel train holidays: 브리즈번에서 시드니에 이르는 퀸즐랜드 철도 노선 Queensland Class, Sunlander, sprits of the Outback, Tilt Train, The Sunlander, The Inlander, The Westlander, Kuranda Scenic Railway, The Gulflander

- Country Link: 주로 뉴사우스웨일스 주 내에서 운행되는 철도 노선
- The XPT
- The Xplorer

열차 할인 패스

기차여행을 계획하는 사람들을 위해 다양한 형태의 할인 패스를 선보이고 있다. 주로 정해진 기간과 지역 안에서 자유롭게 승하차할 수 있는 패스로, 잘 활용하면 꽤 많은 비용을 절약할 수 있다. 모든 할인 패스는 이코노미석과 레드 캥거루 석만 가능하며, 열차 출발 24시간 전에 예약해야 한다.

Australia Pass

6개월의 유효 기간 동안 자유롭게 여행할 수 있는 패스, 호주 전역을 여행할 수 있다는 것이 장점이며 도중하차가 가능하다. 탑승 후 24시간을 하루로 계산하기 때문에 24시간 내에 몇 번이고 바꿔 탈 수 있으며 원하는 도시에 도중 하차할 수 있다. 가까운 거리는 버스로 이동하고 다시 장거리는 기차로 이동하는 등 활용하기에 따라 무척 유용한 패스다.

East Coast Discovery Pass

케언즈에서 멜번까지 호주 동부해안을 여행할 때 적합한 할인 패스, 구입일 6개월 이내에 사용해야 하고 남에서 북으로 또는 북에서 남으로 한쪽 방향으로만 탑승이 가능하다. 즉 브리즈번에서 시드니까지 이동했으면 다시 남쪽으로 이동할 수는 있지만 거슬러 올라갈 수는 없다는 뜻이다.

- 구간별 요금

  멜번~케언즈 450 A$
  멜번~서퍼스 파라다이스~브리즈번 220 A$
  시드니~멜번 130 A$
  시드니~브리즈번 130 A$
  브리즈번~케언즈 280 A$
  시드니~브리즈번 130 A$

Backtracker Rail Pass

컨트리 링크가 지나가는 뉴사우스웨일스 주 일대에서 사용할 수 있는 할인 패스, 북쪽으로는 브리즈번에서 남쪽으로는 멜번에 이르는 지역을 포함한다. 시드니를 중심으로 브리즈번, 캔버라, 멜번 그리고 뉴사우스웨일스 주의 내륙 도시들을 방문할 때 유용하다. 컨트리 링크 열차는 물론이고 열차와 연계되는 컨트리 링크 코치 버스도 패스 하나로 이용할 수 있다.

Rail Explorer Pass

6개월 동안 인디언 퍼시픽, 더 간, 오버랜드의 세 종류 열차를 무제한 이용할 수 있는 할인 패스, 이 패스 하나면 호주의 동서와 남북을 모두 이동할 수 있으니 할인 패스의 완결편이라고 할 수 있다.

개별 요금에 비하면 엄청 저렴한 편이지만, 대신 본전을 뽑으려면 주요 교통수단이 기차가 되어야 하는 단점이 있다. 또 배낭여행자 요금을 적용 받기 위해서는 국제학생증이나 배낭여행자라는 것을 입증할 수 있는 증명이 필요하다. 요금 어른 690 A$

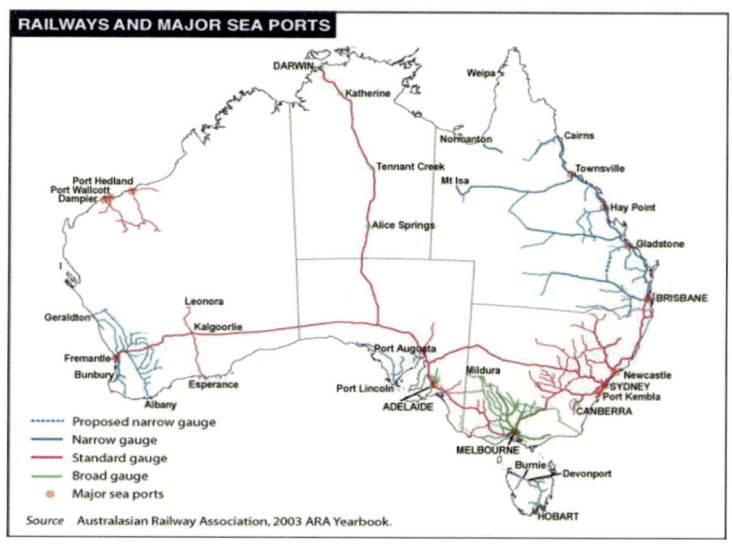

호주의 주요 철도와 주요 항구.

호주의 항구

호주의 국내항공 노선도

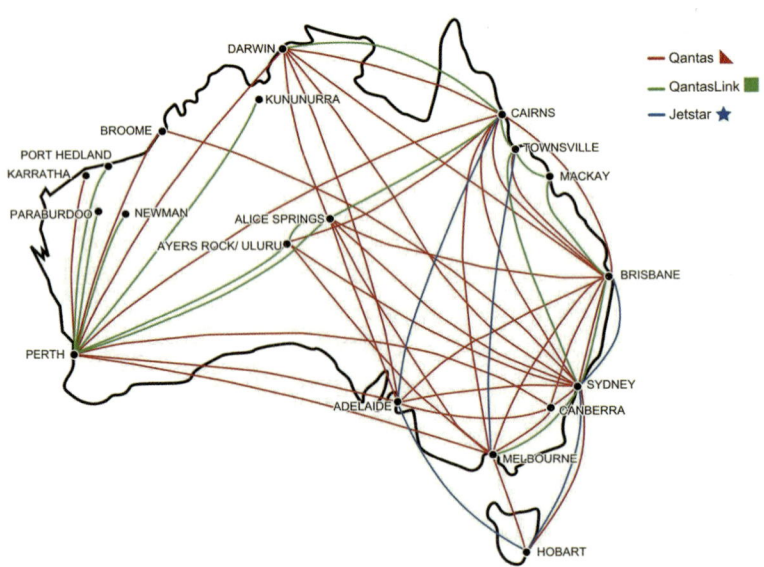

호주반입금지 품목

음 식 물

- 상업용으로 제조된 식품, 조리된 식품, 날음식 물, 음식재료(한약제, 치료제, 강장제, 차 류 포함)
- 대추 등 건과류, 채소*
- 라면, 햇반*
- 포장식 요리*
- 허브와 고춧가루 등의 양념류*
- 한방약, 전통약재, 물약, 전통 차 (로열젤리 포함)*
- 스낵 류*
- 차, 커피, 코코아, 기타 유제품으로 만들어진 음료수
- 김치, 젓갈, 장아찌, 고추장, 된장
- 멸치, 오징어, 어묵 등 해산물, 건어물, 염장해물, 날 생선 류
- 김, 생미역이나 말린 미역, 잎 기타 식물 재료로 싼 음식
- 기내식, 기내에서 제공하는 스낵 류

유 제 품 , 달 걀 제 품

- 치즈, 소스, 수프, 믹스 등 유제품 일체
- 재료에 10%이상의 낙농성분이 든 모든 제품(건제품도 포함)
- 우유, 요거트, 치즈가 든 샌드위치 등의 기내식
- 달걀(말리거나 분말로 된 것도 포함), 계란국수, 마요네즈, 수프 양념 등 달걀 제품
- 어린이와 함께 여행하는 경우 분유와 뉴질랜드산 낙농제품은 허용됨

* 표시가 되어 있는 것은 특별 반입조건이 적용될 수 있다.

다음 물품들은 도착 시 반드시 신고하고 검사 받아야 한다. 다음은 검역위험도가 높은 물품에 속하지만, (도착 전에 AQIS 에서 발급받은) 수입허가증(Import Permit)이 있거나 호주 국내에서 물품에 안전처리를 하는 경우

반입이 허용될 수 있는 품목이다. 이러한 경우에 속하지 않으면 AQIS 에 세 압수되어 폐기 처분되거나 공항 검역 수거함에 버려야 한다.

동물성 제품
- 통조림 처리되지 않은 모든 동물성 음식제품이나 날 제품, 건제품, 냉동 품, 조리제품, 훈제품, 염장제품, 방부제품 등 모든 종류의 육류 포함 - 살라미, 소시지, 육포, 소고기가 들어간 고추장
- 육류가 들어간 라면
- 애완동물 먹이: 통조림, 생가죽으로 만든 씹을 거리 포함
- 육류가 든 샌드위치를 포함하는 기내식
- 동물의 가죽으로 만든 공예품: 북, 장구, 방패 등

씨앗, 견과류
- 날밤, 곡식, 팝콘 옥수수 알, 익히지 않은 콩류, 견과류, 잣, 새모이, 미확인된 씨앗들
- 포장된 씨앗 상품 일부
- 씨앗으로 만든 장식품

청과물, 채소
- 생과일, 생야채, 냉동과일, 냉동야채
- 귤, 오렌지, 감, 마늘, 생강, 인삼, 고추, 파, 배추, 무 등

살아 있는 동물과 동물제품
- 깃털, 뼈, 뿔, 상아
- 가죽, 피혁, 모피
- 모직물과 동물 털: 양모 깔개, 양모 덮개, 털실, 공예품 등
- 박제 동물, 박제 새: 박제술 인가장 필요 - 일부는 멸종생물 보호법에 의해 금지될 수 있음

- 조개 껍데기, 산포: 장신구와 기념품 포함 - 산호는 멸종생물 보호법에 의해 반입금지
- 꿀벌 제품: 꿀* 벌집, 로열젤리, 밀랍 등, 꽃가루는 반입금지
- 사용한 동물 관련 장비: 가축병원 장비와 약품, 육류를 자르거나 판매에 사용되는 장비, 마구, 말 안장, 동물 집, 새장 포함
- 모든 포유동물, 조류, 조류의 알, 새의 둥지, 물고기, 파충류, 양서류, 곤충류
- 녹용, 사슴 피 - 뉴질랜드산이라고 표기된 뉴질랜드 사슴 제품은 허용됨

기타 제품
- 조직 배양체* 를 포함하는 생물학적 표본
- 동식물 재료로 만든 공예품이나 취미 용품
- 사용한 스포츠 레저 캠프 장비: 텐트, 자전거, 골프, 낚시 장비 등
- 흙, 변 혹은 식물 원료에 오염된 신발, 등산화
- 사용한 민물 물놀이용 장비나 낚시 장비: 낚싯대, 그물, 낚시 복, 노, 구명복 등

식물 제품
- 나무 제품과 목각제품: 도료, 도장제품 포함 - 나무껍질은 반입이 금지되어 있으며 압수처분이나 검역처리 대상
- 식물재료가 들어간 한방약
- 식물 재료로 만든 장식품, 공예품, 소장품
- 식물재료, 야자수 잎이나 식물 잎사귀로 만든 깔개, 가방, 기타 제품 - 바나나 나무로 만든 제품은 반입금지
- 짚으로 만든 제품과 포장재*
- 대나무, 등나무 또는 등나무 줄기로 만든 바구니와 가구 제품
- 포푸리, 코코넛 껍질
- 씨앗이 들어 있거나 씨앗으로 채워져 있는 제품
- 말린 꽃과 꽃꽂이
- 생화와 레이: 장미, 카네이션, 국화 등 중기로부터 재배할 수 있는 꽃은

반입금지
- 화분에 담겨 있거나 담겨 있지 않은 뿌리 식물, 식물의 부분, 뿌리, 구근 곡식의 이삭, 근경, 줄기, 기타 실용식물 재료

3. 근대 호주의 역사

오랫동안 주류 역사에서 밀려나 있던 호주는 유라시아 대륙의 영토확장과 팽창의 시기에 네덜란드인(반디맨, 애플태즈맨)에 의해서 최초로 발견이 되었다. 이후 근대 호주의 역사는 영국의 제임스 쿡 선장이 1788년 케이프요크 반도에 상륙하여 뉴사우스웨일즈라고 개칭하여 영국의 조지 3세에게 바침으로써 시작이 된다.

제임스 쿡 선장.

초기 식민지 건설과 확장

처음, 호주식민지 건설은 죄수 유형지의 역할이었다. 영국은 이전에도 죄수들을 북아메리카로 이주시키는 정책을 써왔다. 1776년에 발생한 미국의 독립전쟁으로 더 이상 북아메리카로 죄수들을 보낼 수 없게 되면서 영국 내의 감옥도 포화상태에 이르게 되고 새로운 죄수 식민지의 건설이 시급해지게 되었다. 1786년, 내무대신 시드니(Sydney) 경이 호주를 죄수 식민지로 건설할 것을 왕에게 공식적으로 건의하였고, 마침내 1787년 5월13일, 11척의 배에 죄수, 해병, 장교 등 1530명을 실은 최초의 이민선단이 영국을 출발한다. 초대 호주총독이 되는 아서 필립(Arthur Phillip)이 이끄는 이민선단은 8개월의 항해 끝에 뉴사우스웨일즈의 보타니 베이(Botany Bay)에 도착한 후 북쪽으로 올라가서 오늘날의 시드니인 포트 잭슨(Port Jackson)에 첫 식민지를 건설하였다. 이 날(1월 26일)이 호주 건국 기념일이다.

이후 죄수 유입이 종결되는 1898년까지 약 80여 년의 기간 동안 16만 8천여 명이 죄수의 신분으로 호주로 들어오게 된다. 현재 호주인구의 20% 정도가 그들의 후예이다. 식민지 건설도 점차 확대되어,

아서 필립 선장의 시드니 항 입항과 영국 기 게양을 묘사한 그림.

1803년에는 태즈매니아의 호바트(Hobart), 1824년 퀸즐랜드의 브리즈번(Brisbane), 1829년에는 서호주의 스완(Swan) 강변, 1835년 빅토리아 주의 포트필립 만(Port Phillip Bay), 1836년 남호주의 빈센트 만(Gulf of St. Vincent)에 식민지가 건설되었다. 이 지역은 오늘날의 다섯 개 주의 수도에 해당 된다.

자유 정착민들은 1793년부터 값싼 땅과 죄수들의 노동을 약속 받고 호주로 건너왔다. 초기의 백인 이주민들(죄수들 포함)에게 호주의 환경은 무척이나 가혹한 것이었다. 기아의 위기에 직면하여 식민지를 철수해야 하는 상태가 되기도 했다. 빵을 훔치다가 잡힌 죄수가 사형을 당하는 일도 있었다. 이러한 상황 속에서 유형수들의 노동력은 유용했고 식민지의 정착과 확장에 결정적인 기여를 하게 된다. 처음에 유형수들은 도로건설이나 토목공사에 주로 참여했으나, 차츰 농업과 목축에도 종사하게 되었다.

초대 총독인 아서 필립은 열심히 일한 죄수를 사면하고 토지를 주어서 농사를 짓게 했다. 이 시기에 파라마타지역(당시 명칭은 로즈 힐)에서 기름진 땅이 발견되었다. 총독은 영국에서 농사를 지은 경험이 있던 성실한 죄

수, 제임스 루스(James Ruse)에게 농토를 주어 식량난을 타개할 수 있도록 조치를 취했다. 제임스를 필두로 유형수의 신분에서 회복되어 자유농민이 된 사람들이 늘어나면서 목축업도 확장이 되고 내륙지방의 개척도 이어지게 된다.

개척과정은 험난했다. 새로운 삶을 찾아서 이주해 온 자유민들(주로 고향에서의 고단한 삶을 피해서 새로운 길을 찾고자 했던 아일랜드인이 많았다)과 신원이 회복된 유형수들이 이 과정에 참여했다. 열악한 환경을 극복하고 정착하기 위한 험난한 과정에서 서로 간의 신뢰와 우정은 무엇보다도 중요했다. 자신들밖에 아무도 없는 오지의 고독한 생활에서 함께 일하는 동료의 존재는 귀중한 자산이었다. 외로운 생활을 잊게 해주었고 외부의 위험으로부터 자신을 지켜줄 수 있는 안전망의 역할을 해주었다. 또한 부족한 물자는 물물교환을 하거나 나누어 써야만 했다. 이처럼 고립된 환경에서 생겨난 서로 간의 동료의식은 독특한 정서를 형성했고, 후일 배타적이고 편협한 백호주의의 바탕이 되기도 했으며 오늘날까지도 끈끈하게 이어져 오고 있다.

금광채굴모습.

1850년대에 접어들면서 뉴사우스웨일스 및 서호주 칼리구에서 금맥이 발견되었다. 이 소식은 유럽 전역으로 퍼졌고 호주 판 골드러시가 일어나게 된다. 영국뿐만 아니라 아일랜드, 스코틀랜드, 중국, 미국에서도 많은 이주민들이 금을 찾아서 흘러들었고 서부로의 본격적인 개척이 시작되었다. 이는 경제발전에 획기적인 계기가 되어주었고 교통통신이 발달함과 아울러 신도시 건설이 이어짐으로써 연방정부 수립의 기초를 마련하게 된다.

식민지 건설 초기에는 하나의 식민지(뉴사우스)만 있었고 한 명의 총독이 통치했었다. 그러나 인구가 늘어나고 광활한 국토로 흩어지기 시작하자 하나의 식민정부가 전 대륙을 통치한다는 것이 불가능해지게 되었다. 이에 따라 점차로 몇 개의 식민지로 분할되어 1890년에 서호주가 독립식민지가 되면서 뉴사우스웨일스, 태즈매니아, 빅토리아, 남호주, 퀸즐랜드로 분할되었다. 이렇게 분리, 독립한 각 식민지들은 본토인 영국과 긴밀한 유대관계를 유지하였을 뿐, 식민지 서로 간에는 별다른 유대관계가 없었다. 하지만 시간이 흐르면서 각 식민지들은 국토방위의 문제, 유색인 노동자의 위협, 이해관계에 따른 각 식민지간의 마찰 등 몇 가지 근본적인 어려움에 직면하게 된다. 그중에서도 가장 시급한 사안은 국방의 문제였다. 독일의 뉴기니 침공, 프랑스의 뉴헤브리디스 침략, 러시아와 미국의 제국주의적 팽창 등 국제정세가 급변하고 있었던 것이다. 게다가 각 식민지 간의 무모하고도 자기중심적인 경쟁으로 분쟁의 기미마저 일어나고 있었다. 이에 각 식민지의 총독들은 정기적인 모임을 갖고 공동의 문제에 대처하기 시작하면서 연방정부로서의 기반을 다져나가게 된다. 각 식민지정부가 공동으로 합의하여 수립한 정책결정의 대표적인 예는 중국인 이민자의 수를 제한하는 법안(1877년)이었으며, 여기에서부터 공식적인 백호주의 정책이 시작되었다.

연방헌법의 개요는 1891년까지 마련되었으며, 이 안은 1897~1898년의 회의에서 인준되었다. 이렇게 하여 마련된 연방 헌법은 1900년 7월 31일 국민투표의 지지를 받아, 이듬해 1901년 1월 1일 영국 여왕에 의해 공식적으로 선포되었다. 이로써 호주 내의 6개 식민지가 주(state)로 명칭을 바꾸어

'호주 연방(Commonwealth of Australia)'을 성립하였다. 시드니와 멜버른의 연방수도 유치 경쟁이 치열해지자 두 도시의 중간 지점인 내륙에 캔버라 (Canberra)라는 인공적인 새 도시가 건설되어 연방수도가 되고, 1913년에 본격적인 개발이 시작되었다.

백호주의에서 다문화주의까지

영국의 식민지로서 건설된 호주에서의 인종차별은 어떻게 보면 당연한 수순이었을 것이다. 최초의 식민지 건설이 많은 죄수와 본국의 힘든 생활을 벗어나고자 했던 가난한 자유 이주민들로 이루어져 있다고 해도 이들은 본질적으로 유럽의 백인들이었다. 당시 유럽인들의 지배적인 사고인, 흑인이나 황인종이 미개하고 열등하다는 인종적 편견이 그대로 옮겨질 수밖에 없었다. 이런 인종적 편견 외에도 현실적으로 경제적인 문제가 대두된다. 1850년대인 골드러시 시대에 일확천금의 꿈을 좇아 호주로 들어온 중국인 광부들은 호주의 가난한 백인 노동자들에게는 위협적인 존재였다. 이들 외에도 태평양 섬들에 살던 도제 노동자들(Kanakas)이 호주로 향하면서 호주 백인들은 일자리에 대한 위협을 느낄 수 밖에 없었다.

결국 빅토리아(Victoria)와 뉴사우스웨일즈(New South Wales)에서는 중국인 광부들에 대한 백인들의 경쟁의식과 불만을 적극 수용하여 이민제한법을 만들게 되는데, 이는 호주연방이 수립된 1901년에 '이민제한법(Immigration Restrict Act)'으로 발효가 되고 이로서 백호주의가 공식화되기에 이른다. '이민제한법'에는 명문화된 유색인종 이민 제한의 근거는 없었지만 그 내용을 자세히 살펴보면, 특정 인종에게 불리하게 되어 있는 것을 알 수 있다. 이민자에게 요구하는 구술시험의 경우, 시험관의 주관적인 편견이 개입될 여지가 다분했다. 이민자의 제조업 취업 금지 조항만 보더라도 대다수가 노동 이민자일 수밖에 없었던 유색인종들의 실질적인 정착을 불가능하게 만들었다. 또한 명시적으로 서유럽으로 이민을 제한하겠다는 근거를 둔 점은 호주 정부의 의도를 그대로 보여주는 조항이었다.

1901년 이민제한법에 대한 논쟁이 활발할 때의 대중 연설가들은 국가의 일체감을 고양시키는 데에 영향을 주고자 하는 의도로 '이 땅의 가장 신성한 인종'에 대해 언급하면서 타 인종을 비하하는 발언도 서슴지 않았다. 국가의 정체성 확립을 위한 경제적, 인종적 일체감이 필요해지던 시기였다. 주로 유럽의 백인들이 주도권을 잡고 있는 현실에서 비슷한 세계관과 특성, 같은 관습을 유지해야 한다는 필요성과 이미 뛰어난 경쟁력을 갖추고 있던 일본인의 경제력에 대한 경계심이 대두되었다. 거기에다가 아시아에서 유입되었던 저임금 노동자들은 경쟁 관계에 있는 가난한 백인노동자들에게도 위협이 되었다. 이런 배경으로 이민제한법이 힘을 얻게 된 것이다.

이렇듯 백호주의는 인종적 편견뿐만 아니라 일견 그럴듯해 보이는 이론적인 배경을 갖고 있었으므로 교육수준이 높은 정치가들로부터도 열렬한 지지를 받았다. 대표적인 사람으로, 호주 건국이념 중의 하나인 '공평한 사회(Fair go)'를 사회 각 부문에 정착시켰다는 평가를 받고 있는 디킨(Alfred Deakin)이 있다. 심지어 수상자리에 오르게 되는 휴(William Morris Hughes)는 1919년에 이 조항이 호주인들이 이루어낸 대단한 업적이라고 치켜세우기도 했다. 2차 대전이 발발하고 일본에 대한 적대감이 고조되면서 백호주의 정책은 더욱 강화되었다.

견고하던 백호주의 정책도 최초로 비유럽 난민을 받아들인 1949년 이후 점차 쇠퇴하기 시작했다. 1957년에는 15년 동안 거주한 비유럽인에게 시민권을 부여하였는데 이는 백호주의 폐지를 위한 두 번째 큰 걸음이었다. 1958년에 개정된 이민제한법에서는 그 동안 많은 논란이 되었던 구술시험을 폐지하였다. 이어 1966년에는 이민자의 자질, 즉 적응력이나 통합력, 호주에 유익한 능력의 소지자(well qualified people)라면 누구에게나 이민 문호를 개방하는 것으로까지 발전하게 된다. 정주자에 대한 시민권 부여 기한도 15년에서 5년으로 대폭 축소되었다. 호주이민 정책에서 기념할만한 분기점이 되는 해이다.

1972년에 이르러 당시 이민장관이었던 그래스비(Al Grassby)는 연설을 통해 동화정책이 종말을 고했음을 선언하고 '다문화의 호주(multicultural

Australia)'를 처음으로 표방한다. 이제 이민심사에서 인종은 더 이상 고려 대상이 아님이 선언되었고, 인종과 이민에 관한 국제조약이 모두 비준됨으로써 오늘날과 같은 다문화주의 국가로 정착하게 된다.

시대적 흐름이 있다고 해도 깊게 뿌리를 내린 편견과 신념이 바뀌기는 쉽지 않았을 터인데, 오랫동안 군건하게 자리를 잡고 있던 백호주의를 폐지하게 된 호주 정부의 속내는 무엇이었을까? 무엇보다도 제2차 세계대전 이후 경제적인 도약을 시도하던 호주의 걸림돌은 경제성장을 뒷받침할 인구가 부족하다는 현실이었다. 자체 인구의 성장률은 낮았고, 세계대전 후에 유럽이 경제적 부흥기에 접어들면서 이 지역에서의 이민자 수가 급격이 줄어들고 있었다. 당시에도 유럽과 영국의 이민자를 선호하는 경향이 많았지만 이들의 이주만으로는 경제발전을 위한 노동수요도 감당할 수가 없었다. 국방에 필요한 인구조차도 절대적으로 부족해지자 더 이상 유색인종의 이민을 막고 백호주의를 계속 고집하고 있을 수는 없었던 것이다.

1947년. 호주 정부는 '이민을 적극적으로 추진하지 않으면 호주는 붕괴할 것이다(populate or perish)'는 슬로건 아래 당시 이민 장관인 칼웰(Arthur A. Calwell)의 주도로 대규모의 이민 계획을 입안했다. 처음에는 문화적으로 좀 더 발전적인 북부유럽을 시작으로 해서 여타의 유럽국가로, 1980년대에는 인도, 중국 등의 아시아 국가로 이민대상이 점차 확대되면서 오늘날의 다문화주의가 자리를 잡게 되었다. 다문화 정책은, 시민적 의무, 상호존중, 상호 공평성과 공동이익 추구라는 네 가지 기본원리를 중심으로 전개되었다. 호주 이민성에서는 매년 3월 21일을 하모니데이로 정해 각 소수민족의 언어와 문화를 장려하고 기념하는 행사를 진행한다. 미디어에서도 이런 다문화 정책이 잘 시행되고 있는데 대표적인 방송사가 SBS(The Special Broadcasting Service)이다. 2009년에 이 방송사는 라디오는 68개의 언어로, TV에서는 60개 이상의 언어로 방송이 진행되고 있다.

다문화주의의 정착에는 이러한 정부 주도적인 측면뿐만 아니라 자국문화를 지키면서도 호주사회에 성공적으로 뿌리를 내린 아시아인들의 역할도 무시할 수 없다. 골드러시때 호주로 들어와서 정착하고 있던 중국인들,

1960년 이후는 '콜롬보 정책'이라고 불린 아시아 대상 국비유학생 정책을 통해서 말레이시아와 싱가포르의 대학생들이 유입되었고, 보트피플이란 이름으로 베트남인들도 이민 대열에 합류했다. 1980년대 말부터는 투자사업이민을 통해서 한국인들이 들어오면서 이민자가 호주 국가경제 발전의 원동력임을 각인 시켰다.

호주의 독특한 정서 – 마이트 훗(Matehood)

동료애(Matehood)는 개척시기부터 싹튼 호주만의 독특한 정서라고 할 수 있다. 고단한 삶을 함께 이어온 동료의식은 때로는 편협한 지역 차별 의식과 외국인에 대한 배타심을 낳는 계기가 되기도 했지만 이주민들로 이루어진 다민족 국가에서, 공통의 정체성을 형성하는 데 큰 역할을 하였다. 매이트훗은 제 1차 세계대전을 겪으면서 더욱 굳건해진다. 그중에서 특히 '갈리폴리' 전투는 패배한 전쟁이지만 한편으로는 호주민으로서의 자긍심과 단합, 국민적 동질성을 획득해 냈을 뿐 아니라 모국인 영국으로부터 심리적, 실질적으로 독립하는데 중요한 계기가 되었다.

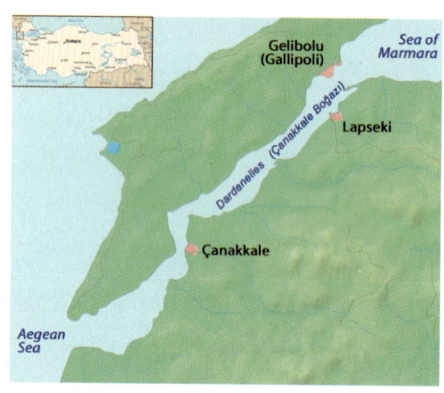

전략적 요충지인 갈리폴리 지도.

갈리폴리 전투와 ANZAC Day

1914년 8월 제1차 세계대전이 발발하자 중립을 지키고 있던 터키는 전통적인 적대국인 러시아가 연합군 측에 가담하는 것을 계기로, 흑해 연안의 러시아 항구를 공격하면서 전쟁에 뛰어든다. 프랑스와 독일 사이의 서부전선은 일진일퇴를 반복하며 고착상태에 빠져 있었다. 만약에 터키군이 남쪽에서부터 러시아를 압박한다면 전쟁상황은 더욱 악화될 수밖에 없었다. 돌파구를 찾던 영국의 해군장관 처칠은, 다르

갈리폴리 전투 모습.

다넬즈 해협을 통과하여 터키 수도인 이스탄불로 진격하는 작전 안을 수립한다. 갈리폴리(Gallipoli)는 다르다넬스 해협의 동쪽 끝에 있는 터키 서부의 항구로 흑해로 들어가는 관문과도 같은 전략적 요충지였기에 반드시 점령해야만 하는 곳이었다. 1915년 2월과 3월, 연합군은 세 차례에 걸친 맹공격을 퍼부었으나 터키는 천혜의 요새를 구축하고 완강하게 맞섰다. 결국, 연합군은 군함 3척이 침몰되고 3척이 대파되는 참패를 겪게 되었고, 책임을 지고 처칠은 해군장관직에서 물러나게 되었다.

고착상태에 있는 서부전선의 병력도 이용할 수 없었던 연합군은 참전을 선언한 호주와 뉴질랜드의 군대를 이 전투에 배치한다. 이들 부대가 바로 안작(Australian and New Zealand Army Corps)부대이다.

1945년 4월 25일 새벽. 요새화된 터키군을 향한 진격 명령이 내려진다. 어느 면에서나 이 작전은 무모한 것이었다. 우선은 적의 역량이나 동향에 대한 정보수집이 미흡했고, 작전 수행과정에서 시간 착오가 일어났다. 무모했으나 명령이 내려지자 적을 향해 총부리를 겨누고 전진할 수밖에 없었고, 그날의 전투에서 비록 살아남은 자들에게도 상황은 끔찍했다. 당시의 종군기록인 '사막의 대열'(The Desert Column)'을 보면 안작부대원들의 열악한 상황을 잘 알 수 있다.

"8월 한여름 태양 아래서 파리와 들쥐들이 들끓었다. 비스킷 한 조각이라도 먹으려 하면 파리들이 어찌나 달려드는지 오버코트를 뒤집어써야

했다. 썩어가는 전우들의 시체는 들쥐들에게 더없이 좋은 식량이었다. 참호 밖에서 쓰러져 나뒹구는 전우의 시체는 그대로 방치할 수밖에 없었다. 시체에서 풍기는 냄새가 옷에 배어 평생 지워지지 않을 듯 고약한 냄새가 참호 주변에 진동했다."
"아침은 베이컨 한 조각과 차 한잔, 딱딱한 비스킷을 배식받았다. 저녁은 3코스 정식이었다. 물, 차, 그리고 설탕. 아, 당시 차가 소고기 스튜를 대신했다."

피비린내 나는 갈리폴리 참호 속에서 호주 군인들은 끈끈한 동료애(matehood)를 확인한다. 상황이 이러했음에도 영국의 지휘부는 탁상공론만을 벌이고 있었다. 1915년 12월 철수가 결정되기까지 8개월. 연합군과 터키 양측은 20만이 넘는 사상자를 내며 소모전을 계속했다. 이 전투에서 호주는 8천여 명의 전사자와 2만여 명의 부상자가 생겼다. 이때까지만 해도 영국을 모국으로 생각하고 '왕과 조국을 위하여'라는 명분 아래 전쟁에 참전했던 호주는, 영국 지휘부의 무책임한 작전에 수많은 젊은이들을 잃게 되자, 영국의 식민지가 아니라 호주 국민으로서의 연대감을 형성하게 된다. 호주인의 가장 보편적인 인사가 된 'Hello, Mite', 그 끈끈한 동료애와 연대감은 갈리폴리에서 숨져간 호주 젊은이들의 희생이 바탕이 된 것이었다.

호주에서는 안작부대가 갈리폴리에 첫 상륙한 날, 4월 25일을 안작데이로

안작데이 기념행사 모습.

정하고 매년 추모 행사를 진행하고 있다. 호주 국민들은 건국기념일보다 더 중요한 날로 인식되고 있는 이날, 새벽부터 추모 행진을 하고 기념비 앞에서 추모식을 거행하며 하루 종일 숙연한 분위기 속에 기념행사를 치른다. 수많은 사상자를 냈던 터키의 갈리폴리는 매년 이날을 기념해 찾아오는 호주인들로 관광지화 되어 있을 정도이다.

오늘날 호주는 넓은 대륙과 독특한 기후 조건, 천혜의 자원. 환경과 복지에 많은 노력을 기울이고 있는 곳으로 세계에서 가장 살기 좋은 나라 중의 하나로 알려져 있다. 이주민들이 건국하였고 많은 이민자들이 발전시켜온 오늘날의 호주. 다양한 인종과 문화를 끌어안아서 자신들의 독특한 정체성을 만들어 온 호주. 다문화주의와 평등주의, 독특한 동료애와 낙천성을 자랑으로 내세우는 호주를 보면서 지구공동체의 운명을 살아가기 위해 우리가 갖춰야 하는 자세도 그러한 것은 아닐까 깊게 생각해 보게 된다.

서호주 퍼스 킹스파크에 있는 전사자 기념탑.

특집

박자세와
박자세 공부법

박문호 박사가 본 자연의 구조

시공의 춤 / 원자의 춤 / 세포의 춤

•

박문호 박사의 학습법

1. 시공을 사유하라
2. 기원을 추적하라
3. 패턴을 발견하라

박자세와 박자세 공부법

박자세란

박자세는 '박문호의 자연과학 세상'이라는 자연과학학습 모임의 약자로, 박문호 박사님을 중심으로 하여 물리, 화학, 생물, 지구과학, 천문학 등 자연과학 전반에 걸친 관련 학문을 통섭적으로 공부하는 학습모임이다. 교과서를 중심으로 다양한 자연과학 분야의 검증된 지식을 함께 공부해 나가며 그 과정에서 필요한 학습자료의 공유, 학습에 관한 질문과 답변, 공부에 대한 열정과 기쁨 등을 나눔으로써 회원들 상호 간의 학습 동기를 불러일으키며 삶과 인생의 문제를 함께 풀어나가는 소통의 장이다.

'나는 누구인가' 라는 존재에 대한 물음은 궁극적으로 137억 년이라는 우주의 역사, 생명의 진화, 의식의 탄생으로 이어지는 전체 과정의 이해가 필요하다. 그러므로 자연 과학책을 읽어야 한다. 자연과학 책의 내용은 철학자들의 질문에 대한 답변이라 할 수 있으며 그 안에는 인문학 등 모든 분야가 담겨 있다. 인문학과 자연과학 모두를 아우르는 균형 있는 공부를 위해서도 자연과학 공부를 선행하는 것이 훨씬 효율적이다. 자연과학의 열린 시스템은 공부의 영역을 확장하고 지식을 공고히 하며 근원적 물음에 대한 구체적인 깨달음의 길을 열어준다. 이 점이 자연과학의 휴머니티이다. 더 정확한 예측 가능한 학설이 나온다면 지난 도그마는 언제든지 양보할 수 있게 변화 가능성을 열어두는 일. 그것이 바로 인간적인 것이다. 자연과학적 깨달음은 철학이나 종교와 마찬가지로 감동을 주고 인생을 바꿀 수 있다. 세계를 바라보는 관점이 달라지면 영위하는 삶도 달라지게 되어 있다. 자연과학적 사고는 보편타당하며 무엇보다도 효율적이다.

박자세가 주창하는 자연과학 문화운동은 어렵지만 반드시 읽어야 하는 책들을 선정해서 함께 읽고 공부하는 모임이 우리 사회에 꼭 필요한 일이라는 당위성에서 출발한다. 지난 수세기 동안 종교와 정치 도그마에 바쳤던 우리의 열정을 자연과학으로 되돌릴 수 있는 사회분위기를 만들어가는 운동을 펼치고 있는 것이다. 인간은 자기가 만든 환경에 의해 다시 리모델링

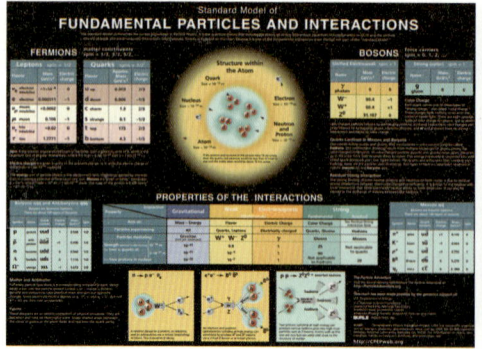
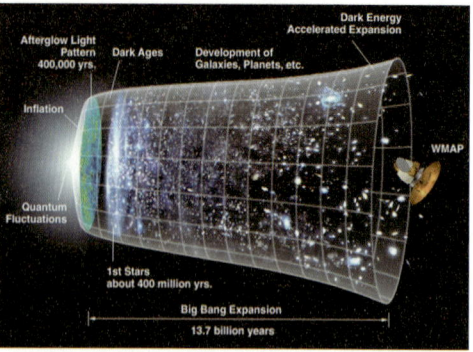
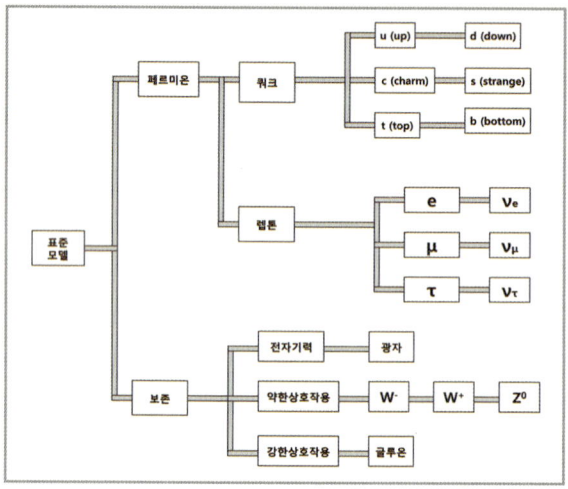
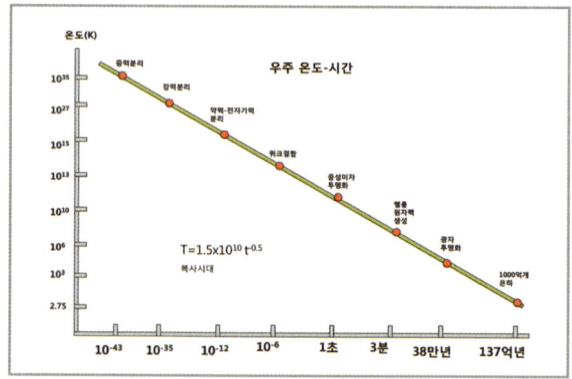

우주의 기본구성물질을 설명해주는 표준모형과 도표. 빅뱅 이후 137억 년 우주의 역사를 알게 해주는 그림과 도표. 위 오른쪽 그림에는 WMAP인공위성이 그려져 있다.

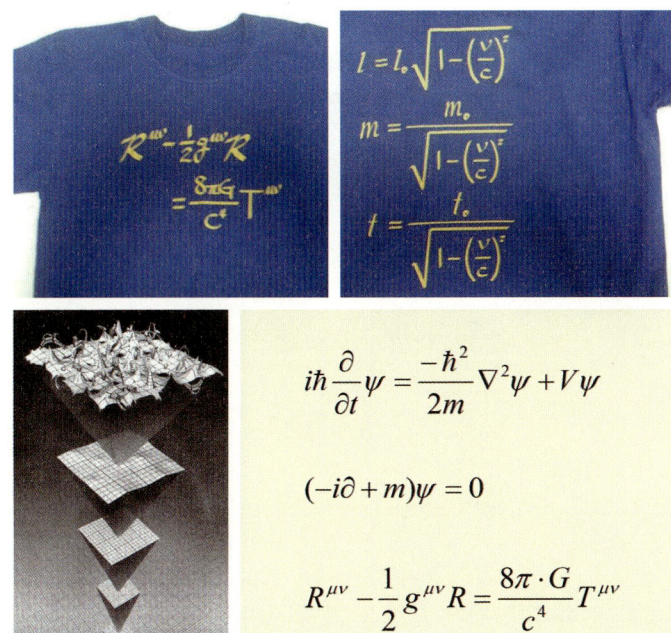

서지미 박사님이 〈137억 년〉 수강자에게 200여장을 기증한 티셔츠. '시공의 춤'을 이해하기 위해서는 위의 방정식을 풀 수 있어야 한다.

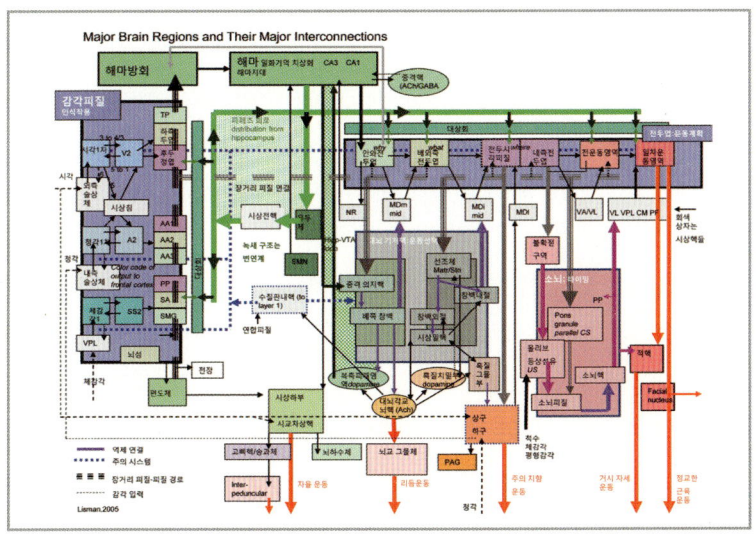

〈특별한 뇌과학〉이 목표하는 브레인 도표.

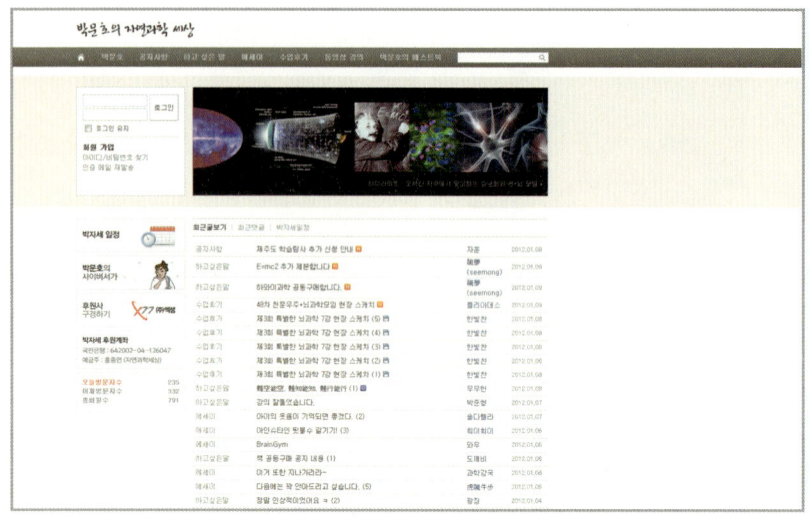

박자세 홈페이지 메인 화면. www.mhpark.co.kr

되는 환경적 존재이다. 같은 느낌을 가진 사람들끼리 연결되고 더불어 살 때 좀 더 본질적인 존재가 될 수 있다. 주위에 공부할 사람을 모으고 함께 공부한다는 것은 내가 공부할 환경을 만들어 나가는 일이다. 바로 그 지점 이 박자세의 존재의의가 된다.

박문호의 자연과학 세상 홈페이지(www.mhpark.co.kr) 를 살펴보면 박문호 박사님의 동영상 강의를 볼 수 있는 장과 수업 후기, 회원들의 글쓰기 연습장의 역할을 하는 에세이 코너, 하고 싶은 이야기를 자유롭게 쓸 수 있는 공간과 함께 박자세의 핵심이고 자랑할 만한 코너로서 "박문호의 베스트북"이 있다.

여기에는 박문호 박사의 30년이 넘는 풍부한 독서경험에서 비롯된 노하우 가 잘 녹아있다. 인문, 사회, 자연과학의 영역을 총망라하여 반드시 읽어 야만 하는 필독서들이 소개돼 있는데, 특히 그 중에서도 교과서를 눈여겨 볼 만하다. 넘쳐나는 책의 홍수 속에서 공부를 위해 꼭 필요한 책을 선택 하는 일은 결코 쉽지 않은 일이다. 시행착오의 과정을 줄이고 핵심으로 바 로 접근할 수 있는 비법이 여기에 숨겨져 있다.

베스트북에 소개된 책들 중 일부.

박자세 공부법

박자세의 기본 공부방법은 박문호박사가 주창하는 1. 시공을 사유하라 2. 기원을 추적하라 3. 패턴을 발견하라 라는 3가지 학습법이다. 첫 번째는 탑-다운 방식, 두 번째는 개념의 힘, 세 번째는 의도적이고 계획적인 사고를 하는 것이다. 박문호 박사가 안내하는 기본 텍스트 (교과서, 베스트북)를 바탕으로 하여 모듈화 학습법을 철저히 익히고 훈련하여 심도 있는 공부를 향해 나아가고 있다.

자연과학은 가장 최근에 진화되었으므로 훈련을 통하여 학습근육을 키우지 않으면 즐길 수가 없다. 매끄럽고 차가운 빙벽을 잘 올라가려면 단단한 말뚝을 박는 것이 중요하듯 학습에서도 각 단계마다 굳건한 매듭을 짓는 것이 중요하다. 그러한 매듭이 바로 모듈성이고, 단기적 집중으로 훈련을 하여 한 발 한 발 차근차근 전진하는 방법론적 정직성을 추구하는 것이다. 구체적인 학습 계획으로는 천문학, 생화학, 세포학, 양자역학, 발생진화생물학 등 최소한 다섯 개 분야에서 매년 단계적 심화학습을 진행하여 석, 박사 수준의 깊이 있는 공부를 목표로 매진하고 있으며 세부적으로 들어

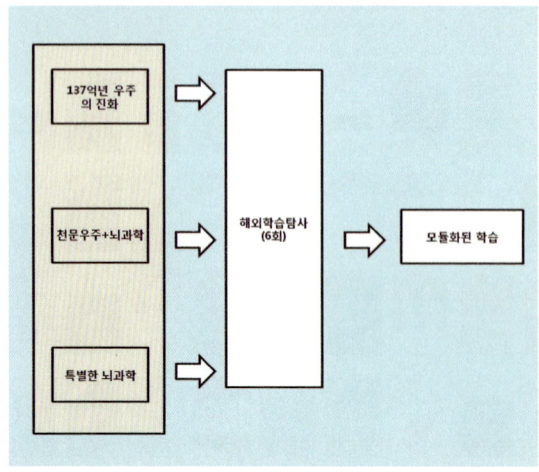

박문호의 자연과학세상 학습도. www.mhpark.co.kr

가서 상대론, 우주론, 열역학, 관측 천문학, 생리학, 반도체, 전자기학, 뇌과학 등을 통섭적으로 공부해 나가고 있다.

박자세 활동 영역

박자세는 교과서를 바탕으로 한 자연과학 공부라는 대전제 위에 세부적인 활동 플랫폼으로 박사님의 강의와 회원들의 발표, 현장답사라는 큰 틀을 세워서 운영되고 있다. 우선 강의는 현재 〈137억 년 우주의 진화〉와 〈특별한 뇌과학〉강의가 각 3회에 걸쳐 진행되었고 강의의 현장답사 편으로 6회에 걸쳐서 해외학습탐사를 진행하였으며, 국내 최고의 학자들을 모시고 3회에 걸친 〈뇌·인지과학 심포지움〉을 개최하였다. 또한 매월 개최되는 천문우주+뇌과학 모임에서는 회원들의 발표와 강의, 다양한 학습탐방을 통해 공부의 성과를 공유하고 성장을 도모해 오고 있다. 2011년 12월 현재 48차 모임이 까지 진행되었다. 각 세부 활동을 살펴보자.

137억 년 우주의 진화

'빅뱅에서 의식의 출현까지'라는 주제로 137억 년 우주진화의 과정을 찾아가는 긴 탐사 여정으로서 4개월에서 5개월에 이르는 대장정이다.

제 1회 강연 : 2009년 3월 6일 ~7월 24일 5개월여 16차 강의)

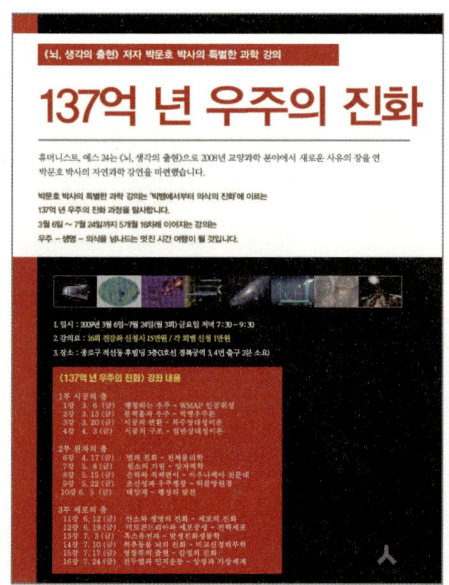

제1회 강연 포스터.

제1회 〈137억 년 우주의 진화〉 강의를 마치고. 입고 있는 티셔츠에는 중력장 방정식이 새겨져 있다.

제1회 강의 현장스케치.

제 2회 강연 : 2010년 4월 3일 ~7월 31일 4개월여 14차 강의

제2회 강의 안내.

특집 박자세와 박자세 공부법 551

제2회 강의 현장스케치.

제 3회 강연 : 2011년 3월 13일 ~7월 17일 4개월여 14차 강의

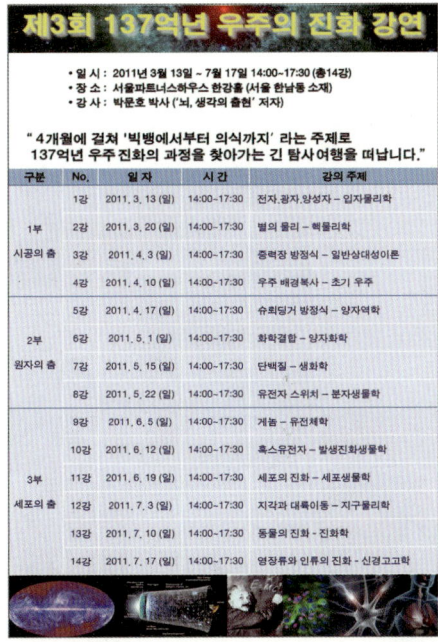

제3회 강의 안내.

특집 박자세와 박자세 공부법

제3회 강의 현장스케치.

학 습 탐 사

학습탐사는 박문호 박사가 만든 새로운 개념이다. 학습탐사는 탐험과 관광의 장점을 뽑아서 탐험에 없는 '학습'과 관광에 없는 '모험'을 절충한 것으로 우리 사회에서 아무도 시도한 바 없는 새로운 학습의 프레임을 제시하고 있다. 학습탐사의 방법론은 철저한 학습과 대장운영체제이다. 탐사 전에는 3월부터 시작되는 〈137억 년 우주의 진화〉를 철저히 공부하면서 예비지식을 갖추고, 사전모임을 통해 학습을 심화한다. 그리고 학습탐사는 여행이 아닌 모험의 성격이 강하므로 경험과 지식이 풍부한 대장의 판단에 따른다는 대원칙에 합의한 후 과감히 일정을 진행하게 된다. 학습탐사는 현재까지 서호주 탐사 3회, 몽골탐사 2회, 하와이 마우나케아 1회, 총 6회의 탐사가 시행되었다.

제 1 차 해외학습탐사 서호주편

2007년 9월 4일부터 7박 8일 동안 박문호 박사 외 5명이 시드니 - 퍼스 - 피너클 - 샤크베이 - 브룸 - 울페분화구 - 캐서린 - 앨리스스피링스 - 애들레이드 - 시드니의 총 11,980km의 여정을 소화했다.

제 2 차 해외학습탐사 몽골편

2008년 6월 25일부터 7박 8일 동안 박문호 박사 외 4명이 몽골로 학습탐사를 떠났다. 여정은 인천 - 베이징 경유 - 울란바토르 - 자연사박물관 - 만달고비 - 촉트어워 - 달란자드 가드 - 욜링암 - 바양작- 만달어워- 에르덴말달 - 알랑볼락 - 울란바장토르 - 간단사원 - 역사박물관 - 현대미술관 - 초이징 람 사원 - 전쟁희생자박물관 - 자이승 승전기념 전망대- 울란바토르 - 베이징 - 인천 의 일정이었다.

제 3 차 해외 학습탐사 하와이편

2009년 2월 20일 부터 4박 6일 동안 박문호 박사 외 23명이 하와이 오하우, 빅아일랜드, 마우나케아 천문대, 킬라우에아 화산, 폴리네시아 해양문화

탐사를 위해 하와이로 떠났다. 숙식은 화산지대에서 캠핑을 하였으며 마우나케아 천문대에서 표태수박사를 만나 천문학의 깊이 있는 탐구학습을 진행할 수 있었다.

제 4 차 해외 학습탐사 서호주편

2009년 8월 14부터 8박 9일간 박문호 박사외 69명이 서호주 학습탐사를 떠났다. 지난 학습탐사의 성과들이 발표되면서 많은 분들의 참여요청이 있어서 대단위 인원으로 탐사팀을 꾸리게 되었다. 여기에는 일가족이 참여한 경우도 있고, 처음 해외여행을 가는 사람들도 있었으며 초등학생부터 70대까지 다양한 연령층과 삶의 궤적을 가진 사람들이 참여하여 13대의 차량에 나누어 타고 장대한 서호주 평원을 달렸다. 특히 한빛찬 선생님과 고 3 임에도 불구하고 동참한 이한해솔군을 비롯한 주니어팀은 탐사 전부터 야간 체력단련과 공부를 병행하면서 철저한 사전준비를 하였고 탐사 내내 진지한 자세와 열정으로 탐사대의 모범이 되어주었다.

제 5 차 해외 학습탐사 몽골편

2010년 8월 1일부터 9박 10일 동안 박문호 박사외 19명은 다섯 번째 해외 학습탐사지인 몽골로 향했다. 상세여정을 소개하면, 울란바토르 칭기스칸공항 - 울란바토르 근교 "노공도우" 초원 벌판 숙영 - 고비사막 야영 - 달란자가드 - 남고비 박물관 관람 - 알타이산맥 입구 욜린암 계곡 - 알타이 산중 야영 - 보캉스지역 경유 - 홍고린엘스 사막 도착, 사막 트레킹 - 근처에서 야영 - 라마교 사원 견학 - 아르웨이헤르주유소 경유 - 허브초원에서 야영 - 카르호름 궁전 및 사원 방문 - 흐쇼차이담 소재 돌궐제국 빌게칸, 콜치킨장군 형제의 거북비 유적지 견학 - 우지호숫가 산책 - 하르보흐 소재 거란 유적지, 박물관 방문 - 근처에서 야영 - 울란바토르 시내 통과 - 테렐지국립공원, 바트칸 게르에서 숙박 - 승마클럽 - 칭키스칸 시대 민속촌 근방에서 숙영 - 울란바토르 몽골국립 박물관, 자연사박물관 견학 - 칭기스칸공항 - 인천공항 - 귀국

제 6 차 해외학습탐사 서호주편

2011년 7월 22일부터 11박 12일 동안 박문호 박사외 23명은 서호주 탐사를 다녀왔다. 상세한 내용은 본문에 잘 소개되어 있다.

2007년 제 1차, 2009년 제 4차, 2011년 6차 해외 학습탐사지인 서호주. 피너클스, 샤크베이, 톰프라이스, 울페분화구, 벙글벙글 레인지, 카리지니 국립공원 등을 탐사했다. 그리고 무엇보다 지상 최고의 별밤을 만났다.

2008년 제 2차, 2010년 제 4차 해외학습탐사인 몽골. 고비 사막, 알타이산맥의 율린암, 거란 유적지, 카르호름 등을 탐사했다. 시간이 멈춰버린 홍고린엘스 사막을 잊을 수가 없다.

2009년 제 3차 하와이 학습탐사. 빅아일랜드, 마우나케아 천문대, 킬라우에아 화산, 블랙 샌드비치 등을 탐사했다. 마우나케아는 초기 우주형성을 연구하는 곳이다.

특별한 뇌과학 강의

우리의 생각, 감정, 의식, 기억, 언어, 운동 등 모든 것을 가능케 하는 두뇌. 그 실체를 알기 위해 발생진화학, 생리학, 유전학을 바탕으로 한 〈특별한 뇌과학 강의〉가 연속성을 가지고 개최되고 있다. 신경계 진화의 흐름, 브레인 구조, 뇌과학 측면에서 본 언어와 사고의 의미, 초월의식, 수면과 꿈. 전두엽과 학습, 기억과 훈련 등 최근 화두가 되고 있는 많은 흥미진진한 주제들이 다채롭게 펼쳐지는 '특별한' 강연이다.

제1회 특별한 뇌과학 (장소 : 용산삼일아카데미, 2010년)
1강	1. 23 (토)	단백질
2강	1. 30 (토)	시냅스와 기억
3강	2. 06 (토)	초월현상
4강	2. 20 (토)	비고츠키

제2회 특별한 뇌과학 (장소 : 서울파트너스하우스, 2011년)
1강	1. 16 (일)	신경전달물질
2강	1. 23 (일)	기억
3강	1. 30 (일)	감각
4강	2. 13 (일)	의식

제3회 특별한 뇌과학 (장소 : 건국대학교, 2011년)
1강	9. 04 (일)	신경계의 진화
2강	9. 18 (일)	뇌와 운동
3강	9. 25 (일)	기억의 확장
4강	10.09 (일)	감각, 지각, 생각
5강	10.16 (일)	언어와 사고
6강	10.30 (일)	의식상태
7강	11.13 (일)	뇌와 수면
8강	11.27 (일)	전두엽과 학습

제1회 강연 : 2010년 1월 23일 ~ 2010년 2월 20일 총 4회 강연 (장소 : 용산 삼일아카데미)

제 1회 강의 현장 스케치.

제2회 강연 : 2011년 1월 16일 ~ 2011년 2월 13일 총 4회 강연 (장소 : 서울파트너스하우스)

제 2회 특별한 뇌과학 강의 현장스케치.

제3회 강연 : 2011년 9월 4일 ~ 2011년 11월 27일 총 8회 32시간 강연 (장소:건국대학교)

제3회 특별한 뇌과학 현장스케치.

뇌·인지과학 심포지엄

뇌과학 공부의 축적된 역량을 모아서 매년 뇌. 인지과학 분야의 전문가들을 모시고 민간인 주도 학술대회를 열어왔다. 1회는 2009년 2월 4일, 대전의 온지당에서 열렸으며 2회는 2010년 3월 27일 서강대학교에서, 3회는 2011년 3월 5일 고려대학교에서 개최되었다. 강연자로는 박문호 박사님, 뇌 영상분야의 최고 권위자이신 가천의대 뇌과학연구소의 조장희 박사님, 성균관대 심리학과 이정모 교수님, 연세대 의과대학 이원택 교수님. 고려대학교 교육학과 김성일 교수님, KAIST 바이오 및 뇌공학과 정용 교수님. 한마음정신병원 김갑중 원장님, 형주병원 주명진 원장님 등 국내 최고의 학자들이 강연을 하셨다.

심포지엄 현장스케치.

천문우주+뇌과학 모임

박자세는 정기적으로 월 1회 천문우주+뇌과학 모임을 개최하고 있다. 2007년 11월 17일 1회 모임을 시작으로 하여 2011년 11월까지 46회의 모임을 개최하였다. 천+뇌 모임은 박문호 박사님의 강의와 회원들의 발표로 이루어지는데, 많은 회원이 발표를 통하여 모듈화된 학습지식을 굳건히 다지고 서로의 성과를 격려하는 장으로서 활발한 활동이 이루어지고 있다. 천+뇌 모임에서는, 강의와 발표 뿐만 아니라 회원 상호 간의 친목과 소통의 장도 마련이 되어 있다. 안면도에서의 송년회 모임, 박문호 박사님 댁에서 열리는 사랑방 모임과 더불어 다양한 국내 탐방도 하고 있다. 뇌영상 분야의 최고 권위자이신 조장희 박사님의 초청으로 가천의대 뇌과학연구소를 견학하였고, 대전의 핵융합연구소 견학, 지질박물관 견학, 경주 학습탐방 등을 개최하였다. 2012년 부터는 년 4회의 국내 학습탐사도 진행될 예정이다.

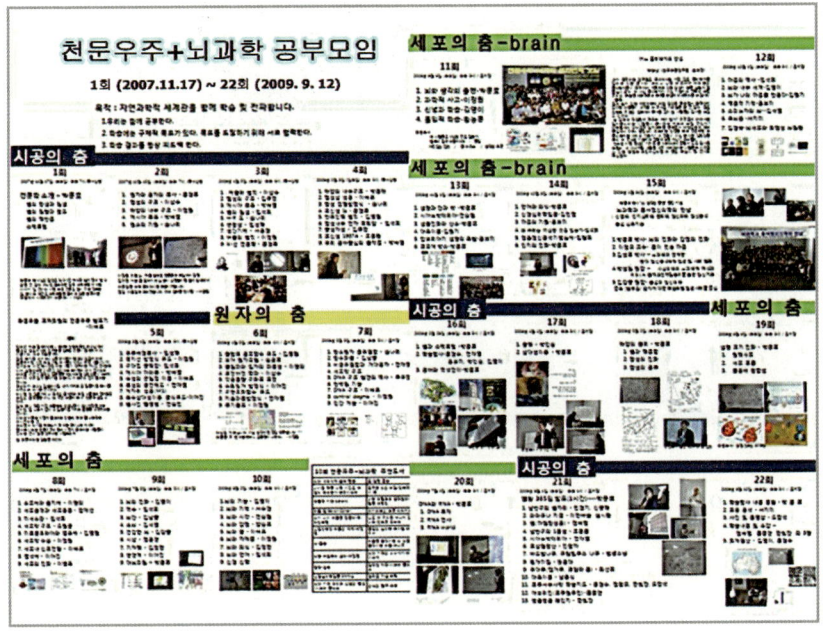

제1회부터 22회까지 천문우주+뇌과학 모임 정리.

23회부터 34회까지 천문우주 + 뇌과학 모임 정리.

35회부터 46회까지 천문우주+뇌과학 모임 정리.

회원들의 발표모습.

천문우주+뇌과학 모임에서 회원들이 발표하는 모습.

견학과 탐방.

각지에서 개최된 천+뇌 모임.

다양한 대중강연들

마지막으로 박문호 박사님의 다양한 대중강연을 소개하고자 한다. 박자세의 공식적인 행사로서 진행이 되는 것은 아니지만, 우리 사회에 자연과학 공부의 중요성을 알려나가는 또 다른 형태의 문화운동이라고 할 수 있기에 소개해 보고자 한다. 2007년(25강)과 2010년(17강), 두 차례에 걸쳐 불교TV에서 강연이 있었고, 각계각층의 초청 요청으로 인해 다양한 대중강연이 활발하게 이루어지고 있다. 여러 강연을 통해서 훈련을 통한 학습의 효율성과 우리 사회에 자연과학 공부가 꼭 필요한 이유에 대해 알려나가고 있다.

불교TV 강연안내와 여러 곳에서의 강연 모습.

2011년 제 3회 〈137억 년 우주의 진화〉 강의가 4시간씩 14강이 진행되었다.

처음 박문호 박사라는 선각자의 열정으로 시작된 자연과학문화운동은 8년여에 걸친 각고의 노력 끝에 이제 '박문호의 자연과학 세상'이라는 큰 둥지에서 비상을 준비하고 있다. 한 사람의 빛나는 열정은 공감의 파동을 넓혀 사람들의 인식을 바꾸고 자연스럽게 공부꾼들을 불러 모으게 되었다. 어린 학생부터 70대까지, 전공도 삶의 궤적도 다른 다양한 사람들이 모여 공부하는 순수한 기쁨을 마음껏 누리고 있는 곳이 박자세이다. 자신의 전 에너지를 쏟아서 올인을 하고 있는 회원도 있고, 음으로 양으로 도움과 지원의 손길을 아끼지 않는 회원들, 따뜻한 격려와 지지를 보태는 많은 회원들의 자발적인 에너지들이 박자세를 끌어가는 원동력이다. 박자세는 앞으로도 '교과서주의'와 '몸훈련'을 두 바퀴로하여, 의미있는 자연과학 공부의 재미를 사회 속에 알려 나갈 것이다.